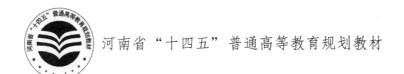
河南省"十四五"普通高等教育规划教材

U0151184

大数据技术与管理决策

翟运开　李金林　主编

机械工业出版社
CHINA MACHINE PRESS

本书系统介绍了大数据技术与管理决策的基础知识。内容包括大数据决策的流程及方法、大数据处理的基础架构、大数据存储与管理、大数据的采集与预处理、大数据处理的计算架构、大数据分析与建模、大数据可视化、大数据治理、大数据在管理决策中的综合应用、大数据应用伦理与法律问题、大数据管理决策的挑战与趋势等，能够帮助读者学习、了解大数据技术的概貌，掌握大数据技术应用于管理决策的基本流程和关键技术，形成大数据决策思维。

本书适合管理类各专业本科生和研究生学习，也可作为其他专业学生和企业从业人员的参考书。

图书在版编目（CIP）数据

大数据技术与管理决策／翟运开，李金林主编. —北京：机械工业出版社，2022.6（2023.9重印）
ISBN 978-7-111-70926-8

Ⅰ.①大… Ⅱ.①翟… ②李… Ⅲ.①数据处理-研究②管理决策-研究 Ⅳ.①TP274②C934

中国版本图书馆 CIP 数据核字（2022）第 104703 号

机械工业出版社（北京市百万庄大街 22 号　邮政编码 100037）
策划编辑：朱鹤楼　　　　　　　　责任编辑：朱鹤楼
责任校对：薄萌钰　王明欣　　　　责任印制：郜　敏
三河市骏杰印刷有限公司印刷
2023 年 9 月第 1 版第 2 次印刷
184mm×260mm · 21 印张 · 516 千字
标准书号：ISBN 978-7-111-70926-8
定价：68.00 元

电话服务　　　　　　　　　　　　网络服务

客服电话：010-88361066　　　　机　工　官　网：www.cmpbook.com
　　　　　010-88379833　　　　机　工　官　博：weibo.com/cmp1952
　　　　　010-68326294　　　　金　书　网：www.golden-book.com
封底无防伪标均为盗版　　　　机工教育服务网：www.cmpedu.com

前　言

随着以云计算、大数据等为代表的新一代信息技术的发展与广泛应用，管理决策正加快与新技术的融合发展，像各行各业的数字化转型一样，管理学研究和教学也正在经历数字化转型。大数据时代，不仅有着来源、形式更加多样化和更大规模的数据，更重要的是可以通过数据挖掘发现隐藏在大数据背后的价值。运用大数据技术支撑高效、高质量决策是大数据应用于社会经济生活的主要体现，公共管理与社会治理、公共卫生与医疗、企业经营、供应链协同、工业生产、农业生产、天气预报及灾害预防等领域已经在广泛应用大数据技术，决策质量得到明显改善。世界各国已纷纷出台系列规划，大力推动大数据等技术的深入研究与广泛应用。

决策是管理类各专业的核心，传统的基于有限数据、结构化数据和统计、建模与仿真等手段的决策理论体系正在不断被大数据等新理论、新技术、新方法所革新，人类社会的决策与管理模式正在发生根本性变革。管理类专业的学生必须适应新一代信息技术应用的广阔社会背景，积极进行大数据等理论、技术和方法的系统学习，更好地形成以大数据为基础的学习思维，更有效地掌握从事管理研究与决策的能力，更进一步增强实践中应用所学管理学理论和方法解决实际问题的能力。高校管理类各专业迫切需要及时建立基于大数据的管理决策课程体系，培养学生以大数据为基础的科研思路、管理思维，并掌握基于大数据的决策方法，为社会输送具备大数据背景和综合素养的高级人才。基于大数据的管理决策逐渐成为一种新的决策方式，将大数据技术纳入管理类各专业教学既是时代的需要，也是学生培养的需要。

本书的教学对象是管理类各专业本科生和研究生，本书也可作为其他专业学生和企业从业人员的参考书。本书定位于管理类各专业的专业基础课，教学目标是帮助学生了解大数据技术的基本原理，并初步掌握运用大数据技术进行管理决策的基础知识。围绕大数据技术带来的管理决策的变化，本书全面介绍面向管理决策的大数据技术的基本原理，包括大数据概论、存储与管理、采集与预处理、数据处理架构、分析与建模、可视化、大数据治理等方面，形成完整的大数据技术体系，帮助管理类各专业学生形成对大数据技术的基本认识，并奠定进一步深入学习和应用的基础。

本书被纳入河南省"十四五"普通高等教育规划教材建设项目，是国内管理学领域最早将大数据技术与管理决策融合的教材之一。为配合读者学习，本书编者已制作了课件、录制了授课视频并在中国慕课网发布了在线课程。因大数据技术与管理决策的结合尚处于探索阶段，很多内容尚未形成公认范式，可供直接参考的文献资料有限，加之大数据技术更新迭代和应用变化迅猛，难免存在内容不够全面、系统的问题，部分内容和观点可能已经滞后。同时，编者对相关内容的学习和理解也存在不足，学术水平也有待进一步提升，恳请各位同行和使用本书的教师与同学们提出宝贵意见，以期再版时完善。

在编写和制作在线课程的过程中，编者非常注重课程思政建设，努力将我国各领域大数据研究和应用方面的进展纳入教材和课程内容,反映我国大数据政策、大数据应用和发展等方面的最新进展,以帮助读者更好地客观了解我国大数据与管理决策的发展现状、国际对比和发展潜力,更好地把握政府政策引导对新技术研发和产业发展的重要作用,树立读者对我国发展大数据技术和推动相关应用的信心。

本书编写团队主要由郑州大学管理工程学院、北京理工大学管理与经济学院的骨干教师、青年博士组成,由翟运开教授和李金林教授牵头,团队的研究涵盖管理学、信息学、经济学、应用数学、法学、公共卫生、机械工程等学科,是一支多学科交叉的编写团队。翟运开教授主要负责体系提出、统稿和第一、二、十二章的编写,赵栋祥负责第三、六章和第七章部分内容的编写,李爱民负责第四、十一章的编写,程于思负责第五章的编写,范萌萌负责第七章和第九、十章部分内容的编写,路薇负责第八章的编写,王宇负责第七、九章部分内容的编写,侯红利负责第十章部分内容的编写。研究生郭柳妍、王鑫璞、张倩、桑青原、高亚丛、卜彩虹、陈亚军、罗波、刘冰琳、田远航、张娜等承担了大量的资料整理、文字梳理和校正排版等工作。李金林教授进行了内容审定和统稿。

本书的编写参考了众多最新论文、著作、在线资料,书末参考文献仅罗列了部分著作和教材,大量参考的论文、报告、行业白皮书、在线资料没有列入,编者对所有列入及未列入参考文献的作者表示感谢,如文献作者希望列入,请联系编者,再版时将一并列入。

编 者

2021 年 11 月

目　录

Contents

绪　论

本章提要

随着互联网、云计算、机器学习等技术的发展与应用，人类进入了大数据时代，如何通过数据挖掘分析发现隐藏在数据背后的价值成为全球关注的热点。决策是管理的核心，基于大数据的管理决策逐渐成为一种新的决策方式。将大数据技术应用于管理决策，有助于帮助学生树立以大数据为基础的管理思维、决策路径和科研方法，管理类专业的学生在"云大物移智"时代都应掌握大数据决策技术。通过本章的学习，在理解掌握管理决策、大数据及技术相关知识的基础上，树立利用大数据技术辅助决策的管理理念，从而实现从传统管理决策向大数据管理决策的思维转变。

学习目标

1. 理解管理决策的相关概念与演变过程、大数据的内涵。
2. 理解利用大数据技术辅助决策的管理理念。
重点：大数据对管理决策的影响维度。
难点：大数据技术及其架构、大数据的应用领域等。

导入案例

大数据在轨道交通应用的探索

　　近几年，我国城市轨道交通以其快速、安全、便捷、环保及大运量等特点迅速发展。从"十一五"到"十四五"期间，成都市轨道交通日均客流量稳定在 350 万人次以上，网络"环 + 放射"的结构初见雏形。随着成都市轨道运营线网规模迅速扩大，地铁建设、运营等过程产生了海量数据信息，如建筑信息模型（Building Information Modeling，BIM）数据、票务数据、清分数据、兴趣点（Point of Interest，POI）数据、手机信令数据、视频数据等。基于大数据应用，成都地铁已使用客流量辅助分析系统、清分系统、资产管理系统等，以实现地铁站台站厅实时客流量监控、站内换乘客流量分析、地铁精准清分清算、地铁进出站客流量监控、地铁商业物业人流量分析等，为城市轨道交通的管理决策提供依据。

（资料来源：大数据在轨道交通应用的探索，https://baijiahao.baidu.com/s?id=1641379496255594816）

思考：
1. 在以上案例中，大数据充当了什么角色？
2. 在以上案例中，用到了哪些信息系统来辅助管理决策？
3. 大数据对管理决策的影响体现在哪些方面？

第一节　管理决策及其演变

一、决策的概念与内涵

决策是人类社会的一项重要活动，涉及包括社会治理、军事战略制定、企业经营管理等在内的各个领域。高效、正确的决策是提升企业管理水平、促进企业增长、维持企业成长的推动力，并在中观及宏观层面对产业及经济健康发展具有重要影响。20世纪30年代，美国管理学者切斯特·巴纳德（Chester Barnard）等人最早将决策概念引入管理理论，后来赫伯特·西蒙（Herbert Simon）、詹姆斯·马奇（James March）等人结合前人观点创立了现代决策理论。现代决策理论认为，决策是指决策者在掌握大量信息和丰富经验的基础上，确定未来行动的目标并借助一定的计算手段、方法和技巧，分析、研究影响决策的诸因素，从两个以上的可行方案中选取最优方案的过程。随着科学理论的不断发展，国内外学者对于决策的理解日趋达成共识。管理学界普遍认为，所谓决策，是指组织或个人为了实现某种目标而对未来一定时期有关活动的方向及方式的选择或调整的过程。

本书认为，决策是管理者为了实现某一特定目标而从若干可行方案中选择一个满意方案的动态分析判断过程，是管理活动的核心。决策的构成要素包括决策者、决策目标、决策环境、决策准则、备选方案、决策后果六项，其中决策者是管理决策的关键要素，在组织经营活动中至关重要。

二、决策的特征

（一）目的性

任何组织在决策时都必须首先确定决策目标。目标是组织在未来特定时限内完成任务程度的指向和标志，没有目标，决策就失去了标准和依据。决策目标必须明确、具体、切合实际，且不论是个体决策还是群体决策，目标往往是随着决策环境的变化而动态变化的。

（二）选择性

决策的实质是选择。决策必须进行多方案优选，如果只有一种方案，没有选择余地，便称不上决策。科学决策的重要条件是拟订尽可能多的可行方案以供选择，在制定可行方案时，应满足整体详尽性和相互排斥性要求。一方面，尽可能全面考虑到各种可能实现的方案，以免漏掉可能是最好的方案；另一方面，方案之间不可雷同替换。

（三）满意性

科学决策遵循"满意原则"而非"最优原则"。信息、时间和确定性的局限使决策者难以做到最佳，通常情况下，决策者采纳在一定条件下实现目标的较满意方案，即在目前环境中足够好的方案为决策方案。

（四）过程性

决策是一个过程，而非瞬间行动。组织的管理决策并不是一蹴而就的，而是与组织中各项其他职能相互融合，贯穿于管理过程的始终，包含活动目标的确定、活动方案的拟订、评价和选择等一系列过程。

（五）动态性

决策不是教条主义，应以时间、地点、条件为转移。决策的动态性决定了问题的求解过程应是一个集描述、预测、引导为一体的迭代过程，决策实际上是一个"决策——实施——再决策——再实施"的连续不断的动态循环过程。

三、决策的基本流程

决策必须遵循程序，按照章法、步骤办事，这是决策科学化的重要特征之一。决策理论学派的主要代表人物赫伯特·西蒙将决策过程描述为情报、设计、选择和执行四个不同阶段。当选择的解决方案不起作用时，可返回到决策过程的早期阶段，并在必要时重复上述阶段的工作，这就构成了完整的决策循环，如图1-1所示。

（1）情报。通过收集加工情报研究决策环境，分析确定影响决策的因素，发现、识别组织中存在的问题，回答"为什么存在问题""问题在哪里""对组织有什么影响"等，找出制定决策的依据。

（2）设计。发现、开发并分析各种可行方案。通常情况下，实现目标的方案不止一个，而是两个或更多的可供选择的方案。这个阶段需要研究与实现目标有关的限制性因素，识别各种可行方案供后续评估选择。

（3）选择。从备选方案中确定最优方案，包括方案论证和决策形成两个步骤。方案论证是指对备选方案进行定量和定性分析、比较和择优研究，为决策者进行初选，并把经过优化选择的可行方案提供给决策者。决策形成是决策者对经过论证的方案进行最后的抉择。

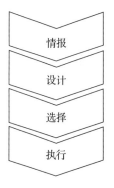

图1-1　决策过程

（4）执行。方案的执行是决策过程中至关重要的一步。在选定方案后，即可制定执行方案的具体措施和步骤。执行过程中还需要持续监测方案执行情况，并做出继续执行、停止实施或修改后继续实施等决定。

除赫伯特·西蒙对决策过程的判定外，目前普遍认可的决策流程还可描述为前期抉择与判断、中期评估与实施、后期反馈三大过程，具体涵盖发现并界定问题、确定决策目标、拟订备选方案、分析评价备选方案、选择并实施方案和监督与反馈六步。

（1）发现并界定问题。决策是为了解决问题而制定的，没有问题则不需要决策，问题不明便难以做出正确决策。在决策过程中，"问题"是指"期望目标"与"实际情况"间的差距。发现问题是决策的起点和难点，正确界定问题的性质和问题产生的根源是解决问题的关键。另外，发现问题的精确度有赖于信息的精确程度，在发现并界定问题阶段需要管理者尽可能获取精确、可信赖的信息，并分清客观事实与主观感觉，明确问题的根源而非表象。

（2）确定决策目标。决策目标是指在内外部环境条件下，在市场调查和研究的基础上预测能达到的结果。决策目标应具有针对性、可量化性、可行性和可接受性，目标的确定必须建立在发现问题的基础上，当处理多目标问题时，要尽可能减少目标数量，根据目标的重要程度合理排序，抓住主要目标。

（3）拟订备选方案。组织的目标确定之后，决策者要提出实现目标和解决问题的各种方案。任何一个问题都不是只有一种解决方案，决策者在提出备选方案时，应把所有可能实现目标的方案罗列出来，以便清楚地分析、评估。备选方案应具备三个基本条件：①有利于组织目标的实现；②在组织外部环境和内部条件下均具有可行性；③方案具有明显的排他性。

（4）分析评价备选方案。备选方案拟订后，决策者应以是否有利于达到决策目标为评价标准批判性地分析每个方案，比较各方案的优缺点。在分析评价备选方案时应考虑：①方案所需条件能否具备，筹集利用这些条件的成本为多少；②方案实施能给组织带来怎样的长期和短期收益；③方案实施中可能遇到的风险及失败可能性等。

（5）选择并实施方案。这一阶段要求决策者根据组织的目标并结合自己的经验和直观判断能力，采用现代化的分析、评价、预测手段对各种方案进行综合评价，并将备选方案进行排序。决策者根据备选方案的排序做出选择并实施方案。方案实施阶段应制定具体落实措施，明确各部门的职责、分工和任务。

（6）监督与反馈。管理者通过对决策的定期追踪、检查和评价，及时掌握决策执行的进度，跟踪决策执行情况，发现决策执行偏差并及时采取纠正措施，以保证实现既定目标。针对客观条件发生重大变化、原决策目标确实无法实现的情况，应重新寻找问题，确定新的目标，重新制定可行的决策方案并进行评估和选择。

四、管理决策的类型

管理决策是指管理者根据所掌握的信息和知识，针对预期目标，对组织进行协调调配，以实现内部各环节生产经营活动的高度协调、资源的合理配置与利用的过程。常见的管理决策有人事调配、资金运用、设备选择、生产经营计划制订等。目前关于管理决策的分类并没有统一的标准，按照不同的分类方法，具有不同的管理决策类型。

（一）按决策影响范围和重要程度分类

（1）战略决策。战略决策是指为解决全局性、长远性、战略性重大问题的决策，如企业经营方向、长远发展、企业组织机构改革等的决策。战略决策是战术决策的依据，它的正确与否直接决定着企业的兴衰成败和发展前景。战略决策通常由组织高层管理者制定，具有影响时间长、涉及范围广、作用程度深等特点。在进行战略决策时应注意：①充分考虑企业的经营环境因素（包括经济因素、政治因素、科技因素、法律因素和社会因素等）；②结合企业内部条件（包括人力、物力、财力等经营资源条件，企业的生产能力、技术能力、管理水平等）进行认真分析研究。

（2）战术决策。战术决策与战略决策相对，是指组织的某个或某些部门在未来较短时期内，在既定方向和内容下对活动方式进行的执行性决策，如原材料及设备采购、生产销售计划等。战术决策一般由组织中层管理人员制定并为战略决策服务，其实施是对组织已经形成的能力的应用，实施效果主要影响组织的效率与生存。

（3）业务决策。业务决策又称日常管理决策，是日常生产经营活动中为更好地执行管理决策、提高工作效率等所做的一系列决策的统称。业务决策大多是具有一定确定性的程序化活动，决策内容往往是重复发生的，如生产任务分配、人力物资调度、设备维修、库存控制及材料采购等。业务决策涉及范围较窄，只对组织产生局部影响，具有较大的灵活性。

战略决策、战术决策和业务决策的关系，如图1－2所示。

图1－2　三种管理决策的关系

（二）按决策主体不同分类

（1）个人决策。个人决策是指由企业领导者凭借个人智慧、经验及所掌握信息进行的决策，通常适用于常规事务或紧迫性问题的处理。个人决策具有决策速度快、效率高等优点，但不可避免地带有主观性、片面性，对于全局性重大问题不宜采用个人决策的方法。

（2）集体决策。集体决策是指由多人共同参与并制定的决策，如德尔菲法、头脑风暴法等。集体决策能集思广益，保证决策的正确性、有效性，决策风险小、失误少，通常适用于制定长远、全局性战略；但集体决策过程较复杂，耗费时间较多，决策结论相对保守，可能导致组织丧失部分机会和机遇，在某些随机性很强的突发事件面前，集体决策往往不如个人决策效果好。

（三）按照决策是否重复分类

（1）程序化决策。程序化决策也称常规决策，是指决策问题经常出现，已经具备处理经验、程序和规则，可以按照常规办法解决的决策。例如："企业生产的产品质量不合格如何处理""商店销售过期的食品如何解决"等。

（2）非程序化决策。非程序化决策是指决策问题不常出现，没有固定模式、经验解决，需要依靠决策者做出新判断的决策。例如："企业开辟新的销售市场""商品流通渠道调整""选择新的促销方式"等。

（四）按决策的确定性程度分类

（1）确定型决策。确定型决策是指在稳定（可控）条件下进行的决策。确定型决策的决策条件是确定的，决策者确切知道自然状态的发生情况，每个备选方案对应一个确定的结果。

（2）风险型决策。风险型决策也称随机决策。对于风险型决策，可供选择的方案存在两种或以上随机发生的自然状态，但每种自然状态所发生的概率是可以估计的。

（3）不确定型决策。不确定型决策是指在不稳定条件下进行的决策。对于不确定型决策，可供选择的方案存在两种或以上随机发生的自然状态，且每种自然状态所发生的概率是无法估计的。

五、管理决策的方法与演变

（一）定性决策方法

1. 头脑风暴法

头脑风暴法（Brainstorming Method）又称畅谈会法，通过创造一种自由、奔放的思考环境，诱发创造性思维的共振和连锁反应，产生更多的创造性思维。

2. 专家会议法

专家会议法（Expert Meeting Law）是指根据决策的目的和要求，邀请有关专家通过会议形式，提出相关问题，展开讨论分析，做出判断，最后综合专家的意见进行决策。通过座谈讨论，能相互启发，集思广益，取长补短，较全面地集中各方意见，得出决策结论。

3. 德尔菲法

德尔菲法（Delphi Technique）是以匿名的方式通过几轮函询征求专家意见，组织决策小组汇总整理每一轮意见并作为参考资料再发给每位专家，供他们分析判断，提出新的意见。如此反复，专家的意见渐趋一致，最后做出决策。

4. 波士顿矩阵法

波士顿矩阵法（BCG Matrix）又称四象限分析法、产品系列结构管理法，是由波士顿咨询集团（Boston Consulting Group，BCG）在 20 世纪 70 年代初开发的一种规划产品组合的战略决策方法，用"市场增长率 – 相对市场占有率矩阵"对企业的战略事业单位加以分类和评价。波士顿矩阵法将组织业务分为问题型、明星型、瘦狗型、现金牛型四类，并将其标在二维矩阵上，如图 1 - 3 所示。

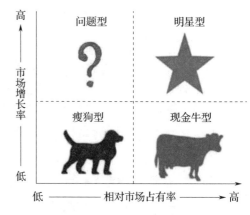

图 1 - 3　波士顿矩阵法

（1）问题型。问题型业务是指市场增长率高、相对市场占有率低的业务。公司的新业务通常为问题型业务，若该业务符合企业发展长远目标，能够增强企业核心竞争力，则应做出加大资金投入、增加设备和人员的决策以便跟上迅速发展的市场。

（2）明星型。明星型业务是指市场增长率高、相对市场占有率高的业务。明星型业务是由问题型业务继续投资发展起来的，可以视为高速成长市场中的领导者。组织应将有限的资源投入到能够发展成为现金牛型的明星型业务上。

（3）瘦狗型。瘦狗型业务是指市场增长率低、相对市场占有率低的业务。这类业务通常是微利甚至亏损的，且占用资金、时间等较多资源。一般情况下，若瘦狗型业务有可能转化为现金牛型业务，则应该加强投资；若无转化可能，则可以有限投资或撤资。

（4）现金牛型。现金牛型业务是指市场增长率低、相对市场占有率高的业务。由于市场已经成熟，组织不必大量投资来扩大市场规模，同时作为市场中的领导者，该业务享有规模经济和高边际利润的优势，能给企业带来大量效益。

（二）定量决策方法

不同的决策问题采用不同的定量决策方法，见表 1 - 1。

表 1 - 1　定量决策方法

管理决策类型	管理决策方法
确定型	盈亏平衡分析法
	线性规划法
	非线性规划法

（续）

管理决策类型	管理决策方法
不确定型	乐观决策法
	悲观决策法
	乐观系数决策法
	后悔值决策法
风险型	期望值决策法
	决策树法
	贝叶斯决策法

1. 确定型管理决策

对于确定型管理决策问题，通常采用盈亏平衡分析法、线性规划法和非线性规划法。

（1）盈亏平衡分析法。盈亏平衡分析法也称量本利分析法，根据产品销售量、成本、利润的关系，通过数学模型来分析和选择决策方案。盈亏平衡分析法是一种简便有效、使用范围较广的定量决策方法，被广泛应用于生产方案的选择、利润预测、价格制定等方面。

（2）线性规划法。线性规划法是解决多变量最优决策的方法。该方法在相互关联的多变量约束条件下，求解一个对象目标函数的最大值或最小值，其本质在于寻求如何利用有限资源获得最大效果或付出最小代价。该方法被广泛应用于产品制造、原料分配、运输计划等方面。

（3）非线性规划法。对于静态的最优化问题，当目标函数或约束条件出现未知量的非线性函数且不便于线性化，或勉强线性化后会招致较大误差时，通常应用非线性规划法来处理。该方法可应用于经营管理、工程设计、科学研究、军事指挥等方面。

2. 不确定型管理决策

对于不确定型管理决策问题，常见的决策方法有乐观决策法、悲观决策法、乐观系数决策法和后悔值决策法。

（1）乐观决策法。乐观决策法又称"好中求好"法，其基本思想是假定决策者对未来的结果持乐观态度，从最好的自然状态出发，在各方案最有利的结果中选择最有利的结果作为最佳选择。其决策步骤为：①求出每个方案在各个自然状态下的最大效益值；②求各最大效益值的最大值；③选取该最大值对应的行动方案为决策方案。

（2）悲观决策法。悲观决策法又称"坏中求好"法，其基本思想是假定决策者从最坏的自然状态出发，从各方案最不利的结果中选择最有利的结果作为最佳选择。其决策步骤为：①求出每个方案在各个自然状态下的最小效益值；②求各最小效益值的最大值；③选取该最大值对应的行动方案为决策方案。

（3）乐观系数决策法。乐观系数决策法又称折中原则，是一种介于乐观决策法和悲观决策法之间的决策方法。其基本思想是决策者的目光放在过分乐观和过分悲观之间，以乐观系数 α 表示决策者的乐观程度并作为决策依据。其决策步骤为：①以乐观系数 α 和悲观系数 $1-\alpha$ 为权数对每个方案的最大效益值和最小效益值进行加权平均，得到每个方案可能的效益值；②取各方案的可能效益值中最大者；③选取该最大值对应的行动方案为决策方案。

（4）后悔值决策法。后悔值决策法又称最小后悔值原则，将每种自然状态的最高值定为该状态的理想目标，并将该状态中的其他值与最高值相比所得之差作为未达到理想的后悔值，以后悔值作为依据进行决策。这种决策方法是以方案的机会损失大小来判别方案的优劣，其决策步骤为：①求出每个方案在各个自然状态下的后悔值，即最大收益与其他方案收益值之差；②取各自然状态下的最大后悔值作为各方案后悔值；③选取该组最大后悔值中的最小后悔值所对应的方案作为决策方案。

3. 风险型管理决策

对于风险型管理决策问题，常见的是期望值和决策树两种决策方法，另外还有贝叶斯决策法。

（1）期望值决策法。其基本思想是按照各个备选方案的期望损益值排序进行决策分析。其决策步骤为：①结合自然状态发生概率及各个自然状态的损益值，求出每个方案的期望损益值；②取各方案的期望收益值最大者或期望损失值最小者；③选取该最大值或者最小值对应的行动方案为决策方案。

（2）决策树法。决策树法是一种运用概率与图论中的"树"对决策中的不同方案进行比较，从而获得最优方案的风险型管理决策方法。该方法以树形图为分析工具，用决策节点代表决策问题，用方案分枝代表可供选择的方案，用概率分枝代表方案可能出现的各种结果，通过对各个方案在各种结果条件下损益值的计算比较，为决策者提供决策依据。决策树法能直观显示决策过程，多应用于多阶段序列决策问题。

（三）管理决策的演变

管理决策的发展经历了古典决策理论、行为决策理论和新发展理论三个阶段。

第一阶段，古典决策理论基于"经济人"假设，从完全理性的角度看待决策问题，追求获取最大的经济利益。但这一理论忽视了非经济因素在决策中的作用，导致不能完全指导实践活动，逐渐被更为全面的行为决策理论代替。

第二阶段，行为决策理论基于"有限理性"的原则，用"令人满意"代替"最优化"，考察实际决策中所受到的动机、认知及计量上的限制，追求找到令人满意的决策方案。

随着大数据时代的到来，管理决策逐渐进入第三阶段，即新发展理论阶段。这一阶段的决策者运用现代化手段，以系统理论、运筹学和电子计算机为工具，基于数据进行管理决策以提高管理活动效率，决策行为趋向精细化、自动化、实时化。

案例分享　昙花一现的好梦

1985 年，由马来西亚国营重工业公司和日本三菱汽车公司合资 2.8 亿美元生产的新款汽车"沙格型"被隆重推向市场。马来西亚政府视之为马来西亚工业的"光荣产品"，产品推出后，销售量很快跌至低谷。经济学家们经过研究，认为"沙格型"汽车的所有配件都从日本运来，由于日元升值，它的生产成本急涨，再加上马来西亚本身的经济不景气，所以汽车的国内销售量很少。此外，最重要的因素是政府在决定引进这种车型时只考虑了满足国内需要，导致技术上未达到先进国家的标准，无法出口。由于在目标市场决策中出现失误，"沙格型"汽车为马来西亚工业带来的好梦，只是昙花一现而已。

"沙格型"汽车的例子说明科学决策的前提是确定决策目标，它作为评价和监测整个决策行动的准则，不断地影响、调整和控制着决策活动的过程，一旦目标错了，就会导致决策失败。

第二节 信息化时代的管理决策

一、信息技术的广泛应用

信息技术（InformationTechnology，IT）是各种用于管理和处理信息的技术的总称，主要包括传感技术、计算机与智能技术、通信技术和控制技术等。通常，按照表现形态的不同可将信息技术分为硬技术和软技术。硬技术是指各种信息设备及其功能，如显微镜、电话机、通信卫星、多媒体计算机；软技术是指有关信息获取与处理的各种知识、方法与技能，如语言文字技术、数据统计分析技术、规划决策技术、计算机软件技术等。信息技术作为先进生产力的代表方向，因其高速化、网络化、数字化、智能化等特点在生产生活的各个方面都发挥着重要作用。

在教育领域，信息技术成为辅助教学的重要工具。信息化资源平台的建设能够更好地发挥教学资源的带动作用，信息化教学成为教育领域的发展趋势。

在交通领域，信息技术极大地提高了生活便捷性。全球定位系统（Global Positioning System，GPS）、地理信息系统（Geographic Information System，GIS）、传输控制协议/网际协议（Transmission Control Protocol/Internet Protocol，TCP/IP）等都是信息技术飞速发展的成果。

在医学领域，医疗信息化迅速发展，信息技术应用逐渐成熟。医院管理信息系统（Hospital Information System，HIS）方便医务人员随时调看患者病历，有效减少了患者就诊时间，提高了就诊效率，实现了医院间的远程会诊，推动了分级诊疗体系建设。

在企业管理领域，信息技术的广泛应用充分发挥了信息的战略资源作用，优化了资源配置，提高了社会劳动生产率和社会运行效率。例如：人力资源管理系统加强了企业的人才管理，实现了人力资源的高效利用；新一代企业资源计划（ERP）系统为财务管理提供了极大便利等。

二、信息技术对管理决策的挑战

信息技术的广泛应用在信息获取、存储、分析、转化为价值等过程中具有重要作用，为企业经营管理带来机遇的同时，也对企业管理决策提出挑战。

（一）对组织的信息安全管理提出挑战

相较于传统数据，信息时代的数据获取方式、传输媒介、存储规模、访问特点、分析方法、平台支撑和技术架构均有了很大不同。传统的信息安全技术已无法满足大数据环境下的信息安全保障诉求，信息技术的发展加大了信息安全的防护难度，使系统更易被入侵、安全策略更难实行、安全认证系统面临更大压力，一定程度上增加了企业生产经营与管理决策的成本。

（二）对组织的结构与流程提出挑战

信息技术要求组织管理者构建科学合理的组织结构，明确岗位和职责划分，这样才能设计出明晰的流程以适合自动化和信息处理的需要。信息技术要求组织明确操作标准，形成规范管理流程，确保顺利实现电子化、信息化管理。信息化时代要求组织搭建信息管理平台，提高信息分享度，提高信息化管理程度，这一点在企业内部不同系统间、不同企业间是非常困难的。

（三）对组织人员的信息素质提出要求

信息化时代背景下，大多数管理环节需要组织人员也具备相应的技术和操作能力，才能利用信息技术手段服务组织经营活动。也就是说，信息化技术的发展对组织管理者及员工的信息化管理水平提出了新的要求。组织应该加强信息化管理理念培训，使计算机网络技术、信息技术应用进入企业的实际管理，提高企业的竞争力。

三、信息化时代的数据导向

如图 1-4 所示，从 20 世纪四五十年代开始的第三次科技革命，以原子能技术、航天技术、电子计算机技术的应用为代表，涉及信息技术、新能源、生物、海洋等诸多领域，使人类由工业社会进入信息社会，开启了信息化时代的大门。1980 年前后，个人计算机（PC）开始普及，信息技术开始应用到人们的生活、工作中，大大提高了社会生产力，人类迎来了第一次信息化浪潮，开启了以数字化为主要特征的自动化阶段。1995 年前后，人类开始全面进入互联网时代，大量的信息互相连接，互相交互，由此迎来了第二次信息化浪潮，开启了以互联网应用为主要特征的网络化阶段。2010 年前后，云计算、大数据、物联网（IoT）迅速发展，信息呈爆炸式增长，拉开了第三次信息化浪潮的序幕。当前，能否紧紧抓住大数据发展机遇，快速形成核心技术和应用参与新一轮的全球化竞争，成为世界范围内各国科技力量博弈的重要一步。

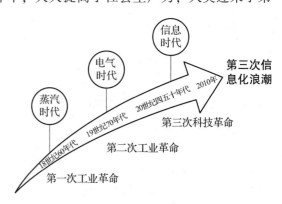

图 1-4　第三次信息化浪潮

从企业发展角度看，面对海量的数据，组织中的管理对象从一般的数据管理发展到大数据管理，如何实现从数据到信息到决策、再从决策到利润的转变，成为关乎企业发展的重要问题，管理者急需整合挖掘数据中的有价值信息指导组织发展。为此，许多企业开始建立专门的数据服务部门，提供基于数据的运营指导，海量数据正成为企业制定战略决策的重要参照，引领着社会各领域的变革与进步。

（一）数据辅助企业认识用户

传统的用户研究包括品牌研究、客户满意度研究、商圈研究、市场细分、渠道研究、产品定价研究及产品测试，这些研究大多用市场调研的方法来实现。信息化背景下，企业基于数据分析与挖掘技术快速产生结果，能够切实推动自身快速发展，并通过具体数据了解客户对研发产品的真实态度，以此获取客户对产品的诸多要求和建设性意见，及时掌握市场变化，并以此重新定位产品的新特征，同时还能通过基于数据的预测，发现潜在客户资源。

（二）数据辅助企业锁定资源

从海量数据中筛选出有效数据进行深度挖掘，对所需要资源进行精准锁定，发现潜在目标资源及关联产品，为企业制定战略赢得大量宝贵时间，在市场上占领先机。

（三）数据辅助企业做好运营

以前，企业主要通过一线市场人员与消费者的接触，层层向上反馈以了解市场，存在由于失去市场先机导致企业战略部署不到位等问题。借助数据平台，企业能够实时获取市场动态和用户反馈，及时做出战略调整。例如，通过对临床诊疗、电子病历、医药器材消耗等数据的深入分析与挖掘，并通过多个维度对其进行可视化展示，可实现对医疗卫生机构海量健康医疗信息的知识化转换和智能化应用，构建临床辅助决策支持系统，推动精准诊疗、个体化用药、精准健康管理，提高医疗机构运营、管理和服务的效率与质量。

（四）数据提高核心竞争力

决策正在从"业务驱动"转变为"数据驱动"。企业只有从数据中挖掘重要资源，为企业发展与战略部署服务，才能制定适合的管理决策，在高速发展的市场环境中保有竞争优势。

四、信息系统支持管理者决策

（一）信息系统的概念与内涵

随着计算机、手机、Pad 等电子产品的普及，人们的学习、生活、消费、社会交往等几乎所有活动都需要依托于不同的信息系统，信息系统被应用于各种场景，不同信息系统间的交互和数据融合越来越深入。

从技术角度看，信息系统（Information System）是指由若干相互连接的部件组成的，对组织中的信息进行收集（或检索）、处理、存储和发布，以支持组织制定决策和管理控制的系统。信息系统的发展促进了决策科学化，对优化管理者活动和决策起到了重要作用。从业务视角看，信息系统是企业创造价值的重要工具，是一系列获取、处理和分发信息的增值活动的一部分。信息系统为管理者提供信息，帮助企业改善管理决策，提升组织绩效，最终提升企业的盈利能力。

（二）信息系统支持管理者角色

亨利·法约尔（Henri Fayol）的一般管理理论指出管理者的五大职能为计划、组织、协调、决策和控制。亨利·明茨伯格（Henry Mintzberg）将管理者角色划分为人际关系类、信息类和决策类 3 类、共 10 种角色，见表 1-2。信息系统能够支持大多数管理者活动，为管理者提供了新的工具，既发挥了他们的传统角色，也兼顾了新角色，使管理者实现更加精确、快速地监控、计划和预测，并辅助他们面对不断变化的商业环境做出快速反应。信息系统最有利于支持管理者执行信息传播者、组织各层级之间的联络者和资源分配者角色的活动。例如，智能手机、社交网络、短信、电子邮件等支持系统可以实现联络团队成员、接收并分发信息等作用来支持管理者活动和决策；又如，通过商务智能、决策支持系统（DSS）等信息系统能够实现资源配置。

表1-2　管理者角色

类别	管理者角色
人际关系类	代表人
	领导者
	联络者
信息类	神经中枢
	信息传播者
	发言人
决策类	企业家
	干扰处理者
	资源分配者
	协商者

然而，信息系统并不能改善组织中的每一个决策，对于非结构化决策的支持力度较小，且在信息系统可以发挥作用的领域中，其信息质量、管理过滤器和组织文化可能会影响决策质量。

（三）不同决策群体的信息系统

信息系统是组织整体的一部分，服务于组织不同群体和层次的管理需求。通常来说，组织中不同决策群体的信息需求不同。高层管理者主要面临非结构化决策，如确定公司 5～10 年的发展目标、决定是否进入新市场、制定企业产品及服务的长期战略决策等；中层管理人员执行高层管理者制定的项目和计划，通常面临更结构化的决策情形，也可能包含非结构化决策，如回答为何某一季度订单呈下降趋势；基层管理人员负责监控业务的日常活动，进行结构化决策，如装配线上的主管要决定某个计时工人是否能获得加班工资等。

对于业务经理来说，可以采用事务处理系统（Transaction Processing System，TPS）记录各种基本业务信息，如销售、票据、现金存量等。事务处理系统多用于执行和记录企业日常业务，关注提高作业层管理者的工作效率，以解决常规问题和跟踪企业的业务流。基层管理者通常采用事务处理系统监控企业内部的运营状态、企业与外部环境的关系，并为其他系统和业务功能提供所需信息。

除事务处理系统外，企业中还有提供信息支持管理决策的商务智能系统。这类系统将企业不同业务系统（如 ERP、客户关系管理（CRM）、自己开发的业务系统软件等）的数据进行提取、整合、清洗，并利用合适的查询和分析工具快速、准确地为企业提供报表展现与分析，辅助企业开展监督监测、决策制定和行政事务等工作。具体来说：

（1）对于中层管理者来说，可以使用管理信息系统（Management Information System，MIS）和决策支持系统（Decision Support System，DSS）辅助管理决策。管理信息系统将事务处理系统中来自库存、生产、会计等方面的事务数据转化为管理信息系统文件，生成关于企业基本运行情况的报告提供给管理者。管理者根据报告了解组织当前的运行情况，进行业务监督和控制，并预测未来的绩效等。但管理信息系统不具有柔性，分析能力有限，通常回答的是预先设定的常规性问题，大多数管理信息系统使用的是汇总和对比这类简单的处理程序，而非复杂的数据模型或统计技术。决策支持系统是管理信息系统向更高一级发展而产生的先进信息管理系统。它为决策者提供分析问题、建立模型、模拟决策过程和方案的环境，调用各种信息资源和分析工具，帮助决策者提高决策水平和质量。决策支持系统可用于支持业务或组织决策活动，关注独特且快速变化的问题，服务于组织管理、运营和规划管理层（通常是中高层者），帮助企业对可能快速变化且不容易预测结果的问题做出决策。

（2）对于高层管理者来说，他们需要的系统应能着眼于战略问题和长期发展趋势，既要关注公司内部，也要关注外部环境，能够支持非常规性的决策。可以采用经理支持系统（Executive Support System，ESS）辅助进行管理决策。经理支持系统专注于需要判断、评估和洞察力的非常规型决策，综合了企业内外部管理信息系统和决策支持系统的信息，为客户提供简约界面以呈现多源数据，并通过过滤、精炼、跟踪关键数据，将其中最重要的部分展示给高层管理者。

（3）对于团队决策来说，可以使用群体决策支持系统（Group Decision-Support Systems，GDSS）。群体决策支持系统是交互式的，为一组工作在同一地点或不同地点的决策者提供决策支持，帮助团队更有效地形成一致决策。随着移动计算的爆炸式增长和 Wi-Fi、移动通信网络宽带的快速扩展，它的功能不断优化，逐渐由原先的专用会议室发展为活的虚拟协作室。

（四）信息系统的企业应用

信息系统除了能够支持不同管理层决策外，还需要具备不同系统间的信息共享能力来实现更好的企业应用。本书介绍四种主要的企业应用系统，包括企业资源计划系统、供应链管理系统、客户关系管理系统和知识管理系统。这类信息系统集成了一系列相关的职能和业务流程，贯穿企业各级管理层工作，能够有效提升企业资源管理和客户服务效率，增强整体绩效。

（1）企业资源计划（Enterprise Resource Planning，ERP）系统。企业资源计划系统又称企业系统，是建立在信息技术基础上，以系统化的管理思想从供应链范围优化企业资源。通过企业资源计划系统将制造和生产、财务和会计、销售和市场、人力资源等职能领域的信息统一存储到综合数据库中供不同部门使用，对于改善业务流程、提高核心竞争力具有显著作用。

（2）供应链管理（Supply Chain Management，SCM）系统。企业使用供应链管理系统管理供应商关系，记录相关商品、数据和资金流动情况。通过与供应商、采购公司、分销商及物流公司共享关于客户订单、生产、库存状态及产品和服务递送信息，供应链管理系统能协助企业有效管理资源，优化采购、制造、产品和服务的配送等业务，实现业务运作的全面自动化，降低产品生产和运输成本，增强企业盈利能力。

（3）客户关系管理（Customer relationship Management，CRM）系统。企业使用客户关系管理系统管理客户的关系，以客户数据管理为核心，记录市场营销及销售过程中和客户发生的各种交互行为及活动状态，帮助企业协调与销售、市场、服务相关的业务流程，提升业务收入、客户满意度和客户忠诚度，识别、吸引、保留有价值客户，提高销售额。

（4）知识管理系统（Knowledge Management System，KMS）。企业使用知识管理系统对组

织中大量有价值的方案、策划、成果、经验等知识进行分类存储和管理，积累知识资产，避免流失，促进知识的学习、共享、培训、再利用和创新，更好地管理与知识经验获取和应用有关的流程，有效降低组织运营成本，增强核心竞争力。

总的来说，信息系统已深深地融入组织运行和决策过程中，成为组织不可分割的在线互动工具。信息系统和信息技术的发展，降低了信息的获取成本，扩大了信息的传播范围，增加了优化组织运作的可能性，使管理者利用市场实时数据进行决策成为可能，支持并促进了企业低成本领先、产品差异化等战略的实施，对企业科学管理决策产生了深远影响。

案例分享　汕尾电厂：生产经营管理辅助决策系统

广东红海湾发电有限公司是由广东几家公司共同出资组建的大型发电企业，负责汕尾电厂的建设和运营。公司管理层十分重视企业信息化建设，基于先进的技术和智能分析平台强大的分析功能，整合电厂的经营管理、生产运行各个业务系统的信息和数据，打破了系统和信息的壁垒，并结合二次开发技术为电厂的生产经营管理提供全面的技术支持和完整的解决方案，为管理决策提供准确、及时的信息保障。

高效的信息整合、智能分析与传递已经成为企业信息化发展的必然趋势，企业对于信息系统的建设需求发生了哪些改变？

（资料来源：豆丁网－决策支持系统案例）

第三节　大数据技术及其发展

一、数据与大数据

（一）数据的概念与内涵

数据是对客观事物的性质、状态及相互关系等进行记载的物理符号或这些物理符号的组合，是用于表示客观事物的未经加工的原始素材。

在计算机系统中，数据以二进制信息单元 0 和 1 的形式表示，所有能输入到计算机并被计算机程序处理的符号、数字、字母、模拟量等都叫数据。通俗来说，数据是指尚未被整理成被人们理解和使用的形式之前的表示，即发生于组织或组织所处环境中的原始事实的符号串。日常工作、生活、学习、娱乐过程中形成的文字、字母、数字符号的组合、图形、图像、视频、音频等，以及对各种事物的属性、数量、位置及其相互关系的抽象表示，都是数据。

与数据经常一起谈及的，还有信息和知识。信息是指为了某种需求而对原始数据加工重组后形成的有意义、有用途的数据。知识是指在信息的基础上提炼和总结的具有普遍指导意义的内容，包括共性规律、理论和模型模式方法等。如图 1-5 所示，数据、信息和知识三者既有区别又有紧密联系、不可分离。

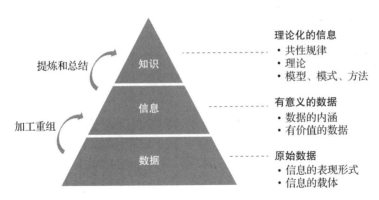

图1-5 数据、信息、知识三者的关系

　　三者的关系具体表现在：①信息源于数据，但高于数据。数据是信息的表现形式和载体，是信息的原始记录；信息是经过加工后的对某现象具有一定解释力的数据，是有价值的数据。②知识是信息的进一步提升，是更加系统化、理论化的信息。③从数据到信息再到知识的阶梯式递进方式，也是从认识局部到认识整体的过程。值得注意的是，数据本身并没有意义，数据只有对实体行为产生影响时才成为信息，具有意义。

（二）大数据的概念与内涵

　　近年来，"大数据"（Big Data）已成为一个受全世界关注的热门词汇，在科研、电信、金融、教育、医疗、军事、电子商务甚至国家及政府机构决策时都离不开大数据的身影，大数据已成为国家重要的基础性战略资源，正引领新一轮科技创新，推动经济转型发展。目前，国际上关于大数据尚未形成统一定义。

　　（1）麦肯锡全球研究院（McKinsey Global Institute）指出，"大数据是指大小超出常规数据库工具获取、存储、管理和分析能力的数据集"，并强调并不一定只有超过特定值的数据集才算是大数据。

　　（2）国际数据公司（IDC）从四个特征定义大数据，即海量的数据规模（Volume）、快速的数据流转和动态的数据体系（Velocity）、多样的数据类型（Variety）和巨大的数据价值（Value）。

　　（3）国际研究机构Gartner指出，"大数据是需要新处理模式才能具有更强的决策力、洞察发现力和流程优化能力来适应海量、高增长率和多样化的信息资产"。

　　（4）亚马逊大数据科学家John Rauser将大数据简单定义为任何超过了一台计算机处理能力的数据量。

　　（5）维基百科指出，"大数据是指所涉及的资料量规模巨大到无法通过目前主流软件工具，在合理时间内达到撷取、管理、处理并整理以帮助企业经营决策目的的信息"。

　　（6）美国国家科学基金会（NSF）指出，"大数据是由科学仪器、传感设备、互联网交易、电子邮件、音视频软件、网络点击流等多种数据源生成的大规模、多元化、复杂、长期的分布式数据集"。

　　（7）我国国务院于2015年发布的《促进大数据发展行动纲要》中，对大数据进行了全新界定，即"大数据是以容量大、类型多、存取速度快、应用价值高为主要特征的数据集合，正快速发展为对数量巨大、来源分散、格式多样的数据进行采集、存储和关联分析，从中发现新知识、创造新价值、提升新能力的新一代信息技术和服务业态"。

大数据是一个宽泛的概念，以上几个定义都无一例外地突出了"大"字。诚然"大"是大数据的一个重要特征，但并不是全部。本书认为，大数据是指无法在一定时间范围内用常规软件工具进行捕捉、管理和处理，需要新处理模式才能具有更强的决策力、洞察发现力和流程优化能力的数据集合。

我们可以从趋势变化角度更加深刻地理解大数据的内涵。在数据内容维度，大数据从生产管理、财务管理扩展到用户行为、产品状态、社交数据等数据；在数据结构维度，大数据从结构化数据逐渐扩展到网页、文档、视频等非结构化数据；在数据工具维度，大数据促使数据工具从数据库演变到了数据仓库，再到分布式数据管理系统。此外，值得注意的是，技术是大数据价值体现的手段和前进的基石，而实践是大数据的最终价值体现。大数据不仅仅是一种工具，更是一种战略、世界观和文化，是提倡用数据说话，减少主观主义和经验主义错误的战略思维。

（三）大数据的发展历程

大数据的发展历程总体上可以划分为 4 个重要阶段：萌芽期、突破期、成熟期和大规模应用期，见表 1-3。

表 1-3　大数据发展的 4 个阶段

阶段	时间	描述
萌芽期	20 世纪末	随着数据挖掘理论和数据库技术的逐步成熟，一批商业职能工具和知识管理技术开始被应用，如数据仓库、专家系统、知识管理系统等
突破期	2000—2006 年	社交网络的流行导致大量非结构化数据出现，传统处理方法难以应对，带动了大数据技术的快速突破，数据处理系统、数据库架构开始被重新思考
成熟期	2006—2010 年	大数据解决方案逐渐走向成熟，形成了并行计算与分布式计算两大核心技术，GFS、MapReduce 等大数据技术，Hadoop 平台受到追捧
大规模应用期	2010 年以后	智能手机应用，数据碎片化、分布式、流媒体特征更加明显，移动数据急剧增长；大数据应用渗透各行各业，数据驱动决策，信息社会智能化程度大幅提高

2008 年 9 月，《自然》杂志（Nature）推出"大数据"封面专栏，"大数据"受到人们关注并逐渐成为互联网技术热门词汇。

2011 年 5 月，麦肯锡全球研究院发布了题为《大数据：创新、竞争和生产力的下一个前沿》的报告。该报告认为数据已经成为经济社会发展的重要推动力，并对大数据会产生的影响、所需关键技术以及应用领域等进行了较详尽的分析。

2012 年 3 月，美国奥巴马政府发布了《大数据研究和发展倡议》，正式启动"大数据发展计划"，大数据上升为美国国家发展战略。

2012 年 7 月，日本推出"新 ICT 战略研究计划"，把大数据发展作为国家层面的战略提出。

2013 年 12 月，中国计算机学会发布《中国大数据技术与产业发展白皮书》，系统总结了大数据的核心科学与技术问题，推动了我国大数据学科的建设与发展。全球范围内，世界各国政府均高度重视大数据技术的研究和产业发展，纷纷把大数据上升为国家战略加以重点推进，以期在"第三次信息化浪潮"中抢占先机，引领市场。

2017年1月，工信部发布《大数据产业发展规划（2016－2020年)》，全面制定了"十三五"期间的大数据产业发展计划。

2021年11月底，工信部发布《"十四五"大数据产业发展规划》，提出"十四五"时期的总体目标：到2025年我国大数据产业测算规模突破3万亿元，年均复合增长率保持25%左右，创新力强、附加值高、自主可控的现代化大数据产业体系基本形成。

随着信息网络技术、生物信息技术和计算机科学的迅猛发展，医药卫生、互联网、社会经济等各领域的数据日新月异、呈井喷式积累。根据国际机构 Statista 的统计和预测，全球数据量在2019年约达到41ZB（ZB：十万亿亿字节）。国际数据公司（IDC）统计显示，全球90%的数据是在过去两年内积累的，预计到2025年，全球数据量将比2016年的18ZB增加8倍，达到163ZB。如图1－6所示，人类社会进入了大数据时代，大数据的影响力和作用力正迅速触及社会的每个角落。

图1－6　2016—2020年全球产生数据量

（四）大数据的分类

1. 按表现形式的不同分类

按表现形式不同，大数据分为模拟数据和数字数据。其中，模拟数据是指由传感器采集得到的连续变化的值，如温度、压力，以及电话、无线电和电视广播中的声音、视频等。伴随着物联网技术的发展与应用，数以亿计的传感器实时产生模拟信号，形成巨大规模的数据。数字数据则是指模拟数据经量化后得到的离散值，例如，文字、数字以及用二进制代码表示的字符、图形、音频、视频等。

2. 按载体的不同分类

按载体不同，大数据分为文本数据、图片数据、音频数据和视频数据。其中电子文档（如 TXT 文本、Excel 电子表格）等属于文本数据；手机、相机拍摄的照片、扫描照片等属于图片数据；语音、音乐、效果音等数字化声音属于音频数据；录像、电影等连续的图像序列属于视频数据，具有信息内容丰富、数据量巨大等特点。值得注意的是，随着信息技术的发展，人们在各大媒体平台看到的大多为融合了文本、图片、音频、视频的多媒体数据。

3．按数据结构的不同分类

按数据结构的不同，大数据分为结构化数据、非结构化数据和半结构化数据。

（1）结构化数据。结构化数据是指由二维表结构来逻辑表达和实现的数据，如表格数据、面向对象数据库中的数据等。结构化数据主要通过关系数据库进行存储和管理，严格遵循数据格式与长度规范，字段之间相互独立，是传统数据的主体。

（2）非结构化数据。非结构化数据是指数据结构不规则或不完整，没有预定义的数据模型，不方便用数据库二维逻辑表来表现的数据。包括所有格式的办公文档、图片、图像、音频、视频信息等。由于非结构化数据格式多样，在存储、检索、发布及利用过程中需要更加智能化的 IT 技术，如海量存储、智能检索、知识挖掘、内容保护、信息的增值开发利用等。

（3）半结构化数据。半结构化数据是指介于结构化数据和非结构化数据之间的，以自描述的文本方式记录的数据，如 HTML 文档、模型文档等。此外，由于自描述数据无须满足关系数据库的严格结构，在使用过程中非常方便，因此很多网站和应用访问日志多采用半结构化格式。非结构化和半结构化数据是大数据的主体，其增长速度远大于结构化数据。

4．按数据来源的不同分类

按数据来源不同，大数据分为交易数据、移动通信数据、人为数据、机器和传感器数据。

（1）交易数据。交易数据又称业务数据，是指业务处理过程中或事务处理所产生的数据。如客户关系管理（CRM）系统数据、库存数据、销售点终端机（POS 机）数据、销售数据、生产数据等。交易数据是面向应用的操作型数据，具有时效性强、数据量大等特点，目前大数据平台能够获取时间跨度更大、更海量的结构化交易数据并进行数据分析。

（2）移动通信数据。移动通信数据是指被移动通信设备所记录的数据，包括运用软件存储的交易数据、个人信息资料或状态报告事件等。随着智能手机等移动设备普及性增强，移动设备上的软件能够追踪和沟通无数事件，移动通信设备记录的数据量和数据立体完整度逐渐丰富。

（3）人为数据。人为数据包括电子邮件、文档、图片、音频、视频，以及通过微信、微博等社交媒体产生的数据流。这些数据大多数为非结构化数据，需要用文本分析功能进行分析。

（4）机器和传感器数据。机器和传感器数据是指来自感应器、量表和其他设施的数据，包括呼叫记录（Call Detail Record）、智能仪表数据、工业设备传感器数据、设备日志、交易数据等。

（五）大数据的特征

大数据的 5V 特征包括容量大、类型多样、价值密度低、流转速度快和真实性要求高。

1．容量大（Volume）

根据著名咨询机构 IDC 提出的"大数据摩尔定律"，人类社会产生的数据一直都在以每年 50% 的速度增长，也就是说，每两年数据量将增加一倍多，这意味着人类在最近两年产生的数据量相当于之前产生的全部数据量之和。根据统计和预测，如图 1 - 7 所示，2025 年全球数据产生量预计达到 163ZB，而到 2035 年，这一数字将达到 2142ZB，全球数据量即将迎来更大规模的爆发。

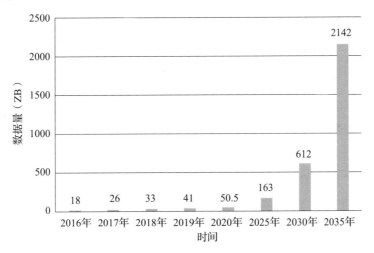

图 1-7　全球每年产生数据量估算图

2. 类型多样（Variety）

大数据的数据来源广泛、数据类型丰富，涉及互联网、医药、保险、金融、环境等诸多领域，包含文本、图片、音视频、数据库、网页等各类结构化、半结构化及非结构化数据。其中，结构化数据占 10% 左右，主要是指存储在关系数据库中的数据；半结构化及非结构化数据占 90% 左右，主要包括网络日志、音频、视频、图片、地理位置信息等。繁多的异构数据存在无序化、碎片化、非结构化、非标准化等问题，对数据的处理能力提出了更高的要求。

3. 价值密度低（Value）

在大数据时代，很多有价值的信息都是分散在海量数据中的，数据商业价值高，但价值密度低。以小区监控视频为例，在连续不间断的监控过程中，可能有用的数据仅有 2～3s，若没有意外事件发生，连续不断产生的数据都没有任何价值。因此，大数据的价值密度远远低于传统关系数据库中已经有的那些数据。

4. 流转速度快（Velocity）

大数据时代的很多应用都需要基于快速生成的数据给出实时分析结果以指导生产和生活实践，数据由离线处理变为在线处理，可以随时调用和计算是大数据区别于传统数据的最大特征，这对数据采集设备的读取速度、存储设备的吞吐量和交换设备的传输速度等都提出了较高的要求。

5. 真实性要求高（Veracity）

大数据的内容是与真实世界息息相关的，研究大数据就是从庞大的数据中提取能够解释和预测现实事件的过程。因此，大数据时代对数据准确性、可信赖度、安全性均提出了较高要求。

二、大数据技术及其架构

（一）大数据技术

大数据技术是指伴随着大数据的采集、存储、分析和应用的相关技术，是使用非传统的工具来对大量的结构化、半结构化和非结构化数据进行处理，从而获得分析和预测结果的一系列数据处理和分析技术。大数据技术是生产力提高和科技进步的必然结果，是社会发展和时代变革的助推器。

大数据技术是一系列技术的集合体，通过这些技术可从大数据中挖掘信息，协助制定决策并实现系列大数据服务。从数据分析全流程的角度，大数据技术主要包括数据采集与预处理、数据存储和管理、数据处理和分析、数据安全和隐私保护等层面的内容。常规的大数据分析技术涉及统计分析、数据挖掘、机器学习、自然语言处理、文本分析、图像语音识别、可视化技术等，见表1-4。

表1-4 常见的大数据技术

大数据技术	技术描述
统计分析	是基于统计学原理，对数据进行收集、组织、分析和解释的科学。统计方法是大数据分析的技术基础，主要用于对变量间可能出现的定性或定量关系进行分析处理，可细分为：统计检验、探索性分析（主元分析法、相关分析法）、判别分析（费希尔判别、贝叶斯判别、非参数判别等）、聚类分析（动态聚类、系统聚类）、时间序列分析、回归分析（多元回归、自回归等）等
数据挖掘	是指从大量、随机、有噪声、不完全、模糊的数据中提取隐含其中的、过去未知的、有价值的潜在信息的过程，是统计学、数据库管理和人工智能技术的综合运用。通过数据挖掘可进行相关关系或依赖模型发现、归纳演绎或聚类分析、分类或预测模型发现、序列模式发现、关联规则发现、异常或潜在趋势发现等。 主要的数据挖掘方法有机器学习、神经网络和数据库方法，具体包括偏差检测、序列分析、回归分析、关联规则学习、聚类或分类分析以及预测分析等。 常用的数据挖掘工具有IBM SPSS、Python、Oracle Darwin及开源的Weka等，主要通过商务智能（BI）的角度提供从数据分析到可视化的解决方案
机器学习	分为有监督学习、无监督学习、半监督学习、强化学习和深度学习等，在大数据分析中主要用于搜索、迭代优化和图计算。常用的机器学习技术包括贝叶斯网络、神经网络、决策树、支持向量机、聚类、序列分析、回归拟合、迁移学习、隐马尔可夫模型和概率图模型等
自然语言处理	基于语言学和计算机科学，利用计算机算法对人类自然语言进行分析，其关键技术涉及词法分析、句法分析、语义分析、语音识别、文本生成等，主要应用于语义分析、情感分析、舆情分析、文本分类、机器翻译、问答系统、信息检索和过滤等
文本分析	又称为文本挖掘，是从无结构的文本中提取有用信息或知识的过程。文本分析建立在文本表达和自然语言处理的基础上，涉及信息检索、数学统计、数据挖掘、机器学习和计算机语言等
图像语音识别	通过计算机和现代通信技术，实现对图像、语音等特殊形式数据的编解码、匹配实现不同信息的识别或分类。图像识别主要通过图像识别软件实现，而语音则主要通过音色、音调和频率等因素进行区分、匹配
可视化技术	可视化技术是对数据分析结果进行解释与展示的方法，是一种人机交互过程，主要通过视觉和图形化的方式完成对数据分析结果的可视化，往往比文字更易理解和接受。常见的可视化技术有历史流、标签云、空间信息流等

（二）大数据技术架构

根据大数据从来源到应用的流程，可以将大数据技术架构分为数据采集层、数据存储层、数据分析层和数据应用层，如图 1−8 所示。

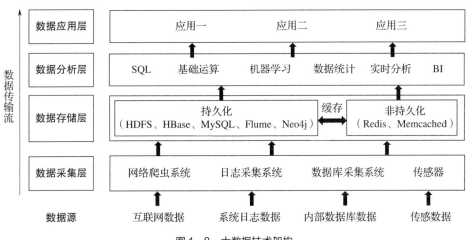

图 1−8　大数据技术架构

1. 数据采集层

数据无处不在，互联网网站、办公系统、政务系统、传感器、监控摄像头等都在每时每刻产生数据。数据采集层通过传感器、社交网络、移动互联网等设备或软件将分散在各处的海量数据收集起来，为后续的分析和应用提供数据基础。

数据采集主要包括数据获取、数据传输、数据初步整理和数据入库四个环节。具体来看，用户从数据源抽取所需数据，利用抽取、转换、装载（ETL）工具将异构数据源中的数据（如关系数据、平面数据文件等）抽取到临时中间层后进行清洗、转换、集成，按照预先定义好的数据模型将数据加载到数据仓库或数据集市中，成为联机分析处理（OLAP）、数据挖掘的基础；也可以利用日志采集工具（如 Flume、Scribe 等）把实时采集的数据作为流式计算系统的输入，进行实时处理分析。

通常大数据采集的数据类型主要有互联网数据、系统日志数据、内部数据库数据和传感数据，可能存在不同的结构和模式，需要将来自不同数据集的数据收集、整理、清洗、转换后，生成一个新的数据集，为后续查询和分析处理提供统一的数据视图。

2. 数据存储层

大数据存储与管理是指用存储设备对收集的数据进行存储，建立数据库并进行管理和调用。数据存储层利用分布式文件系统、数据仓库、关系数据库、云数据库等，实现对结构化、半结构化和非结构化海量数据的存储和管理。

数据存储分为持久化存储和非持久化存储。持久化存储表示把数据存储在磁盘中，关机或断电后数据依然不会丢失。非持久化存储表示把数据存储在内存中，读写速度快，但是关机或断电后会引起数据丢失。目前大数据存储主要通过采用弹性可扩展、高容错、高可用、高吞吐量、高效且成本低的分布式存储系统实现，即将各种类型的数据存储在分散的物理设备节点上，在不同节点上进行副本备份，并通过网络连接存储资源。目前代表性的分布式架构大数据存储技术是 Google（谷歌）的 GFS 和 Hadoop 的 HDFS。

3. 数据分析层

本层运用数据分析、基于统计学的数据挖掘和机器学习算法等分析和解释数据集，帮助企业挖掘数据价值，实现数据深加工。大数据处理分为在线处理（实时处理）和离线处理（批量处理）两类。所谓在线处理，是指对实时响应要求非常高的处理，如数据库的一次查询；离线处理是对实时响应没有要求的处理，如批量压缩文档等。Hadoop 的 MapReduce 计算就是一种非常适合的离线批处理框架。为提升效率，下一代的管理框架 YARN 和更迅速的计算框架 Spark 最近几年也在逐步成型中。在此基础上，人们又提出了 Hive、Pig、Impala 和 Spark SQL 等工具，进一步简化了某些常见查询。此外，Spark Streaming 和 Storm 则在映射和归约思想的基础上，提供了流式计算框架，进一步提升处理的实时性。

4. 数据应用层

大数据的价值体现在帮助企业进行决策和为终端用户提供服务的应用上。数据应用层是大数据技术与应用的目标层，通常包括信息检索、关联分析等功能。大数据应用需要深入分析行业数据特点，梳理行业数据产品需求，建立适用于不同行业的数据应用产品。大数据的充分应用能够为企业提供竞争优势，并对大数据技术提出新的要求。

三、大数据的价值与应用

（一）大数据的价值

大数据的真正价值不在于大，而在于它的全，即空间维度上多角度、多层次信息的交叉复现和时间维度上与人或社会活动相关联的信息持续呈现。大数据将各行各业的用户、方案提供商、服务商、运营商及整个生态链上的相关者都融入一个大环境中，无论是消费者市场还是企业级市场，抑或是政府公共服务，都与大数据息息相关。消费者用户对大数据的需求主要体现在按需搜索、智能信息的提供、用户体验更方便快捷等；企业用户对大数据的需求主要体现在降低企业交易摩擦成本和经营风险，挖掘细分市场，提高企业的商业决策水平等。此外，大数据也被不断应用到政府日常管理中，成为政府改革和转型的技术支撑杠杆和推动政府政务公开、完善服务、依法行政的重要手段。

从业务角度出发，大数据的核心价值主要有以下三点：

（1）数据辅助决策。大数据及其技术能够为企业提供基础的数据统计报表分析服务并获取数据产出分析报告，指导产品运营。管理层通过数据掌握公司业务运营状况，辅助战略决策；产品经理通过统计数据完善产品功能、改善用户体验；运营人员通过数据发现运营问题、确定运营策略。

（2）数据驱动业务。管理者通过数据产品、数据挖掘模型实现企业产品和运营智能化，从而极大地提高企业整体效能产出，如基于个性化推荐技术的精准营销服务、基于模型算法的反欺诈服务等。

（3）数据对外变现。企业通过对数据进行精心包装，对外提供数据服务，获得现金收入。例如，数据公司利用所掌握的大数据提供数据开放平台服务，实现导客、导流、精准营销。

（二）大数据应用

1. 大数据应用的层次

按照数据开发应用深入程度不同，可将大数据应用分为描述性分析应用、预测性分析应用和指导性分析应用三个层次，如图1-9所示。

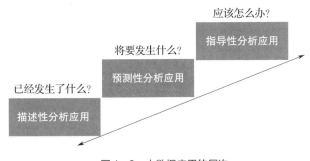

图1-9 大数据应用的层次

（1）描述性分析应用。描述性分析应用是指从大数据中总结、抽取相关的信息和知识，帮助人们分析发生了什么，并呈现事物发展历程的过程。例如，美国的 DOMO 公司从其企业客户的各个信息系统中抽取、整合数据，再以统计图表等可视化形式将数据蕴含的信息推送给不同岗位的业务人员和管理者，帮助其更好地了解企业现状，进而做出判断和决策。

（2）预测性分析应用。预测性分析应用是指从大数据中分析事物之间的关联关系、发展模式等，并据此对事物发展的趋势进行预测。例如，微软公司纽约研究院研究员 David Rothschild 通过收集和分析赌博市场、好莱坞证券交易所、社交媒体用户发布的帖子等大量公开数据，建立预测模型，对多届奥斯卡奖项归属进行预测，准确率达 87.5%。

（3）指导性分析应用。指导性分析应用是指在前两个层次的基础上分析不同决策将导致的后果，并对决策进行指导和优化。例如，无人驾驶汽车分析高精度地图数据和海量激光雷达、摄像头等传感器实时感知数据，对车辆不同驾驶行为后果进行预判，并据此指导车辆的自动驾驶。

2. 大数据应用领域

（1）电商领域。淘宝、京东等电商平台通过用户浏览足迹收集用户信息，进行用户画像，为用户提供个性化定制推送，进行精准营销。

（2）政府领域。"智慧城市"已经在多地尝试运营，政府部门借助大数据感知社会发展变化需求，更加科学化、精准化、合理化地为市民提供公共服务。

（3）医疗领域。通过临床数据对比、实时统计分析、远程病人数据分析、就诊行为分析等辅助医生进行临床决策，规范诊疗路径，提高工作效率。借助大数据平台收集病人疾病信息、化验和检测报告，建立针对疾病特点的数据库。另外，大数据分析还有助于监测、预测流行性或传染性疾病的暴发时期，协助找到治疗方法。

（4）交通领域。利用大数据传感器数据了解车辆通行密度，合理进行道路规划，防止和缓解交通拥堵，为改善交通状况提供优化方案。

（5）金融领域。在用户画像的基础上，根据客户需求、年龄、资产规模、理财偏好等，对用户群进行精准定位，考虑社交媒体、新闻网络数据构建算法模型，更全面地做出买卖决策。

（6）安防领域。应用大数据技术实现视频图像模糊查询、快速检索、精准定位，进一步挖掘海量视频监控数据背后的价值信息，辅助决策判断。例如，企业防御网络攻击、警察捕捉罪犯、信用卡公司监控欺诈性交易等。

3. 大数据应用的发展方向

在大数据时代，通过对海量数据的整合，挖掘其中有价值的信息，指导各领域应用与活动成为大数据发展的趋势。当前，虽然已有很多成功的大数据应用案例，但大数据应用仍处于初级阶段，描述性、预测性分析应用较多，决策指导性分析应用偏少。应用层次最深的决策指导性应用，虽然已在人机博弈等非关键性领域取得较好的应用效果，但在自动驾驶、政府决策、军事指挥、医疗健康等应用价值更高，且与人类生命、财产、发展和安全紧密相关的领域，尚未获得有效应用，仍面临着一系列待解决的重大基础理论和核心技术挑战。

未来，随着应用领域的拓展、技术的提升、数据共享开放机制的完善，以及产业生态的成熟，具有更大潜在价值的预测性和指导性应用将是大数据应用的发展重点。

第四节　　大数据对管理决策的影响

一、大数据对决策思维的影响

"数据之父"维克托·迈尔·舍恩伯格（Viktor Mayer‑Schönberger）在《大数据时代》一书中曾指出，大数据时代最大的转变就是思维方式的三种转变。

（一）全体数据，而非抽样数据

传统的科学分析通常采用抽样的方法。抽样是按照一定的要求从研究对象的全部样品中抽取一部分具有代表性的样品进行分析，并根据研究结果估计、推断全部样品特性的研究方法。在技术受限的特定时期，通常采用抽样方法经济、有效地解决特定问题。随着技术的发展，数据的存储与处理成本显著降低，以解决海量数据存储处理为核心的大数据技术促使人们实现了直接面向全集数据，而非抽样数据进行分析，并能够在短时间内迅速得到分析结果。大数据通过处理已经完成历史使命的数据，在海量数据中找出规律或相关因素以进行预测，达到效用最大化。

（二）效率，而非精确

传统的分析通常采用抽样方法将分析结果应用到全集数据，可能导致误差放大，为了保证误差在可控范围内，往往更注重算法的精确性，而非算法效率。在具有"秒级响应"特征的大数据时代，由于采用全样本分析而非抽样分析，故不存在误差被放大的问题，高精确性已经不再是首要目标，数据分析效率的提高才是关注的核心问题。随着数据库越来越全面，传统决策方法通过数据建模进行精确运算，试图得到唯一有效结论的做法不再适用。大数据基础上的简单算法比小数据基础上的复杂算法更加有效，快速获得一个大概的轮廓和发展脉络，也比严格的精确性要重要得多。数据分析的最终目的是用于决策，故而时效性非常重要，当我们掌握了大量新型数据时，就可以对事情的发展趋势进行预测。

（三）相关性，而非因果性

因果关系就是一个事件和另一个事件之间的关系，其中后一事件被认为是前一事件的结果，也可以是指一系列因素（因）和一个现象（果）之间的关系。因果关系作为客观现象之间引起与被引起的关系，是客观存在的，并不以人们主观为转移。

相关关系是一种非确定的相互依存关系，通过识别有用的关联物来帮助我们分析现象。对于自变量的每一个取值，因变量由于受随机因素影响，其数值是非确定性的。相关关系强时，一个数据值增加，其他数据值很有可能也会随之增加；相关关系弱时，一个数据值增加，其他数据值几乎不会发生变化。

传统决策方法通过努力建立不同因素之间的关联关系去解释各因素间的因果，大数据时代最大的转变就是放弃对因果关系的渴求，取而代之的是关注相关关系，人们转而追求"相关性"而非"因果性"，只需知道"是什么"而非"为什么"。从另一角度来看，大数据分析对海量数据进行分析处理后，得到一个关联关系，如果想要知道因果关系，即关联关系的相关原理，需要从理论高度进行研究，或通过其他途径得到其本质原因，而大数据本身对此是无能为力的。

综上所述，大数据决策是基于尽可能的全体数据进行的决策，是注重决策效率而不是努力追求最优的决策，是强调多种因素间的相关关系而不是力图探寻因果的决策，大数据决策更符合社会经济发展的实际情况。事实上，大数据时代带给人们思维方式的深刻转变远不止上述三个方面，大数据思维最关键的转变在于从自然思维转变为智能思维，这使得大数据像具有生命力一样，获得类似于人脑的智能与智慧。

二、大数据对决策手段的影响

随着云计算、互联网、大数据等技术的渗透，管理决策手段趋向信息化。海量数据及其处理技术成为组织辅助管理决策的新手段，数据搜集、处理与分析能力成为组织的核心竞争力。大数据的应用促使企业开始通过云计算、数据挖掘、可视化平台的应用和虚拟内存技术等手段实现对不同数据源及异构数据的处理与转换，促进管理人员掌握数据背后的信息以辅助制定未来发展战略决策。

大数据推动信息系统的不断发展。传统的决策系统具有单一、线性、狭隘等特点，导致决策结果存在片面性、主观性，容易出现决策失误。大数据打破了区域、行业和组织各部门间的局限，形成非线性、面向多样、自下而上的新型信息系统。例如，大数据背景下决策支持系统的引入，在数据库、模型库、知识库、方法库的基础上，以人机交互方式辅助决策者进行半结构化决策，使决策依据更加多样、决策结果更为客观。

三、大数据对决策方式的影响

大数据决策成为一种新的决策方式，大数据技术的不断应用影响着组织信息收集方式、决策方案制定、方案选择及评估等决策实施过程，进而对组织管理决策方式产生影响。

（一）数据促进决策主体多元化

在过去的几十年中，传统的企业管理决策多采用高层管理者为主、企业基层员工为辅的决策模式。在大数据背景下，信息技术给予企业获取大量管理数据的便捷方式。基层数据收集的便捷性降低了利用管理数据支持企业管理决策的门槛，促进了企业管理的决策主体由少数高层管理者向数量众多的基层员工转变。此外，决策环境更复杂、决策时效性更强，决策知识分布更广泛，使得分散式决策成为大数据管理决策的主要形式，扁平化组织结构的趋势将更加明显，企业管理决策者多元化愈加突出，呈现出全员参与的管理决策新模式。

（二）大数据推动决策内容科学化

传统的决策方式通常依靠组织管理者自身敏锐的直觉、丰富的管理经验和判断力进行决策，缺乏对市场需求变化的把控，容易导致产品缺乏竞争力，有时甚至会产生错误的决策，已不适合现代化企业。"数据驱动决策"是大数据时代的显著特点，决策者转为依托数据进行市场分析，实现了建立在客观事实上的理性决策。随着将半结构化数据和非结构化数据纳入决策模型，决策数据类型更丰富，在一定程度上实现了定量决策和定性决策优势的融合，决策结构将更为科学有效，促进了企业自身及行业的健康、可持续发展。

案例分享　　　　　**Google 成功预测冬季流感**

2009 年，Google 通过分析 5000 万条美国人最频繁检索的词汇，将之和美国疾病中心在 2003 年到 2008 年间季节性流感传播时期的数据进行比较，并建立特定的数学模型。最终 Google 成功预测了 2009 冬季流感的传播甚至可以具体到特定的地区和州。

奥巴马大选连任成功

2012 年 11 月，奥巴马大选连任成功也被归功于大数据，因为他的竞选团队进行了大规模与深入的数据挖掘。《时代》杂志更是断言，依靠直觉与经验进行决策的优势急剧下降。在政治领域，大数据的时代已经到来。媒体、论坛、专家铺天盖地的宣传让人们对大数据时代的来临兴奋不已。

新冠肺炎疫情全球预测系统

2020 年 5 月 25 日，兰州大学研发出全球首个"新冠疫情预测系统"（GPCP），该预测系统基于实时更新的流行病数据反演得到模型参数，对新增新冠肺炎发病数进行可靠预报，有力支撑了我国"早发现、早诊断、早隔离、早治疗"的管控措施。

本章关键词

决策；管理决策；大数据；大数据技术

课后思考题

1. 科学决策为何遵循"满意原则"而不是"最优原则"？

2. 在大数据背景下，决策还有新的分类方法吗？

3. 除了本书中提到的大数据对于管理决策思维、手段和方式产生的影响外，大数据是否还在其他方面对管理决策产生影响？

大数据决策的流程及方法

本章提要

从数据中获取价值，让数据主导决策，是一种前所未有的决策方式。如何将数据转化为知识、将知识付诸行动，日益成为决策必须面对的课题，也是大数据决策的重要使命。大数据决策已成为众多领域未来发展的方向和目标，对管理类专业学生的培养路径提出了新的要求。通过本章的学习，掌握大数据决策的基本概念、基本流程和架构，提高对大数据决策的了解和认知水平，形成基于大数据决策的管理思维和研究思路。

学习目标

1. 掌握大数据决策的基本概念、基本流程和架构。
2. 深入了解大数据决策的基本方法、关键技术和典型分析工具。
3. 认识大数据决策在各个管理领域的典型应用。

重点：大数据决策的基本概念、基本流程和架构。

难点：大数据决策的基本方法和关键技术。

导入案例

华为的数字化转型之路

2020年12月3日，华为举办首届技术服务伙伴大会。华为全球技术服务部（Global Technology Services，GTS）总裁汤启兵透露，华为全球技术服务部承担了大量的交付与服务作业，且每年还有10%以上的增加，加上新技术不断涌现，GTS的人力成本持续上涨。汤启兵痛下决心，要推动华为GTS进行一场名为"Digital GTS"的变革。Digital GTS战略是要将数据资源沉淀下来，并发挥出数据资产的价值。

Digital GTS战略分为两步。第一步是通过大数据和自动化等数字技术和数字化平台的构建，实现自身数字化转型。第二步是将已验证的平台和业务能力开放，联合伙伴助力运营商，使行业实现数字化转型。目前，GTS已经成功完成了第一步工作，打造了数字化平台（General Digital Engine，GDE）。作为一个数字化平台，GDE可以实现线性扩展，支持微服务，是能够满足持续不断变化的服务和产品需求的平台和生态系统。在Digital GTS战略实施过程中，华为把智能搜索分析技术集成到了自有的GDE中，并创建了数据可视化看板，大幅提高了GTS部门的运营效率。

（资料来源：https://www.datafocus.ai/40375.html）

思考：

1. 华为为了实现数字化转型都做了什么？
2. 华为的Digital GTS战略能为它带来什么优势？

第一节 大数据决策概述

一、大数据决策的概念与内涵

大数据背景下，正在形成非线性的、面向不确定性的、自下而上的决策模式。在这种决策模式下，即使决策者对某个决策领域完全陌生，也可借助大数据分析，直接发现隐藏在混杂数据背后的问题或规律，做出正确决策。大数据促使决策者的决策方式从经验驱动向数据量化驱动转型，决策过程从事后决策向事先预测转变，决策主体由业务专家、精英高管向普通大众转变，使决策者实现事前能预测、事中能感知、事后能反馈的闭环管理决策，极大地增强了决策的科学性和有效性。

大数据决策是以信息技术、云计算技术、大数据技术等为支撑，以海量数据为主要驱动，通过大数据分析提出问题、确立目标、设计和选择方案的过程。大数据决策基本架构是在合适工具的辅助下，对广源异构的决策信息源进行抽取与处理，形成结构化数据，以便按照一定的标准进行数据集成，并存储到决策数据库。之后，根据现实背景，采用合适的数据分析技术对存储的数据进行分析挖掘，并以恰当的方式将决策分析结果展现给决策者，如图2-1所示。

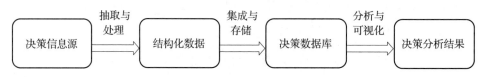

图2-1 大数据决策基本架构

随着大数据技术的发展，大数据逐渐成为人们获取对事物和问题更深层次认知的决策资源。基于大数据的决策能够应对大数据时代的各种挑战，将数据转化为知识、将知识付诸行动。大数据决策已经成为一种前所未有的决策方式，推动人类信息管理准则的重新定位。通过智能化分析和预测判断，大数据决策能够为人们提供全面的、精准的、实时的决策指导，修正人们的偏见和直觉，不仅让决策结果变得更加科学、客观，在一定程度上也减轻了决策者所承受的巨大精神压力。

二、大数据决策的特点

1. 动态性

大数据决策的动态性决定了问题的求解过程是一个集描述、预测、引导为一体的迭代过程，该过程形成了一个完整的、闭环的、动态的体系结构。简要来说，大数据环境下的决策模型是一种具备实时反馈的闭环模型，决策模式更多地由相对静态、多步骤模式转变为对决策问题动态描述的渐进式模式。

2. 全局性

大数据环境下的决策分析更加注重数据的全方位性、系统性、交互性以及多目标问题的协同性，通过将多源异构信息进行融合分析，实现来自不同信息源的信息对全局决策问题求解的有效协同。基于大数据的决策系统，对每个单一问题的决策都是以整体决策的优化为前提，为决策者提供战略级、全局性的决策支持。

3. 不确定性

大数据决策的不确定性来源于三个方面：

（1）信息不完整和不确定。

1）大数据具有来源和分布广泛、关联关系复杂等特性，难以保证信息的全面性和完整性。

2）大数据固有的动态特性决定了大数据分布随时间变化的不确定性。

3）大数据中普遍存在的噪声与数据缺失现象决定了大数据的不完备性和不精确性。

（2）大数据分析能力不足。现有的大数据分析处理技术存在不足，如多源异构数据融合分析、不确定性知识发现及大数据关联分析等是当前急需完善的方面。

（3）决策问题难以建模。在非稳态、强耦合的系统环境下，建立精确的动态决策模型异常困难，为保证问题求解的经济性和高效性，人们常使用满意近似解代替精确解。

4. 相关性

在大数据环境下，数据总体对价值获取的完备性异常重要，数据的精确性又难以保证，此时用于发现因果关系的反复尝试方法变得异常困难。一般情况下，数据很难严格地满足函数关系，而相关关系的要求较为宽松，在大数据环境下对决策数据的分析从因果分析向相关分析转变。

5. 精准性

大数据技术的发展和互联网的广泛应用使可用决策信息增加，获取信息的成本降低、可及性提高，且伴随着生活水平的提升和生活方式的转变，用户对各项服务提出了更高要求。为满足用户的个性化需求，产品和服务的提供以及价值的创造朝向贴近社会大众个性化需求的方向发展。企业对用户进行精准营销和服务，决策向满足用户的个性化需求转变。

大数据决策的特点反映了当前大数据决策的研究重点与需求。大数据决策的动态性、全局性、不确定性、相关性和精准性，决定了面向大数据的增量分析、信息融合、关联分析、不确定性分析、智能决策支持都将是大数据管理决策研究中的关键内容。

三、大数据决策的意义

1. 大数据的海量性保证了决策数据的充分性

大数据的海量性保证了决策数据的充分性，以其巨大的数据规模和多样的数据类型使决策所需信息的充分获取成为可能。人们可以通过物联网、互联网、传感器设备、移动通信终端等获取决策对象所需关联事物的信息数据，构建庞大的数据库，为决策者提供决策依据。

2. 大数据的关联性增强了决策的有效性

大数据决策重点关注与结果相关联的影响因素，而不注重对因果关系的探究，有利于找到影响事物发展变化的主要因素，增强决策的有效性。它克服了传统决策通过小样本因果分析难以找到影响事物发展变化主要因素的缺陷，使决策更具有效性和针对性。

3. 大数据定量分析的精准性改变了决策思维范式

大数据带来了决策思维范式从依据直觉、经验的主观定性决策到依据数据分析的精准客观定量决策的重要变革。大数据决策关注相关性而不关注因果性，关注事物是什么而不需要知道为什么，只需根据数据呈现结果直接做出判断和决策。

4. 大数据的高速性提高了决策的及时性

大数据以其高速性特点满足了决策的及时性需要。大数据的高速性体现在三个方面：

（1）大数据产生速度快。随着互联网的发展与普及，人们在互联网上的活动都会产生大量数据，网络的放大效应、传播速度和动员能力越来越大，使数据呈现动态发展变化的趋势。

（2）大数据获取速度快。人们借助物联网、互联网、移动通信终端、传感器设备以及遥测遥感监测技术、计算机信息技术等可以实现决策数据的实时采集、抓取和搜集，加快数据获取效率，使大数据获取及分析成为可能。

（3）大数据计算分析速度快。大数据分析工具因良好的伸缩性能够在很短时间内应对拍字节（Petabyte，PB）量级的大数据，以便于人们适时优化决策方案，及时做出科学有效的决策。

四、大数据决策的挑战

大数据能够为人们带来更加科学全面的决策支持，但大数据决策的应用还处于初期阶段，仍面临诸多挑战。

1. 多样性挑战

多样性是构成大数据复杂性的主要因素之一，也是大数据决策面临的主要困难。当一项综合决策需要整合多方面数据时，不同来源的大数据在类型、分布、频率及密度上可能各不相同，这对多源数据融合分析、多源信息协同决策等构成了巨大的挑战。

2. 动态性挑战

从决策需求的及时性和准确性来看，大数据的动态性对现有的增量式机器学习方法构成了巨大的挑战。例如，在流数据处理中，如何在发生概念漂移时及时调整数据分析策略，并实现知识库的自适应更新，仍是一项具有挑战性的任务。

3. 极弱监督性挑战

大数据的快速增长性决定了大数据的极弱监督性甚至是无监督性。大数据的极弱监督性决定了以聚类算法为特点的无监督学习方法在大数据增量问题上具有巨大的决策应用价值，但目前针对大数据增量式聚类问题仍然缺乏有效的方法。

4. 不确定性挑战

不确定性是当前人工智能技术中的关键问题，贯穿于大数据决策整个过程。如何获取大数据中的不确定性知识是核心困难问题，由于数据不确定性形式众多，知识发现的难度大、价值高，难以用统一的形式化方法表达，也无法凭单一的技术手段来获取大数据中的不确定性知识。

5. 隐私问题挑战

目前，大数据应用中的隐私保护问题还没有标准化的处理手段，数据隐私在技术层面和管理层面都面临严峻挑战，导致数据掌握在"少数人"手中，数据拥有者不愿或不能将数据公开，这在很大程度上放慢了大数据决策与应用的进展。

6. 特例状况挑战

现实中的决策环境多是开放性的，即便是经过长期积累的大数据也无法保证信息的完整性。由于现实条件的约束，人们往往无法通过反复试验的方法来获取覆盖各种特例的大数据进行学习预测，导致对特例状况的预测和判断成为实际应用中的一大挑战。

7. 大数据认知困难挑战

从本质上讲，决策活动是人类的一种认知活动，这是所有决策过程的共性。现阶段，大数据分析与挖掘技术对于大数据的处理以及知识的获取大多还处于对事物的感知层面，如特征提取、模式识别、预测、回归、聚类等。它们都是对事物的分类认知，而单纯依靠分类还不足以构成一项完整的决策。决策是任务和需求驱动的问题求解过程，需要决策者在分类认知的基础上根据偏好认知做出选择。目前，大数据技术刚走出决策认知的第一步，即分类认知，而偏好认知还多依赖于人的参与。在实际应用中，只有不断提高对大数据快速完整的认知能力，才能实现高效及时的大数据决策。

第二节　大数据决策的流程

一、决策的基本过程

决策过程是从提出问题、确定目标开始，经过方案选优、做出决策、交付实施为止的全部过程。这一过程强调了决策的实践意义，明确决策的目的在于执行，而执行又反过来检查决策是否正确、环境是否发生重大变化，故把决策看成是"决策—实施—再决策—再实施"的连续不断的循环过程。

（一）发现问题

一切决策都是从问题开始的。问题是应有状况与实际状况之间的差距。决策者要在全面调查研究的基础上发现差距，确认问题，并抓住问题的关键。问题可以是消极的，如解决一个麻烦或故障；也可以是积极的，如把握一次发展的机会。对决策问题的准确把握，有助于提高决策工作的效率，并确保决策方案的质量。

（二）确定目标

目标是决策要达到的预期结果和要求。决策目标需要根据问题的性质来确定，并力求做到：①目标具体化、数量化。②各目标之间保持一致。③分清主次，抓住主要目标。④明确决策目标的约束条件。

（三）拟订方案

拟订方案即提出两个或两个以上的可行备选方案供比较和选择。决策过程中应尽量将各种可能实现预期目标的方案都设计出来，避免遗漏那些可能成为最好决策的方案。当然，备选方案的提出既要确保足够的数量，更要注意方案的质量。应当集思广益，拟订出尽可能多的富有创造性的解决方案，切实保证最终决策的质量。

（四）选择方案

对拟订的多个备选方案进行分析评价，从中选出一个最满意的方案。最满意的方案并不一定是最优方案。一方面，技术上不可行。最优在现实生活中是不存在的，由于人们的知识、经验、认识能力的局限性，人们不可能找出所有可能的备选方案；另一方面，经济上不可行。为了寻找最好，往往要浪费更多人力、物力、财力。所以决策理论派提出用"满意原则"代替"最优原则"，即寻找能使决策者感到满意的决策方案的原则。决策者应在满意原则的指导下采用局部最优原则，在找到满意方案后努力贯彻最优原则，做到"尽力找最优""力求最优"。

决策方案选择的具体方法有经验判断法、数学分析法和试验法三类。

（1）经验判断法依靠决策者经验进行判断和选择。

（2）数学分析法运用决策论的定量化方法进行方案选择，如期望值（或决策树）法。

（3）试验法是对一些特别决策问题（如新方法的采用、新产品的试销、新工艺的试用）所采取的一种方案选择方法，可视为在正式决策前的验证。

（五）执行方案

方案的执行是决策过程中至关重要的一步。在方案选定后，就可制定实施方案的具体措施和步骤。通常而言，执行过程应做好以下工作：

（1）制定相应的具体措施，保证方案的正确执行。

（2）确保有关决策方案的各项内容都被相关人员充分接受和彻底了解。

（3）运用目标管理方法把决策目标层层分解，落实到每一个执行单位和个人。

（4）建立重要工作的报告制度，以便随时了解方案进展情况，及时调整行动。

（六）检查处理

一个大规模决策方案的执行通常需要较长时间，在这段时间中，情况可能发生变化。决策实施过程中必须通过定期的检查评估，及时掌握决策的执行进度，并将有关信息反馈至决策机构。决策者依据反馈信息及时跟踪决策实施情况，对与既定目标相偏离的，及时采取纠正措施，以保证既定目标的实现；对客观条件发生重大变化、原决策目标无法实现的，要重新寻找问题，确定新的目标，重新制定可行的决策方案并进行评估和选择。

二、大数据处理的基本流程及架构

随着移动互联网、物联网等技术的快速发展与广泛应用，数据的规模、类型和维度不断增长，如何进行大数据处理以更好地挖掘其背后蕴含的信息价值，成为关乎时代发展的重要研究问题。

大数据处理的基本流程包括数据采集与处理、数据分析与挖掘、结果展示和数据应用四大环节,如图 2-2 所示。

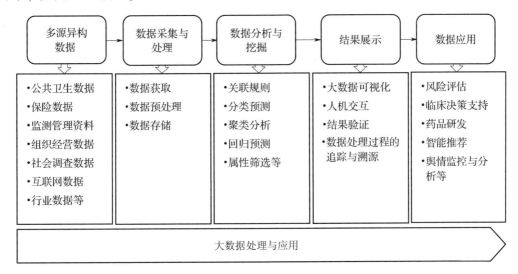

图 2-2　大数据处理的基本流程

(一)数据采集与处理

数据采集与处理是指根据大数据应用内容和目标抽象出的所需信息,通过多种方式从特定数据产生环境获取数量庞大、类型众多的原始数据,并进行一定预处理操作的一套专用技术。数据采集与处理是大数据分析与应用的基础和前提,为后续的数据分析与挖掘提供高质量的数据集。数据采集与处理工作主要包括数据获取、数据预处理和数据存储三个环节。

1. 数据获取

数据获取是在确定用户目标的基础上,从互联网、传感器等数据产生环境中主动或被动采集数据的过程。如何安全高效地采集来源广泛的非结构化、半结构化和结构化数据,是进一步开展大数据分析与应用的关键。数据获取方法的选择不但要根据数据分析与应用的目的,还要考虑数据源的性质与特点。目前常用的数据获取方法有射频识别(Radio Frequency Identification,RFID)技术、传感器采集、日志文件采集、条码技术、网络爬虫技术、移动互联网技术,以及数据检索分类工具,如百度和谷歌搜索引擎等。

2. 数据预处理

数据预处理是指将原始的、含有缺失值和噪声的数据转换处理成适合分析与挖掘的数据的过程。数据预处理作为数据分析与挖掘前的重要准备工作,可以保证数据挖掘结果的准确性和有效性。数据预处理方法主要包括数据清理、数据集成、数据归约和数据转换。通过各种预处理方法,清除冗余数据,纠正错误数据,完善残缺数据,甄选出必需的数据进行集成,使得数据信息精练化、数据格式一致化和数据存储集中化,为大数据的分析与挖掘奠定基础。

3. 数据存储

数据存储是指用存储器将采集到的数据存储起来,建立相应的数据库,并进行管理和调用。通常采用分布式文件系统、关系数据库、非关系(Not Only SQL,NoSQL)数据库、云数据库等，实现对多源异构大数据的存储管理。分布式文件系统是指包含多个自主处理单元，通过计算机网络互连协作完成任务的文件系统，例如 HDFS（Hadoop Distributed File System）和 HBase（Hadoop Database）等。NoSQL 数据库是指非关系数据库，支持超大规模数据存储，如键值数据库、列数据库和文档数据库等。云数据库是部署和虚拟化在云计算环境中的数据库，以服务的方式提供数据库功能，能够满足个性化数据存储需求。

（二）数据分析与挖掘

数据分析与挖掘是大数据处理的核心环节，是指通过数据标签服务、文本处理和影像组学分析等应用支撑，进行大数据的探索分析、模型拟合、模型训练及评估等分布式并行化运算，从而决定大数据的价值性、可用性以及分析结果的准确性。在数据分析与挖掘环节，应根据大数据应用情境与决策需求，选择合适的数据分析与挖掘方法（关联规则、分类预测、聚类分析和回归预测等）抽取出数据中的有用信息，为决策提供依据。

（三）结果展示

单一的展示方式已不利于对数据的全局观察，必须依赖清晰的视觉效果说明主要观点，并以简洁的方式描述丰富的数据。大数据可视化的展示方式将大数据分析与挖掘结果以计算机图形或图像的直观方式展示给用户，并与用户进行交互式处理，让用户更高效地获取数据所传达的信息，使数据分析过程更加形象、透明，便于用户理解与使用。数据结果的展示方式和质量是影响大数据可用性和易于理解性的关键因素。

（四）数据应用

数据应用是将大数据分析与挖掘结果应用于管理决策、战略规划等的过程。它是对大数据分析处理结果的检验和验证，直接体现了大数据的可用性和价值。大数据分析处理结果一般会应用到各类业务系统，为商业策略、趋势分析和用户决策等提供依据。

此外，在数据采集与处理等一系列操作之前，应对数据应用情境进行充分调研，对管理决策需求信息进行深入分析，明确大数据分析处理的目标，为大数据处理过程提供明确方向。

三、大数据在管理决策中的应用流程

大数据在管理决策中的应用流程包括：定义问题、建立大数据存储库、数据探索、数据准备、建立模型、评价模型和实施七大步骤。

（一）定义问题

定义问题通过对实际状况和理想状况进行细致周密的分析，对问题进行综合定义，明确问题的性质、类型和范围，确定所要实现的目标。定义问题是进行决策的第一步。面对决策的不同需求，最先且最重要的就是了解流程和业务问题，制定清晰明确的任务目标，以问题为导向开展大数据管理决策的相关活动。

（二）建立大数据存储库

海量异构数据存储是大数据支撑组织决策的基础。建立大数据存储库包括数据收集、数据描述与选择、数据质量评估、处理与整合、构建数据库和维护数据库等工作。其中，数据库是以一定方式存储在一起、具有尽可能小的冗余度且允许多用户共享的数据集合。大数据存储库包括多种类型，如关系数据库、分布式数据库、数据仓库 Hive 等。

（三）数据探索

数据探索通过绘图和计算等手段分析数据的质量、结构、趋势和关联，对数据进行解释分析工作。数据探索的目的在于以问题为导向定义数据的本质、描述数据的形态特征并解释数据的相关性。大数据的多样性和大量性决定了从海量数据中选择符合决策需求的数据是十分重要的，因此这个步骤的重点在于解释数据的相关性，找到对决策影响最大的数据类型，建立数据关联关系。数据探索有助于更好地开展后续的数据挖掘与数据建模等工作。

（四）数据准备

数据准备是指将来自不同来源的原始数据整理或预处理为可以方便、准确进行分析的数据形式，即将原始数据转换成机器学习等算法可以使用的数据形式，包括数据清洗、数据集成、数据转换和数据归约。

（1）数据清洗。数据清洗是数据准备的第一步，是指发现并纠正数据中可识别错误的过程，包括处理噪声数据、错误数据、缺失数据、冗余数据等。该步骤可以有效减少初始数据出现相互矛盾情况的问题。

（2）数据集成。数据集成是将多个数据源中的数据整合到一个数据存储库中的过程。数据集成的核心任务是将互相关联的分布式异构数据集成到一起，使用户能够以透明的方式访问这些数据。数据集成能够维护数据的整体性、一致性，提高信息的共享和利用效率。

（3）数据转换。数据转换是采用数学变换等方法将数据从一种格式或结构转换为另一种格式或结构的过程，目的是将多维数据压缩成低维数据，消除数据在空间、属性、时间及精度等特征上的差异。

（4）数据归约。数据归约是指在对挖掘任务和数据理解的基础上，对数据的特征属性进行相应处理，在减少数据存储空间的同时尽可能保证数据的完整性，获得比原始数据小得多的数据。

（五）建立模型

建立模型是从大数据中寻找知识的过程，常用的方法有机器学习、数据挖掘、概率统计等。机器学习是一种数据分析技术，主要是用数据或以往的经验优化程序，而不依赖既定方程模型，其目的是在经验学习中改善具体算法。数据挖掘是指按既定目标，对大量数据进行探索和分析，揭示隐藏的、未知的规律或验证已知的规律，并进一步将其模型化。概率统计是利用统计学中的概率分布及数学特征建立模型的方法。建立模型的最终目的是解决实践问题。根据需要解决的问题，数据模型可以分为预测模型（分类模型和回归模型）、推荐模型、聚类模型和降维模型等，如图 2-3 所示。

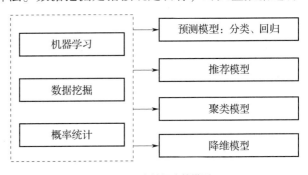

图 2-3 大数据决策模型

建立模型是大数据决策的核心内容。模型的建立是一个反复的过程，需要准备多个模型以判断哪个模型对决策作用最大。在建立模型的过程中，应先用一部分数据来训练模型，然后再用额外的数据测试和验证该模型，以保证模型的准确性和泛化性。

（六）评价模型

在完成模型构建后，应对模型的效果进行评估，并根据评估结果继续调整模型的参数、特征或算法，确保所构建模型充分考虑了所有重要业务，能够实现其挖掘目标，达到满意的结果。可以用实验数据进行模型评估，或直接在现实世界中测试模型，观察模型拟合程度和输出结果，根据平均误差率、判定系数、精度、查全率、查准率等一系列指标评估模型效果，若各类指标达到可接受范围，则表明模型可以被接受。

（七）实施

基于大数据的决策模型在经过反复验证后，即可投入到实际的组织运营决策中，辅助战略制定、组织管理等相关人员进行决策。

案例分享　大数据在航班信息预测中的应用

随着航空业的发展壮大，航班量、空中交通流量不断增加，空管系统的压力日益增加，航班的延误率也有所上涨。航班延误的因素包括空管原因、天气原因、航空公司原因、旅客原因等。航班延误不仅对当前航班旅客的行程造成影响，也会波及后续航班，不利于我国航空业的长远发展。以下分别从定义问题、建立大数据存储库、数据探索、数据准备、建立模型、评价模型和实施七个步骤展开分析大数据在航班信息预测中的应用。

1. 定义问题

随着航班延误现象日趋严重，航空公司在运营管理等可控方面做出了一定的努力以减少延误，但由于流控和天气等不可控因素，航班延误现象并未得到缓解。航空业各子系统间的沟通不畅、信息壁垒、延误预警能力不足成为造成航班延误的新内因。航空系统每分钟产生大量数据，数据来源繁杂、格式多样。就航班预测而言，对多种不可控因素的实时掌控和精确预测的关键在于各大信息系统数据之间的互联互通和及时处理。运用大数据技术预测航班信息顺应了时代的要求和科技的趋势。

2. 建立大数据存储库

采用移动互联网和网络爬虫等技术从航空运输系统、航空公司报告、机场准点报告、机场服务评价反馈和天气预报网站等平台收集国内航空运输航班相关信息，包括航班运行信息表、机场航班量、准点率、航空企业基地统计表、旅客评价信息、机场服务评级和天气情况等。收集到的数据来源不同，数据格式也不尽相同。根据数据类型建立大数据存储库，将收集到的数据存储在数据库中。

由于以上数据结构的多样性，将数据资料存储在 HDFS 中。HDFS 是一种分布式的数据存储系统，适合部署在廉价的机器上，能够提供高吞吐量的数据访问，适合存储大规模数据集。HDFS 会对所存储的数据进行质量评估，评估数据的完整性、有效性、一致性和准确性，直观了解数据质量和存在的问题。并根据业务场景和航班延误过程整合数据，建立数据关联，如图2-4所示。

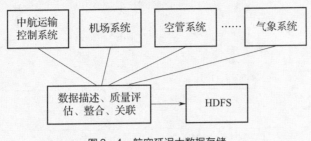

图2-4 航空延误大数据存储

3. 数据探索

航班延误是受多方面因素影响的综合结果。在进行航班延误预测前，尽可能将所有相关因素都考虑在内，使未考虑的随机因素尽可能小。根据现实背景和数据来源，对数据进行初步统计分析，了解数据之间的关联关系，从相关因素中筛选对航班延误影响作用较大的因素。

4. 数据准备

在进行大数据分析前，对所搜集的航班相关数据进行数据准备，如图2-5所示。

（1）进行数据清洗，包括：①数据过滤，即在所设定的时间或范围内，从原始数据库中抽取部分数据建立数据模型。②缺失值处理，即对于未记录数据或由于数据收集和存储过程出现软硬件故障而丢失的数据，过滤掉不完整的数据样本，或通过某种方式填充数据点。③异常值处理，错误或异常数据不利于模型的训练，不适用于一般的学习规则，因此通过可视化的数据分布发现并过滤掉一些异常值。

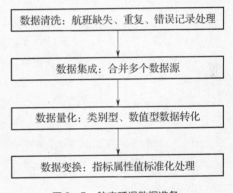

图2-5 航空延误数据准备

（2）进行数据集成，合并多个数据源。将不同数据源的数据合并成一个包含所有训练相关字段的数据集，以便进行模型训练，并对模型输入数据进行某种形式上的汇总，如统计事件类型总数等。

（3）进行数据转换，包括数据量化和数据变换。经过数据转换，将处理后的数据转换为一种适合机器学习模型的表示形式，如数值向量、矩阵等。对于类别型数据，将其编码为对应的数值，如根据天气的恶劣程度分类打分；将数值型数据转化为类别型数据，减少变量可能值的数量；提取非结构化数据（如图形、图像、音频等）的有用信息，进行数值转换，并对特征进行正则化、标准化处理。

5. 建立模型

（1）根据问题特征判断问题类型，选定模型类别。就航班延误预测问题而言，预测某个航班具体延误时间更有意义，即研究回归问题。

（2）在回归问题中寻找最适合本场景的个体模型建模，并寻找最佳参数组合使个体模型尽可能最优。采用试验法，将多种模型训练至最佳参数，并从中选择表现最好的模型。

（3）探索并评估多个模型组合（集成学习）表现效果，以得到比单一模型性能更好的模型，模型构建流程如图2-6所示。

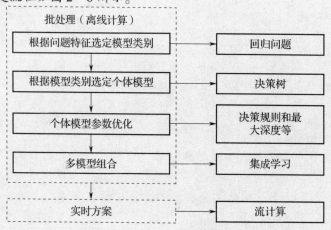

图2-6　航空延误预测模型构建流程

上述模型主要采用批处理方法，即用离线存储的所有数据或一部分数据进行周期性训练。一般而言，根据比例将目标数据分为训练数据集、验证数据集和测试数据集。选取训练数据集进行模型训练形成初始模型，借助验证数据集验证初始模型，不断调整参数使模型效果达到最优，通过测试数据集对模型评估决定模型的可用性。由于批计算需要花费一定时间，这就使得它难以在新数据到达时立即完成模型的更新和计算，故采用流式计算进行模型实时更新，对新的信息和底层行为做出快速的反应和调整。

6. 评价模型

采用正确率、错误率、准确率、召回率、接受者操作特征曲线（Receiver Operating Characteristic curve，ROC曲线）和AUC（Area Under Curve）等指标评价分类问题。采用均方误差（Mean Square Error，MSE）$= \sum_{i=1}^{n} \frac{(\widehat{y_i} - y_i)^2}{n}$、平方绝对误差（Mean Absolute Error，MAE）$= \sum_{i=1}^{n} \frac{|y_i - \widehat{y_i}|}{n}$ 和判定系数 $R^2 = 1 - \dfrac{\sum_{i=1}^{n} (\widehat{y_i} - y_i)^2}{\sum_{i=1}^{n} (\overline{y_i} - y_i)^2}$ 等指标评价回归模型，判定模型拟合的精确程度和拟合优度。其中，y_i 是真实数据，$\overline{y_i}$ 是真实数据的均值，$\widehat{y_i}$ 是拟合的数据。

7. 实施

大数据决策模型较传统模型的预测准确度更高，预测行为实时可操作，经反复验证后可进行大规模实践应用。

第三节　大数据决策方法

一、大数据决策的基本方法

（一）大数据分析

大数据分析是大数据理念与方法的核心，是指对海量、类型多样、增长快速且内容真实的数据（即大数据）进行分析，从中找出可以帮助决策的隐藏模式、未知的相关性和其他有用信息的过程，是从数据到信息、再到知识的关键步骤。

1. 大数据分析类别

根据分析深度，大数据分析可以分为四个类别：描述性分析、诊断分析、预测分析和规范分析。

（1）描述性分析：发生了什么？描述性分析是指通过对所收集数据的分析，得出反映客观现象的各种数量特征，是一种在历史数据的基础上总结规律并发现问题的分析方法，主要目的是基于历史数据全面细致地展现当前情况，描述发生了什么。描述性分析方法较多，包括概率统计、可视化分析、聚类分析和特征提取等。

（2）诊断分析：为什么发生？诊断分析是根据客观逻辑，通过数据分析识别引起最终结果的原因和可以改变未来结果的方法。诊断分析是对数据的深入挖掘，在对数据有一定了解的基础上进一步分析事件起因或走向，涉及的方法是比较复杂的分析方法，如贝叶斯、随机森林等。

（3）预测分析：可能发生什么？预测分析是在已有数据的基础上分析数据，采用各种统计方法以及数据挖掘技术预测未来的概率和趋势。预测分析通常使用各种可变数据来实现预测，在不确定性环境下，预测能够帮助决策者做出更好的决定。预测分析涉及的方法相对较复杂，如统计类分析（线性回归、非线性回归和逻辑回归等）、机器学习（决策树和随机森林等）。

（4）规范分析：需要做什么？规范分析是指基于数据分析为可能的结果提供建议，进而优化决策、提高分析效率。规范分析超越了描述性分析和预测分析，为管理决策提供一个或多个解决方案并显示其可能的结果。规范分析主要的分析方法有优化分析和机器学习等。

2. 大数据建模

大数据建模是利用统计分析、机器学习和人工智能等技术，通过建立数据模型，从大数据中挖掘数据特征的方法，是大数据分析的关键。大数据建模通常包括模型建立、模型训练、模型评估和模型应用四个步骤，如图 2-7 所示。

模型建立是指通过线性、逻辑回归和机器学习等算法，建立数据模型（如建立回归模型、分类模型和聚类模型等），实现预测、分类等目的。在众多算法中，机器学习算法是一类从数据分析中获得规律，并利用规律对未知数据进行预测的算法，在模型建立中得到了广

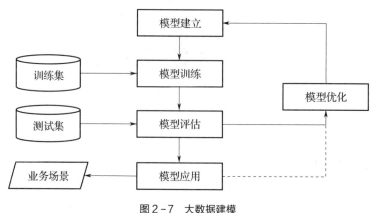

图2-7　大数据建模

泛应用。通过机器学习构建模型，能够更有效地处理海量数据，发现其内在规律和隐藏知识，提高大数据分析效率。

模型训练是指基于已有的数据，通过最优化的方法寻找模型最优参数组合。一般把已有数据分为训练集和测试集，用训练集进行模型训练，用测试集进行模型评估，实现模型优化。

模型评估是指通过 ROC 曲线、洛伦兹曲线、F 值等评估备选模型，选择最优模型。模型评估需考虑两个方面：①模型是否解决了需要解决的问题；②模型的精确性（误差率或残差是否符合正态分布等）。

模型应用是指将评估合格的模型应用于业务场景中，解决实践工作中的业务问题，如预测客户行为、划分客户群等。在模型应用阶段，收集模型预测数据与真实的业务数据，检验模型在业务场景中的应用效果，用于后续模型的进一步优化。

（二）大数据挖掘

数据挖掘（Data Mining，DM）是从大量的、不完全的、有噪声的、模糊的随机数据中，提取隐含在其中人们事先不知道的有用信息、形成知识的过程。大数据挖掘是基于大数据进行的数据挖掘，和传统数据挖掘有以下不同：

（1）大数据挖掘在一定程度上降低了对挖掘模型以及算法的依赖。当数据越来越大时，数据本身保证了分析结果的有效性，即便缺乏精准的算法，也能得到有效的结论。

（2）大数据挖掘在一定程度上降低了因果关系对挖掘结果精度的影响。大数据挖掘可以分析出不同要素之间的相关关系，在不了解问题逻辑的情况下提供最为可靠的结果。

（3）大数据挖掘能最大限度地利用互联网上的用户行为数据。大数据可以处理半结构化或非结构化的数据，人们在互联网上留下的社交信息、地理位置信息、行为习惯和偏好信息等都可以得到实时处理。

大数据分析与大数据挖掘都是从数据中提取有价值的信息，但是二者在算法、数据和应用环境等方面有所不同：

（1）在算法复杂度上，大数据分析对算法要求随着数据量增加而降低，而大数据挖掘对算法要求更高、算法复杂度更大。

（2）在数据状态上，大数据分析多使用动态增量数据和存量数据，而大数据挖掘大多使用存量数据。

（3）在实验环境上，大数据分析要求较高，多为云计算和云存储环境，而数据挖掘则没有特定要求，允许使用单机环境。

（三）大数据可视化

数据可视化（Data Visualization）是一种将抽象信息以贴近人类自然感知的图形或图像的形式予以呈现的技术，通过对数据交互的可视化表达，发现数据中隐含的信息。大数据可视化是对现有数据可视化的进一步拓展，通过大数据自动分析挖掘方法，利用能够实现大数据可视化的用户界面和人机交互技术，有效融合计算机的计算能力和人的认知感知能力，充分挖掘和揭示大数据所隐含的信息与价值，提升大数据服务的应用效果。

大数据可视化处理的数据类型涵盖一维、二维、多维、文本、网络图、代码和时空数据等，采用的显示方法包括标准二维（2D）显示、三维（3D）显示、图标化显示、图像化显示和堆叠化显示等。在大数据可视化过程中，当单一的数据呈现结果不足以反映数据潜在的全部信息和知识时，还需辅以相应的交互技术，根据用户理解程度适时调整数据呈现结果。

二、大数据决策的关键技术

大数据决策的关键技术主要有决策数据采集技术、决策数据存储技术、决策数据分析技术、决策数据挖掘技术以及决策数据可视化技术。

（一）决策数据采集技术

决策数据采集技术指对数据进行 ETL 操作，将数据从来源端经过提取、转换、加载至目的端采用的技术。ETL 是通过提取技术，从原始数据中抽取出所需数据，进行数据清洗，并将数据转换成特定的数据格式，加载到数据仓库中。常见的决策数据采集技术有以下几种：

1. 网络数据采集

网络数据采集是通过网络爬虫和一些网站平台提供的公共应用程序接口（Application Programming Interface，API）等方式从网站上获取数据，将非结构化和半结构化的网页数据从网页中提取出来，并将其提取、清洗、转换成结构化的数据。目前常用的网络数据采集系统有 Apache Nutch、Crawler4j、Scrapy 等。

2. 系统日志采集

系统日志采集是针对组织产生的海量日志数据进行采集，供离线或在线实时分析使用。目前常用的系统日志采集系统有 Apache Flume、Scribe 等，支持从各种数据源上收集日志数据，具有高可靠性和高容错性。

3. 感知设备采集

感知设备采集是指通过传感器、摄像头和其他智能终端自动采集信号、图片或录像等信息。感知设备采集需要实现对结构化、半结构化、非结构化海量数据的智能化识别、定位、跟踪、接入、传输、信号转换、监控、初步处理和管理等。

4. 数据库采集

数据库采集是指采用传统的关系数据库（如 MySQL 和 OracleDatabase）或非关系数据库

采集数据。通常将大量数据库部署在采集端，直接与后台服务器结合，将数据实时写入数据库，由特定的处理分析系统进行系统处理，实现大数据采集。

（二）决策数据存储技术

决策数据存储技术是将采集到的数据存储在存储器上，并建立相应的数据库进行管理和调用的技术。大数据环境下，一般采用由成千上万台廉价计算机组成的集群进行数据存储，以降低成本、提高可扩展性。根据数据类型的不同，决策数据的存储和管理技术可以分为三类。

1. 大规模结构化数据的存储

通常采用数据库集群，通过列存储或行列混合存储以及粗粒度索引等技术，结合大规模并行处理架构的分布式计算模式，实现对 PB 量级数据的存储。采用数据库集群存储是利用两台或多台数据库服务器构成一个虚拟单一数据库逻辑映像，向客户端提供透明的数据服务，具有高性能和高扩展性。

2. 半结构化和非结构化数据的存储

针对这类应用场景，通常采用基于 Hadoop 开源体系的系统平台进行存储。通过对 Hadoop 生态体系进行技术扩展和封装，实现针对半结构化和非结构化数据的存储。

3. 结构化和非结构化混合数据的存储

针对结构化和非结构化混合数据，一般采用并行数据库集群和 Hadoop 集群的混合实现对艾字节（Exabyte，EB）量级、PB 量级数据的存储。一方面，采用并行数据库集群管理计算高质量的结构化数据；另一方面，采用 Hadoop 实现对半结构化和非结构化数据的处理。这类混合存储模式是决策数据存储未来的发展趋势。

较为常用的决策数据存储技术是 Google 的 GFS 和 Hadoop 的 HDFS，它们均采用分布式存储方式，实现对结构化、半结构化和非结构化数据的存储管理。

（三）决策数据分析技术

决策数据分析技术主要包括统计类分析、预测性分析、机器学习和可视化分析等。

1. 统计类分析

统计类分析是基于数理统计理论对决策数据进行分析，分为描述性统计和推断性统计。描述性统计将数据加以整理、归类或简化，对数据集进行摘要或描述。推断性统计用概率来决断数据之间是否存在某种关系，对过程进行推断。

2. 预测性分析

预测性分析基于现有数据构建学习模型，实现对未来数据的预测。预测分析的目的并不是准确地告诉人们将来会发生什么，而是预测未来可能发生什么。预测分析包括获取或检测数据、分析和预测建模、对相关问题做出预测等步骤。

3. 机器学习

机器学习是指计算机模拟人类的学习过程，进行反馈、深入分析、对不完全的信息进行推理，是一种通过数据训练模型，然后使用模型进行预测的技术，是大数据分析的基础。

4. 可视化分析

可视化分析将数据分析结果以形象直观的方式展现出来。通过三维表现技术展示复杂的信息，能够立体呈现海量数据，快速发现数据中蕴含的规律特征，挖掘出有用信息。可视化分析既是数据分析技术，也是数据分析结果呈现的关键手段。

（四）决策数据挖掘技术

目前常用的数据挖掘技术包括决策树、聚类分析和关联分析等。

1. 决策树

决策树是数据挖掘的主流技术，以树形形式描述数据决策与数据分类过程，通过一批已知的训练数据建立一棵决策树，基于训练好的决策树对数据进行预测。决策树的建立过程是数据规则的生成过程，实现了数据规则的可视化，输出结果具有易理解、精确度较高和效率较高的特点。

2. 聚类分析

聚类分析是指针对不同类型的数据进行归类处理，对零碎数据信息进行高效整理，提升数据的层次性和规范性。聚类分析并非对数据信息的简单分类处理，而是在相对混乱、无序且异构的数据中寻找有价值的信息。

3. 关联分析

关联分析用于发现各种数据之间的关联性，对有价值的信息进行定位，提取有用信息。关联分析基于事物之间的关联性理论，对数据之间的关联性及规律进行分析，不仅能够准确获取有用的数据信息，还能够对数据进行辨别处理。

（五）决策数据可视化技术

决策数据可视化技术主要包括文本可视化、网络可视化、时空数据可视化和多维数据可视化等。

1. 文本可视化

文本可视化是将文本中蕴含的语义特征以视觉符号的形式直观展现出来的技术，可以直观体现文本逻辑结构、动态演化规律以及主体聚类等。典型的文本可视化是标签云，依据词频关键词进行合理排序和归类，利用颜色和大小等属性进行文本可视化。

2. 网络可视化

网络可视化利用人们的视觉感知系统，基于网络节点和连接的拓扑关系，直观地展示网络中潜在的模式关系。网络可视化既可以辅助用户认识网络的内部结构，也有助于挖掘隐藏在网络内部的有价值信息。典型的网络可视化技术包括基于节点和边的可视化技术 H – Tree、树图（Treemap）技术和两者结合的可视化技术 TreeNetViz 等。

3. 时空数据可视化

时空数据可视化针对具有时间和地理标签的时空数据，建立时间与空间及相关属性的可视化表征，直观展现相关模式及规律。时空数据可视化技术包括流地图（Flow Map）、时空立方体（Space – Time Cube）等。

4. 多维数据可视化

多维数据可视化是将多维数据进行直观呈现的技术，目的是不断发现多维数据的分布规律和模式，揭示不同维度属性之间的隐含关系。散点图（Scatter Plot）和投影（Projection）是最为常用的多维数据可视化技术。

三、大数据分析的典型工具

（一）Hadoop

Hadoop 是由阿帕奇（Apache）软件基金会开发的分布式系统基础架构，能够以一种可靠、高效、可伸缩的方式对大量数据进行分布式处理，具有高可靠性、高扩展性、高容错性、高效和低成本等特点。Hadoop 运行在 Linux 操作系统之上，由许多元素构成，核心设计是 HDFS 和 MapReduce 处理过程。

（1）HDFS 是 Hadoop 的核心，是分布式计算中数据存储与管理的基础。HDFS 可以运行在廉价的商用服务器上，能够实现故障的检测和自动快速恢复，为海量数据提供了不怕故障的存储。

（2）MapReduce 是一种编程模型，可用于大规模数据集的并行运算，在系统层面解决扩展性、容错性等问题，能够自动地在可伸缩的大规模集群上并行处理和分析大规模数据。

除 HDFS 和 MapReduce 外，Hadoop 框架还包括数据仓库 Hive、资源管理器 YARN、分布式列数据库 HBase 和分布式协作系统 ZooKeeper 等。Hadoop 在大规模数据分布式存储与处理、系统可扩展性与易用性上具有其他系统不具备的优点，在大数据分析领域得到了广泛应用。

（二）Apache Spark

Apache Spark 是为大数据处理而设计的快速通用的计算引擎，也是一个开源集群计算环境，具有运行速度快、易用性好、通用性强和随处运行等优点。与 Hadoop 不同，Spark 在 Scala 语言中实现，将 Scala 用作其应用程序框架。Spark 具有以下三个特点：

（1）具有高层次的 API，使 Spark 应用开发者专注于应用所要做的计算本身，提高了开发速度。

（2）支持交互式计算和复杂算法，计算速度快。

（3）Spark 是一个通用引擎，能够实现结构化语言查询、文本处理和机器学习等运算。

（三）Storm

不同于 Hadoop 针对静态数据的批量计算，Storm 是一个分布式的、容错的实时计算系统，对实时动态的多源异构数据进行实时计算，以获得有价值的信息。批量计算与实时计算的关系如图 2 – 8 所示。Storm 为分布式实时计算提供了一组通用原语，能够在计算机集群中编写复杂的实时计算程序，处理实时数据并更新数据库。

Storm 具有适用场景广、可伸缩性强、数据

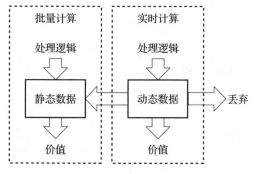

图 2 – 8　Storm 实时计算

不丢失、稳健性强、高容错和语言无关性等特征，应用领域广泛，如实时分析、在线机器学习、数据流处理和连续计算等。

案例分享　大数据技术在新冠肺炎疫情中的应用

　　大数据技术在 2020 年突发的新冠肺炎疫情中得到了良好的应用。政府借助大数据及相关技术开展人员活动轨迹监测和疫情发展趋势预测分析，实现疫情防控机制的及时启动、多元主体的联防联控、潜在感染人员的精准定位及政府人员执政行为的有效监督。

　　新冠肺炎疫情期间，多地地方政府联合互联网组织迅速搭建了疫情防控大数据平台，实时监测各个分区病例数据变动情况。政府利用海量病例数据全面分析当地疫情发展状况，并根据细节信息预判网络舆情走向，从而及时启动疫情防控响应机制。通过大数据发动组织、群众参与疫情的联防联控，有效提高了病例数据采集的效率，同时群众在社交平台对疫情信息和线索的发声也能通过大数据分析被政府看到，形成了多元主体共同参与的高效有序的联防联控体系。

　　面对新冠肺炎疫情这样的突发性事件，政府能及时了解流动人口信息是应急管理中的重要环节。记载流动人口信息的大数据为政府应急管理提供了重要的数据支撑和决策依据。新冠肺炎疫情期间，大数据技术在政府管理流动人口方面起到重要作用，对提升政府应急管理能力和水平具有重要现实意义。

| 本章关键词 |

大数据决策；关键技术；典型工具

| 课后思考题 |

1. 大数据决策和传统的决策方式有什么区别？
2. 简述大数据处理的基本流程，并举例分析。
3. 大数据决策的基本方法包括哪些？

大数据处理的基础架构

本章提要

可运行于大规模集群上的分布式计算平台 Hadoop，是公认的行业大数据标准开源架构，在分布式环境下提供了海量数据的处理能力，实现了 MapReduce 计算模型和分布式文件系统 HDFS 等功能，在业内得到了广泛的应用，也成为大数据的代名词。本章首先介绍 Hadoop 发展简史、Hadoop 的特性、Hadoop 的应用现状与版本演化，然后介绍 Hadoop 的各个组件，最后对 Hadoop 的优化与发展进行分析。

学习目标

1. 了解大数据处理架构 Hadoop 的特性、应用现状与版本演化。
2. 认识 Hadoop 的各个组件。
3. 把握 Hadoop 的局限与不足及改进方向。

重点：Hadoop 的特性、应用架构及各个组件的工作流程。

难点：Hadoop2.0 是如何对 Hadoop1.0 进行优化的。

导入案例

中泰证券大数据创新应用

近年来，随着业务的发展与规模的扩张，中泰证券数据呈指数级增长，各类 IT 系统数据量已经达到 20 多 TB 的规模，每日还有大量新增的日志数据、交易数据需要存储和处理。中泰证券的 IT 系统也面临着一些问题的困扰。

首先，数据存储量庞大。现有系统存储了 5 年的数据，总共 20 多 TB，日志数据超过一半，使用分区存储方式，历史数据采用离线存储方式，存储资源紧缺，存储扩展花费非常高。其次，现有的系统计算负载高、延迟长。现有系统在运行中跨历史范围查询延迟长，一次计算的数据量大，计算和存储资源都存在瓶颈；大范围查询时，对生产业务影响较大。同时，历史数据服务请求带来额外工作负担。历史数据查询时需要额外将离线的历史数据导入，再等到系统资源空闲时进行查询，不仅效率低，而且工作负担繁重，也容易出错。最后，现有系统的资源已经严重紧缺，CPU 负载高、存储空间不足，已经影响到业务的正常发展。

基于此，中泰证券力求解决现有 IT 系统的四大问题，并做了一些方案调研，力求建设能高效处理数据同时兼具性价比的新平台。调研结果发现，在解决分布式存储、计算问题上，Hadoop 技术近年来得到了广泛应用。Hadoop 平台扩展了企业数据平台的数据处理类型，使得企业数据处理平台的能力变得更加强大，使得 Hadoop 架构具有极高的性价比。最后，通过对国内外各个厂商的技术调研，中泰证券选取了星环科技的 TDH（Transwarp Data Hub）大数据平台。

思考：

大数据处理平台有哪些优势？是如何实现的？

第一节　　Hadoop 概述

一、Hadoop 发展简史

（一）Hadoop 的诞生

Doug Cutting 是 Hadoop 的奠基人。1997 年年底，Doug Cutting 尝试研发一个基于 Java 开发环境的用于全文文本搜索的开源函数库 Lucence。Lucence 具有开源和便捷的特质。之后，Cutting 在 Lucence 的基础上将开源的思想继续深化。2001 年，Doug Cutting 进入 Apache 软件基金会，Lucence 被统一纳入 Apache 体系。

2002 年，Cutting 决定开发一款可以代替当时的主流搜索产品的开源搜索引擎，这就是 Apache Nutch 项目。Apache Nutch 的设计目标是建立一个集网页抓取、索引、查询等功能于一体的大型全网搜索引擎。但随着抓取网页数量的增加，数十亿网页的存储和索引成为限制发展的难题，传统的关系数据库管理系统逐渐无法胜任当前的需求。

直到 2003 年，Google 发表了分布式文件系统 GFS 方面的论文，在网页爬取和索引过程中产生的超大文件的数据存储的问题得到改善。2004 年，Google 发表另一篇论文《MapReduce：大型集群上的简化数据处理》（*MapReduce：Simplified Data Processing on Large Clusters*），阐述了 MapReduce 分布式编程的思想，解决了海量网页的索引计算问题。不久，Google 又发表了一篇介绍分布式结构化数据存储系统 BigTable 的论文，用以解决海量结构化数据的处理问题。

Doug Cutting 模仿 Google 的 GFS 开发出了自己的分布式文件系统 NDFS（Nutch Distributed File System）。Doug Cutting 将 Google 的 MapReduce 进行了开源设计，在自己的项目中也引入了 BigTable，并将其命名为 HBase。到 2005 年，Nutch 已完成所有主要算法的移植，用 MapReduce 和 NDFS 来运行。2006 年 2 月，Nutch 中的 NDFS 和 MapReduce 独立成为 Lucence 的一个子项目，并被命名为 Hadoop。与此同时，Doug Cutting 加盟 Yahoo，Yahoo 组织了专门的团队和资源将 Hadoop 发展成为能够以 Web 网络规模运行的系统。同年，Doug Cutting 又对 Lucence 进行技术扩充，并将 NDFS 也改名为 HDFS。2006 年 4 月，第一个 Apache Hadoop 发布。2008 年 1 月，Hadoop 已晋升为 Apache 软件基金会的顶级项目。随后，Hadoop 经过七年积累，融入了 R 语言、Hive、Pig、ZooKeeper、Cassandra、Chukwa、Sqoop 等一系列数据库及工具，从一个科学项目逐渐发展为成熟的主流商业应用。

（二）Hadoop 的演进

严格意义上来讲，Hadoop 并不是传统意义上的理论创新，但却在颠覆着我们的计算体系、生活体系和经济发展体系。在 Google、Apache、Yahoo 等的不断努力下，Hadoop 仍在不断发展。

2007 年，第一个 Hadoop 用户组会议召开，社区贡献开始急剧上升。此后，百度开始使用 Hadoop 做离线处理；中国移动开始在"大云"研究中使用 Hadoop 技术；淘宝开始投入研究基于 Hadoop 的系统——云梯，并将其用于处理电子商务相关数据。

2009 年 3 月，Cloudera 推出 CDH（Cloudera's Dsitribution Including Apache Hadoop）。Cloudera 是在 Hadoop 生态系统中，规模最大、知名度最高的公司，CDH 是 Cloudera 提供的 Hadoop 商业发行版本，能够十分方便地对 Hadoop 集群进行安装、部署和管理。CDH 还提供安全保护以及与许多硬件和软件解决方案的集成。

2009 年 7 月，Hadoop Core 项目更名为 Hadoop Common；MapReduce 和 HDFS 成为 Hadoop 项目的独立子项目，Avro 和 Chukwa 成为 Hadoop 新的子项目。

2010 年，Hadoop 社区建立大量的新组件（Crunch、Sqoop、Flume、Oozie 等）来扩展 Hadoop 的使用场景和可用性。

2011 年 7 月，Yahoo 和硅谷风险投资公司 Benchmark Capital 创建了 Hortonworks 公司，旨在让 Hadoop 更加可靠，更容易被企业用户安装、管理和使用。

2011 年 12 月，Apache Hadoop 达到 1.0.0，有关此里程碑版本的完整信息，请参阅 http://hadoop.apache.org/releases.html#News。

2013 年 10 月，Apache Hadoop 2.x 达到了 GA 里程碑，有关此里程碑版本的完整信息，请参阅 http://hadoop.apache.org/releases.html#News。

2018 年 4 月，Apache Hadoop 3.1 发布，详情请参阅 http://hadoop.apache.org/docs/r3.1.0/。

（三）Hadoop 的迭代分期

随着大数据技术的不断发展，Hadoop 也逐渐迭代。大数据应用经历搜索引擎时代、数据仓库时代、数据挖掘时代，现在正在快速进入机器学习时代。

1. 搜索引擎时代

大数据应用的搜索引擎时代起源于 Google 在 2004 年前后发表了关于分布式文件系统 GFS、大数据分布式计算框架 MapReduce 和 NoSQL 数据库系统 BigTable 的三篇论文。搜索引擎主要做两件事情：网页抓取和索引构建。2000 年左右，PC 互联网时代来临，Google、Yahoo 等搜索引擎巨头一天可以产生上亿条行为数据，除了结构化的业务数据，还有海量的用户行为数据，以图像、视频为代表的多媒体数据。将这些文件全部存储起来，大约需要数万块磁盘。为此 Google 开发的 GFS，将数千台服务器上的数万块磁盘统一管理起来。为了构建搜索引擎，Google 需要对数万块磁盘上的网页文件中的单词进行词频统计，根据 PageRank 算法计算网页排名。基于此，Google 又开发了 MapReduce 大数据计算框架。Google 凭借大数据技术和 PageRank 算法，使搜索引擎的搜索体验得到质的飞跃。

2. 数据仓库时代

曾经在进行数据分析与统计时，仅仅局限于数据库，面临着数据量和计算能力的限制，只能对最重要的数据进行统计和分析，如决策数据、财务相关数据，这是管理学领域常见的决策领域，但只能针对结构化数据和少量数据。直到 Facebook 推出 Hive，才打破了这一僵局，大数据应用也随之进入数据仓库时代。Hive 可以在 Hadoop 上运行 SQL 操作，用更低廉的价格获得更多的数据存储与计算能力。通过 Hive 可以把运行日志、应用采集数据、数据库数据放到一起计算分析，获得以前无法得到的数据结果，企业的数据仓库也随之呈指数级膨胀。如今 Hive 已然发展成为 Hadoop 的重要组件。

3. 数据挖掘时代

2009 年之后，大数据基础技术基本成熟，大数据逐渐应用于商业、科技、医疗、政府、教育、经济、物流等社会的各个领域。除了数据存储、统计分析，我们还希望挖掘出海量数据更多的潜在价值，由此进入数据挖掘时代。2010 年 Mahout 成为 Apache 的项目，为 Hadoop 平台上的数据挖掘提供可扩展的经典算法，如聚类、分类、推荐过滤、频繁子项挖掘等。著名的啤酒与尿不湿故事就是通过分析购物篮中的商品集合，找出商品之间的关联关系，引导客户的购买行为。现代生活离不开互联网，各种各样的应用时时刻刻都在收集数据，并在后台的大数据集群中进行分析与挖掘。

4. 机器学习时代

过去，由于受数据采集、存储、计算能力的限制，只能通过抽样的方式获取小部分数据，无法得到完整的、全局的、细节的规律。现在通过大数据，可以把全部的历史数据都收集起来，统计其规律，进而预测正在发生的事情，这就是机器学习。随着以机器学习为代表的人工智能的进步，人类正进入机器学习时代，也被称为广义大数据时代，各种非结构化数据分析成为当前理论界和产业界共同关注的热点，甚至成为国家之间竞争的焦点。大数据提高数据存储能力，为机器学习提供燃料，典型代表如 Google 旗下 DeepMind 公司的 AlphaGo、苹果的 Siri、小爱、天猫精灵等应用。

下面是一个 Hadoop 迭代分析的典型例子。

案例分享　啤酒与尿不湿的故事

这个现象最开始是在美国的沃尔玛超市当中出现的。超市的管理人员分析销售数据时发现了一个令人难以理解的现象：在某些特定的情况下，啤酒与尿不湿这两件看上去毫无关系的商品会经常出现在同一个购物篮中。

这种独特的销售现象引起了管理人员的注意，经过后续调查他们发现，这种购买组合大多出现在年轻的父亲身上。在有婴儿的美国家庭中，一般是母亲在家中照看婴儿，年轻的父亲去超市购买尿不湿。父亲在购买尿不湿的同时，往往会顺便为自己购买啤酒，这就出现了啤酒与尿不湿这两件看上去不相干的商品经常被放入同一个购物篮的现象。如果这个年轻的父亲在卖场只能买到这两件商品的其中一件，那么他很有可能会放弃购物而到另一家可以同时买到啤酒与尿不湿的商店。

沃尔玛超市发现了这一独特的现象后，开始在卖场尝试将啤酒与尿不湿摆放在相邻的区域，让年轻的父亲可以同时找到这两件商品，并很快地完成购物。而沃尔玛超市也因为让这些客户一次性购买两件商品而不是一件，获得了很好的商品销售收入。

当然，啤酒与尿不湿的故事最终也是有理论依据的：1993 年美国学者 Agrawal 通过分析购物篮中的商品集合，找出商品之间关联关系的算法，并根据商品之间的关系，找出客户的购买行为。从数学及计算机算法角度他提出了商品关联关系的计算方法——Apriori 算法。该算法在 20 世纪 90 年代被引入沃尔玛 POS 机数据分析中，并最终取得了成功。

人类过去一直研究因果性，大数据却更强调研究相关性，就是不管为什么，先考虑怎么做，不强调原因，先强调结果。这个例子也正是传统决策思维向大数据决策思想转变的典型代表。

二、 Hadoop 特性

（一）高可靠性

Hadoop 能自动维护数据的多份副本，并且在任务失败后能自动重新部署（redeploy）计算任务，体现出优良的可靠性和容错性。整个 Hadoop 平台采用冗余数据存储方式，多台机器构成集群，即使部分机器发生故障，也能保存不受影响的副本，剩余机器仍然可以对外提供服务。

（二）高效性

作为一个并行分布式计算平台，Hadoop 采用分布式存储与分布式处理两大核心技术，能够高效地处理 PB 级数据，如图 3 - 1 和图 3 - 2 所示。Hadoop 利用分布式集群进行运算，可以把成百上千台服务器集中起来，进行分布式并行处理。通过分发数据，Hadoop 可以在数据所在的节点上进行并行处理，大大提高了 PB 级数据存储和计算的效率。

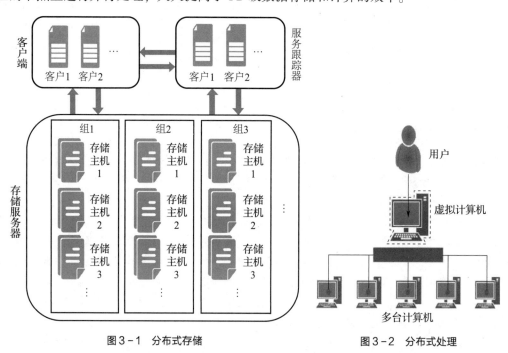

图3 - 1　分布式存储　　　　　　　　图3 - 2　分布式处理

（三）可扩展性

Hadoop 在可用的计算机集群间分配并计算数据，这些集群可以方便地扩展到数以千计的计算机节点。在一个 Hadoop 集群里，计算节点可以根据需要随时增加，可以不断地往集群中增加机器，一个集群可以有几个、几百个、几千个节点组成，根据实际数据量和数据类型确定节点需求量，可扩展性特别好。

（四）成本低

在云计算和大数据技术兴起之前，采用高性能计算（High Performance Computing，HPC）进行高级运算。在 HPC 之前，一般采用小型机、高档机或高性能的刀片服务器进行计算，成本较高。相比于 HPC 和小型机，Hadoop 整个集群中可以使用很多低端机，甚至普通 PC 也可以建立集群，成本非常低。同时，Hadoop 由于是开源的，与一体机、商用数据仓库以及 QlikView、Yonghong Z-Suite 等数据集市相比，Hadoop 的开源代码使得项目的软件成本大大降低。

另外，Hadoop 基于 Java 语言进行开发，可以较好地运行在 Linux 环境，具有跨平台属性。同时，Hadoop 支持多种语言进行应用程序开发，如 C＋＋等。

下面通过 Google 数据中心的例子来说明 Hadoop 具有上述优秀特性的原因。

案例分享　Google 数据中心 Hadoop 架构

　　Google 数据中心使用廉价的 LinuxPC 组成集群，在上面运行各种应用。即使是分布式开发的新手也可以迅速使用 Google 的基础设施。它的核心组件有三个：

　　1）GFS（Google File System）。作为一个分布式文件系统，GFS 可以隐藏下层负载均衡、冗余复制等细节，对上层程序提供一个统一的文件系统 API。Google 根据自己的需求对它进行了特别优化，需要优化的内容包括：超大文件的访问，读操作比例远超过写操作，PC 极易发生故障造成节点失效等。GFS 把文件分成 64MB 的块，分布在集群的机器上，使用 Linux 的文件系统存放。同时每块文件至少有 3 份以上的冗余。中心是一个主节点，根据文件索引，找寻文件块。详见 Google 的工程师发布的 GFS 论文。

　　2）MapReduce。Google 发现大多数分布式运算可以抽象为 MapReduce 操作。Map 是把输入（Input）分解成中间的 Key-Value（键值）对，Reduce 把键值对合成最终输出（Output）。这两个函数由程序员提供给系统，下层设施把 Map 和 Reduce 操作分布在集群上运行，并把结果存储在 GFS 上。

　　3）BigTable。BigTable 是一个大型的分布式数据存储系统，是 Google 为其内部海量的结构化数据开发的云存储技术。与传统的关系数据库不同，BigTable 不支持完整的关系数据模型，而是为用户提供简单的数据模型，使客户可以动态控制数据的分布和格式。像它的名字一样，就是一个巨大的表格，用来存储结构化的数据。

基于 Google 大数据系统与 Hadoop 的类似性，Hadoop 其实也包括三大核心组件（见图 3 - 3）：MapReduce、列式存储数据库 HBase、HDFS 三大组件。三个组件分工明确，使得 Hadoop 具有高效、可靠、可扩展、成本低的优良特性。

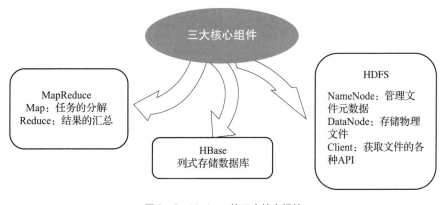

图 3 - 3　Hadoop 的三大核心组件

三、Hadoop 的应用现状

Hadoop 凭借突出的优势，已经在各个领域得到了广泛应用。例如美国的国会图书馆，作为全球最大的图书馆，自 1800 年设立至今，收藏了超过 1.5 亿个实体对象，包括书籍、影音、老地图、胶卷等，数字数据量也达到了 235TB，数据规模不可谓不大。但是美国 eBay，8000 万名用户每天产生的数据量就有 50TB，5 天就相当于 1 座美国国会图书馆的容量。而Google、淘宝、京东等巨头，数据规模则会更大。

不只 eBay 这种跨国电子商务业者会感受到巨量数据的冲击，在国外如美国连锁超市龙头Walmart、发行信用卡的 Visa 公司等，在我国如中国移动、阿里巴巴、京东、华为、台积电等拥有大量顾客资料的企业，都能感受到这股如海啸般来袭的大数据巨量资料浪潮。这样的巨量数据并不是没有价值的数据，其中潜藏了许多使用者的第一手原始数据，不少企业更是从中嗅到了商机。这些企业纷纷向最早面临大数据挑战的搜索引擎业者 Google、Yahoo 取经，学习处理巨量数据的技术和经验。其中，最受这些企业青睐并用来解决巨量数据难题的技术就是 Hadoop。

案例分享　典型的 Hadoop 的应用案例

1. 江苏银行应用 Hadoop 平台，提升数据洞察能力

江苏银行大数据平台建设起步于 2014 年年底，2015 年年中初见成效。银行的应用场景比较复杂，如用户行为采集分析、跨部门数据整合、离线用户画像和用户洞察、实时用户画像及推荐、实时反欺诈等，需要大数据平台具有历史数据快速统计、窗口时间内的信息流和触发事件及模型匹配、百毫秒级事件响应等性能。

江苏银行应用系统采用数据库 + 中间件 + 应用的三层模式，支持诸如 BI、ETL、数据挖掘等工具，可实现数据库对应用开发人员的透明化。目前江苏银行构建 Hadoop 平台，利用大数据技术开发了一系列具有一定社会影响的大数据应用产品，如："e 融"品牌下的"税 e 融""享 e 融"等线上贷款产品、基于内外部数据整合建模的对公资信服务报告、以实时风险预警为导向的在线交易反欺诈应用、基于柜员交易画面等半结构化数据的柜面交易行为检核系统等，大大提高了对金融数据的洞察能力。

2. eBay 用 Hadoop 拆解非结构性巨量数据，降低数据仓储负载

eBay 是全球最大的拍卖网站，每天增加的用户交易数据有 50TB。这些数据包括结构化数据和非结构化数据，如照片、影片、电子邮件、用户的网站浏览日志（Log）记录等。eBay 正是用 Hadoop 来拆解非结构化巨量数据，降低数据仓储负载，对大量结构化和非结构化数据进行同时处理，用以分析网站上买卖双方的交易行为。

3. Visa 快速发现可疑交易，1 个月分析时间缩短成 13min

Visa 公司拥有一个全球最大的付费网络系统 VisaNet，供信用卡的付款验证。2009年，每天就要处理 1.3 亿次授权交易和 140 万台 ATM 的联机存取。为了降低信用卡各种诈骗、盗领事件的损失，Visa 公司要分析每一笔事务数据，找出其中的可疑交易。虽然每笔交易的数据记录只有短短 200bit，但每天 VisaNet 要处理全球上亿笔交易，2 年累积

的资料多达 36TB, 过去仅是要分析 5 亿个用户账号之间的关联, 需要 1 个月才能得到结果。基于此, Visa 在 2009 年时导入 Hadoop, 建置 2 套 Hadoop 集群 (每套不到 50 个节点), 让分析时间从 1 个月缩短到 13min, 更快速地找出了可疑交易, 也能更快对银行提出预警, 甚至能及时阻止诈骗交易。

其他企业比如中国移动、Meta (Facebook 的母公司) 等国内外企业也都根据自身业务的需要, 搭建了大型计算集群, 主要应用于数据分析, 这些企业动辄几千台服务器构成一个集群, 并在集群上进行各项业务应用, 取得了很好的效果。

四、Hadoop 的应用架构

Hadoop 的应用架构如图 3-4 所示。Hadoop 的应用架构是一个三层架构, 从上至下依次为访问层、大数据层、数据来源层。Hadoop 应用架构的最上层主要有三类典型应用: 数据分析、数据实时查询和数据挖掘。由于大数据的 5V 特征, 大数据决策和传统的管理决策不同, 大数据决策的产生和发展本身就来源于企业经营中的实际情况, 特别是面向不同客户需求的搜索需要。因此, Hadoop 架构本身自带企业决策属性, 无论是数据分析、数据实时查询还是数据挖掘, 根本目的都是提高企业的决策速度、决策质量。中间的大数据层是支撑决策质量的关键层, 这里面包括 Hadoop 中的各类组件。这些应用组件构成了 Hadoop 离线分析、实时查询和 BI 分析的基础, 以支撑上层的三大类应用。最下边一层是数据来源层, Hadoop 中的数据来源基本有两大类: 一类是分散的数据源, 如机器产生、用户访问或购买等行为数据; 另一类是 MySQL、Oracle 等传统关系数据库中导入的数据。

关于 Hadoop 的各个组件将在下节展开介绍。

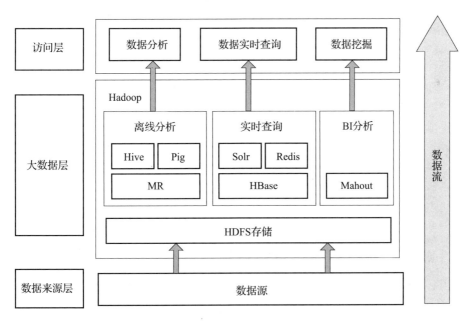

图 3-4 Hadoop 的应用架构

五、 Apache Hadoop 版本演变

Apache Hadoop 版本分为两代，第一代 Hadoop 被称为 Hadoop 1.0，第二代 Hadoop 被称为 Hadoop 2.0。

第一代 Hadoop 包含三个版本，分别是 0.20.x、0.21.x 和 0.22.x，其中，0.20.x 最后演化成 1.0.x，变成了稳定版，而 0.21.x 和 0.22.x 则增加了 NameNode HA（NameNode 高可用性）等新的重大特性。

第二代 Hadoop 包含三个版本，分别是 0.23.x、2.x 和 3.x，它们完全不同于 Hadoop 1.0，而是一套全新的架构，均包含 HDFS Federation 和 YARN 两个系统，相比于 0.23.x，2.x增加了 NameNode HA 和 Wire - compatibility（电子兼容性）两个重大特性。3.x 则更加关注 Hadoop 在可扩展性、容器化、成本、云原生及机器学习等方面的优化，同时也增强了 YARN 的调度能力。

除了免费开源的 Apache Hadoop 以外，还有一些商业公司推出 Hadoop 的发行版，2008 年 Cloudera 成为第一个 Hadoop 商业化公司，并在 2009 年推出第一个 Hadoop 发行版，此后很多大公司也加入到了做 Hadoop 产品化的行列，比如 MapR、Hortonworks、星环等。一般而言，商业化公司推出的 Hadoop 发行版也是以 Apache Hadoop 为基础的，但是商业化发行版有更好的易用性、更多的功能以及更高的性能。

Apache Hadoop 的各种版本及其特性见表 3 - 1。

表 3 - 1　Apache Hadoop 的各种版本

厂商名称	开放性	易用性	平台功能	性能（＊）	本地支持	总体评价
Apache	完全开源，Hadoop 就托管在 Apache 社区	安装：2＊ 使用：2＊ 维护：2＊	Apache 是标准的 Hadoop 平台，所有厂商都是在 Apache 的平台上改造	2	没有	2＊
Cloudera	与 Apache 功能同步，部分代码开源	安装：5＊ 使用：5＊ 维护：5＊	有自主研发的产品如：Impala、Navigator 等	4.5	2014 年刚进入中国上海	4.5＊
Hortonworks	与 Apache 功能同步，完全开源	安装：4.5＊ 使用：5＊ 维护：5＊	是 Apache Hadoop 平台的最大贡献者，如 Tez	4.5	没有	4.5＊
MapR	在 Apache 的 Hadoop 版本上大量修改	安装：4.5＊ 使用：5＊ 维护：5＊	在 Apache 平台上面优化很多，从而形成自己的产品	5	没有	3.5＊
星环	核心组件与 Apache 同步，底层的优化比较多，完全封闭	安装：5＊ 使用：4＊ 维护：4＊	有自主的 Hadoop 产品如 Inceptor、Hyperbase	4	本地厂商	4＊

第二节　Hadoop 的各个组件

经过多年的发展，Hadoop 的生态系统和项目组件已经逐渐完善，除了分布式存储系统 HDFS 和分布式计算架构 MapReduce 之外，还包括分布式协作服务 ZooKeeper、分布式数据库 HBase、数据仓库 Hive、数据流处理工具 Pig、数据库挖掘工具 Mahout、数据库 ETL 工具 Sqoop、日志收集工具 Flume 和安装、部署、配置、管理工具 Ambari，如图 3–5 所示。值得注意的是，在 Hadoop2.0 中新增了一个重要组件，即资源调度和管理框架 YARN，用以分担 MapReduce 的负担。下面对各个组件进行展开介绍。

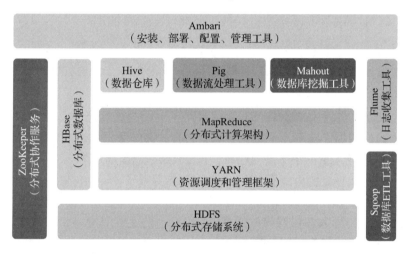

图 3–5　Hadoop 的项目结构

一、HDFS

大数据时代必须要解决海量数据的高效存储问题，为此 Google 公司开发了分布式文件系统 GFS（Google File System），通过网络实现文件在多台机器上的分布式存储，较好地满足了大规模数据存储的需求。HDFS 是针对 GFS 的开源实现，也是 Hadoop 的两大核心组件之一。HDFS 原来是 Apache Nutch 搜索引擎的一部分，后来独立成为一个 Apache 子项目，并和 MapReduce 一起组成了 Hadoop 的核心部分。HDFS 是 Hadoop 中用于数据存储的组件，在整个 Hadoop 中的地位非同一般，MapReduce 等计算模型都依赖于存储在 HDFS 中的数据。

1. HDFS 要实现的目标

HDFS 要在廉价的大型商用服务器集群上运行，所以在设计时就考虑了硬件故障这一常态问题，这样就可以在部分硬件发生故障的情况下，仍能保障文件系统的整体可用性和可靠性。总体而言，HDFS 要实现的目标有以下五个：

（1）使用兼容、廉价的硬件设备。在成百上千台廉价服务器中存储数据，节点失效的情况不可避免，所以 HDFS 在设计之初就建立了快速监测硬件故障和自动恢复的机制，以便进行持续监视、错误检查、容错处理和自动恢复，在硬件出错的情况下也能保证数据的完整性。

（2）支持流式数据读写。普通文件系统主要用于随机读写和用户交互，而 HDFS 则是为了实现批量数据处理而设计的。相比于数据访问的反应速度，HDFS 更加重视数据吞吐量，所以 HDFS 需要以流式方式来访问文件系统数据。

（3）适用于大数据集。运行在 HDFS 上的应用具有很大的数据集，HDFS 中的一个文件通常可以达到 GB 甚至 TB 级别，一个单一的 HDFS 实例需要支撑千万计这样的文件。因此，HDFS 应该能够提供整体较高的数据传输带宽，并能在一个集群里扩展到数百个节点。

（4）简化一致性模型。HDFS 采用了"一次写入、多次读取"的文件访问模型。文件一旦完成创建、写入，关闭后就无法再次修改，只能被读取。这一假设简化了数据一致性问题，使得高吞吐量的数据访问成为可能。

（5）强大的跨平台兼容性。HDFS 采用 Java 语言实现，具有很好的跨平台兼容性，支持 JVM（Java Virtual Machine，Java 虚拟机）的机器都可以运行 HDFS。

2. HDFS 的局限

因为 HDFS 特殊的设计，在实现上述优良特性的同时，它也具有自身的一些应用局限性。HDFS 的局限主要体现在以下几个方面：

（1）不适合低延迟数据访问。HDFS 是面向大规模数据批量处理而设计的，采用流式数据存储，具有很高的数据吞吐率，但这也意味着会有较高的数据延迟。

（2）无法高效存储大量的小文件。HDFS 中的数据存储是通过 NameNode 将文件系统的元数据存储在内存中，文件系统所能存储的文件总数量受限于 NameNode 的内存总容量，过多小文件会给系统扩展性和性能带来诸多问题。

（3）不支持多用户写入和任意修改文件。HDFS 中的文件只有一个写入者，不允许多个用户对同一个文件执行写操作。而且只允许在文件末尾执行追加操作，不能执行随机写操作，也不支持在文件的任意位置进行修改。

综上所述，HDFS 有优越的性能，但也有自身难以避免的缺陷。关于 HDFS 的体系结构、存储原理等内容，将在下一章详细介绍。

二、HBase

HDFS 可以安全存储任意格式的庞大数据集，但是只能执行批量处理，并且是以顺序方式访问数据，无法对大数据集的单条记录进行实时的增删改查。而建立在 HDFS 之上的 HBase 是一个分布式数据存储系统，可以通过大量廉价机器解决海量数据的高速存储和读取，实现对大型数据的实时、随机读写访问。HBase 是 Apache Hadoop 的数据库，开源实现了 Google 的 BigTable，主要有以下特点：

（1）HBase 是一个 NoSQL（非关系数据库），采用基于列的存储，主要用来存储结构化和半结构化的松散数据。

（2）HBase 本质上依然是 Key - Value 数据库，查询数据功能很简单，但不支持 join 等复杂操作。

（3）HBase 具有良好的高并发性，可解决海量数据集的随机实时增删改查。

（4）HBase 具有良好的横向扩展能力，可以通过不断增加廉价的商用服务器来增加存储能力。

（5）HBase 具有时间戳功能，时间戳可以作为版本号使用。

HBase 的目标是管理超级大表，可以通过水平扩展的方式，利用廉价的计算机集群，对数十亿行数据和数百万列元素组成的数据表进行处理。HBase 中的表有以下特点：

（1）大：一个表可以有上十亿行，上百万列。

（2）面向列：列可以灵活指定，面向列（族）的存储和权限控制，列（族）独立检索。

（3）稀疏：为空（null）的列并不占用存储空间，表可以设计得非常稀疏。

（4）无严格模式：每行都有一个可排序的主键和任意多的列，列可以根据需要动态增加，同一张表中不同的行可以有截然不同的列。

关于 HBase 的数据模型、系统架构等内容将在下一章展开详细讲解。

三、MapReduce

大数据时代除了需要解决大规模数据的高效存储问题，还需要解决大规模数据的高效处理问题。在 2005 年以前，CPU 的性能都会遵循"摩尔定律"，大约每隔 18 个月性能翻一番，这就意味着通过升级 CPU 就能提升程序的性能。但是从 2005 年开始，大规模集成电路的制作工艺达到了极限，CPU 性能的摩尔定律逐渐失效，提升系统的运行性能不能再依靠 CPU 的升级。此后，系统性能的提高开始借助分布式并行编程。分布式并行程序可以运行在计算机集群上，充分利用集群的并行处理能力，通过向集群增加新的计算节点，轻松实现集群计算能力的扩充。

Google 公司最先提出分布式并行编程模型 MapReduce，Hadoop MapReduce 是它的开源实现。Google 的 MapReduce 运行在分布式文件系统 GFS 上，Hadoop MapReduce 运行在分布式文件系统 HDFS 上。MapReduce 的核心思想是"分而治之"，它将复杂的、运行于大规模集群上的并行计算过程高度抽象到两个函数 Map 和 Reduce 上。在 MapReduce 中，一个存储在分布式文件系统中的大规模数据集会被切分成许多独立的小数据块，这些小数据块可以被多个 Map 任务并行处理。MapReduce 框架会给每一个 Map 任务输入一个数据子集，Map 任务生成的结果会成为 Reduce 任务的输入，由 Reduce 任务输出最后结果，并写入分布式文件系统。MapReduce 的工作流程如图 3-6 所示。

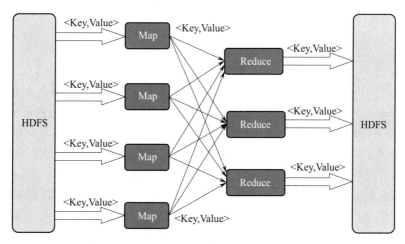

图 3-6　MapReduce 的工作流程

MapReduce 设计理念是"计算向数据靠拢",而不是"数据向计算靠拢",因为在大规模数据环境下,移动数据需要大量的网络传输开销,所以移动计算比移动数据更加经济。本着这一理念,MapReduce 框架会尽可能地将 Map 程序就近地在 HDFS 数据节点上运行,即将计算节点与存储节点放在一起运行,从而减少节点之间的数据移动开销。

四、Hive

Hive 最初是 Facebook 为了满足对海量社交网络数据的管理和机器学习的需求而产生的。互联网进入了大数据时代,而 Hadoop 就是大数据时代的核心技术。但是 Hadoop 中基于 Java 语言的 MapReduce 操作专业性很强,使用门槛较高,因此 Facebook 在原有基础上开发了更为便捷的 Hive 框架。

Hive 是一个构建于 Hadoop 顶层的数据仓库架构,提供了一系列 ETL 工具,可用于对 Hadoop 文件中的数据集进行数据整理、特殊查询和分析存储,具有良好的可扩展性。Hive 依赖于分布式文件系统 HDFS 存储数据,依赖于分布式并行计算模型 MapReduce 处理数据。Hive 还提供了类似于关系数据库中的 SQL 语言的查询语言——HiveQL,用户可以通过 HiveQL 语句快速实现简单的 MapReduce 统计,Hive 自身也可以将 HiveQL 语句转换为 MapReduce 任务来运行,十分适合数据仓库的统计分析。

Hive 的优点体现在以下几个方面:

(1) 提供了类似 SQL 语言的查询语言 HiveQL,操作简单易上手。

(2) MapReduce 作为计算引擎,HDFS 作为存储系统,为超大数据集设计了计算/扩展能力。

(3) 具有良好的延展性,Hive 支持用户自定义函数,用户可以根据自己的需求来实现自己的函数。

(4) 具有良好的容错性,节点出现问题 SQL 仍可完成执行。

(5) 提供统一的元数据管理。

Hive 也有以下缺点:

(1) Hive 的 HiveQL 表达能力有限,一些迭代式算法无法表达。

(2) Hive 的效率比较低,自动生成的 MapReduce 作业不够智能化。

(3) Hive 可控性差,调度优化比较困难。

五、Pig

Pig 最早是 Yahoo 的一个基于 Hadoop 的大规模数据分析平台,后来 Yahoo 将 Pig 捐赠给 Apache,由 Apache 负责维护。Pig 提供一种数据流语言和运行环境,适合于使用 Hadoop 和 MapReduce 平台来查询大型的半结构化数据集。Pig 可以加载数据、表达转换数据以及存储最终结果。在企业的实际应用中,Pig 常用于 ETL 过程,对不同数据源的数据进行统一加工处理,然后加载到数据仓库 Hive 中,由 Hive 实现对海量数据的分析。

作为 Hadoop 生态系统中的一个组件,Pig 为复杂的海量数据并行计算提供了一个简易的操作和编程接口。用户可以通过类似于 SQL 的 Pig Latin 语言编写简单的脚本来实现复杂的数据分析,而不需要编写复杂的 MapReduce 应用程序。Pig 会自动把用户编写的脚本转换成

MapReduce 作业在 Hadoop 集群上运行，并对生成的 MapReduce 程序进行自动优化。用户在编写 Pig 程序的时候，用更少的代码量进行海量数据的处理分析，也不需要关心程序的运行效率，从而减少编程时间。

六、Mahout

Mahout 起源于 2008 年，在 2010 年成为 Apache 软件基金会旗下的顶级项目。Mahout 项目是由 Apache Lucene（开源搜索）社区中对机器学习感兴趣的一些成员发起的，旨在建立一个可靠、文档翔实、可伸缩的项目，实现一些常见的用于集群和分类的机器学习算法，帮助开发人员更加方便快捷地创建智能应用程序。Mahout 的主要目标是针对大规模数据集建立可伸缩的机器学习算法。Mahout 的算法通过 MapReduce 模式运行在 Apache Hadoop 平台上，但 Mahout 并非严格要求基于 Hadoop 平台实现算法，单个节点或非 Hadoop 平台也可以。

Mahout 提供一些可扩展的机器学习领域经典算法，包括聚类、分类、推荐过滤、频繁子项挖掘。聚类是将诸如文本、文档之类的数据分成局部相关的组，例如 Google News 使用聚类技术把新闻文章进行分组，按照逻辑线索来显示新闻。分类是利用已经存在的分类文档训练分类器，对未分类的文档进行分类，比如 Yahoo 邮箱基于用户以前对正常邮件和垃圾邮件的报告，以及电子邮件自身的特征，来判别收到的消息是不是垃圾邮件。推荐过滤是获得用户的行为并从中发现用户可能喜欢的事物，比如某些网站会根据用户过去的行为来推荐书籍、电影或文章。频繁子项挖掘则是利用一个项集，比如查询记录或购物记录，去识别经常一起出现的项目。

七、ZooKeeper

ZooKeeper 是针对 Google Chubby 的一个开源实现，诞生于 Yahoo，后转入 Apache 孵化，最终孵化成 Apache 的顶级项目。ZooKeeper 是 Hadoop 的重要组件，在 CDH 版本中更是使用它进行 NameNode 的协调控制。作为一个分布式应用程序协调服务，ZooKeeper 为分布式应用提供一致性服务，用于维护配置信息、命名、提供分布式同步和组服务等。这些服务都是以分布式应用程序的某种形式使用的，实现过程中需要做很多工作来修复不可避免的错误和竞争条件。而 ZooKeeper 就是一个类似管理员的身份，它的出现降低了分布式应用程序的开发难度和工作量。ZooKeeper 的目标就是封装好复杂易出错的关键服务，将简单易用的接口和性能高效、功能稳定的系统提供给用户。

作为一个分布式服务框架，ZooKeeper 主要是用来解决分布式应用中经常遇到的一些数据管理问题，如统一命名服务、状态同步服务、集群管理、分布式应用配置项的管理等。ZooKeeper 维护一个类似文件系统的数据结构，用来存储或获取数据。同时，ZooKeeper 还维护监听通知机制，客户端会注册、监听它关心的目录节点，当目录节点发生变化时，比如数据改变、被删除、子目录节点增加删除等，ZooKeeper 就会通知客户端。

八、Flume

Flume 是 Cloudera 开发的分布式日志收集系统，是 Hadoop 周边组件之一。Flume 初始的发行版本目前被统称为 Flume OG（Original Generation），属于 Cloudera。但随着 Flume 功能的扩展，Flume OG 代码工程臃肿、核心组件设计不合理、核心配置不标准等缺点暴露出来，日志传输不稳定的现象尤为严重。为了解决这些问题，2011 年 Cloudera 对 Flume 进行了改动：重构核心组件、核心配置以及代码架构。重构后的版本统称为 Flume NG（Next Generation），纳入 Apache 旗下，Cloudera Flume 改名为 Apache Flume。

作为一个分布式的、高可靠的、高可用的日志收集系统，Flume 可以将大批量的不同数据源的日志数据进行收集、聚合、移动，最终存储到数据中心（HDFS）。Flume 支持在日志系统中定制各类数据发送方，用于数据收集；同时，也提供对数据进行简单处理并写到各种数据接收方的能力。

Flume 具有基于流式数据流的简单灵活的架构，具有可靠性机制以及故障转移和恢复机制，具有强大的容错能力，支持多种类型的数据接入接出，水平扩展性能也很好。Flume 可以高效地将多个网站服务器中的日志信息存入 HDFS 或 HBase 中。除了日志信息，Flume 也可以用来收集社交网络节点事件的数据，比如 Facebook、Twitter、亚马逊等社交网站和淘宝等电商网站。

九、Sqoop

用 Hadoop 处理大数据业务的企业有大量的数据存储在传统的关系数据库中。由于缺乏工具的支持，Hadoop 和传统数据库系统中的数据难以相互传输。Sqoop 是 SQL-to-Hadoop（从 SQL 到 Hadoop 和从 Hadoop 到 SQL）的缩写，为 Hadoop 和关系数据库服务器之间的传输数据搭建了桥梁。

Sqoop 使用元数据模型来判断数据类型，能在数据从数据源转移到 Hadoop 时确保类型安全。Sqoop 专门为大数据集设计，充分利用 MapReduce 的并行特点，以批处理的方式加快数据传输，能够分割数据集并创建 Hadoop 任务来处理每个区块。Sqoop 支持增量更新，可以将新记录添加到最近一次导出的数据源上，或者指定上次修改的时间戳。通过 Sqoop 可以方便地将数据从 MySQL、Oracle 等关系数据库中导入 Hadoop 中的 HDFS、HBase 或 Hive，或者将数据从 Hadoop 导出到关系数据库，使传统关系数据库和 Hadoop 之间的数据迁徙变得非常方便。

十、Ambari

Apache Ambari 是一种基于 Web 的工具，提供 Web 用户界面（UI）进行可视化的集群管理，旨在通过开发用于配置、管理和监控 Apache Hadoop 集群的软件，使 Hadoop 管理更简单。Ambari 支持 Apache Hadoop 集群的安装、部署、配置和管理等功能，具体如下：

（1）Ambari 提供跨任意数量的主机安装 Hadoop 服务的分步向导。

（2）Ambari 提供处理群集的 Hadoop 服务配置。

（3）Ambari 提供在整个集群中启动、停止和重新配置 Hadoop 的集中管理服务。

（4）Ambari 提供用于监控 Hadoop 集群运行状况和状态的仪表板。

（5）Ambari 利用 Ambari 指标系统进行指标收集。

（6）Ambari 利用 Ambari Alert Framework 进行系统警报。

Ambari 并没有对 Hadoop 组件进行过多的功能集成，只是提供了安装、配置、启停等功能，尽量保持和原生 Hadoop 组件的隔离性，保持对于 Hadoop 组件的低侵入性。

　　Ambari 自身是一个分布式架构的软件，主要由 Ambari Server 和 Ambari Agent 这两部分组成。用户通过 Ambari Server 通知 Ambari Agent 安装对应的软件；Agent 会定时地把各个机器各个软件模块的状态发送给 Ambari Server，最终这些状态信息会呈现在 Ambari 的图形用户界面（GUI）中，方便用户了解到集群的各种状态，并进行相应的维护。

第三节　Hadoop 的优化与发展

　　Hadoop 作为一种开源的大数据处理架构，在业内得到了广泛的应用。但是初级的 Hadoop 在架构设计和应用方面仍然有一些不足，需要在后续的发展过程中逐渐完善和改进。Hadoop 的优化和发展主要体现在两个方面：一是 Hadoop 自身的两大核心组件 MapReduce 和 HDFS 的改进；二是 Hadoop 生态系统组件的不断丰富。通过这些优化和改进，Hadoop 可以支持更多的应用场景，提供更好的集群可用性，发挥更高的资源利用率。

一、Hadoop 的局限与不足

（一）Hadoop 核心组件的不足

　　Hadoop1.0 的核心组件仅是指 MapReduce 和 HDFS，并不包括 Hadoop 生态系统内的 Pig、Hive、HBase 等其他组件。Hadoop 核心组件的不足之处有以下几个：

　　（1）抽象层次低，需要手工编写代码。一个简单的功能也需要编写大量的代码，工作烦琐，使用难度颇大。

　　（2）表达能力十分有限。MapReduce 把复杂的分布式编程工作高度地抽象到 Map 和 Reduce 两个函数上，降低了程序开发的复杂度，但也导致 MapReduce 的表达能力有限，在实际的生产环境中，有些应用无法用简单的 Map 和 Reduce 来完成。

　　（3）作业之间存在着依赖关系。一个作业通常只包含 Map 和 Reduce 两个阶段，而实际应用问题往往需要大量作业的协作才能顺利解决。这些作业之间通常存在着复杂的依赖关系，MapReduce 框架本身并不能有效管理这些依赖关系，只能依靠开发者自己来管理。

　　（4）缺乏程序整体逻辑。用户的处理逻辑隐藏在代码细节中，没有更高层次的抽象机制对程序整体逻辑进行设计，加大了用户理解代码和后期维护的难度。

　　（5）执行迭代操作的效率很低。对于机器学习或者是数据挖掘等复杂任务，需要多轮迭代才能得到效果。用 MapReduce 来实现这些算法时，每次迭代都是执行一次 Map、Reduce 的过程，迭代过程中的数据都来自 HDFS，迭代的处理结果也需要写入 HDFS，这就导致一个多轮迭代要反复读写 HDFS 中的数据，大大降低了迭代效率。

　　（6）资源浪费严重。在 MapReduce 的框架设计中，Reduce 任务需要等待所有 Map 任务都完成后才能开始，这使得不必要的资源浪费现象严重。

　　（7）Hadoop1.0 版本实时性较差。它只适合于离线批数据处理，不支持交互式数据处理和实时数据的处理。

（二）HDFS 1.0 的问题

分布式文件系统 HDFS 中包含名称节点 NameNode 和数据节点 DataNode 这两个节点。名称节点是系统的核心节点，负责存储元数据，管理文件系统的命名空间，管理客户端对文件的访问。数据节点则是负责存储具体的文件内容，保存在磁盘中。在 HDFS1.0 中存在一个名称节点，还有一个"第二名称节点"，但是这个"第二名称节点"并不是名称节点的备用节点。"第二名称节点"的主要功能是周期性地从名称节点获得命名空间的镜像文件和修改日志，合并后发送给名称节点，用来替换原来的镜像文件。"第二名称节点"提供的只是冷备份，无法在名称节点发生故障的时候立即顶替上去。正因如此，一旦唯一的名称节点发生故障，就会导致整个集群瘫痪，这就是所谓的单点故障问题。

除此之外，单个名称节点也难以提供不同程序之间的隔离性，并且单个名称节点的吞吐量也会限制系统的整体性能，导致 HDFS1.0 难以进行水平扩展性。

（三）MapReduce1.0 的缺陷

MapReduce1.0 采用 Master/Slave 架构设计，包括一个 JobTracker 和若干 TaskTracker，如图 3-7 所示。JobTracker 负责作业的调度和资源的管理，TaskTracker 负责 JobTracker 指派的具体任务，但是这种架构存在一些难以克服的缺陷：

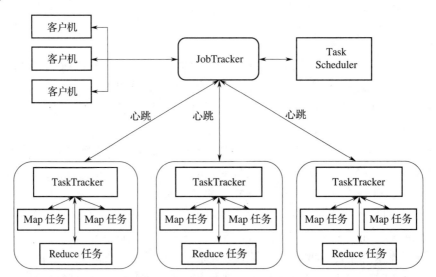

图 3-7　MapReduce1.0 体系结构

1. 单点故障问题

由 JobTracker 负责所有 MapReduce 作业的调度，但是系统中却只有一个 JobTracker，因此会存在单点故障问题，一旦这个唯一的 JobTracker 出现故障就会导致系统的不可用。

2. JobTracker "大包大揽" 导致任务过重

JobTracker 既要负责作业调度和失败恢复，又要负责资源管理分配。执行过多的任务，需要巨大的内存开销，同时也增加了 JobTracker 任务失败的风险。因此，业内普遍认为 MapReduce 1.0 支持主机数目的上限为 4000 个。

3．容易出现内存溢出状况

在 TaskTracker 端，资源的分配并不考虑 CPU 和内存的实际使用情况，而只是根据 MapReduce 任务的个数来分配资源，当两个具有较大内存消耗的任务被分配到同一个 TaskTracker 上时，很容易发生内存溢出的情况。

4．资源划分不合理

CPU、内存等资源被强制等量划分成多个"槽"，槽又被进一步划分为 Map 槽和 Reduce 槽两种，分别供 Map 任务和 Reduce 任务使用，彼此之间不能使用分配给对方的槽。当 Map 任务已经用完 Map 槽时，即使系统中还有大量剩余的 Reduce 槽，也不能拿来运行 Map 任务。这样会造成严重的资源浪费情况。

（四）针对 Hadoop 的改进与提升

针对 Hadoop1.0 的局限与不足，主要从以下两个方面进行优化改进：

（1）对 Hadoop 自身两大核心组件 MapReduce 和 HDFS 的架构设计改进，见表 3-2。

表 3-2　Hadoop 框架自身的改进：从 1.0 到 2.0

组件	Hadoop1.0 的问题	Hadoop2.0 的改进
HDFS	单一名称节点，存在单点失效问题	HDFS HA，提供名称节点热备机制
	单一命名空间，无法实现资源隔离	HDFS Federation，管理多个命名空间
MapReduce	资源管理效率低	新的资源管理框架 YARN

（2）不断完善 Hadoop 生态系统的其他组件，逐渐加入了 Pig、Oozie、Tez、Spark 和 Kafka 等新组件，见表 3-3。

表 3-3　不断完善的 Hadoop 生态系统

组件	功能	解决 Hadoop 中存在的问题
Pig	处理大规模数据的脚本语言，用户只需要编写几条简单的语句，系统会自动转换为 MapReduce 作业	抽象层次低，需要手工编写大量代码
Spark	基于内存的分布式并行编程框架，具有较高的实时性，并且较好地支持迭代计算	延迟高，而且不适合执行迭代计算
Oozie	工作流和协作服务引擎，协调 Hadoop 上运行的不同任务	没有提供作业（Job）之间依赖关系管理机制，需要用户自己处理作业之间的依赖关系
Tez	支持 DAG 作业的计算框架，对作业的操作进行重新分解和组合，形成一个大的 DAG 作业，减少不必要操作	不同的 MapReduce 任务之间存在重复操作，降低了效率
Kafka	分布式发布订阅消息系统，一般作为企业大数据分析平台的数据交换枢纽，不同类型的分布式系统可以统一接入到 Kafka，实现和 Hadoop 各个组件之间的不同类型数据的实时高效交换	Hadoop 生态系统中各个组件和其他产品之间缺乏统一的、高效的数据交换中介

随着新的功能组件的加入，Hadoop1.0 得到了很大改进与提升，为 Hadoop 的长远发展奠定了基础。

二、新一代 HDFS 及特性

相对于 HDFS 1.0，HDFS 2.0 增加了 HDFS HA 和 HDFS Federation 等新特性。

(一) HDFS HA

为了解决 HDFS 1.0 中的单点故障问题，HDFS 2.0 设计了 HA 架构（HA 即 High Availability）。如图 3-8 所示，在一个典型的 HA 架构中一般会设置两个名称节点，一个名称节点处于"活跃"（Active）状态，另一个名称节点处于"待命"（Standby）状态。处于活跃状态的名称节点负责对外处理所有客户端的请求，而处于待命状态的名称节点则作为备用节点来保存系统元数据。在 HDFS HA 中，处于待命状态的名称节点提供了"热备份"，当处于活跃状态的名称节点出现故障时，就可以立即切换到待命状态的名称节点，不会影响到系统的正常对外服务。

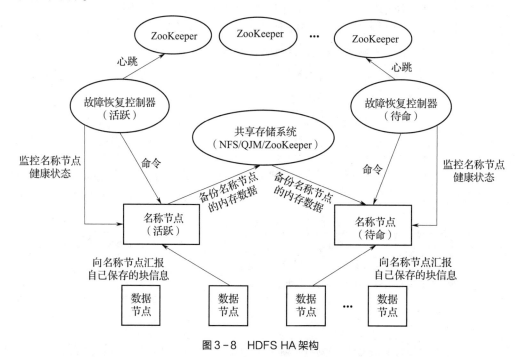

图 3-8　HDFS HA 架构

为了提供"热备份"，活跃名称节点的状态信息必须实时同步到待命名称节点。两个名称节点的状态同步，可以借助于一个共享存储系统来实现，比如 ZooKeeper。待命名称节点会一直监听着系统，一旦活跃名称节点将更新的数据写入共享存储系统，待命名称节点就立即从公共存储系统中读取这些数据，然后加载到自己的内存中，从而保证了与活跃名称节点状态完全同步。

此外，名称节点中还会保存数据块到实际存储位置的映射信息，即名称节点记录着每个数据块存储在哪个数据节点。当一个数据节点加入 HDFS 集群时，它会把自己所包含的数据块列表报告给名称节点，通过"心跳"的方式定期执行这种告知操作，以确保名称节点的块映射是最新的。因为两个名称节点是同步的，所以要把块的位置信息和心跳信息同时发送到这两个名称节点，以保证出现故障时能够快速切换。同时，ZooKeeper 也要保证同一时刻只有一个名称节点处于活跃状态。如果两个名称节点都处于活跃状态，HDFS 集群中将出现 "两个管家"，这样可能会导致数据丢失或者其他异常。

HDFS HA 通过设置两个名称节点，可以提供 "热备份"，提高了系统的可用性，但是这并没有解决 HDFS1.0 中的可扩展性、系统性能和隔离性问题。

（二）HDFS Federation

HDFS Federation 又称 HDFS 联邦，可以很好地解决上述可扩展性、系统性能和隔离性这三个方面的问题。在 HDFS 联邦中，所有名称节点都共享底层数据节点的存储资源。每个数据节点要向集群中所有的名称节点注册，并周期性地向名称节点发送 "心跳" 和块信息，报告自己的状态，同时也会处理来自名称节点的指令，如图 3-9 所示。HDFS 1.0 只有一个命名空间，这个命名空间使用底层数据节点全部的块。但是 HDFS 联邦拥有多个独立的命名空间，每一个命名空间独立管理属于自己的一组块，这些属于同一个命名空间的块构成一个块池（Block Pool）。每个数据节点可以为多个块池提供块的存储。数据节点是一个物理概念，而块池则属于逻辑概念，一个块池是一组块的逻辑集合，块池中的各个块实际上是存储在各个不同的数据节点中的。因此，假如 HDFS 联邦中的某一个名称节点失效，也不会影响到与它相关的数据节点继续为其他名称节点提供服务。

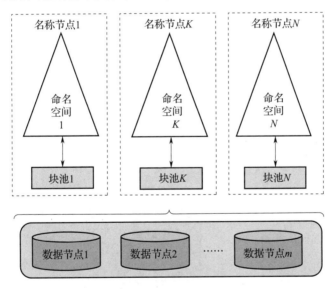

图 3-9 HDFS 联邦架构

在 HDFS 联邦中，各个名称节点相互独立，这些名称节点分别进行各自命名空间块的管理，相互之间是联邦关系，不需要彼此协调，这就使得 HDFS 的命名服务能够水平扩展，并且具有良好的向后兼容性，可以无缝地支持单名称节点架构中的配置。

对于 HDFS 联邦中的多个命名空间，可以采用客户端挂载表的方式进行数据共享和访问。如图 3-10 所示，每个阴影三角形代表一个独立的命名空间，上方空白三角形表示从客户方向去访问下面的子命名空间。客户通过访问不同的挂载点来访问不同的子命名空间。这就是 HDFS 联邦中命名空间管理的基本原理。把各个命名空间挂载到全局挂载表中可以实现数据全局共享，若把命名空间挂载到个人的挂载表中，就会成为仅应用程序可见的命名空间。

相对于 HDFS 1.0 来说，HDFS 联邦具有以下优势：

（1）HDFS 集群具有可扩展性。这是因为每个名称节点分管一部分目录，从而使得一个集群可以扩展到更多节点，而不再像 HDFS 1.0 那样因为内存大小限制文件存储数目。

（2）HDFS 联邦的性能更高效。因为在 HDFS 联邦中有多个名称节点管理不同的数据，而且同时对外提供服务，这就为用户提供了更高的读写吞吐率。

（3）HDFS 联邦具有良好的隔离性。用户可根据需要将不同业务数据交由不同名称节点管理，所以不同业务之间的影响很小。

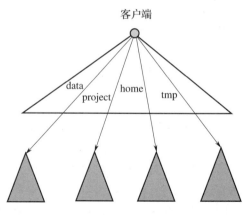

图 3-10　客户端挂载表方式访问多个命名空间

另外还要注意一点，HDFS 联邦并不能解决单点故障问题，所以还需要为每个节点部署一个后备名称节点，以应对名称节点失效对业务处理带来的不便。

三、新一代资源管理调度框架

在 Hadoop1.0 中，MapReduce1.0 既是一个计算框架，也是一个资源管理调度框架。而在 Hadoop2.0 中，MapReduce1.0 的资源管理调度功能被单独分离出来形成了 YARN，所以 YARN 是一个纯粹的资源管理调度框架，MapReduce2.0 则成了一个运行在 YARN 上的纯粹的计算框架，如图 3-11 所示。

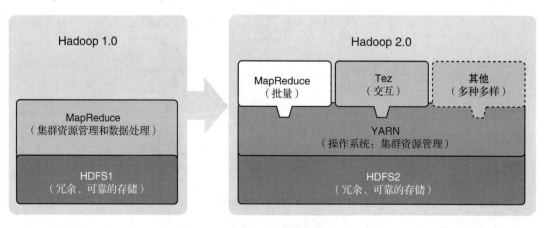

图 3-11　Hadoop1.0 到 Hadoop2.0 的变化

（一）YARN 的设计思路

YARN 设计的基本思路是"放权"，把原来 JobTracker 的三大功能进行拆分，分别交给不同的组件去处理，不让 JobTracker 承担过多的功能，如图 3-12 所示。YARN 包括 ResourceManager、ApplicationMaster 和 NodeManager。其中，ResourceManager 负责资源管理，ApplicationMaster 负责调度和监控，NodeManager 负责执行原 TaskTracker 的任务。这种放权分工的设计大大降低了 JobTracker 的负担，提高了系统运行的效率和稳定性。

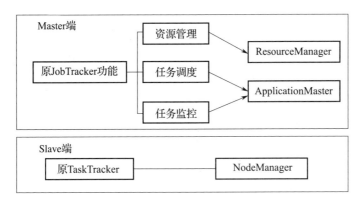

图 3-12 YARN 架构设计思路

（二）YARN 的体系结构

如图 3-13 所示，YARN 的体系结构就包括这三个组件：ResourceManager、ApplicationMaster 和 NodeManager。

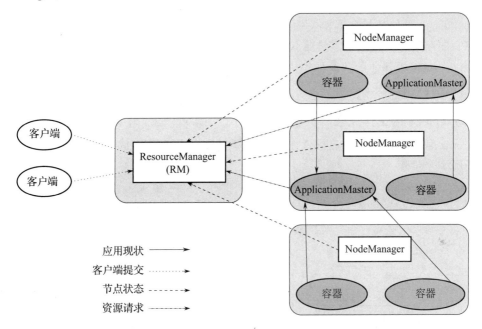

图 3-13 YARN 的体系结构

ResourceManager 是一个全局的资源管理器，负责整个系统的资源分配和管理。NodeManager 是驻留在 YARN 集群中的每个节点的代理。ResourceManager 接受用户提交的作业，按照作业的上下文信息以及从 NodeManager 收集来的容器状态信息，启动调度过程，为用户创建一个 ApplicationMaster。

1. ResourceManager

ResourceManager 包括两个组件，即调度器 Scheduler 和应用程序管理器 Applications Manager。调度器主要负责资源分配和管理。调度器接受来自 ApplicationMaster 的应用程序资源请求，并根据容量、队列等限制条件，把集群中的资源以"容器"形式分配给提出申请的应用程序，通常会根据应用程序所要处理数据的位置采用就近原则来分配容器。而应用程序管理器负责系统中所有应用程序的管理工作，主要包括应用程序提交、与调度器协商资源并启动 ApplicationMaster、监控 ApplicationMaster 运行状态并在失败时重新启动等。

ResourceManager 的主要功能就是处理客户端请求、启动并监控 ApplicationMaster、监控 NodeManager、进行资源分配与调度。

2. ApplicationMaster

ApplicationMaster 有以下功能：①当用户作业提交时，ApplicationMaster 与 ResourceManager 协商获取资源，ResourceManager 会以容器形式为 ApplicationMaster 分配资源；②把获得的资源进一步分配给内部的各个任务（一般是 Map 任务或 Reduce 任务），这样就实现了资源的"二次分配"；③与 NodeManager 保持交互通信，启动应用程序，监控资源使用情况和任务执行进度，并在任务失败时执行失败恢复；④定时向 ResourceManager 发送"心跳"消息，报告资源的使用情况和应用的进度信息；⑤当作业完成时，ApplicationMaster 向 ResourceManager 注销容器，执行周期完成。

3. NodeManager

NodeManager 只处理与容器相关的事情，它的工作包括容器的生命周期管理，监控各个容器的资源使用情况，跟踪节点健康状况，以"心跳"方式与 ResourceManager 保持通信，向 ResourceManager 汇报作业的资源使用情况和各个容器的运行状态，接受来自 ApplicationMaster 的启动或停止容器的请求。

（三）YARN 的工作流程

图 3－14 是 YARN 的工作流程，在 YARN 框架执行一个 MapReduce 程序时，从提交到完成需要经历 8 个步骤。

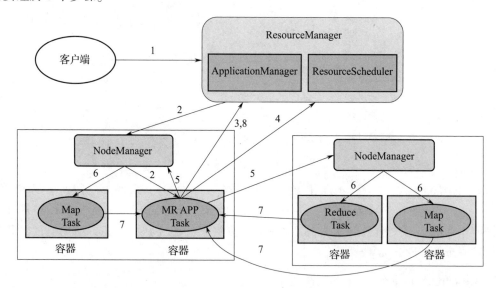

图3-14　YARN 的工作流程

第 1 步，用户编写客户端应用程序，并向 YARN 提交应用程序，提交的内容包括 ApplicationMaster 程序、启动 ApplicationMaster 命令、用户程序等。

第 2 步，YARN 中 ResourceManager 负责接收和处理来自客户端的请求。接到客户端应用程序请求后，ResourceManager 里面的调度器会为应用程序分配容器，同时，ResourceManager 的应用程序管理器会与该容器所在的 NodeManager 通信，为该应用程序在该容器中启动一个 ApplicationMaster。

第 3 步，ApplicationMaster 被创建后会首先向 ResourceManager 注册，从而使得用户可以通过 ResourceManager 来直接查看应用程序的运行状态。

第 4 步，ApplicationMaster 采用轮询的方式通过 RPC 协议向 ResourceManager 申请资源。

第 5 步，ResourceManager 以容器的形式向提出申请的 ApplicationMaster 分配资源，一旦 ApplicationMaster 申请到资源，就会与该容器所在的 NodeManager 进行通信，要求它启动任务。

第 6 步，当 ApplicationMaster 要求容器启动任务时，它会为任务设置好运行环境，然后将任务启动命令写到一个脚本中，最后通过在容器中运行该脚本来启动任务。

第 7 步，各个任务通过某个 RPC 协议向 ApplicationMaster 汇报自己的状态和进度，让 ApplicationMaster 可以随时掌握各个任务的运行状态，从而可以在任务失败时重新启动任务。

第 8 步，应用程序完成后，ApplicationMaster 向 ResourceManager 的应用程序管理器注销并关闭自己。若 ApplicationMaster 因故失败，ResourceManager 中的应用程序管理器会监测到失败的情形然后将其重新启动，直到所有任务执行完毕。

（四）YARN 的发展目标

在一个企业中，会同时存在各种业务应用场景，各自的数据处理需求也不相同。比如，使用 MapReduce 实现离线批处理，使用 Impala 实现实时交互式查询分析，使用 Storm 实现流式数据实时分析，使用 Spark 实现迭代计算等。这些产品通常来自不同的开发团队，具有独立的资源管理调度机制。企业需要把内部服务器拆分成多个集群，来避免不同应用之间相互干扰，这样就形成了一个框架、一个集群的模式。然而在这种模式下各个小集群彼此隔离，繁忙小集群的负载无法分发到空闲小集群上执行，导致集群资源利用率极低。不同集群之间也无法直接共享数据，加大了集群之间的数据传输开销；另外，还需要多个管理员维护不同的集群，增加了维护成本。

YARN 的目标就是实现"一个集群多个框架"，即在集群上部署一个统一的资源调度管理框架 YARN。在 YARN 之上再部署其他各种计算框架，如 MapReduce、HBase、Storm、Spark 等，由 YARN 为这些计算框架提供统一的资源调度管理服务，并根据各种计算框架的负载需求，调整各自占用的资源，实现集群资源共享和资源弹性收缩。这种方式实现了一个集群上的不同应用负载混搭，提高了集群资源的利用率；同时，不同计算框架可以共享底层存储，在一个集群上集成多个数据集，使用多个计算框架来访问这些数据集，从而避免了数据集跨集群移动，降低了企业运维成本。

（五）YARN 框架与 MapReduce1.0 框架的对比分析

对 YARN 框架与 MapReduce1.0 框架进行对比，见表 3 - 4，MapReduce1.0 框架既是一个计算框架，又是一个资源管理调度框架，但是它只支持 MapReduce 编程模型。而 YARN 只是一个纯粹的资源调度管理框架，在它上面可以运行包括 MapReduce 在内的不同类型的计算框架，针对不同的框架，用户可以采用任何编程语言自己编写服务于该计算框架的 ApplicationMaster。

YARN 中的 ResourceManager 只需要负责资源管理，而需要大量资源消耗的任务调度和监控重启则交由 ApplicationMaster 来完成，大大减少了承担中心服务功能的 ResourceManager 的资源消耗。因为每个作业都有与之关联的独立的 ApplicationMaster，多个作业对应多个 ApplicationMaster，实现了监控分布化。YARN 以容器为单位进行资源管理和分配，而不像 MapReduce 以槽为单位，避免了 MapReduce1.0 中的资源闲置浪费情况，大大提高了资源利用率。

表3-4　YARN 框架与 MapReduce1.0 框架的对比

MapReduce1.0 框架	YARN 框架
既是一个计算框架，又是一个资源管理调度框架	纯粹的资源调度管理框架
只能支持 MapReduce 编程模型	运行包括 MapReduce 在内的不同类型的计算框架
以槽为单位	以容器为单位

案例分享　广东移动运用 Hadoop

1. 运营商之困

移动互联网时代的今天，手机不仅仅是个通信工具，还是钱包（手机支付）、商店（手机淘宝）、地图（手机导航）、资讯来源（新闻订阅）、社交工具（微信微博）……手机角色的变化丰富了人们的生活，却颠覆了运营商的世界。不久前，运营商还靠着语音和短信服务垄断着移动通信市场，现在却不得不和微信等 App 共分一杯羹。运营商投资提供了高速稳定的 3G/4G 网络，却是为百度、阿里、腾讯等互联网公司作嫁衣。智能手机用户在手机上消费越来越多，三大运营商的收入增长率却从常年的两位数降至了一位数。缺少竞争带来的高利润高增长模式已经被打破。运营商面临着一个抉择：是满足于在移动互联网市场中充当管道，还是充分利用拥有网络设备和海量用户的优势扭转局面，继续做行业的领头羊？运营商心中应该已经有了决定，但是运营商该如何利用优势？

2. 运营商第一步

广东移动下的某地级市分公司（以下称分公司）为了集中处理手中数据建立了统一的数据分析系统，汇聚了包括 CRM（客户关系管理）、计费、经营分析和网络信令四个方面的数据，总量达 80TB。分公司根据业务需求用 SQL 设计编写了很多复杂模型，交给该系统来运行。该系统的分析模块像一个精密的大脑，从经营管理数据、用户行为数据和网络优化数据中计算出各种指标用于支撑经营和网络分析的决策。然而，运营商业务繁杂，近年来增长的 3G/4G 业务带来的海量数据更是增加了数据分析的难度。这些指标不但数量大，而且涉及的表数目多，很多表还涉及十多个月份的数据，导致计算量浩大。数据分析系统使用 Oracle 作为计算引擎，对所有指标的一次计算至少要用两天时间，一些复杂的指标甚至无法得出结果。决策的制定具有很高的时效性，如此有限的计算能力无法让该系统完全发挥其应有的分析作用，大大限制了生产力。为了让该系统能够正常运转，分公司将目光投向了在海量数据计算上有极大优势的大数据技术。

3. 运营商的选择

近年来，随着大数据技术的发展，大数据解决方案的市场涌现了很多产品，主要分为 MPP 数据库和 Hadoop 发行版两种。分公司应该选择 MPP 还是 Hadoop 呢？在 MPP 或 Hadoop 下，它又应该选择哪一个具体产品呢？分公司的技术人员对市场上的产品进行了仔细的调研。他们发现，MPP 数据库支持经营和网络分析模型使用的 SQL，但是计算性能不够，不能快速完成运算。而基于 Hadoop 的产品大多对 SQL 支持不足。分公司尝试过某著名北美厂商的 Hadoop 发行版。然而，这家北美厂商的 Hadoop 发行版支持的 SQL 很少，不支持分公司的大多数经营和网络模型。向这个 Hadoop 发行版迁移需要对大量模型进行改写，意味着极高的知识成本。而使用混合架构——复杂的模型放在 Hadoop 上计算，简单一些的模型依旧使用 Oracle——会导致数据分析系统业务过于复杂，带来大量的后期管理维护成本。最后，分公司发现了星环科技的 Hadoop 发行版一站式大数据平台 Transwarp Data Hub（TDH）。TDH 平台下的交互式内存分析引擎 Transwarp Inceptor 使用 Spark 作为计算框架速度极快，而且全面支持 SQL，完美满足数据分析系统的运算需求。

4. 解决问题

经过部署，TDH 的工作流程为：先用平台自带的数据导入工具将分公司原本存储在 Window 文件系统、Linux 文件系统和 Oracle 中的数据导入至 TDH 下的分布式文件系统 HDFS 中；数据导入完成后，Transwarp Inceptor 利用分布式内存计算得出结果并通过 TDH 自带的 JDBC 接口传输到客户端或者其他报表工具。部署了 TDH 方案后，分公司的问题迅速得到了解决。原先使用 Oracle 花两天时间都不能完全计算得出的上千个指标 Transwarp Inceptor 用了 8h 便全部计算完成。

部署了大数据平台后，数据分析系统终于可以发挥它的分析作用，将指标传达给决策层，清晰透明地反映经营管理状况，帮助决策层迅速准确地找出问题和发现新的商机。在此基础上，数据分析系统还可以通过对用户数据的分析建立客户标签，为客户画像，做到"比客户更了解客户"。这样分公司可以基于客户的行为分析来洞察用户的潜在需求，通过产品推荐和宣传针对性地刺激和引导客户的需求，使产品多样化、个性化，创造新的收入增长点。根据客户画像，分公司还可以适当地推出优惠活动和赠送活动来体现客户关怀。另外，数据分析系统对经营数据的分析可以帮助领导层进行预算管控、投资管理，进而提升资源管理的准确性，提高投资效益。而对网络数据的分析可以帮助分公司优化基站选址，减少重复投资，提高网络质量，最终提升用户体验，减少客户流失，甚至从竞争对手中赢来客户。

5. 后续发展

目前，分公司的数据分析系统仅处理其所在地级市产生的数据。但是系统使用的大数据平台 TDH 有很强的扩展性，通过添加服务器便可扩大规模和提升性能，数据分析系统可以轻松推广到广东省移动，对全省用户数据做分析，运营商将得到更全面、更准确的信息。在移动互联网时代，分公司选择大数据解决方案十分有借鉴意义。因为用户的增长和高速网络的普及，其他运营商都将面临传统数据库无法解决日益增长的数据的难题。

但正是这些数据中蕴藏着运营商的潜在问题解决方案和新的商机,任何运营商要对这些数据好好利用,都必须选择大数据解决方案。经营和网络分析仅仅是大数据对运营商业务帮助的冰山一角。大数据还可以在很多其他方面助力运营商。比如:大数据在处理半结构化和非结构化数据上的优势可以帮助运营商处理多媒体手机终端带来的图片、音频和视频数据;大数据对实时数据进行实时处理的能力可以帮助运营商及时发现网络故障并迅速抢修,还可以根据用户所在地点进行实时热点推荐。毫不夸张地说,大数据产品将是运营商在移动互联网时代最重要的工具。

 本章关键词

Hadoop;HDFS;MapReduce;YARN

 课后思考题

1. 试述 Hadoop 和 Google 的 MapReduce、GFS 等技术之间的关系。
2. 试述 Hadoop 具有哪些特性。
3. 试述 Hadoop 的各个组件。

第四章

大数据存储与管理

本章提要

大数据时代必须解决海量数据的存储与管理问题，数据量急剧增多、数据结构复杂化，传统的数据分析方式难以进行专业判断和潜在挖掘。本章介绍大数据存储与管理相关技术的概念与原理，包括 Hadoop 分布式文件系统（HDFS）、分布式数据库（HBase）、NoSQL 数据库、云数据库和大数据的 SQL 查询引擎相关内容。通过本章学习，能够有效保证大数据的全面性、准确性和有效性，为管理者提供可靠的数据保障，同时也利于推动各项管理决策工作的科学进行，为大数据存储及管理系统的设计应用奠定基础。

学习目标

1. 了解大数据存储与管理相关技术的概念与原理。
2. 掌握重要的技术原理与运行机制在大数据中的应用。
3. 拓展学习与大数据存储与管理相关的知识。

重点：大数据存储与管理相关技术的实现原理和应用方法。

难点：相关大数据技术的运行机制与实际应用。

导入案例

百度疾病预测

我国政府相关部门开始与百度等互联网巨头合作，希望借助互联网公司收集的海量网民数据进行大数据分析，实现流行病预警管理，从而为流行病的预防提供宝贵的缓冲时间。百度疾病预测就是具有代表性的互联网疾病预测服务。

在日常生活中，通常人们在遭受疾病困扰时，会花很多的时间搜索相关病症、就诊医院、药物等内容。因此，通过分析某一地区在特定时期对特定疾病症状的搜索量大数据，百度便可以推算出这种病毒的传播动态和未来 7 天流行趋势。此外，在构建流感预测模型的过程中，中国疾病预防控制中心（Chinese Center for Disease Control and Prevention）的流感监测结果提供了一定的参考作用。

现在，百度疾病预测就像一张疾病定位地图，已经广泛服务于政府部门、相关行业和普通民众。政府部门根据百度提供的疾病预测报告，可以提前制定疾病防控措施，有效应对可能的流行病暴发，甚至可以提前锁定易感染人群，发布针对特定人群的疾病预防指南，并及时掌控相关群体的活动去向，最大限度地控制病情传播。

对于相关行业而言，由于百度疾病预测具有地域性特点，医药行业、快消行业可以利用百度疾病预测进行市场需求分析，判断消费趋势，从而有针对性地制定企业营销方案。对于个人而言，通过百度疾病预测服务，可以及时获知自己所在的城市当前是否有暴发某种疾病的趋势，自己将要去的商业区域是不是疾病重灾区，城市的哪些区域或哪些人群容易感染某种疾病等，有了这些宝贵的参考信息，人们就可以有针对性地调整自己的出行计划，采取切实有效的疾病防护措施，减少自己感染疾病的概率。

（资料来源：https://tech.huanqiu.com/article/9CaKrnJFaVw）

思考：

1. 网民在百度搜索过程中产生的大数据是通过什么技术进行存储与处理的？
2. 面对大量的搜索引擎数据，运用什么技术减少干扰性数据，并有效保证预测的准确性？

第一节　分布式文件系统

　　文件系统是操作系统用于明确存储设备或分区上的文件的方法和数据结构，即在存储设备上组织文件的方法。文件系统由三部分组成：文件系统的接口，对对象操纵和管理的软件集合，对象及属性。从系统角度来看，文件系统是对文件存储设备的空间进行组织和分配，负责文件存储并对存入的文件进行保护和检索的系统。具体地说，它负责为用户建立文件，存入、读出、修改、转储文件，控制文件的存取，当用户不再使用时撤销文件等。

　　本地文件系统是在单个本地服务器上运行并直接连接到存储的文件系统。例如，本地文件系统是内部 S-ATA 或 SAS 磁盘的唯一选择，当服务器具有带本地驱动器的内部硬件 RAID 控制器时使用。当 SAN 的导出设备未共享时，本地文件系统也是 SAN 连接存储上最常用的文件系统。然而当需要存储的数据集的大小超过了一台独立的物理计算机的存储能力时，就需要对数据进行分区并存储到若干台计算机上，此时普通的本地文件系统就难以处理这类数据，需要应用分布式文件系统进行处理。

一、分布式文件系统概述

（一）定义及来源

　　分布式文件系统是指文件系统管理的物理存储资源不一定直接连接在本地节点上，而是通过计算机网络与节点相连，或是由若干不同的逻辑磁盘分区或卷标组合在一起而形成的完整的有层次的文件系统。

　　计算机通过文件系统管理、存储数据，而信息爆炸时代中人们可以获取的数据成指数倍的增长，单纯通过增加硬盘个数来扩展计算机文件系统存储容量的方式，在容量大小、容量增长速度、数据备份、数据安全等方面的表现都不尽如人意。分布式文件系统可以有效解决数据的存储和管理难题：将固定于某个地点的某个文件系统，扩展到任意多个地点/多个文件系统，众多的节点组成一个文件系统网络。每个节点可以分布在不同的地点，通过网络进行节点间的通信和数据传输。人们在使用分布式文件系统时，无须关心数据是存储在哪个节点上，或者是从哪个节点获取的，只需要像使用本地文件系统一样管理和存储文件系统中的数据。

（二）特征

1. 冗余性

分布式文件系统具有冗余性，通过多重备份来增加系统的可靠性冗余，部分节点的故障并不影响整体的正常运行，而且即使出现故障的计算机存储的数据已经损坏，也可以由其他节点将损坏的数据恢复出来。

2. 安全性

分布式文件系统通过网络将大量零散的计算机连接在一起，形成一个巨大的计算机集群，即使遇到突发情况，各主机均可以充分发挥其功能。

3. 可扩展能力

集群之外的计算机只需要经过简单的配置就可以加入到分布式文件系统中，故分布式文件系统具有极强的可扩展能力。

（三）分类

1. NFS

NFS（Network File System，网络文件系统）是一个分布式的客户机/服务器文件系统，其实现主要采用RPC（Remote Procedure Call，远程过程调用）机制，RPC提供了一组与机器、操作系统以及低层传送协议无关的存取远程文件的操作。

NFS最早由Sun Microsystems开发，现在能够支持在不同类型的系统之间通过网络进行文件共享，广泛应用在FreeBSD、SCO、Solaris等异构操作系统平台，允许一个系统在网络上与他人共享目录和文件。通过使用NFS，用户和程序可以像访问本地文件一样访问远端系统上的文件，使得每个计算机的节点能够像使用本地资源一样方便地使用网上资源。NFS可用于不同类型的计算机、操作系统、网络架构和传输协议运行环境中网络文件的远程访问和共享。

2. AFS

AFS（Andrew File System，Andrew文件系统）是美国卡内基梅隆大学开发的一种分布式文件系统，用来共享与获得在计算机网络中存放的文件，它的主要功能是管理分布在网络不同节点上的文件。

AFS的跨平台管理功能能够使用户方便、高效地共享分布在局域网或广域网中的文件。用户并不需要考虑文件保存在什么地方，也不用考虑文件保存在哪种操作系统上，AFS提供给用户的只是一个完全透明的、永远唯一的逻辑路径，通过这个逻辑路径，用户就像面对一个文件目录一样，这个目录下的内容无论是在什么地方访问，都绝对一致。AFS是一种高安全性的文件系统，它通过鉴权数据库与访问控制列表（ACL）的配合为用户提供更高的安全性。用户使用AFS，首先需要验证身份，只有合法的AFS用户才能够访问相应的内容。

3. KFS

KFS（KASS File System，KASS 文件系统）是 KASS 软件自主研发的基于 Java 的纯分布式文件系统，功能类似于 DFS、GFS、Hadoop，通过 HTTP Web 为企业的各种信息系统提供底层文件存储及访问服务，搭建企业私有云存储服务平台。

KFS 的主要功能有：

（1）支持局域网及广域网分服务器存储与访问文件。

（2）采用文件信息流与数据流分离架构，有效解决多网点环境下文件传输的速度问题。并且通过 KFS 数据服务器的集群提供高并发、高吞吐量文件服务，解决超高用户并发读写文件时对存储设备的读写瓶颈及网卡的传输瓶颈。

（3）内建文件多副本机制及名称同步机制，预防单点故障，防止因为单台设置故障导致文件无法访问或系统无法运行的问题，并能有效防止文件因机器损坏导致的丢失问题。

4. DFS

DFS（Distributed File System，分布式文件系统）是 AFS 的一个版本，作为 OSF（开放软件基金会）的分布式计算环境（Distributed Computing Environment，DCE）中的文件系统部分。

DFS 使用户更加容易访问和管理物理上跨网络分布的文件，DFS 为文件系统提供了单个访问点和一个逻辑树结构，用户在访问文件时不需要知道它们的实际物理位置。通过 DFS，可以将同一网络中不同计算机上的共享文件夹组织起来，形成一个单独的、逻辑的、层次式的共享文件系统。

（四）典型系统

1. GFS

GFS（Google File System）是 Google 公司为了满足本公司需求而开发的基于 Linux 的专有分布式文件系统，奠定了大数据处理的基础。GFS 是一个可扩展的分布式文件系统，用于大型的、分布式的、对大量数据进行访问的应用。它运行于廉价的普通硬件上，并提供容错功能，它可以给大量用户提供总体性能较高的服务。一个 GFS 包括一个主服务器和多个块服务器，一个 GFS 能够同时为多个客户端应用程序提供文件服务。

2. HDFS

HDFS（Hadoop Distributed File System）是指被设计成适合运行在通用硬件上的分布式文件系统，是 Hadoop 的核心组件之一。HDFS 有着高容错性的特点，并且设计用来部署在低廉的硬件上。而且它提供高吞吐量来访问应用程序的数据，适合那些有着超大数据集的应用程序。HDFS 放宽了对 POSIX 的要求，可以实现流的形式访问文件系统中的数据。

3. TFS

TFS（Taobao File System）是一个高可扩展、高可用、高性能、面向互联网服务的分布式文件系统，主要针对海量的非结构化数据，它构筑在普通的 Linux 机器集群上，可为外部提供高可靠和高并发的存储访问。TFS 为淘宝提供海量小文件存储，通常文件大小不超过 1MB，满足了淘宝对小文件存储的需求，被广泛地应用在淘宝各项应用中。TFS 采用了 HA 架构和平滑扩容，保证了整个文件系统的可用性和扩展性，同时扁平化的数据组织结构，可将文件名映射到文件的物理地址，简化了文件的访问流程，在一定程度上为 TFS 提供了良好的读写性能。

4. Lustre

Lustre 是一个开源的、全局单个命名空间的、符合 POSIX 标准的分布式并行文件系统，旨在实现系统的可扩展性、高性能和高可用性。Lustre 在基于 Linux 的操作系统上运行，并采用客户端服务器模式的网络架构。Lustre 的存储由一组服务器提供，这些服务器可以扩展到多达数百台的数量，运行着单个文件系统实例的 Lustre 服务器总共可以向数千个计算客户端提供高达几十 PB 的存储容量，总吞吐量超过 1TB/s，而且 Lustre 是使用基于对象的存储构建块创建的，这样可以最大限度地提高系统扩展性。

5. Ceph

Ceph 是一个统一的分布式存储系统，设计初衷是提供较好的性能、可靠性和可扩展性。Ceph 项目最早起源于 Sage Weil 就读博士期间的工作，并随后贡献给开源社区。在经过了数年的发展之后，目前已得到众多云计算厂商的支持并被广泛应用。它是开源的分布式存储项目，在中国的发展也非常迅速，它的国内用户生态已经逐步形成，典型应用包括国内一线互联网公司以及运营商、政府和金融、广电、游戏、直播等行业。

6. MogileFS

MogileFS 是一个开源的分布式文件存储系统，由 LiveJournal 旗下的 Danga Interactive 公司开发。MogileFS 的特性有：①支持多节点冗余；②自动完成文件复制，文件可以被自动复制到多个有足够存储空间的存储节点上；③使用名称空间，每个文件通过 Key 来确定，是一个全局的命名空间；④不共享任何数据，MogileFS 不需要依靠昂贵的 SAN 来共享磁盘，每个机器只需要维护好自己的磁盘。目前使用 MogileFS 的公司非常多，如国内的豆瓣、1 号会员店、大众点评、搜狗和安居客等，通过 MogileFS 为所在的组织或公司管理海量的图片。

（五）DFS 与本地文件系统对比

1. 可靠性

DFS 可以通过复制来提高文件系统的可用性，文件的内容被复制到不同的磁盘、磁盘控制器、主机，这样即使单个磁盘甚至主机出现故障，也不影响 DFS 对外提供服务，DFS 的可靠性较高。但是本地文件系统是在单个本地服务器上运行的，一旦这个服务器出现故障，本地文件系统就无法对外提供服务，可靠性较低。

2. 吞吐量

利用 DFS，通过复制以及将程序推送到数据存储节点，数据处理服务器可以实现就近获取数据，通过配置大数据文件块，可以实现高效的顺序读写，故 DFS 的吞吐量更高。但是本地文件系统是在单个本地服务器上运行并直接连接到存储的文件系统，在多台个人机中，共享文件要经常交换磁盘，或显式地在网络上传送文件副本，随着副本的增加，要判断哪个副本是最新版本就变得比较困难，不能实现高效的顺序读写，吞吐量较低。

二、HDFS 简介

（一）定义

HDFS 是 Hadoop 框架的分布式并行文件系统，负责数据分布存储及数据的管理，并提供对数据进行高吞吐量访问的性能。

（二）起源与演化

HDFS 原来是 Apache Nutch 搜索引擎的一部分，后来独立出来作为一个 Apache 子项目，并和 MapReduce 一起成为 Hadoop 的核心组成部分。2003 年，Google 发表了一篇技术学术论文，公开介绍了自己的谷歌文件系统 GFS（Google File System），这是 Google 为了存储海量搜索数据而设计的专用文件系统。2004 年，Doug Cutting 基于 Google 的 GFS 论文，实现了分布式文件存储系统，并将它命名为 NDFS（Nutch Distributed File System）。2006 年，Doug Cutting 加入了 Yahoo（雅虎），加盟 Yahoo 之后，Doug Cutting 将 NDFS 和 MapReduce 进行了升级改造，并重新命名为 Hadoop，NDFS 也改名为 HDFS。

（三）特征

（1）HDFS 是一次写入、多次读取（Write-once-read-many）模型，该模型降低了并发性控制要求，简化了数据聚合性，支持高吞吐量访问。

（2）HDFS 将处理逻辑放置到数据附近，通常比将数据移向应用程序空间更好。HDFS 将数据写入严格限制为一次一个写入程序，字节总是被附加到一个流的末尾，字节流总是以写入顺序存储。

（四）Hadoop 生态系统

HDFS 是 Hadoop 生态系统的一个重要组成部分，是 Hadoop 中的存储组件，在整个 Hadoop 中的地位非同一般，是最基础的一部分，因为数据存储、MapReduce 等计算模型都要依赖存储在 HDFS 中的数据。HDFS 和现有的分布式文件系统有很多共同点，但同时它和其他分布式文件系统的区别也是很明显的。HDFS 是一个高度容错性的系统，适合部署在廉价的机器上，能提供高吞吐量的数据访问，非常适合大规模数据集上的应用，并且放宽了一部分 POSIX 约束，来实现流式读取文件系统数据的目的。

（五）优势与不足

与其他分布式文件系统相比，作为 Hadoop 的核心组成部分，HDFS 的优良特性体现在以下几个方面：

（1）兼容廉价的硬件设备。在成百上千台廉价服务器中存储数据，常常会出现节点失效的情况，因此，HDFS 设计了快速检测硬件故障和进行自动恢复的机制，可以实现持续监视、错误检查、容错处理和自动恢复，从而使得在硬件出错的情况下也能实现数据的完整性。

（2）流数据读写。运行在 HDFS 上的应用和普通的应用不同，需要流式访问它们的数据集。HDFS 的设计中更多考虑到了数据批处理，而不是用户交互处理。普通文件系统主要用于随机读写以及与用户进行交互，而 HDFS 则是为了满足批量数据处理的要求而设计的，能够以流式方式来访问文件系统数据。

（3）大数据集。HDFS 中的文件通常可以达到 GB 甚至 TB 级别，一个数百台机器组成的集群里可以支持千万级别这样的文件。HDFS 能提供整体较高的数据传输带宽，能在一个集群里扩展到数百个节点。

（4）强大的跨平台兼容性。HDFS 是采用 Java 语言实现的，具有很好的跨平台兼容性，支持 JVM 也就是 Java 虚拟机的机器都可以运行 HDFS。

HDFS 自身也有一些应用局限性，主要包括以下几点：

（1）不适合低延迟数据访问。HDFS 主要是面向大规模数据批量处理而设计的，采用流式数据读取，具有很高的数据吞吐率，但是，这也意味着较高的延迟。因此，HDFS 不适合用在需要较低延迟的应用场合，如数十毫秒。

（2）无法高效存储大量小文件。HDFS 无法高效存储和处理大量小文件，过多小文件会给系统扩展性和性能带来诸多问题，比如管理开销大大增加、影响访问速度等。

（3）不支持多用户写入及任意修改文件。HDFS 只允许一个文件有一个写入者，不允许多个用户对同一个文件执行写操作，而且只允许对文件执行追加操作，不能执行随机写操作。

三、HDFS 相关概念

（一）块

1. 定义与特征

块是按顺序连续排列在一起的几组记录，是主存储器与输入、输出设备或外存储器之间进行传输的一个数据单位。在磁盘中，每个磁盘都有默认的数据块大小，这是磁盘进行数据读/写的最小单位，磁盘块一般为 512B，块非常适合用于数据备份，进而提供数据容错能力和可用性。

2. HDFS 中块的应用

HDFS 也采用了块的概念，默认的一个块大小是 64MB。在 HDFS 中的文件会被拆分成多个块，每个块作为独立的单元进行存储。普通文件系统的块一般只有几千字节，但是 HDFS 在块的大小的设计上明显要大于普通文件系统，主要是为了最小化寻址开销。如果块设置得足够大，则可以把寻址开销分摊到较多的数据中，降低了单位寻址的开销。因此，HDFS 在文件块大小的设置上要远远大于普通文件系统，以期在处理大规模文件时能够获得更好的性能。当然，块也不宜设置过大，因为通常 MapReduce 中的 Map 任务一次只处理一个块中的数据，如果启动的任务太少，就会降低作业并行处理速度。

3. 块的优势

（1）支持大规模文件存储。文件以块为单位进行存储，一个大规模文件可以被分拆成若干个文件块，不同的文件块可以被分发到不同的节点上，因此一个文件的大小不会受到单个节点的存储容量的限制，可以远远大于网络中任意节点的存储容量。

（2）简化系统设计。大大简化了存储管理，因为文件块大小是固定的，这样就可以很容易计算出一个节点可以存储多少文件块，而且方便了元数据的管理，元数据不需要和文件块一起存储，可以由其他系统负责管理元数据。

（3）适合数据备份。每个文件块都可以冗余存储到多个节点上，大大提高了系统的容错性和可用性，即使出现突发情况导致其中一个节点故障，其他节点数据仍然可以用于系统运行。

（二）名称节点与数据节点

1. 名称节点定义

名称节点（NameNode）是 HDFS 主从结构中主节点上运行的主要进程，指导主从结构中的从节点。

2. 名称节点在 HDFS 中的体现

名称节点在 HDFS 中负责管理分布式文件系统的命名空间（NameSpace），保存了两个核心的数据结构 FsImage 和 EditLog，名称节点的数据结构如图 4 - 1 所示。FsImage 用于维护文件系统树以及文件树中所有的文件和文件夹的元数据，操作日志文件 EditLog 中记录了所有针对文件的创建、删除、重命名等操作。名称节点记录了每个文件中各个块所在的数据节点的位置信息，但是并不持久化存储这些信息，而是在系统每次启动时扫描所有数据节点重构得到这些信息。

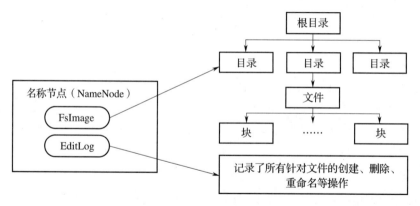

图 4 - 1　名称节点的数据结构

3. 数据节点定义

数据节点（DataNode）是分布式文件系统 HDFS 的工作节点，执行底层的 I/O 任务。

4. 数据节点在 HDFS 中的体现

数据节点在 HDFS 负责数据的存储和读取，会根据客户端或者是名称节点的调度来进行数据的存储和检索，并且向名称节点定期发送自己所存储的块的列表。每个数据节点中的数据会被保存在各自节点的本地 Linux 文件系统中。

5. 二者的联系与区别

从 HDFS 系统的内部架构来看，一个文件被分成多个文件块存储在数据节点集上。而名称节点负责执行文件系统的操作（如文件打开、关闭、重命名等），同时确定和维护文件命名空间到各个数据块之间的映射关系。数据节点负责来自客户端的文件读写（即 I/O 操作）；同时数据节点也负责文件块的创建、删除和执行来自名节点的文件块复制命令。两者在存储内容、存储位置等方面存在差异，名称节点与数据节点的区别见表 4 - 1。

表 4-1　名称节点与数据节点的区别

名称节点	数据节点
存储元数据	存储文件内容
元数据保存在内存中	文件内容保存在磁盘
保存文件、块、数据节点之间的映射关系	维护了块 id 到数据节点本地文件的映射关系

（三）第二名称节点

1. 定义

第二名称节点（Secondary NameNode）是用于定期合并命名空间镜像和镜像编辑日志的辅助守护进程。和名称节点一样，每个集群都有一个第二名称节点，在大规模部署的条件下，一般第二名称节点也独自占用一台服务器。

2. 作用

为了有效解决 EditLog 逐渐变大带来的问题，HDFS 在设计中采用了第二名称节点。第二名称节点是 HDFS 架构的一个重要组成部分，可以完成 EditLog 与 FsImage 的合并操作，减小 EditLog 文件大小，缩短名称节点重启时间，也可以作为名称节点的"检查点"，保存名称节点中的元数据信息。

四、HDFS 体系结构及其设计原则

（一）体系结构

1. HDFS 体系结构图与特征

HDFS 采用主从（Master/Slave）结构模型，一个 HDFS 集群包含一个名称节点和若干个数据节点，HDFS 的体系结构如图 4-2 所示。其中名称节点会作为中心服务器，负责管理文

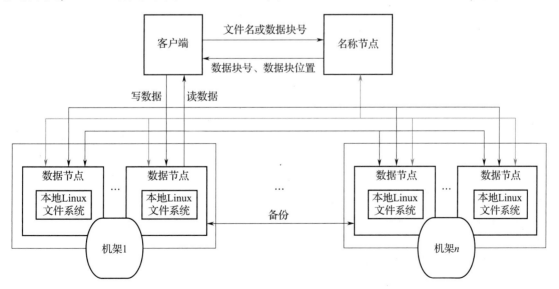

图 4-2　HDFS 的体系结构

件系统的命名空间及客户端对文件的访问。HDFS 集群中只有唯一一个名称节点，名称节点负责所有元数据的管理，这种设计大大简化了分布式文件系统的结构，可以保证数据不会脱离名称节点的控制。而相对的数据节点负责处理文件系统客户端的读/写请求，在名称节点的统一调度下进行数据块的创建、删除和复制等操作。每个数据节点会周期性地向名称节点发送"心跳"信息，报告自己的状态，没有按时发送心跳信息的数据节点会被标记为"宕机"，不会再给它分配任何 I/O 请求。

2. HDFS 体系结构的运行过程

以客户端访问一个文件为例，介绍 HDFS 体系结构的运行过程。第一，当客户端需要访问一个文件时，首先把文件名发送给名称节点，名称节点根据文件名找到对应的数据块，一个文件可能包含多个数据块。第二，再根据每个数据块信息找到实际存储各个数据块的数据节点的位置，并把数据节点的位置发送给客户端。第三，客户端直接访问这些数据节点获取数据。可以看到，在整个访问过程中，名称节点并不参与数据的传输。这种设计方式，使得一个文件的数据能够在不同的数据节点上实现并发访问，大大提高了数据访问的速度。

（二）设计原则

1. 元数据与数据分离

主要体现在名称节点与数据节点的分离，这种分离是 HDFS 最关键的设计决策。这两种节点的分离，意味着关注点的分离。对于一个文件系统而言，文件本身的属性（即元数据）与文件所持有的数据属于两个不同的关注点。如果不实现分离，针对一个属性的修改，就可能需要对数据块进行操作，这是不合理的。如果不分离这两种节点，也不利于文件系统的分布式部署，因为我们很难找到一个主入口点。

2. 主/从结构

主/从结构表现的是组件之间的关系，即由主组件控制从组件。在 HDFS 中，一个 HDFS 集群由一个名称节点和一定数目的数据节点组成。名称节点是一个中心服务器，负责管理文件系统的名字空间以及客户端对文件的访问。集群中的数据节点一般是一个节点一个，负责管理它所在节点上的存储。

3. 一次写入多次读取

一次写入多次读取是 HDFS 针对文件访问采取的访问模型。HDFS 中的文件只能写一次，且在任何时间只能有一个写入程序。当文件被创建，接着写入数据，最后，一旦文件被关闭，就不能再修改。这种模型可以有效地保证数据一致性，且避免了复杂的并发同步处理，很好地支持了对数据访问的高吞吐量。

4. 移动计算比移动数据更划算

对于数据运算而言，越靠近数据，执行运算的性能就越好，尤其是当数据量非常大的时候，更是如此。分布式文件系统的数据并不一定存储在一台机器上，就使得运算的数据常常与执行运算的位置不相同。如果直接去远程访问数据，可能需要发起多次网络请求，且传输数据的成本也相当可观。因此最好的方式是保证数据与运算离得最近。这就带来两种不同的策略：一种是移动数据，另一种是移动运算。显然，移动数据，尤其是大数据的成本非常之高。要让网络的消耗最低，并提高系统的吞吐量，最佳方式是将运算的执行移到离它要处理的数据更近的地方，而不是移动数据。

五、HDFS 存储原理

（一）数据的冗余存储

HDFS 采用了多副本方式对数据进行冗余存储，冗余存储就是一个数据块的多个副本会被分布到不同的数据节点上，存储在数据节点的本地文件系统中，如图 4 - 3 所示，数据块 2 分别存放到数据节点 A 和 B 上，数据块 4 分别存放到数据节点 B 和 C 上。这种多副本方式有很多优点：①当不同客户端需要访问同一文件时，可以让各个客户端分别从不同的数据块副本中读取数据，这就大大加快了数据传输速度。②HDFS 的数据节点之间通过网络传输数据，采用多个副本可以很容易判断数据传输是否出错。③当某个数据节点出现故障失效情况时，这种多副本存储方式也不会造成数据丢失。

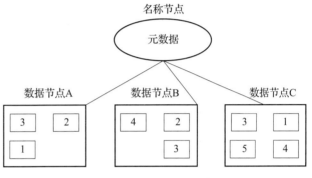

图 4 - 3　HDFS 数据块多副本存储

（二）数据存取策略

数据存取策略包括数据存放、数据读取和数据复制等方面，是分布式文件系统的核心内容。

1. 数据存放

HDFS 采用了以机架为基础的数据存放策略，一个 HDFS 集群通常包含多个机架，不同机架之间的数据通信需要经过交换机或者路由器，同一个机架中不同机器之间的通信则不需要经过交换机和路由器。HDFS 默认的冗余复制因子是 3，每一个文件块会被同时保存到 3 个地方，其中，有两份副本放在同一个机架的不同机器上面，第三个副本放在不同机架的机器上面，这样既可以保证机架发生异常时的数据恢复，也可以提高数据读写性能。

2. 数据读取

HDFS 提供了一个应用程序接口（Application Programming Interface，API），可以确定一个数据节点所属的机架 ID，客户端也可以调用 API 获取所属的机架 ID。当客户端读取数据时，从名称节点获得数据块不同副本的存放位置列表，列表中包含了副本所在的数据节点，可以调用 API 来确定客户端和这些数据节点所属的机架 ID。当发现某个数据块副本对应的机架 ID 和客户端对应的机架 ID 相同时，就优先选择该副本读取数据，如果没有发现，就随机选择一个副本读取数据。

3. 数据复制

HDFS 的数据复制采用了流水线复制的策略，大大提高了数据复制过程的效率。当客户端要往 HDFS 中写入一个文件时，这个文件会首先被写入本地，并被切分成若干个块。每个块都向 HDFS 集群中的名称节点发起写请求，客户端从名称节点获取存储副本的节点信息之后，开始写入第一个数据节点，数据节点一部分一部分地接收，写入本地，当这一部分写入完毕之后，第一个数据节点负责将这部分数据转发到第二个数据节点，以此类推，直到所有数据块都被写入节点。

（三）数据错误与恢复

HDFS 的主要目标是可靠性，即使在出错的情况下也要保证数据的可靠。HDFS 具有较高的容错性，可以兼容廉价的硬件，它把硬件出错看成一种常态，而不是异常，并设计了相应的机制检测数据错误和进行自动恢复，主要包括名称节点出错、数据节点出错和数据出错。数据节点周期性向名称节点报告自己节点的状态。网络中断会导致部分数据节点与名称节点失去联系，此种情况下名称节点会根据节点的状态以及系统的副本数量来决定是否需要重新复制副本来控制执行。

六、HDFS 数据读写

（一）类的概念及表现

类（Class）是面向对象程序设计实现信息封装的基础，类是一种用户定义的引用数据类型，也称类类型。每个类包含数据说明和一组操作数据或传递消息的函数，类的实例称为对象。抽象类（Abstract Base Class，ABC）就是定义了纯虚成员函数的类，纯虚成员函数一般只提供了接口，并不会做具体实现，实现由它的派生类去重写。在处理继承的问题上，抽象类方法更有系统性，更规范。

FileSystem 是一个通用文件系统的抽象基类，可以被分布式文件系统继承，所有能使用 Hadoop 文件系统的代码都要使用到这个类。Hadoop 为 FileSystem 这个抽象类提供了多种具体的实现，DistributedFileSystem 就是 FileSystem 在 HDFS 文件系统中的实现。FileSystem 的打开（open）方法返回的是一个输入流 FSDataInputStream 对象，在 HDFS 中具体的输入流就是 DFSInputStream；FileSystem 中的创建（create）方法返回的是一个输出流 FSDataOutputStream 对象，在 HDFS 中具体的输出流就是 DFSOutputStream。

（二）HDFS 读操作过程

数据读取请求由 HDFS 名称节点和数据节点来服务，HDFS 读数据的执行过程如图 4-4 所示。

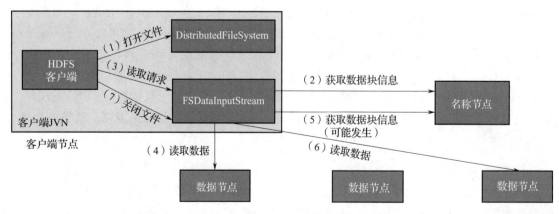

图 4-4　HDFS 读数据的执行过程

（1）打开文件。客户端通过 FileSystem. open 打开文件，调用 open 方法后，Distributed-FileSystem 会创建输入流 FSDataInputStream，对于 HDFS 而言，具体的输入流就是 DFSInput-Stream。

（2）获取数据块信息。输入流通过 getBlockLocations 函数远程调用名称节点，获得文件开始部分数据块的保存位置；然后，DistributedFileSystem 利用 DFSInputStream 来实例化 FSDataInputStream，返回给客户端，同时返回了数据块的数据节点地址。

（3）读取请求。获得输入流 FSDataInputStream 后，客户端调用 read 函数开始读取数据。输入流根据前面的排序结果，选择距离客户端最近的数据节点建立连接并读取数据。

（4）读取数据。数据从该数据节点读到客户端，当该数据块读取完毕时，FSDataInputStream 关闭和该数据节点的连接。

（5）获取数据块信息（可能发生）。输入流通过 getBlockLocations 方法查找下一个数据块，如果客户端缓存中已经包含了该数据块的位置信息，就不需要调用该方法。

（6）读取数据。找到该数据块的最佳数据节点，读取数据。

（7）关闭文件。当客户端读取数据完毕的时候，调用 FSDataInputStream 的 close 函数，关闭输入流。

（三）HDFS 写操作过程

客户端向 HDFS 写数据是一个复杂的过程，在不发生任何异常的情况下，HDFS 写数据的执行过程如图 4 - 5 所示。

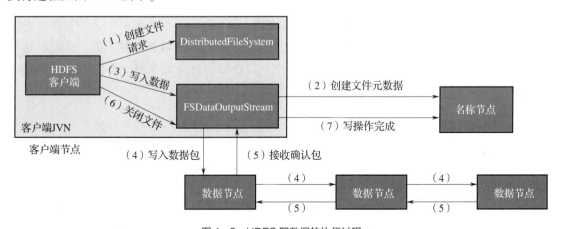

图 4 - 5　HDFS 写数据的执行过程

（1）创建文件请求。客户端通过 FileSystem. create 创建文件，调用 create 方法后，DistributedFileSystem 会创建输出流 FSDataOutputStream，对于 HDFS 而言，具体的输出流就是 DFSOutputStream。

（2）创建文件元数据。DistributedFileSystem 通过 RPC 远程调用名称节点，在文件系统的命名空间中创建一个新的文件。名称节点会构造一个新文件，并添加文件信息。远程方法调用结束后，DistributedFileSystem 会利用 DFSOutputStream 来实例化 FSDataOutputStream，返回给客户端，客户端使用这个输出流写入数据。

（3）写入数据。获得输出流 FSDataOutputStream 以后，客户端调用输出流的 write 方法向 HDFS 中对应的文件写入数据。

（4）写入数据包。客户端向输出流 FSDataOutputStream 中写入的数据会首先被分成一个个的分包，这些分包被放入 DFSOutputStream 对象的内部队列。输出流 FSDataOutputStream 会向名称节点申请保存文件和副本数据块的若干个数据节点，这些数据节点形成一个数据流管道。

（5）接收确认包。为了保证所有数据节点的数据都是准确的，接收到数据的数据节点要向发送者发送"确认包"。确认包沿着数据流管道逆流而上，从数据流管道依次过各个数据节点并最终发往客户端，当客户端收到应答时，它将对应的分包从内部队列移除。不断执行（3）～（5）步，直到数据全部写完。

（6）、（7）关闭文件，写操作完成。客户端调用 close 方法关闭输出流，从此时开始，客户端不会再向输出流中写入数据，所以，当 DFSOutputStream 对象内部队列中的分包都收到应答以后，就可以通知名称节点关闭文件，完成一次正常的写文件过程。

第二节　分布式数据库 HBase

一、HBase 简介

（一）定义

HBase 是基于 Apache Hadoop 构建的一个高可用、高性能、多版本的分布式数据库。它是 Google BigTable 的开源实现，是 Hadoop 分布式平台上一个重要的数据存储工具，适合存储非结构化和非关系数据，通过在廉价服务器上搭建大规模结构化存储集群，提供海量数据高性能的随机读写能力。

（二）起源与演化

HBase 在国外起步很早，包括 Facebook、Yahoo、Pinterest 等大公司都大规模使用 HBase 作为基础服务。在国内 HBase 起步相对较晚，但现在各大公司对于 HBase 的使用已经越来越普遍，包括阿里巴巴、小米、华为、网易、京东、中国电信、中国人寿等公司都使用 HBase 存储海量数据，服务于各种在线系统以及离线分析系统，其中阿里巴巴、小米以及京东更是有着数千台 HBase 的集群规模，业务场景包括订单系统、消息存储系统、用户画像、搜索推荐、安全风控以及物联网时序数据存储等。最近，阿里云、华为云等云提供商先后推出了 HBase 云服务，为国内更多公司低门槛地使用 HBase 服务提供了便利。

（三）特征分析

1. 容量巨大

HBase 的单表可以有百亿行、百万列，可以在横向和纵向两个维度插入数据，具有很大的弹性。当关系数据库的单个表的记录在亿级时，查询和写入的性能都会呈现指数级下降，这种庞大的数据量对传统数据库来说是一种灾难，而 HBase 在限定某个列的情况下对于单表存储百亿行甚至更多的数据都没有性能问题。HBase 采用 LSM 树作为内部数据存储结构，这种结构会周期性地将较小文件合并成大文件，以减少对磁盘的访问。

2. 列式存储

与很多面向行存储的关系数据库不同，HBase 是面向列的存储和权限控制的，它里面的每个列是单独存储的，且支持基于列的独立检索。HBase 在存储数据时以行和列组成了表，其中列分为若干个列族，一个列族由若干个列组成。因此 HBase 中支持列的动态扩容，而且也不需要事先定义列的数目和类别，全部的列存储格式都是二进制，用户需自行对类型进行转换。

3. 稀疏性

通常在传统的关系数据库中，每一列的数据类型是事先定义好的，会占用固定的内存空间，在此情况下，属性值为空的列也需要占用存储空间。而在 HBase 中的数据都是以字符串形式存储的，属性值为空的列并不占用存储空间，HBase 通常可以设计成稀疏矩阵，同时这种方式也比较接近实际的应用场景。

（四）优势

1. 扩展性好

HBase 的扩展是横向的，横向扩展是指在扩展时不需要提升服务器本身的性能，只需添加服务器到现有集群即可。HBase 表根据 Region 大小进行分区，分别存在集群中不同的节点上，当添加新的节点时，集群就重新调整，在新的节点启动 HBase 服务器，动态地实现扩展。

2. 高性能

底层的 LSM 数据结构和行键有序排列等架构上的独特设计，使得 HBase 具有非常高的写入性能。通过科学性地设计行键可让数据进行合理的 Region 切分，主键索引和缓存机制使得 HBase 在海量数据下具备高速的随机读取性能。

3. 高可靠性

HBase 在 HDFS 上运行，HDFS 的多副本存储可以在 HBase 出现故障时自动恢复，同时 HBase 内部也提供 WAL 和 Replication 机制。WAL（Write－Ahead－Log）预写日志是在 HBase 服务器处理数据插入和删除的过程中用来记录操作内容的日志，保证了数据写入时不会因集群异常而导致写入数据的丢失。而 Replication 机制是基于日志操作来做数据同步的。

二、HBase 数据模型

HBase 数据模型中所涉及的基本概念见表 4－2。

表 4－2　数据模型基本概念

基本概念	特性
表	HBase 中的数据以表的形式存储。同一个表中的数据通常是相关的，使用表主要是可以把某些列组织起来一起访问

（续）

基本概念	特性
行	在 HBase 表中，每一行代表一个数据对象，每一行都以行键来进行唯一标识，行键可以是任意字符串
列族	HBase 中的列族是一些列的集合，列族中所有列成员有着相同的前缀，列族的名字必须是可显示的字符串，所有列均以字符串形式存储
列限定符	列族中的数据要根据列限定符来定位，列限定符无须事先定义，也不用在不同行之间保持一致
单元格	在 HBase 表中，每一个行键、列族、列限定符共同确定一个单元格，单元格的内容没有特定的数据类型，以二进制字节来存储
时间戳	时间戳可以由 HBase 赋值，此时时间戳为精确到毫秒的当前系统时间，HBase 中数据的版本通过类型为 64bit 的整型时间戳来索引

HBase 表是非结构化的非关系表，是一个稀疏、多维度、排序的映射表，这张表的索引是行键、列族、列限定符和时间戳。每个值是一个未经解释的字符串，没有数据类型。用户在表中存储数据，每一行都有一个可排序的行键和任意多的列。表在水平方向由一个或者多个列族组成，一个列族中可以包含任意多个列，同一个列族里面的数据存储在一起。HBase 数据模型如图 4-6 所示，图 4-6 展示的是 HBase 中的学生信息表，有三行记录和两个列族，行键分别为 c-1001、c-1002 和 c-1003，两个列族分别为 StuLnfo 和 Grades，每个列族中含有若干列，如列族 StuLnfo 包括 Name、Age、Class 和 MobilePhone 四种列限定符，列族 Grades 包括 Computer 、Math 和 BigData 三种列限定符。包含数据的实体称为单元格，行根据行键进行排序。

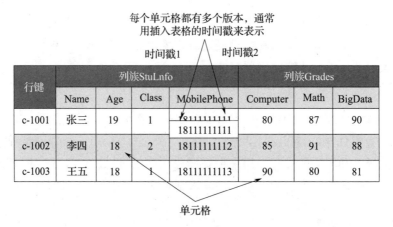

图 4-6　HBase 数据模型

三、HBase 系统架构

HBase 的系统架构如图 4-7 所示，包括客户端、ZooKeeper 服务器、Master 主服务器、Region 服务器。需要说明的是，HBase 一般采用 HDFS 作为底层数据存储，因此，图 4-7 中加入了 HDFS 和 Hadoop。

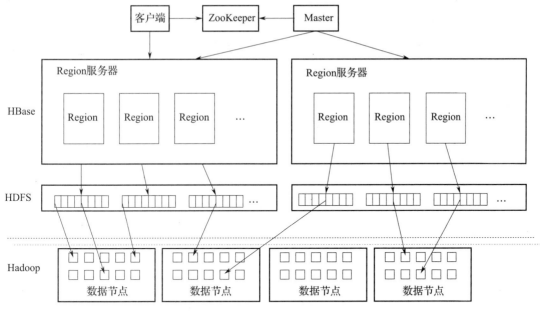

图4-7　HBase 的系统架构

（一）客户端

客户端是指与服务器相对应，为客户提供本地服务的程序。在 HBase 应用中，客户端的作用包括：①包含访问 HBase 的接口；②同时在缓存中维护着已经访问过的分区位置信息。HBase 中客户端的工作原理为：客户端使用 HBase 的 RPC 机制与 Master 主服务器和 Region 服务器进行通信。对于管理类操作，客户端与 Master 主服务器进行 RPC；对于数据读写类操作，客户端与 Region 服务器进行 RPC。

（二）ZooKeeper 服务器

ZooKeeper 服务器是一个开放源码的分布式应用程序协调服务，是 Google 的 Cubby 一个开源的实现，是 Hadoop 和 HBase 的重要组件。在 HBase 应用中，ZooKeeper 服务器的作用包括：①实现集群管理的功能，如果有多台服务器组成一个服务器集群，那么必须要一个"总管"知道当前集群中每台机器的服务状态，一旦某台机器不能提供服务，集群中其他机器必须知道，从而做出调整重新分配服务策略。②当增加集群的服务器时，每个 Region 服务器都需要到 ZooKeeper 中注册，ZooKeeper 实时监控每个 Region 服务器的状态并通知给 Master 主服务器，这样主服务器就可以通过 ZooKeeper 随时感知到各个分区服务器的状态。ZooKeeper 的工作原理为：ZooKeeper 是以 Fast Paxos 算法为基础，通过选举产生一个 Leader，只有 Leader 才能提交 Proposer，进而实现同步服务、配置维护和命名服务等分布式应用。

（三）Master 主服务器

Master 主服务器是 HBase 集群中的主服务器，负责监控集群中的所有 Region 服务器，并且是所有元数据更改的接口。在 HBase 应用中，Master 主服务器的作用包括：①主服务器主要负责管理用户对表的增加、删除、修改及查询等操作。②实现不同 Region 服务器之间的负载均衡。③在 Region 分裂或合并后，负责重新调整 Region 的分布。④对发生故障失效的

Region 服务器上的分区进行迁移。HBase 中 Master 主服务器工作原理为：Master 主服务器维护当前可用的 Region 服务器列表，以及当前哪些分区分配给了哪些 Region 服务器，哪些分区还未被分配。当存在未被分配的分区，并且有一个 Region 服务器上有可用空间时，Master 主服务器就给这个分区服务器发送一个请求，把该分区分配给它。

（四）Region 服务器

Region 服务器是一套对 Region 中的数据进行操作的程序，是 HBase 框架中最为关键的一个模块，它运行在 Hadoop 集群中的数据节点上，负责数据的存储操作，是整个存储机制的关键实现。在 HBase 应用中，Region 服务器的作用包括：①每个 Region 服务器都维护着属于自己的 Region，接收和处理对 Region 的访问。②Region 服务器还负责 Region 过大时的割裂以及数量过多时的合并操作。HBase 中 Region 服务器工作原理为：Region 服务器负责相应用户的 I/O 请求，进而与 HDFS 交互，从 HDFS 中读写数据。

第三节　非关系数据库 NoSQL

一、NoSQL 简介

（一）定义

NoSQL（Not only SQL）泛指非关系数据库，它所采用的数据模型并非传统关系数据库的关系模型，而是类似键/值、列族、文档等非关系模型，NoSQL 数据库没有固定的表结构，通常也不存在连接操作，也没有严格遵守 ACID 约束。

（二）产生原因

随着 Web 2.0 网站的兴起，传统的关系数据库已经无法适应 Web 2.0 网站，特别是超大规模和高并发的社交类型的 Web 2.0 纯动态网站，暴露了很多难以克服的问题，如无法满足对海量数据的高效率存储和访问的需求，无法满足对数据库的高可扩展性和高可用性的需求，关系数据库无法存储和处理半结构化/非结构化数据等。而非关系数据库则由于其本身的特点得到了非常迅速的发展。NoSQL 数据库是一种不同于关系数据库的数据库管理系统设计方式，NoSQL 数据库的产生就是为了解决大规模数据集合多重数据种类带来的挑战，特别是大数据应用难题。与关系数据库相比，NoSQL 数据库具有灵活的水平可扩展性，无共享架构，支持海量数据存储。此外，非关系数据库支持 MapReduce 风格的编程，可较好地应用于大数据时代的各种数据管理应用中，NoSQL 数据库的出现弥补了关系数据库在当前商业应用中存在的各种缺陷。

（三）特征

1. 灵活的可扩展性

多年来，当数据库负载需要增加时，只能依赖于纵向扩展，也就是买更强的服务器，而不是依赖横向扩展将数据库分布在多台主机上。NoSQL 在数据设计上就是要能够透明地利用新节点进行扩展，NoSQL 数据库虽然种类繁多，但是数据之间无关系，非常容易扩展，从而也在架构层面上具备了可横向扩展的能力。

2. 大数据量和高性能

大数据时代被存储的数据的规模极大地增加了，尽管关系数据库系统的能力也在为适应这种增长而提高，但是其实际能管理的数据规模已经无法满足一些企业的需求。而 NoSQL 数据库具有非常高的读写性能，尤其在大数据量下，能够同样保持高性能，这主要得益于 NoSQL 数据库的无关系性。

3. 灵活的数据模型

NoSQL 数据库可以处理半结构化/非结构化的大数据。对于大型的生产性的关系数据库来讲，变更数据模型是一件很困难的事情。即使只对一个数据模型做很小的改动，也许就需要停机或降低服务水平。NoSQL 数据库在数据模型约束方面更加宽松，无须事先为要存储的数据建立字段，随时可以存储自定义的数据格式。NoSQL 数据库可以让应用程序在一个数据元素里存储任何结构的数据，包括半结构化/非结构化数据。

二、NoSQL 与关系数据库的比较

（一）存储方式

传统的关系数据库采用表格的储存方式，数据以行和列的方式进行存储，要读取和查询都十分方便。而 NoSQL 数据库不适合这样的表格存储方式，通常以数据集的方式，大量的数据集中存储在一起，类似于键值对、图结构或者文档。

（二）存储结构

关系数据库按照结构化的方法存储数据，每个数据表都必须对各个字段定义好，再根据表的结构存入数据，这样做的好处就是由于数据的形式和内容在存入数据之前就已经定义好了，因此整个数据表的可靠性和稳定性都比较高，但带来的问题就是一旦存入数据，如果需要修改数据表的结构就会十分困难。而 NoSQL 数据库由于面对的是大量非结构化的数据的存储，它采用的是动态结构，对于数据类型和结构的改变非常适应，可以根据数据存储的需要灵活地改变数据库的结构。

（三）存储规范

关系数据库为了避免重复、规范化数据以及充分利用好存储空间，把数据按照最小关系表的形式进行存储，这样数据管理就可以变得很清晰、一目了然，当然这主要是一张数据表的情况。如果数据涉及多张数据表，数据表之间存在着复杂的关系，随着数据表数量的增加，数据管理会越来越复杂。而 NoSQL 数据库的数据存储方式是用平面数据集的方式集中存放，虽然会存在数据被重复存储，从而造成存储空间被浪费的问题，但从当前计算机硬件的发展来看，这样的存储空间浪费的问题微不足道，并且单个数据库基本上都是采用单独存放的形式，很少采用分割存放的方式，因此数据往往能存成一个整体，这为数据的读写提供了极大的方便。

（四）扩展方式

扩展方式是 NoSQL 数据库与关系数据库差别最大的地方，由于关系数据库将数据存储在数据表中，数据操作的瓶颈出现在多张数据表的操作中，而且数据表越多这个问题越严重，如果要缓解这个问题，则只能提高处理能力，也就是选择速度更快、性能更高的计算机，这样的方法虽然可以拓展空间，但这样的拓展空间一定是非常有限的，也就是关系数据库只具备纵向扩展能力。而 NoSQL 数据库由于使用的是数据集的存储方式，它的存储方式一定是分布式的，它可以采用横向的方式来扩展数据库，也就是可以添加更多数据库服务器到资源池，然后由这些增加的服务器来负担数据量增加的开销。

（五）查询方式

关系数据库采用结构化查询语言（SQL）对数据库进行查询，SQL 早已获得了各个数据库厂商的支持，成为数据库行业的标准，它能够支持数据库的 CRUD（增加、查询、更新、删除）操作，具有非常强大的功能，SQL 也可以采用类似索引的方法来加快查询操作。NoSQL 数据库使用的是非结构化查询语言，它以数据集为单位来管理和操作数据，由于它没有一个统一的标准，因此每个数据库厂商提供的产品标准是不一样的，非关系数据中的文档ID 与关系数据表中主键的概念类似，非关系数据库采用的数据访问模式相对于 SQL 更简单而精确。

（六）事务性

关系数据库强调 ACID 规则，可以满足对事务性要求较高或者需要进行复杂数据查询的数据操作，也可以充分满足数据库操作的高性能和操作稳定性的要求。并且关系数据库十分强调数据的强一致性，对于事务的操作有很好的支持。而 NoSQL 数据库强调 BASE 原则，它减少了对数据的强一致性支持，从而获得了基本一致性和柔性可靠性，并且利用以上的特性达到了高可靠性和高性能，最终达到了数据的最终一致性。

（七）读写性能

关系数据库十分强调数据的一致性，并为此降低读写性能，付出了巨大的代价。虽然关系数据库存储数据和处理数据的可靠性很不错，但面对海量数据的处理时效率就会变得很差，特别是遇到高并发读写的时候性能就会下降得非常厉害。而 NoSQL 数据库相对于关系数据库优势最大的恰恰是应对大数据方面，也就是对于大量的每天都产生的非结构化的数据能够高性能地读写，这是因为 NoSQL 数据库是按 Key-Value 类型进行存储的，以数据集的方式存储的，因此无论是扩展还是读写都非常容易，并且 NoSQL 数据库不需要关系数据库烦琐的解析，所以 NoSQL 数据库在大数据管理、检索、读写、分析以及可视化方面具有关系数据库不可比拟的优势。

（八）授权方式

关系数据库常见的有 Oracle、SQL Server、DB2、MySQL，除了 MySQL，大多数关系数据库如果要使用都需要支付一笔价格高昂的费用，即使是免费的 MySQL 性能也受到了诸多的限制。而对于 NoSQL 数据库，比较主流的有 Redis、HBase、MongoDB 等产品，通常都采用开源的方式，不像关系数据库那样需要一笔高昂的花费。

在实际应用中，二者都可以有各自的目标用户群体和市场空间，不存在一个完全取代另一个的问题。对于关系数据库而言，在一些特定应用领域，其地位和作用仍然无法被取代，如银行、超市等领域的业务系统仍然需要高度依赖关系数据库来保证数据的一致性。此外，对于一些复杂查询分析型应用而言，基于关系数据库的数据仓库产品，仍然可以比 NoSQL 数据库获得更好的性能。对于 NoSQL 数据库而言，Web2.0 领域是其未来的主战场，Web2.0 网站系统对于数据一致性要求不高，但是对数据量和并发读写要求较高，NoSQL 数据库可以很好地满足这些应用的需求。NoSQL 数据库可以用来管理和查询海量日志数据、业务数据或监控数据，如管理电商网站的用户访问记录、交易记录，采集并管理物联网中的数据采集及监视控制系统数据，这些数据一般会被持续采集、不断积累，因此数据量极大。NoSQL 数据库还可以为数据仓库、数据挖掘系统或 OLAP 系统的后台数据提供支撑。

三、NoSQL 的四大类型

近年，NoSQL 数据库发展势头非常迅猛，在短短几年时间内，NoSQL 领域就爆炸性地产生了 50～150 个新的数据库。NoSQL 数据库虽然数量众多，但是归结起来，典型的 NoSQL 数据库通常包括键值数据库、列族数据库、文档数据库和图形数据库四大类。

（一）键值数据库

键值数据库是一种使用键值对来存储数据的非关系数据库，它会使用一个哈希表，这个表中有一个特定的键和一个指针指向特定的值。键可以用来定位值，即存储和检索具体的值。值对数据库而言是透明不可见的，不能对值进行索引和查询，只能通过键进行查询。键可以用来存储任意类型的数据，包括整型、字符型、数组、对象等。键值数据库的具体内容见表 4-3。

表 4-3　键值数据库的具体内容

项目	描述
数据模型	Key 指向 Value 的键值对，通常用哈希表来实现
典型应用场景	内容缓存，主要用于处理大量数据的高访问负载，也用于一些日志系统等
相关产品	Memcached、Redis、Riak、SimpleDB、Chordless
优点	查找速度快
缺点	数据无结构化，通常只被当作字符串或者是二进制数据
不适用场景	1）不支持存储数据之间的关系 2）不支持事务，不可以进行回滚

（二）列族数据库

列族数据库是一种可以存储关键字及其映射值的非关系数据库，一般采用列族数据模型。数据库由多个行构成，每行数据包含多个列族，不同的行可以具有不同数量的列族，属于同一列族的数据会被存放在一起。每行数据通过行键进行定位，与这个行键对应的是一个列族，从这个角度来说，列族数据库也可以被视为一个键值数据库。列族数据库的具体内容见表 4-4。

表4-4 列族数据库的具体内容

项目	描述
数据模型	以列族式存储,将同一列数据存在一起
典型应用场景	分布式的文件系统
相关产品	Cassandra、BigTable、HBase、Hadoop DB、PNUTS
优点	查找速度快,可扩展性强,更容易进行分布式扩展
缺点	功能较少,大都不支持强事务一致性
不适用场景	1)不支持 ACID 事务 2)不适用原型设计

(三)文档数据库

文档数据库是一种旨在将数据作为类 JSON 文档存储和查询的非关系数据库。在文档数据库中,文档是数据库的最小单位。虽然每一种文档数据库的部署都有所不同,但是大都假定文档以某种标准化格式封装并对数据进行加密,同时用多种格式进行解码,包括 XML、YAML、JSON 和 BSON 等,或者使用二进制格式文档数据库通过键来定位一个文档。文档数据库的具体内容见表4-5。

表4-5 文档数据库的具体内容

项目	描述
数据模型	版本化的文档
典型应用场景	存储、索引并管理面向文档的数据或者类似的半结构化数据
相关产品	MongoDB、CouchDB、RavenDB、SequoiaDB
优点	灵活性高,数据结构灵活,表结构可变,不需要像关系数据库一样预先定义表结构
缺点	查询性能不高,而且缺乏统一的查询语法
不适用场景	不支持在不同的文档上添加事务

(四)图形数据库

图形数据库是指利用图结构进行存储和查询数据的一种非关系数据库,以图论为基础,一个图是一个数学概念,用来表示一个对象集合,包括顶点以及连接顶点的边。图形数据库使用图作为数据模型来存储数据,完全不同于键值、列族和文档数据模型,可以高效地存储和管理不同顶点之间的关系。换言之,图形数据库专门用于管理具有高度相互关联关系的数据,可以高效地处理实体之间的关系。图形数据库的具体内容见表4-6。

表4-6 图形数据库的具体内容

项目	描述
数据模型	图结构
典型应用场景	社交网络、推荐系统、路径寻找等,专注于构建关系图谱
相关产品	Neo4J、InfoGrid、Infinite Graph、OrientDB

（续）

项目	描述
优点	灵活性高，支持复杂的图形算法，可用于构建复杂的关系图谱等
缺点	复杂性高，很多时候要对整个图做计算才能得出需要的信息，而且这种结构不太好做分布式的集群方案
不适用场景	除了在处理图和关系这些应用领域，在其他领域图形数据库的性能不如其他 NoSQL 数据库

四、NoSQL 的三大基石

关系数据库严格遵循 ACID 理论，但当数据库要开始满足横向扩展、高可用、模式自由等需求时，需要对 ACID 理论进行取舍，不能严格遵循 ACID。相对而言，非关系数据库相关理论包括 CAP、BASE 和最终一致性，三者被称为非关系数据库的三大基石。

（一）CAP 理论

C（Consistency）：一致性。这是指任何一个读操作总是能够读到之前完成的写操作的结果，也就是在分布式环境中，多点的数据是一致的。

A（Availability）：可用性。这是指快速获取数据，可以在确定的时间内返回操作结果。

P（Tolerance of Network Partition）：分区容忍性。这是指当出现网络分区的情况时，例如断网，分离的系统也能够正常运行。

一个分布式系统不可能同时满足一致性、可用性和分区容忍性这三个需求，最多只能同时满足其中两个。如果追求一致性，那么就要牺牲可用性，需要处理因为系统不可用而导致的写操作失败的情况；如果要追求可用性，那么就要预估到可能发生数据不一致的情况，比如系统的读操作可能不能精确地读取到写操作写入的最新值。

当处理 CAP 的问题时，可以有几个可选方案：

CA：强调一致性（C）和可用性（A），放弃分区容忍性（P）。最简单的做法是把所有与事务相关的内容都放到同一台机器上。这种做法会严重影响系统的可扩展性。传统的关系数据库（MySQL、SQL Server 和 PostgreSQL）都采用了这种设计原则，因此，扩展性都比较差。

CP：强调一致性（C）和分区容忍性（P），放弃可用性（A）。当出现网络分区的情况时，受影响的服务需要等待数据一致，因此，在等待期间就无法对外提供服务。Neo4J、BigTable 和 HBase 等 NoSQL 数据库，都采用了 CP 设计原则。

AP：强调可用性（A）和分区容忍性（P），放弃一致性（C）。允许系统返回不一致的数据。这对于许多 Web2.0 网站而言是可行的，这些网站的用户首先关注的是网站服务是否可用，当用户需要发布一条微博时，必须能够立即发布，否则，用户就会放弃使用，但是，这条微博发布后什么时候能够被其他用户读取到，则不是非常重要的问题，不会影响到用户体验。因此，对于 Web2.0 网站而言，可用性与分区容忍性优先级要高于数据一致性，网站一般会尽量朝着 AP 的方向设计。当然，在采用 AP 设计时，也可以不完全放弃一致性，转而采用最终一致性。Dynamo、Riak、CouchDB、Cassandra 、NoSQL 数据库就采用了 AP 设计原则。

（二）BASE 理论

1. ACID 原则

A（Atomicity）：原子性。这是指事务必须是原子工作单元，对于其数据修改，要么全都执行，要么全都不执行。

C（Consistency）：一致性。这是指事务在完成时，必须使所有的数据都保持一致状态。

I（Isolation）：隔离性。这是指由并发事务所做的修改必须与任何其他并发事务所做的修改隔离。

D（Durability）：持久性。这是指事务完成之后，它对于系统的影响是永久性的，该修改即使出现致命的系统故障也将一直保持。

2. BASE 含义

关系数据库系统中设计了复杂的事务管理机制来保证事务在执行过程中严格满足 ACID 四性要求，较好地满足了银行等领域对数据一致性的要求，得到了广泛的商业应用。但是，NoSQL 数据库通常应用于 Web2.0 网站等场景中，对数据一致性的要求并不是很高，而是强调系统的高可用性，因此，为了获得系统的高可用性，可以考虑适当牺牲一致性或分区容忍性。BASE 的基本思想就是在这个基础上发展起来的，它完全不同于 ACID 模型，BASE 牺牲了高一致性，从而获得可用性或可靠性。BASE 的基本含义是基本可用（Basically Available）、软状态（Soft State）和最终一致性（Eventual Consistency）。

（1）基本可用。这是指一个分布式系统的一部分发生问题变得不可用时，其他部分仍然可以正常使用，也就是允许分区失败的情形出现。比如，一个分布式数据存储系统由 20 个节点组成，当其中 2 个节点损坏不可用时，其他 18 个节点仍然可以正常提供数据访问，那么，就只有 10% 的数据是不可用的，其余 90% 数据都是可用的，这时就可以认为这个分布式数据存储系统"基本可用"。

（2）软状态。这是与硬状态相对应的一种提法。数据库保存的数据是硬状态时，可以保证数据一致性，即保证数据一直是正确的。软状态是指状态可以有一段时间不同步，具有一定的滞后性。

（3）最终一致性。这是弱一致性的一种特例，允许后续的访问操作可以暂时读不到更新后的数据，但是经过一段时间之后，必须最终读到更新后的数据。一致性的类型包括强一致性和弱一致性，二者的主要区别在于高并发的数据访问操作下，后续操作是否能够获取最新的数据。对于强一致性而言，当执行完一次更新操作后，后续的其他读操作就可以保证读到更新后的最新数据；反之，如果不能保证后续访问读到的都是更新后的最新数据，那么就是弱一致性。

互联网 Web2.0 网站由于数据库存在高并发读写、高可扩展性、高可用性，因此要求设计成分布式存储，而在设计一个分布式存储系统时，根据 CAP 理论，一致性（C）、可用性（A）、分区容忍性（P），三者不可兼得，最多只能同时满足其中的两个。而关系数据库保证了强一致性（ACID 模型）和高可用性，所以要想实现一个分布式数据库集群非常困难，这也解释了为什么关系数据库的扩展能力十分有限。而 NoSQL 数据库则是通过牺牲强一致性，采用 BASE 模型，用最终一致性的思想来设计分布式系统，从而使系统可以达到很高的可用性和扩展性。

（三）最终一致性

一般从客户端和服务端两个角度来考虑最终一致性。从服务端来看，一致性是指更新如何复制分布到整个系统，以保证数据最终一致。从客户端来看，一致性主要指的是高并发的数据访问操作下，后续操作是否能够获取最新的数据。关系数据库通常实现强一致性，也就是一旦一个更新完成，后续的访问操作都可以立即读取到更新过的数据。而对于弱一致性而言，则无法保证后续访问都能够读到更新后的数据。

最终一致性根据更新数据后各进程访问到数据的时间和方式不同，又可以区分为：

（1）因果一致性。如果进程 A 通知进程 B 它已更新了一个数据项，那么进程 B 的后续访问将获得 A 写入的最新值。而与进程 A 无因果关系的进程 C 的访问，仍然遵守一般的最终一致性规则。

（2）"读己之所写"一致性。这可视为因果一致性的一个特例，当进程 A 自己执行一个更新操作之后，它自己总是可以访问到更新过的值，绝不会看到旧值。

（3）会话一致性。它把访问存储系统的进程放到会话的上下文中，只要会话还存在，系统就保证读己之所写一致性。如果由于某些失败情形令会话终止，就要建立新的会话，而且系统保证不会延续到新的会话。

（4）单调读一致性。如果进程已经看到过数据对象的某个值，那么任何后续访问都不会返回在那个值之前的值。

（5）单调写一致性。系统保证来自同一个进程的写操作顺序执行。系统必须保证这种程度的一致性，否则就非常难以编程了。

第四节　云数据库

一、云数据库简介

（一）概念

云数据库是指被优化或部署到一个虚拟计算环境中的数据库，可以实现按需付费、按需扩展、高可用性以及存储整合等。

（二）特征

1. 高性能

云数据库采用大型分布式存储服务集群，支撑海量数据访问，多机房自动冗余备份，自动读写分离。用户不需要关注后端机器及数据库的稳定性、网络问题、机房灾难、单库压力等各种风险，云数据库服务商提供全天的专业服务，使扩容和迁移对用户透明且不影响服务，并且可以提供全方位、全天候立体式监控，用户无须半夜去处理数据库故障。

2. 易用透明

云数据库是一个提供无限大容量的数据库，传统数据库遇到单机数据存储瓶颈的问题将不复存在。已有的程序基本上不怎么需要修改已有的代码，就可以很自然地接入到云数据库中来获得无限规模的能力。增减数据库节点以及节点的故障恢复，对于应用层来说完全透明。另外，云数据库的监控、运维、部署、备份等操作都可以在云端通过高效的自动化工具来自动完成，极大地降低了运维成本。

3. 低成本

低成本应该是云时代基础设施最明显的特点。首先，云数据库的高可用和容错能力，使得用户不再需要昂贵的硬件设备，只需要普通的 x86 服务器就可以提供服务。然后，受益于Docker 技术（容器虚拟化技术），不同类型的应用容器可以跑在同一个物理机上，这样可以极大地提高资源的利用率。

4. 自动负载平衡

对于云数据库来说，负载平衡是一个很重要的问题，它直接决定了整个云数据库系统性能的好坏，如果一个数据库节点的数据访问过热的话，就需要考虑把数据迁移到其他数据库节点来分担负载，不然就很容易出现性能瓶颈。整个负载平衡是一个动态的过程，调度算法既需要保证资源配比的最大平衡，还要保证数据迁移的过程对系统整体的负载影响最小。

5. 数据安全

云数据库的物理服务器分布在多个机房，这就为跨数据库中心的数据安全提供了最基础的硬件支持。云数据库提供数据隔离，不同应用的数据会存在于不同的数据库中而不会相互影响，提供安全性检查，可以及时发现并拒绝恶意攻击性访问，数据提供多点备份，确保不会发生数据丢失。

（三）关键技术

1. 数据安全技术

用户在使用数据库时，会对交给云计算存储中心的数据信息的安全性存在顾虑。云数据库的发展过程中，数据安全问题是人们面临的最重要问题，在云与客户端的合作过程中，云数据库数据安全技术会对消费者的网址与数据进行保护，通过对网页进行监测扫描，在第一时间内标记出有病毒的网页。在正式访问网页之前，每位用户都要接受云的考核，顺利通过考核之后才可以安全访问，否则操作将会被中止。

2. 数据存储技术

云计算一直采用分布式存储技术，能增强系统结构的扩展性，也能摆脱硬件设备的限制；能同时为更多用户提供高品质服务，满足用户的多样化存储需求。这也对云数据库的存储能力、吞吐能力等提出了较高要求。

3. 数据管理技术

云数据库发挥出了大数据的优势，对纷繁复杂的数据进行分析和处理，在此基础上向用户提供多样化服务，并在数据量巨大的数据中准确定位数据。因此，云数据库要充分发挥出云计算的优势，不断提高数据存储量，丰富云数据库管理技术，提高效率。

二、Amazon 的云数据库产品

（一）SimpleDB

1. 产生

SimpleDB 是 Amazon 公司开发的一个可供查询的分布式数据存储系统，是 AWS（Amazon Web Service）上的第一个 NoSQL 数据库服务，集合了 Amazon 的大量 AWS 基础设施。SimpleDB 的目的是作为一个简单的数据库来使用，它的存储元素是由一个 ID 字段来确定行的位置，这种结构可以满足用户基本的读、写和查询功能。

2. 功能

SimpleDB 提供简单的 Web 服务接口，可以创建和存储多个数据集、轻松查询数据，并返回结果，加入新的数据无须预先定义架构或更改架构，而且创建扩展简单，不必构建新的服务器。

3. 特征

SimpleDB 不是一个关系数据库，传统的关系数据库采用行存储，而 SimpleDB 采用了键值对存储，它主要是服务于那些不需要关系数据库的 Web 开发者。但是，SimpleDB 也存在一些明显的缺陷，如存在单表限制、性能不稳定、只能支持最终一致性等。

4. 运用环境

（1）日志记录。Amazon SimpleDB 完全免除了运行生产数据库所需的一切工作，它是一种理想且低接触的数据存储方式，适用于存储条件或事件、状态更新、循环活动、工作流处理或设备和应用程序状态等相关信息，如监控或跟踪、业务趋势分析、审计等。

（2）在线游戏。对于使用任何平台的在线游戏开发人员，Amazon SimpleDB 为用户和游戏数据提供了高度可用、可扩展且无须管理的数据库解决方案，可使用 Amazon SimpleDB 存储、索引和查询在线游戏的常见数据。

（二）Dynamo

1. 产生

Dynamo 吸收了 SimpleDB 以及其他 NoSQL 数据库设计思想的精华，旨在为要求更高的应用设计，这些应用要求可扩展的数据存储以及更高级的数据管理功能。Amazon DynamoDB 是一个键值对和文档数据库，可以在任何规模的环境中提供个位数的毫秒级性能。它是一个完全托管、多区域、多活动的持久数据库，具有适用于 Internet 规模应用程序的内置安全性、备份和恢复以及内存中缓存。DynamoDB 每天可处理超过 10 万亿个请求，并可支持每秒超过 2000 万个请求的峰值。

2. 功能

（1）DynamoDB 通过在任意规模环境中提供一致的毫秒级响应时间，支持世界上一些最大规模的应用程序。

（2）DynamoDB 全局表可跨多个 AWS 区域复制用户的数据，能够快速在本地访问全局分布的应用程序的数据。

3. 特征

（1）DynamoDB 是无服务器服务，无须预配置、修补或管理服务器，也不需要安装、维护或操作软件。

（2）DynamoDB 可自动纵向扩展和缩减表，以针对容量做出调整并保持性能。

（3）DynamoDB 提供预配置和按需容量模式，能够通过指定每个工作负载的容量优化成本。

4. 运用环境

（1）广告技术。广告技术垂直领域公司将 DynamoDB 作为存储各种营销数据的重要存储库。适用使用案例包括实时竞价、广告定位和归属，这些使用案例需要高请求率、低预测延迟和可靠性。公司在具有高读取量或需要亚毫秒级读取延迟时，会使用 DynamoDB Accelerator（DAX）缓存功能。

（2）零售。许多零售行业的公司使用常见的 DynamoDB 设计模式，在关键任务使用案例中保持一致的低延迟交付。DynamoDB 不存在扩展问题，同时运营负担也是一个主要的竞争优势，这对于数据量难以预测的高速度和高扩展性事件而言也可起到促进作用。

（三）Amazon RDS

1. 产生

Amazon RDS（Amazon Relational Database Service）是 Amazon 开发的一种 Web 服务，它可以让用户在云环境中建立、操作关系数据库。用户只需要关注应用和业务层面的内容，而不需要在烦琐的数据库管理工作上耗费过多的时间。

2. 功能

Amazon RDS 是一项托管关系数据库服务，可提供多种数据库引擎选项，Amazon RDS 可处理日常的数据库任务，如预置、打补丁、备份、恢复、故障检测和维修，使用 Amazon RDS 可以轻松地使用复制功能来增强生产工作负载的可用性和可靠性。

3. 特征

（1）可轻松管理。Amazon RDS 让用户能够轻松完成从项目概念到部署的过程。

（2）高度可扩展。只需进行 API 调用，便可扩展数据库的计算和存储资源。

（3）安全。Amazon RDS 使用户可以轻松控制对数据库的网络访问。

4. 运用环境

（1）Web 和移动应用程序。Web 和移动应用程序需要以极大的规模运行，因此要求数据库具有高吞吐量、大规模存储可扩展性和高可用性。Amazon RDS 满足了此类高要求应用程序的需求，Amazon RDS 没有许可限制，因此它能完美匹配这些应用程序的可变使用模式。

（2）电子商务应用程序。Amazon RDS 向小型和大型电子商务企业提供了一种灵活、安全、高度可扩展且低成本的数据库解决方案，非常适合在线销售和零售业务。Amazon RDS 提供了一种托管数据库服务，旨在帮助电子商务公司打造高品质客户体验。

（3）移动和在线游戏。移动和在线游戏需要一个具有高吞吐量和可用性的数据库平台。

Amazon RDS 可以管理数据库基础设施，因此游戏开发人员无须为预置、扩展或监控数据库服务器而操心，Amazon RDS 提供的常用数据库引擎可以快速扩展容量来满足用户需求。

三、微软的云数据库产品 SQL Azure

1. 产生

2008 年 3 月，微软通过 SQL Data Service（SDS）提供 SQL Server 的关系数据库功能，这使得微软成为云数据库市场上的第一个大型数据库厂商。此后，微软对 SDS 功能进行了扩充，并且将其重新命名为 SQL Azure。SQL Azure 是建构在 Windows Azure 云操作系统之上，运行云计算的关系数据库服务，是一种云存储的实现，提供网络型的应用程序数据存储的服务。

2. 功能

（1）SQL Azure 兼具云计算的好处，将数据存储基础结构托管，可以大大地降低在 IT 方面的资源的投入，根据具体需要的数据存储量和网络带宽进行支付。

（2）SQL Azure 完美地保证了高可用性和故障转移，应用 SQL Azure 进行数据增删改的时候，SQL Azure 会自动地将数据备份到若干节点，以保证数据的高可用性。

（3）SQL Azure 后台内置的集群机制完美地保证了自动故障转移，无须人工监守。

3. 特征

（1）属于关系数据库。支持使用 TSQL（Transact Structured Query Language）来管理、创建和操作云数据库。

（2）支持存储过程。它的数据类型、存储过程和传统 SQL Server 具有很大的相似性，因此应用可以在本地进行开发，然后部署到云平台上。

（3）支持大量数据类型。它包含了几乎所有典型的 SQL Server2008 的数据类型。

（4）支持云中的事务。支持局部事务，但是不支持分布式事务。

4. 运用环境

（1）TeamSystem 是欧洲领先的 ERP 软件和培训服务公司之一，它通过 SQL Azure 虚拟机上的 SQL Server 实现了更快的部署。通过使用基于 Linux 的 Azure 虚拟机上的 SQL Server，TeamSystem 在不影响性能的前提下，减少了运行平台的工作量和成本，同时提高了部署的灵活性和速度。

（2）H&R Block 是一家税务筹划服务公司，该公司将其各种工作负载转移到 Microsoft SQL Server 2017 和 Microsoft SQL Azure，并使用 Azure 的数据服务。

（3）Allscripts 是一家领先的医疗保健软件制造商，Allscripts 通过使用 Microsoft SQL Azure，在短短的三周内转移了数十个在 1000 台虚拟机上运行的应用程序，SQL Azure 还帮助公司开发了软件。

四、腾讯的云数据库（TencentDB）产品

（一）云原生数据库 TDSQL-C

1. 产生

云原生数据库 TDSQL-C 是腾讯云自研的新一代高性能、高可用的企业级分布式云数据

库，融合了传统数据库、云计算与新硬件技术的优势，100% 兼容 MySQL 和 PostgreSQL，实现超百万级 QPS（Queries Per Second）的高吞吐、128TB 海量分布式智能存储，保障数据安全可靠。

2．功能

（1）私有网络。私有网络（VPC）允许用户在云中预配置独立的网络空间，在自己定义的虚拟网络中启动云资源。

（2）多重安全防护。云数据库默认为每个数据库提供多重安全防护，在提供了外网访问功能的数据库实例遭到攻击时，TDSQL-C 帮助用户抵御各种攻击流量，保证业务正常运行。

（3）细粒度的秒级监控。十五项数据库核心性能指标支持秒级的实时监控，用户可及时掌握实例运行状况，快速定位实例性能问题。

3．特征

（1）全面兼容。100% 兼容开源数据库引擎 MySQL 5.7 和 PostgreSQL 10。几乎无须改动代码，即可完成现有数据库的查询、应用和工具平滑迁移。

（2）超高性能。单节点百万 QPS 的超高性能，可以满足高并发、高性能的场景，保证关键业务的连续性，并可进一步提供读写分离以及读写扩展性。

（3）海量存储。最高 128TB 的海量存储，无服务器架构，自动扩缩容，自动故障检测修复，并按实际使用量计费，轻松应对业务数据量动态变化和持续增长。

（4）弹性扩展。计算节点可根据业务需要快速添加只读节点，一个集群支持秒级添加删除 1～15 个只读节点，快速应对业务峰值和变化场景。

4．运用环境

（1）高性能、高可用企业应用。商用数据库级别的高性能、1/15 的成本使得 TDSQL-C 成为企业 Mission Critical（关键业务）的最佳选择。

（2）互联网和游戏业务。敏捷灵活的弹性扩展，无须预先购买存储，可根据需要弹性升降级，分钟级快速扩容，128TB 海量存储按存储量计费，轻松应对业务峰值，秒级的快照备份和快速回档能力：这使得 TDSQL-C 成为互联网和游戏业务的最佳选择。

（二）TDSQL MySQL 版

1．产生

TDSQL MySQL 版（TDSQL for MySQL）是腾讯打造的一款分布式数据库产品，具备强一致、高可用、全球部署架构、分布式水平扩展、高性能、企业级安全等特性，同时提供智能数据库管理员（Intelligent Database Administrator，IDA）、自动化运营、监控告警等配套设施，为用户提供完整的分布式数据库解决方案。

2．功能

（1）高可用。分布式系统架构本身就具有极高的可用性，即单一节点故障并不影响集群整体可用性。而 TDSQL MySQL 版在分布式架构的基础上，对每个分片都配置主从冗余，确保业务持续高可用

（2）企业级安全。针对诸如 SQL 注入、非法提权、系统表覆盖攻击、插件引入等安全隐

患，TDSQL MySQL 版做了大量的安全优化，并在数据库集群内部提供内置数据库防火墙，从运维和使用角度都能帮助用户的业务提高安全标准。

（3）可扩展性高。TDSQL MySQL 版弹性扩展，目前单一分片最大可支持 6TB 存储，如果性能或容量不足以支撑业务发展时，在控制台点击，即可自动升级完成。

3．特征

（1）高度兼容 MySQL 语法。TDSQL MySQL 版兼容大多数常用的 MySQL 语法，包括 MySQL 的语言结构、字符集和时区、数据类型、常用函数、预处理协议、排序、索引、分区、事务、控制指令等常用的 DDL、DML、DCL 和数据库访问接口。

（2）强同步复制。TDSQL MySQL 版默认采用主从架构，可确保99.95%以上的可用性，系统支持强同步复制以提供数据强一致。业务系统写入数据后，只有当数据库从机同步后才给予应用事务应答，确保主从数据完全一致，不会因故障导致数据丢失。

（3）超高性能。TDSQL MySQL 版深度定制开发 MySQL 内核，性能远超基于开源的 MySQL，支持三种方案的读写分离，有效提供读扩展的同时提供开发灵活性。

4．运用环境

（1）金融类业务。随着手机银行、网上理财、区块链等具有互联网特色的金融业务兴起，单笔交易金额变小，交易次数变多，传统架构逐渐不足以支撑业务发展，网络安全风险逐渐增加。TDSQL MySQL 版不仅在性能上容易扩展，强同步能力也确保数据不错不丢，是中国第一个将分布式事务应用于金融系统的产品。

（2）IoT 类业务。在工业监控和远程控制、智慧城市的延展、智能家居、车联网等物联网场景下，传感监控设备多，采样率高，数据存储要求高，数据规模存储问题凸显。TDSQL MySQL 版容量的线性扩展不仅可有效解决容量问题，其支持 MySQL 协议和 JSON 的特征也能让开发者用自己熟悉的协议开发系统。

（3）电子商务类业务。几乎所有大型电子商务平台都是基于分布式数据库，其中性能是最重要的考虑，当大流量推广的时候，只有分布式架构的数据库可免受物理硬件性能限制，性能线性扩展。TDSQL 超高性能可应对普通数据库性能和扩展问题。

（三）腾讯云数据库 Tendis

1．产生

云数据库 Tendis 是腾讯云自研、100% 兼容 Redis 协议的数据库产品，作为一个高可用、高性能的分布式键值对存储数据库，从访问时延、持久化需求、整体成本等不同维度的考量，完美地平衡了性能和成本之间的冲突，降低了业务运营成本，提升了研发效率。

2．功能

（1）高可用。云数据库 Tendis 主从版高度兼容开源 Redis 协议，采用主从热备的架构，当主机出现故障时，会自动检测到故障，服务切换到备机，无须担心数据丢失和服务中断。

（2）可靠性高。云数据库 Tendis 提供数据回档功能，用户只需在 Web 控制台选择需要恢复的数据实例，进行回档就可以恢复实例数据，解决数据恢复问题，无须担心数据丢失。

（3）易用性。当存储容量不足时，用户只需要通过云数据库的 Web 管理中心，通过点击操作实现一键扩容，扩容过程自动进行无须人工参与，扩容后的实例将继承原有实例的 IP 和全部配置。

3. 特征

（1）托管部署。只需在管理控制台中单击几下，即可在几分钟内启动并连接到一个可以立即投入生产的云数据库 Tendis 服务，不需要用户自己去安装、部署、运维，减少用户的人力开销。

（2）大容量。和 Redis 受限于内存容量不一样，云数据库 Tendis 将数据存储在云硬盘，标准架构提供最大 32TB 的容量，集群架构容量可以水平扩展，理论上无容量限制。

（3）弹性伸缩。云数据库 Tendis 是存储和计算分离的架构，提供计算能力和存储容量的动态调整功能，并且提供集群机构，支持水平和垂直扩展，保障可以支持业务的全生命周期，降低业务运营成本。

4. 运用环境

（1）游戏场景。游戏类业务的数据库通常存储了大量的玩家数据，通过使用超大存储容量的云数据库 Tendis，在线活跃的玩家数据将持续缓存到内存，一段时间未登录的玩家数据将被从内存驱逐，玩家上线后数据自动缓存，成本大大降低。同时业务仅仅需要访问 Redis，无须在业务中处理缓存和存储交换的逻辑，版本迭代效率大大提升。

（2）直播场景。视频直播类业务数据的存储往往呈现非常明显的冷热分布，热门直播间的访问比例占到了绝大多数。使用云数据库 Tendis，内存中保留热门直播间的数据，不活跃的直播间数据被自动存储到磁盘上，100 万 QPS 并发写入，可以达到用户体验与业务成本兼顾的目的。

（3）电商场景。电商类应用往往拥有海量的商品数据，使用云数据库 Tendis 可以轻松突破内存容量限制，并且大大降低业务成本。在正常业务请求中，活跃的商品数据会从内存中读取，而不活跃的商品数据将从磁盘读取，可以免受内存不够的困扰。

（四）游戏数据库 TcaplusDB

1. 产生

游戏数据库（TencentDB for TcaplusDB，TcaplusDB）是专为游戏设计的分布式 NoSQL 数据存储服务。结合内存和 SSD 高速磁盘，针对游戏业务的开发、运营需求，TcaplusDB 支持全区全服、分区分服的业务模式，为游戏业务爆发增长提供不停服扩缩容、自动合服等功能。同时，TcaplusDB 提供完善的高可用、容灾、备份、回档功能以实现 7×24h 的可靠数据存储服务。目前，TcaplusDB 广泛应用于《王者荣耀》《刺激战场》《穿越火线》《火影忍者》等数百款流行游戏。

2. 功能

（1）弹性扩缩容。TcaplusDB 存储空间无上限，单表最大支持 50TB，无须考虑存储空间扩容问题，不停服扩缩容，支持全区全服、分区分服。

（2）备份容灾。TcaplusDB 支持备份容灾：过载保护；双机热备；每日冷备容灾机制，数据保留达 30 天，二进制日志（Binlog）流水保留 15 天。

（3）支持 PB 协议。TcaplusDB 结合 Protobuf 提供灵活的数据访问，支持指定字段的访问与抽取，大大节省带宽。

3．特征

（1）高性能。内存和硬盘热冷数据 LRU 交换、数据落地 SSD、数据多机分布等保障性能最大化，单机 QPS 达 10 万/s，时延小于 10ms。

（2）低成本。提供进程内数据在内存和磁盘的切换能力，活跃数据存在内存，非活跃数据存在磁盘，比全内存型存储节省约 70% 的成本，比 Redis + MySQL 节省约 40%。

（3）易于使用。支持 API 调用，常用操作（如加表、改表、删表、数据清理等）Web化，扩容、缩容、备份等运维操作系统自动化。

4．运用环境

（1）移动游戏。移动游戏具有时间碎片化、玩家间交互较多、数据量大的特点，普遍采用全区全服和分区分服的模式。TcaplusDB 专为游戏设计，采用分布式架构、冷热数据交换、自动区服合并等技术手段满足游戏业务高吞吐、低时延、全区全服、分区分服等需求，并且支持在不停服情况下无损扩缩容和过载保护等特性能满足游戏活动运营、突发应对等需求。

（2）客户端游戏。客户端游戏具有玩家在线时间长、数据量大的特点，大部分采用全区全服的模式。TcaplusDB 采用数据压缩、淘汰、部分字段操作、记录自动分包等特点满足客户端游戏大记录、吞吐大的特点。分布式架构、冷热数据交换等技术满足低时延高吞吐的需求。

（3）网页游戏。网页游戏中，客户端依赖浏览器，缓存能力较弱，依赖存储层提供的缓存功能。要求提供 7×24h 不停服存储服务。一般采用全区全服的模式，请求吞吐量较大，并发较高。TcaplusDB 采用对等接入层、快速扩缩容等技术满足大并发、高吞吐的需求，同时采用 Cache 结合高速硬盘为业务提供高性能低时延的缓存功能。

（4）社交应用。社交应用的特点是用户可以自由创建数据，评论和消息功能使用频繁，数据活跃度按时间分布，读多写少。对数据存储服务还有吞吐量大，并发高的需求。TcaplusDB 采用列表存储、支持各种异构数据类型满足社交应用多样化的数据类型，冷热数据交换、读写分离等技术支持社交应用低时延、大吞吐、高并发的需求。

五、阿里的云数据库产品

（一）云原生关系数据库 PolarDB

1．产生

云原生关系数据库 PolarDB 是阿里自主研发的下一代云原生关系数据库，100% 兼容MySQL、PostgreSQL，高度兼容 Oracle 语法。计算能力最高可扩展至 1000 核以上，存储容量最高可达 100TB。经过"双 11"活动的最佳实践，让用户既享受到开源的灵活性与价格的优惠，又享受到商业数据库的高性能和安全性。

2. 功能

（1）丰富的产品系列，全面覆盖多种场景需求。PolarDB 集群版适合在生产环境中使用，历史库适用对计算诉求不高、需存储归档数据场景，单节点版适用学习、测试及初创公司场景。

（2）多项企业级能力，涵盖各类业务需求。PolarDB 集群具有分钟级扩展读写能力，自动备份，一键恢复，支持全球数据库、并行查询、快速 DDL 等。

（3）丰富的运维功能，大幅降低运维成本。阿里云数据库专家多年数据库运维经验产品化，能有效保障数据库服务的稳定、安全及高效。

3. 特征

（1）高度兼容。100% 兼容开源 MySQL、RDS MySQL 和 PostgreSQL，无须修改代码即可使用，提供从 RDS MySQL 高可用版到 PolarDB 的一键迁移功能，链接地址保留不变。高度兼容 Oracle 语法，ADAM 工具全周期协助用户进行 Oracle 迁移，将 Oracle 的迁移成本和周期缩减到原来的 1/10 甚至更低。

（2）海量存储。PolarDB 支持最大容量 100TB，最多可横向扩展 16 个节点，每个节点最高 88 vCPU，无服务器（Serverless）分布式存储空间根据数据量自动伸缩，仅需为实际使用的容量付费。

（3）弹性应对负载。PolarDB 采用计算 & 存储分离架构，大幅提升了资源利用率与性能。高并发场景下相比传统 MySQL 性能最高提升 6 倍，单节点最高 100 万 QPS，增加计算节点只需 5min，快速弹性应对突发业务负载的场景。

（4）安全。PolarDB 采用"一主多从"架构，同一实例的所有读写和只读节点都访问同一个数据副本。对于集群版单机故障，可实现主备切换零数据丢失，几分钟内即可扩展只读副本，备份和恢复数据。

4. 运用环境

（1）教育/直播：业务高弹性。教育、直播场景下业务有明显的峰值峰谷特征，学生课外时间、"双 11"等大促活动时的业务量是日常情况的数倍，业务系统需要在大促前后进行升降配。PolarDB 支持分钟级弹性升配能力，解决了传统数据库的升配时间会随着存储量的大小、宿主机资源的情况而不断上升的问题。

（2）游戏/电商：全球部署高并发。游戏场景下需经常进行开服合服操作，业务峰值时可能需要支撑百万级玩家同时在线的高并发压力，还可能为了确保业务的增长进行海外部署。PolarDB 提供低延迟、高稳定、高性能的云服务，满足游戏业务需求。

（3）金融/保险：高可用和强读写一致。金融场景下对业务要求高可用和强一致性，PolarDB 采用存储和计算分离的架构，支持秒级的故障恢复、全局数据一致性和数据备份容灾等功能，充分满足金融级可靠性要求。

（二）阿里云数据库 OceanBase

1. 产生

阿里云数据库 OceanBase 是阿里和蚂蚁金服（现蚂蚁集团）100% 自主研发的金融级分

布式关系数据库，实现了金融级高可用；在金融行业创造了"三地五中心"城市级故障自动无损容灾新标准，创造了 6100 万次/s 处理峰值的业内纪录；支持在线水平扩展，在功能、稳定性、可扩展性等方面都经历了严格的检验。

2. 功能

（1）多种部署架构，满足多类可用性要求。OceanBase 支持多 Region 部署、多可用地区部署，发生故障时，用户可以指定的优先级，自动切换到一个健康的可用区，根据自己的需求自由选择。

（2）多种租户模式，最小成本满足多种业务需求。不同于其他云数据库产品，用户可在一个集群中灵活选择多种引擎兼容模式。OceanBase 支持 Oracle 的常用语法以及存储过程等，基于 Oracle 开发的应用系统无缝或少量修改即可迁移，OceanBase 也兼容 MySQL 5.6 语法以及客户端。

（3）多项金融级功能。OceanBase 提供回收站、闪回查询等功能保证业务的可用性以及容错能力。对于 DML 相关误操作，提供强大的闪回查询能力，快速查询过去数据值或将表或者某行数据恢复到过去某个时间点。对于 DDL 相关误操作，OceanBase 具备回收站功能从而能帮助用户快速恢复表数据。

3. 特征

（1）高可用。OceanBase 数据库采用基于无共享（Shared-nothing）的多副本架构，让整个系统没有单点故障，保证系统的持续可用。

（2）高兼容性。OceanBase 数据库针对 Oracle、MySQL 这两种应用最为广泛的数据库生态都给予了很好的支持，支持公共云、专有云、混合云等多种部署。

（3）高弹性。基于原生的分布式能力，OceanBase 能够在上层应用无感知情况下，实现计算能力和存储空间的弹性水平扩缩容，业务无须改动代码即可实现扩容。

（4）自主知识产权。OceanBase 由蚂蚁集团自主研发，不基于开源数据库研发，能够做到完全自主创新，不存在基于开源产品的技术限制问题。

4. 运用环境

（1）平滑迁移解决方案。OceanBase 迁移服务是 OceanBase 为用户提供的全流程数据迁移解决方案，全面帮助企业的应用和数据迁移到 OceanBase 上，让更多企业享受分布式数据库的技术。

（2）高可用及容灾方案。OceanBase 的高可用及容灾方案，可根据使用场景以及对可用区和区域容灾的需求灵活定制，在普通硬件上实现金融级高可用。

（3）水平扩展方案。OceanBase 作为一款原生的分布式关系数据库，通过扩容节点就能够获得计算以及存储的水平扩展。一般在分布式系统或者分库分表架构中，由于架构的复杂度通常放弃了全局索引、全局一致性等，用户需要付出额外的成本来关注这些问题，为了更好地解决这些问题，OceanBase 通过持续可用的全局时间，在全局范围内实现了"快照隔离级别"和"多版本并发控制"的能力，并在此基础上实现了全局索引，用户可以像使用单机关系数据库一样来使用 OceanBase。

第五节　大数据的 SQL 查询引擎

一、SQL 查询简介

（一）定义

SQL 的全称是结构化查询语言（Structured Query Language），是一种特殊目的的编程语言和数据库查询与程序设计语言，用于存取数据以及查询、更新和管理关系数据库系统。SQL 最早是 IBM 的圣约瑟研究实验室为其关系数据库管理系统开发的一种查询语言，它的前身是 SQUARE 语言。SQL 语言结构简洁，功能强大，简单易学，所以自从 IBM 1981 年推出以来便得到了广泛的应用。

（二）特征

1. SQL 风格统一

SQL 可以独立完成数据库生命周期中的全部活动，包括定义关系模式、录入数据、建立数据库、查询、更新、维护、数据库重构、数据库安全性控制等一系列操作，这就为数据库应用系统开发提供了良好的环境。在数据库投入运行后，还可根据需要随时逐步修改模式，且不影响数据库的运行，从而使系统具有良好的可扩充性。

2. 高度非过程化

非关系数据模型的数据操纵语言是面向过程的语言，用其完成用户请求时，必须指定存取路径。而用 SQL 进行数据操作，用户只需提出"做什么"，而不必指明"怎么做"，因此用户无须了解存取路径，存取路径的选择以及 SQL 语句的操作过程由系统自动完成。这不但大大减轻了用户负担，而且有利于提高数据独立性。

3. 面向集合的操作方式

SQL 采用面向集合的操作方式，不仅查找结果可以是元组的集合，而且一次插入、删除、更新操作的对象也可以是元组的集合。

4. 以同一种语法结构提供两种使用方式

SQL 既是自含式语言，又是嵌入式语言。作为自含式语言，它能够独立地用于联机交互，用户可以在终端键盘上直接输入 SQL 命令对数据库进行操作。作为嵌入式语言，SQL 语句能够嵌入高级语言程序，供程序员设计程序时使用。

5. 语言简洁，易学易用

SQL 功能极强，但由于设计巧妙，语言十分简洁，完成数据定义、数据操纵、数据控制的核心功能只用了九个动词，且 SQL 语言语法简单，容易学习，也容易使用。

（三）功能

（1）SQL 数据定义功能：能够定义数据库的三级模式结构，即外模式、全局模式和内模式结构。在 SQL 中，外模式又叫作视图，全局模式简称模式，内模式由系统根据数据库模式自动实现，一般无须用户过问。

（2）SQL 数据操纵功能：包括对基本表和视图的数据插入、删除和修改，特别是具有很强的数据查询功能。

（3）SQL 的数据控制功能：主要是对用户的访问权限加以控制，以保证系统的安全性。

（四）适用场景

大数据蕴含丰富的信息，大数据查询在商业智能、公共服务、金融、生物医疗等领域拥有巨大的应用潜力和商机。而传统数据查询存储结构化，是基于单机进行存储和计算的。鉴于大数据 5V 特征，尤其是在处理速度方面的要求，传统数据的查询引擎、计算能力等均无法满足大数据处理需求，大数据查询技术应运而生，并在应用需求驱动下得到快速的发展。因此，SQL 查询在大数据环境下仍然存在一定的必要性，而大数据的 SQL 访问层和查询引擎就是实现 SQL 查询与非关系数据库关联的一种重要手段。

大数据 SQL 查询引擎用来处理大规模数据，一般运行在其他分布式处理系统的上层，它提供类 SQL 的查询语言，通过解析器将查询语言转化为分布式处理作业，并调用分布式处理系统进行运算。如今无论 Oracle、Sybase、Informix、SQL server 这些大型的数据库管理系统，还是像 Visual FoxPro、PowerBuilder 这些微机上常用的数据库开发系统，都支持 SQL 语言作为查询语言。

二、Phoenix

（一）产生

Phoenix 最早是 Salesforce 的一个开源项目，是由 Salesforce 的 James Taylor 领导开发的 HBase 插件，致力于"put the SQL back in NoSQL"（将 SQL 放回 NoSQL 中），提升 HBase 的使用体验，同时赋予 HBase 联机事务处理（Online Transaction Processing，OLTP）和轻量级联机分析处理（On-line Analytical Processing，OLAP）的能力，后来成为 Apache 软件基金会的顶级项目。

（二）定义

Phoenix 是构建在 HBase 上的一个 SQL 层，能让用户用标准的 JDBC（Java Data Base Connectivity，Java 数据库连接），而不是 HBase 客户端 API 来创建表、插入数据和对 HBase 数据进行查询。

（三）特征

（1）Phoenix 是嵌入式的 JDBC 驱动，实现了大部分的 java. sql 接口，包括元数据 API。

（2）Phoenix 可以通过多部行键或键/值单元对列进行建模。

（3）Phoenix 具有完善的查询支持，可以使用多个谓词以及优化的扫描键。

（4）Phoenix 具有版本化的模式仓库，当写入数据时，快照查询会使用恰当的模式。

（四）功能与适用情形

Phoenix 具有丰富的语法，Phoenix SQL 语法遵循 ANSI SQL 标准，具备丰富的语法特性，基于 Phoenix SQL，可以轻松地表达复杂查询。Phoenix 具有便捷的操作，Phoenix 也提供了类似 MySQL 的命令行和 Squirrel 图形界面工具，方便日常的调试和运维管理，让熟悉 SQL 数据库的用户使用起来也毫无违和感。

Phoenix 由于存储成本低廉和不是很高的查询延迟，适合存储历史订单类数据，甚至也能帮助运营人员做小范围的聚合分析。Phoenix 是 HBase 上最快的实时 SQL 引擎，Phoenix 在阿里云上被广泛使用，据统计，阿里云上的标准版 HBase 用户一半以上都开通了 Phoenix SQL 服务。

三、Apache Drill

（一）产生

Apache Drill 实现了 Google's Dremel。Dremel 是 Google 的"交互式"数据分析系统，可以组建成规模上千的集群，处理 PB 级别的数据。MapReduce 处理一个数据，需要分钟级的时间。作为 MapReduce 的发起人，Google 开发了 Dremel 将处理时间缩短到秒级，而 Dremel 对应的开源版本就是 Apache Drill。

（二）定义

Apache Drill 是一个低延迟的分布式海量数据（涵盖结构化、半结构化以及嵌套数据）交互式查询引擎，使用 ANSI SQL 兼容语法，支持本地文件、HDFS、Hive、HBase、MongoDB 等后端存储，支持 Parquet、JSON、CSV、TSV、PSV 等数据格式。

（三）特征

（1）敏捷性。能获得更快的洞察力又省去烦琐的前置处理，如 Schema 创建和维护、数据加载、转换等 ETL 操作。

（2）灵活性。直接分析 NoSQL 中的复杂结构和嵌套数据，无须转换和要求数据格式。

（3）易用性。充分利用已具备的 SQL 技术和 BI 工具，包括 Tableau、MicroStrategy、Spotfire、Excel 等。

（四）功能与适用情形

Apache Drill 支持多种类型的 NoSQL 数据库和文件系统，包含 HBase、MongoDB、Cassandra、Kafka、HDFS、Amazon S3、Azure Blob Storage、Google Cloud Storage、Swift、NAS 和本地文件。传统的查询引擎需要大量的 IT 交互才允许查询数据。Apache Drill 直接省去了这些冗余，可以快速原地查询这些原始数据。

Apache Drill 并不是世界上第一款查询引擎，却是第一个兼顾数据复杂性和查询速度的大规模并行处理（MPP）引擎。Apache Drill 支持在 Mac、Windows 和 Linux 上快速完成安装，适用于大规模数据集，也可以部署到商用服务器上，充分利用高性能引擎。

四、Presto

（一）产生

Presto 最初作为 Facebook 的项目启动，针对 300PB 的数据仓库运行交互式分析查询，使用大型基于 Hadoop/HDFS 的集群构建。2012 年，Facebook 数据基础设施组构建了 Presto，这种交互式查询系统能够以 PB 级规模快速运行。它于 2013 年春季在全公司范围内推广，2013 年 11 月，Facebook 将 Presto 作为 Apache 软件许可证下的开源软件，任何人都可以从 Github 上下载。今天，Presto 已成为在 Hadoop 上进行交互式查询的流行选择。

（二）定义

Presto 是一个开源的分布式 SQL 查询引擎，用于对从 GB 到 PB 的各种大小的数据源运行交互式分析查询。Presto 是专为交互式分析而设计和编写的，其速度接近商业数据仓库的速度，同时可扩展到 Facebook 等的规模。

（三）特征

（1）Presto 基于内存运算，减少了磁盘 I/O，计算更快。

（2）Presto 能够连接多个数据源，跨数据源连表查询，如从 Hive 查询大量网站访问记录，然后从 MySQL 中匹配出设备信息。

（3）Presto 支持多数据源。

（4）Presto 部署比 Hive 简单，因为 Hive 是基于 HDFS 的，需要先部署 HDFS。

（四）功能与适用情形

Presto 是理想的云端工作负载，因为在云中能够实现可扩展性、可靠性、可用性以及大型规模经济等功能。只需几分钟即可启动 Presto 集群，用户不必担心节点预置、集群设置、Presto 配置或集群优化。

Presto 以非常大的规模应用于 Facebook、Airbnb、Netflix、Atlassian、Nasdaq 等。Facebook 的 Presto 实施的使用者超过 1000 名员工，他们每天运行超过 30000 次查询，处理的数据达到 1PB。Netflix 平均每天在其 Presto 集群中运行约 3500 条查询。Airbnb 构建了 Airpal 并开放其源代码，这种基于 Web 的查询执行工具可在 Presto 中使用，在其论坛以及 Facebook 的 Presto 页面上还有更大的 Presto 社区。

五、Cloudera Impala

（一）产生

Cloudera Impala 的设计思想起源于 Google 在 2011 年发表的 Dremel，将 MPP 数据仓库的 Shared-nothing 思想与 Hadoop 的高可扩展性、高可靠性融合在了一起。2012 年 10 月，在纽约召开的大数据技术会议 Strata Conference Hadoop World 发布了实时查询开源项目 Impala 1.0 beta 版，称比原来基于 MapReduce 的 Hive SQL 查询速度提升 3～90 倍，而且更加灵活易用。Cloudera Impala 不再使用缓慢的 Hive + MapReduce 批处理，而是通过与商用并行关系数据库中类似的分布式查询引擎，直接从 HDFS 或者 HBase 中用 SELECT、JOIN 和统计函数查询数据，从而大大降低了延迟。

（二）定义

Cloudera Impala 是由 Cloudera 开发并开源的一款基于 HDFS/HBase 的 MPP SQL 引擎，它拥有和 Hadoop 一样的可扩展性，它提供了类 SQL 语法，在多用户场景下也能拥有较高的响应速度和吞吐量。

（三）特征

（1）查询速度快。Cloudera Impala 不同于 Hive，Hive 底层执行使用的是 MapReduce 引擎，仍然是一个批处理过程。而 Cloudera Impala 中间结果不写入磁盘，及时通过网络以流的形式传递，大大降低节点的 I/O 开销。

（2）灵活性高。可以直接查询存储在 HDFS 上的原生数据，也可以查询经过优化设计而存储的数据，只需要数据的格式能够兼容 MapReduce、Hive、Pig 等。

（3）易整合。很容易和 Hadoop 系统整合，并使用 Hadoop 生态系统的资源和优势，不需要将数据迁移到特定的存储系统就能满足查询分析的要求。

（4）可伸缩性。可以很好地与一些 BI 应用系统协同工作，如 Tableau、MicroStrategy、QlikView 等。

（四）功能与适用情形

Cloudera Impala 能对存储在 Apache Hadoop HDFS、HBase 的数据提供直接查询互动的 SQL。除了像 Hive 使用相同的统一存储平台，Cloudera Impala 也使用相同的元数据、SQL 语法、ODBC 驱动程序和用户界面。Cloudera Impala 提供针对 Hadoop 文件格式的高性能、低延迟 SQL 查询，快速的查询响应可以让我们能够对分析查询进行交互探索和微调，而传统的长时间批处理工作无法与之相比。

在实时性要求不高的应用场景中，比如，月度、季度、年度报表的生成，可以使用基于传统的 Hadoop MapReduce 处理海量大数据。但是在一些实时性要求很高的场景中，一方面满足实时性要求，另一方面提升用户体验，Cloudera Impala 因其快速的响应能力当之无愧地成为首选查询分析工具。

案例分享　大数据在海尔智能空调的应用

《2016 年度中国智能空调市场白皮书》显示，在龙头企业海尔的带动下，2016 年国内智能空调业在制造、渠道、服务、资源、新技术应用水平等方面得到提升，特别是云和大数据技术的应用与资源共享，为同关联行业开展资源共享、服务创新打下了坚实的基础。

在研发端，海尔空调用大数据实现了从研究"机器"到研究"人"的跨越，举例来说，通过联合研发智能仿生人技术，可模拟人体 30 个身体部位、20 种新陈代谢模式、162 个神经元传感器以及 17 种温冷环境。海尔将人体对空调吹风的舒适度量化，建立全球首例人体空气舒适性模型。同时依托仿生人研发出的自然风、自清洁、离子送风等原创技术和产品，满足用户健康舒适的个性化需求。

在制造端，海尔空调以用户数据为助力，实现了从"大规模生产"到"大规模定制"的转变。例如，海尔空调应用大数据分析发现，用户群普遍存在空调清洁上的痛点，对此，海尔空调发明会自己洗澡的空调——海尔自清洁空调，上市当年销量突破 100 万台。

在产品端，海尔空调基于大数据实现了从"电器"到"智能网器"的升级。2016 年，海尔大数据平台以海量数据为基础建立地域化差异化的舒适节能模型，并学习用户使用习惯，建立个性化的舒适节能模型，实现千人千面的个性化节能。2016 年 9 月，海尔空调在广东试点智慧节能，短短 18 天内，广东累计开启节能功能的海尔智能空调占运行总数的近四成，首批上线的市民家庭日均节电累计达 136 度。

在服务端，海尔空调利用大数据实现从"派单"到"抢单"，开启了行业主动服务的新标准。在传统服务流程中，订单会先派到服务网点，然后由网点派给服务兵，而在大数据支持体系下，优秀的服务兵可以自由抢单，为用户带去更好的服务体验。

在生态端，海尔空调还将大数据跨界应用到供热、供电领域。在江苏，海尔与江苏电力展开电力削峰合作，将海尔空调云端数据与国家电网对接，调节居民侧的高峰用电负荷，降低电网峰谷差 18.47%，缓解电网运行压力。

海尔空调互联工厂是建立在大数据基础之上的实时分析系统，支撑了对智能化生产的运行，使得产量翻番的同时产品不合格率降低一半。全新自动化的生产制造场景和设备的记忆功能，可以使产能效率翻番。这是传统制造企业难以比肩的，体现出的是智能化生产对传统制造方式的颠覆。

（资料来源：http://b2b.haier.com/news/2573.html）

本章关键词

HDFS；HBase；NoSQL；云数据库；SQL 查询引擎

课后思考题

1. 在 Hadoop 体系架构中，试述 HBase 与其他组成部分的相互关系。
2. 请以实例说明 HBase 数据模型。
3. 试述 HBase 系统基本架构以及每个组成部分的作用。
4. 试述键值对数据库、列族数据库、文档数据库和图形数据库的适用场合和优缺点。
5. 请举例说明不同产品在设计时是如何运用 CAP 理论的。

大数据的采集与预处理

本章提要 以物联网、云计算、移动互联网、人工智能和大数据为代表的新一轮信息技术革命，正在深刻地影响和改变经济社会各领域。大数据时代，谁掌握了足够的数据，谁就有可能掌握未来。因此，数据的采集作为大数据价值挖掘中重要的一环，是大数据分析的基础。通过本章学习，理解掌握大数据的采集与预处理技术及相关知识，为大数据分析和大数据挖掘等知识的学习奠定良好的基础。

学习目标 1. 熟悉大数据采集技术。

2. 掌握大数据预处理方法。

重点：大数据采集技术。

难点：数据清洗、数据集成、数据变换、数据归约等大数据预处理方法。

导入案例

传统文化与大数据的碰撞，让传承更加科学

2020 年 9 月 5 日，中国科学院云计算中心优秀传统文化大数据联合实验室在中国科学院云计算中心正式授牌成立。经过了九个多月的努力，实验室取得了阶段性的实验成果，为大家展示如何利用大数据分析传统文化。

2021 年 5 月 19 日下午，中国科学院云计算中心优秀传统文化大数据联合实验室于广东东莞松山湖举办"优秀传统文化成果暨数据采集活动启动仪式"。期间，实验室的大数据文化交流中心、大数据采集中心先后揭牌。河南中三堂文化传播有限公司、深圳前海华创中心分别与实验室外联事务合作处签约，共同推进大数据文化交流中心的建设与发展。实验室向到会各界人士展示了如何利用科技助力文化传承、科学弘扬传统文化的部分研究成果。

据实验室主任蒋安祥介绍，实验室以当今诸多社会问题为重点研究课题，瞄准实际应用的科研方针，大力开展客观性、前瞻性、决策性、多领域融合的文化应用研究；系统研究与弘扬中国优秀传统文化，运用云计算大数据将大量经典作品以现代科技的手段上传到云端，通过立项深度研究传统文化在各领域的应用。

实验室现阶段进行了 33 个课题研究，主要分为 5 个研究方向，分别是：①研究传统文化的大数据文本——典籍、家传书籍等文本的数据智能化；②研究非物质文化遗产，建立相关大数据资料库；③研究优秀传统文化在家居生活中的应用，科学提高生活品质、促进和谐家庭；④研究声音、光线、色彩、气味、空气、温度、材

质、工艺、选址、方向、方位、造型对人居环境中人的情绪、健康等各方面的影响；⑤研究年龄、人员结构、职业、情感、健康状况等对生活及人居环境需求的影响。

本次发布会中，据实验室外联事务合作处主任刘俊峰介绍，实验室将会在全国各直辖市、省会及地级市成立约400家交流中心以及数千个采集中心。

其中，交流中心将协助、管理、协调采集中心，确保实验室各项研究成果有序输出给大众；同时整理、梳理各类采集中心采集的工作成果，将其有序地提交给实验室。实验研究成果将应用于现代社会各领域各行业的实践与发展，实际作用于现代文明、科学经济、社会建设，以文化软实力推动社会健康发展。

传统文化传承在历史发展的长河中受到碎片化信息的冲击，存在一些被歪解的现象。实验室依靠科学建模，运用大数据分析，科学地向大众解释优秀传统文化的魅力。未来可以在各个采集中心展示自己的"绝活"，为文化传承做一点贡献，同时也可以在交流中心学习各种被遗忘的中国优秀传统文化。

（资料来源：https://m.thepaper.cn/baijiahao_12753913）

思考：
1. 结合案例，谈谈大数据在推进文化传承中充当了什么角色？
2. 案例中数据采集于民间，谈谈科技如何助力文化传承？
3. 大数据在与传统文化的碰撞中，如何能让传承更加科学？

第一节 大数据的采集

一、大数据采集概述

（一）数据采集与大数据采集概念

数据是对客观事物的逻辑归纳，是用符号、字母等方式对客观事物进行的直观描述。数据采集，又称数据获取，是指从传感器和其他待测设备等模拟和数字被测单元中自动采集信息的过程。数据采集通常是利用一种装置，从系统外部采集数据并将其输入到系统内部的一个接口。数据采集技术广泛应用在各个领域。比如摄像头、麦克风都是数据采集工具。

采集一般以采样为主要方式，即隔一定时间（称采样周期）对同一点数据重复采集。采集的数据大多是瞬时值，也可以是某段时间内的一个特征值。准确的数据测量是数据采集的基础。数据测量方法有接触式和非接触式，检测元件多种多样。不论哪种方法和元件，均以不影响被测对象状态和测量环境为前提，以保证数据的正确性。

在互联网行业快速发展的背景下，数据采集已经被广泛应用于互联网及分布式领域，数据采集领域已经发生了重要的变化。基于PC的数据采集，通过模块化硬件、应用软件和计算机的结合进行测量。首先，分布式控制应用场合中的智能数据采集系统在国内外已经取得了长足的发展。其次，总线兼容型数据采集插件的数量不断增大，与个人计算机兼容的数据采集系统的数量也在增加。大数据采集需要增多。

大数据采集是指通过 RFID 技术、传感器网络、社交网络、移动互联网等渠道获取结构化、半结构化、非结构化的海量数据，采集后对这些数据进行处理，从中分析和挖掘出有价值的信息。采集过程是从传感器和智能设备、企业在线和离线系统、社交网络和互联网平台等获取大数据的过程。

采集大数据的数据源种类多，数据类型繁杂，信息量巨大，而且产生的速度快。在采集的过程中，需要在采集端部署大量数据库以应对并发数高这一挑战。

（二）大数据采集的特征

1. 数据来源广泛

大数据获取的来源广泛，科学研究、企业应用和 Web 应用等都在源源不断地产生新的数据。随着大数据时代的来临，生物大数据、交通大数据、医疗大数据、电信大数据、金融大数据等都呈现出"井喷式"增长。仅精准医疗大数据，就涉及生物、医药、保险、临床、公共卫生、环境等诸多领域，大数据的来源十分广泛。

2. 数据结构各异

大数据的数据结构类型多样，包括结构化、半结构化和非结构化数据。结构化数据又称行数据，是由二维表结构来逻辑表达和实现的数据，严格遵循数据格式与长度规范，主要通过关系数据库进行存储和管理。结构化数据主要包括关系数据库、面向对象数据库中的数据。非结构化数据是指数据结构不规则或不完整、没有预定义的数据模型、不方便用数据库二维逻辑表来表现的数据。其中包括所有格式的办公文档、文本、图片、各类报表、图像和音频/视频信息等。半结构化数据是介于结构化数据和非结构化数据之间的数据，具有结构不规则、结构形式模糊、结构不完全、自描述的特点。常见的半结构化数据有 XML、SGML 文件。

3. 数据量巨大

大数据的起始计量单位至少是 PB（Petabyte）、EB（Exabyte）或 ZB（Zettabyte）。三者之间的关系是：$1PB = 2^{10}TB$（Terabyte）$= 2^{20}GB$，$1EB = 2^{10}PB$，$1ZB = 2^{10}EB$。大数据的数据量巨大，在采集大数据过程中对采集工具及其支撑设备的配置和性能要求较高。据统计：互联网上一天时间产生的全部内容可以刻满 1.68 亿张 DVD；发出的邮件有 2940 亿封，相当于美国两年的纸质信件数量；发出的社区帖子达 200 万个，相当于《时代》杂志 770 年的文字量。

4. 数据产生速度快

大数据广泛的数据来源使得数据产生速度、更新速度非常快。金融、移动和互联网 B2C 等产品，往往要求在数秒内执行上亿行数据的分析。互联网企业的海量数据采集工具，均要满足每秒百 MB（兆字节）的日志数据采集和传输需求。大数据的产生过程需要通过高速计算机处理器和服务器创建实时数据流，这对采集设备的处理速度有着极高的要求。

5. 时效性

采集大数据具有很高的时效性要求。在不同时刻收集到的数据，其属性会有很大的差异，而这会进一步影响到大数据使用者的决策制定。据统计，在商业和医疗信息数据库中，约有2%的客户信息会在一个月内变得陈旧或失效。如果这些数据未获修复，在2年内就将有近50%的记录会因为过时而使其可用性受到影响。使用过时数据会导致严重后果：在制定经营决策时，企业往往会因为使用了陈旧的数据而做出错误的决策；在日常生活中，银行可能会因为使用过时数据将验证信息发送到持卡人以前的手机号码中，导致相关业务操作无法正常进行。有相当大一部分数据的不一致、不精确、不完整等都是因数据过时或失效引起的。时效性是及时利用大数据、实现大数据价值的关键，需要对采集到的大数据实时在线地快速处理，为进一步的数据预测、分析、决策制定打好基础。

6. 隐私性

大数据时代，网络技术不断更新和发展，数据资源也时刻面临着应对网络攻击、数据泄露等安全风险的挑战。2018年社交网站 Facebook 遭到黑客攻击，使得3000万用户受影响，其中1400万用户信息被泄露，包括姓名、联系方式（数百万的电话号码和邮箱地址）以及一些敏感信息（性别、关系状况、搜索记录和最近登录的位置）。大数据是国家重要的战略资源，数据一旦泄露无法追回，破坏性十分严重。在对大数据分析、归纳，并从中挖掘潜在价值加以利用的同时，也应在技术进步与隐私保护当中寻求平衡点，在大数据采集的过程中应重视对大数据的隐私保护。这要求在法律政策上，加强对数据保护的立法和管理；在技术上不断加强数据安全技术的研发；在管理上加强运营组织的监控力度，加强数据的可控性；在认识上要提高用户的隐私保护意识和数据安全的维权意识。

（三）大数据采集的过程

大数据采集的过程涉及数据抽取（Extract）、数据的清洗转换（Transform）和数据的装载（Load），简称为 ETL，图 5-1 是一个简单的 ETL 体系结构。

图 5-1　ETL 系统结构

数据抽取是指从数据源中抽取数据的过程，即用户通过搜索整个数据源，依据一定的标准筛选出合乎要求的数据，从数据源中抽取出所需的数据并把这些数据传送到目的文件中的过程。数据抽取可分为全量抽取和增量抽取，全量抽取是在设置好抽取字段和定义规则后，将数据源中的表或视图的数据原封不动地从数据库中抽取出来，并转换成特定的 ETL 工具可以识别的格式的一种抽取方式，适用于处理一些对用户非常重要的数据表；增量抽取是抽取自上次抽取以来数据库中要抽取的表中新增或修改的数据，增量抽取可以减少抽取过程中的数据量，提高抽取速度和效率，减少网络流量，现实中增量抽取较全量抽取应用更广。

数据清洗是指对于从数据原始格式中提取出的数据，针对其中不正确的数据进行过滤和剔除。数据清洗是对数据进行重新审查和校验的过程，目的在于删除重复信息、纠正存在的错误（详见本章第三节）。数据转换是指将数据进行转换或归并，通过转换从一种表现形式变为另一种表现形式，实现不同的源数据在语义上保持一致性。数据转换是将数据标准化处理的过程，目的在于针对不同的应用场景、对数据进行分析的工具或者系统不同，将数据转换成不同的数据格式。数据转换常见的内容包括：数据类型转换、数据语义转换、数据值域转换、数据粒度转换、表/数据拆分、行列转换、数据离散化等。

数据装载是指按照预先定义好的数据仓库模型，将数据装载到数据仓库中去。当目的库是关系数据库时，数据装载一般有两种方式：①SQL 装载，这种方法是直接通过 SQL 语句进行 insert（插入）、update（更新）、delete（删除）操作；②批量装载方式，如 bcp、bulk、关系数据库的批量装载工具等。数据装载采取的方法取决于所执行操作的类型以及数据装载的数量。

针对大数据的 ETL 工具有别于传统的 ETL 处理过程。在大数据环境下，传统的 ETL 工具无法适应巨大的数据体量及其增长速度，并且传统的 ETL 工具对于非结构化数据的处理支持不足。面向大数据的 ETL 系统，应满足：①系统在数据抽取和装载过程中对于非结构化数据的支持；②用户对于复杂数据的处理要求，系统能够支持用户通过组合转换规则进行数据的自定义转换处理；③系统能够支持不同的软件平台和硬件平台；④系统能够支持用户采取其所需要的时间频率执行数据处理过程；⑤系统能够提供相应的监控管理、权限管理功能以保证数据的安全。面向大数据的 ETL 系统，在处理大数据时，通常会采取分布式内存数据库、实时流处理系统等现代信息技术，如 Google 提出了分布式文件系统 Google File System、分布式计算框架 MapReduce 以及分布式数据库 BigTable。

二、大数据采集的数据来源

大数据采集的数据来源十分丰富，可以按照不同的分类方式划分。按照数据的产生主体，可分为企业产生的数据、人产生的数据和机器产生的数据。企业产生的数据包括企业内部关系数据库、数据仓库中的数据等。人产生的数据包括人们日常浏览网页信息、聊天、电子商务等活动产生的数据。机器产生的数据包括服务器产生的日志数据、视频监控数据。

按照来源的行业不同，可将数据分为：来源于互联网公司的数据，例如百度公司、阿里巴巴集团、腾讯公司等；来源于电信/金融/保险/电力/石化系统的数据；来源于公共安全/医疗/交通领域的数据；来源于气象/地理/政务等领域的数据和来源于制造业与其他产业的数据。

本书按照数据归属将大数据的来源分为组织内部数据和组织外部数据。组织内部数据进一步分为两类：来自组织自营系统或平台的数据；组织历史遗留数据。来自组织自营系统或平台的实时数据理论上能实现最大限度的共享，历史遗留数据多存放于数据库中或就是档案室里的纸质文档。组织外部数据包括：①来自其他组织主体运营平台的数据，即外部系统/平台数据；②互联网数据；③政府数据；④物联网数据。组织外部数据与组织内部数据最大的不同体现在数据归属上，来自其他组织主体运营平台的数据，其数据归属于外部组织。互联网数据通常以网页形式存放于互联网中，实际中存放在不同利益主体的服务器上。政府数据采集于各个政府部门拥有的出于监管需要而建立的系统或平台，一般存放于各个子系统服务器中，或发布在互联网中。物联网数据大多由具体利益主体运营。

（一）组织内部数据

对于组织而言，内部数据专指不同的利益主体出于自身职能定位和获益诉求而建的账本或 IT 系统，在完成部门既定角色目标任务过程中，有意或无意存储的各类数据。在互联网技术尚未在组织内部全面铺开时，各职能部门账本记录着组织各个方面的历史数据。在互联网技术不断发展并渗透到组织内各领域的背景下，各职能部门根据自身需求，构建不同目标应用的 IT 系统，比如 ERP、在线办公、在线交易等。各系统在有效完成各自部门的业务目标时，汇聚了海量相关数据，这些数据以本单位私有财产的形式存放在各自的服务器中。这些数据在辅助实现各个业务系统的价值目标方面具有重要的意义，同时也为各个利益主体商务智能的实现提供重要的数据基础保障。

组织内部各部门有意识地将各自的 IT 系统，从不同的层次和角度，改良嫁接到一个贯穿组织的局域网上，该局域网将成为一个组织内各部门信息沟通的工具、渠道或者平台。这个系统或平台上实时存储着组织各部门的数据，一段时间后也积累了一部分历史数据，内部数据包括企业内部的交易数据和企业同用户之间的交互数据。理论上组织内数据能实现最大限度的共享，助力更好的产品设计、制造和营销等。

采集内部数据的渠道是通过信息管理系统，即企业内部使用的信息系统，包括办公自动化等。信息管理系统主要通过用户数据和系统二次加工的方式产生数据，产生的大数据大多数为结构化数据，通常存储在数据库中。此渠道属于传统信息系统，是大数据采集的一种历史相对悠久的渠道，数据采集往往与业务流程关联紧密。虽然信息管理系统的数据占比较小，但其数据结构清晰、具有较高的可靠性且多为结构化数据，所以通过信息管理系统采集的数据往往是价值密度最高的。

（二）组织外部数据

1. 外部系统/平台数据

外部系统/平台数据又称为第三方数据，这类数据的内容与组织内部数据类似，只是数据所有权并不归属于组织。外部系统/平台数据通常是其他企业的内部交易数据和其他企业同该企业用户之间的交互数据。组织一般没有采集这类数据的权限，除非数据所有者同意开放采集权。

2. 互联网数据

互联网数据指的是在互联网空间交互过程中，包括如社交网站、社会媒体、搜索引擎等产生的大量数据，数据的生产者主要是在线用户。互联网数据涵盖了大量的价值化数据，包括线上行为数据与内容数据两大类。线上行为数据包括如用户的 IP 地址、浏览或操作过的网页等，主要以网站日志文件的形式存在，其中可能包含了大量的很有价值的业务和客户信息。内容数据则包括通信记录、各种音视频文件、图形图像、电子文档等，主要是网上实际呈现的数据。互联网系统产生的大数据多为半结构化或非结构化的数据，目前针对互联网系统的数据采集通常通过网络爬虫来实现，可以通过 Python 或者 Java 语言来完成爬虫的编写，以模拟人工进行数据的爬取过程。

由于互联网的开放、共享精神，普通人都可以通过浏览网页或者通过 App 等形式访问互联网数据。具体而言，互联网数据的分布情况大致如下：

（1）门户网站由于其媒体属性会发布新闻、评论和报道等，例如新浪财经、搜狐新闻，这类数据通常具有很强的实时性和专业性。

（2）政府官网上会出于信息公开目的公开一些数据，例如法院公告、工商缺陷产品召回信息、政府招标信息等。这类数据具有很高的权威度和可信度。

（3）社交网站上有很多普通用户发表的自媒体信息，这类数据具备媒体属性和社会属性。用户使用社交媒体会留下言论和浏览轨迹，这类数据通常具有一定的实时性和针对性。

（4）电商网站出于营销目的，允许用户自由采购产品、查询和发布产品评论及销售量信息，这类信息具备真实性和实时性。

（5）论坛多是网民发表意见舆情的开放渠道和平台，用户在发表个人意见时，个人的价值倾向、事件评估等信息会被网站记录下来，这类数据具有一定的实时性和针对性。

互联网数据还有很多其他类型，其中沉淀着大量反映用户偏好倾向、事件趋势等相关信息。"人、机、物"三元世界在网络空间中交互作用融合所产生并在互联网上可获得的大数据是网络大数据（Network Big Data）。网络大数据的数据量大，而且具备以下特性：①多源异构性：网络大数据多由不同的用户、不同的网站产生，数据呈现出不同的形式，如语音、视频、图片、文本等。②交互性：不同于测量和传感器获取的大规模科学数据（如气象数据、卫星遥感数据），微博、微信、Facebook、Twitter 等社交网络兴起导致大量网络数据具有很强的交互性。③时效性：在互联网和移动互联网平台上，每时每刻都有海量新数据发布，网络大数据内容不断变化，使得信息传播具有时序相关性。④社会性：网络用户不仅可以根据需要发布信息，而且可以根据自己的喜好回复或转发信息，网络大数据直接反映了社会状态。⑤突发性：有些信息在传播过程中会在短时间内引起大量新的网络数据产生，并使相关的网络用户形成群体，体现出网络大数据以及网络群体的突发特性。⑥高噪声：网络大数据来自于众多不同的用户，具有很高的噪声和不确定性。

3. 政府数据

政府各部门管理着社会各领域，比如公检法、财政部、发改委、工商、税务、海关、人社、医疗等，以上组织都会构建很多业务系统，所产生的数据多以特定的结构存储在相应的数据中心里，这类数据价值高，是政府宏观政策制定、国家安全防控、社会有效监管等的数据基石。政府数据可信度高、完整性好、实时性强、实体对象描述指向性明确且具体。因此，在进行大数据项目的建设过程中，通过各种渠道收集相关政府部门的数据，是一个必然趋势。2015 年 8 月 31 日，国务院发布的《国务院关于印发促进大数据发展行动纲要的通知》，为政府各大部门的数据开放和共享规定了时间表，这为采集政府数据带来了福音。

出于数据安全及涉密的考虑和制度的规定，政府数据往往具有很强的封闭性，其开放性较弱。这使得政府数据的获取成本偏高，包括商务成本、技术成本和制度规避的成本。根据不同的职能定位，不同政府部门运营和管理的数据通常仅与该部门独立职能相关，一定程度上每一个部门的政府数据都缺乏全局性，这意味着采集更为全面的政府数据代价极大。各级政府部门的信息基础设施建设不均衡，这使得相同类型的数据在不同级别的政府部门服务器上表现形式不完全一样，给大数据的采集与整合带来困难。

4. 物联网数据

物联网数据也是大数据的重要来源。从数据源角度看，物联网数据存放在各个利益主体的服务器上，采集物联网数据的前提是需要事先同当事利益主体进行商务洽谈与合作。

物联网系统是数据采集最为重要的渠道。随着物联网设备数量的日益增长，物联网的数据占据了整个大数据 90% 以上的份额，没有物联网就没有大数据。物联网系统是在计算机互联网的基础上，利用各种嵌入式传感设备，如射频识别、传感器、红外感应器、无线数据通信技术来获取相应数据。这部分数据可以是关于物理、化学、生物等性质和状态的基本测量值，也可以是关于行为和状态的音频、视频等多媒体数据。

物联网的数据大部分是非结构化数据和半结构化数据，采集的方式通常有两种，一种是报文，另一种是文件。在采集物联网数据的时候往往需要制定一个采集的策略，制定的重点有两方面：采集的频率（时间）、采集的维度（参数）。

案例分享　数据来源复杂化

大数据的数据源主要为网络日志、视频、图片、地理位置等各类网络信息，而这些数据的汇集是大数据实施的基础，所以大数据应用建设离不开网络信息数据采集这一核心环节。

不管是政府还是企业，浏览器里的搜索、点击、网上购物、其他数据（如气温、海水盐度、地震波）、新闻信息、网友留言、网友个人信息、产品信息、人事信息等都是大数据采集的重要目标，是政府企业战略决策的重要依据。

大数据的来源非常多，而且类型也丰富多样，存储和数据处理的需求量很大，展现大数据时很看重数据处理的高效性和可用性。

（资料来源：https://baijiahao.baidu.com/s? id=1642528726075636887&wfr=spider&for=pc）

三、数据质量评估

（一）数据质量的定义与影响因素

数据质量是指在特定业务环境下，数据符合数据使用者的使用目的、能满足业务场景具体需求的程度。数据质量的影响因素包括信息因素、技术因素、流程因素和管理因素。

1. 信息因素

信息因素是指由于对数据本身描述、理解及其度量标准的偏差而造成的数据质量问题。产生这部分数据质量问题的原因主要有元数据对数据的描述及理解错误、数据源规格不统一、数据度量和变化频率不当等。元数据又称中介数据，是关于数据的描述性信息，它能够反映数据集自身的特征规律，以便用户对数据集进行准确、高效与充分的开发与利用。元数据对数据的描述及理解错误相关内容主要包括：①业务元数据错误，主要对应业务描述、业务规则、业务术语、业务指标口径等方面；②技术元数据错误，主要对应接口规范、执行顺序、依赖关系、ETL、数据建模和工具等方面；③数据度量错误，主要对应其完整性、唯一性、一致性、准确性和合法性这五个标准；④变化频率错误，主要对应业务系统数据的变化周期和实体数据的刷新周期问题。

2. 技术因素

技术因素是指由于具体技术处理的异常造成的数据质量问题，它产生的直接原因是技术实现上的某种缺陷。这部分数据质量问题的产生环节主要包括数据创建、数据获取、数据传递、数据装载、数据使用、数据维护等方面。

数据创建质量问题主要包括业务系统数据入库延迟、创建数据默认值使用不当和数据录入的校验规则不当，导致指标统计结果不一致、数据无效、记录重复等。

数据获取质量问题主要包括采集点不正确、取数时点不正确以及接口数据在获取过程中失真。例如，编码转换处理错误以及精度不够，导致指标统计结果不一致、数据无效等。

数据传递质量问题主要包括接口数据及时率低，接口数据漏传，网络传输过程不可靠，比如包丢失、文件传输方式错误、传输技术问题、协议使用不当导致的数据不完整等。

数据装载质量问题主要包括数据清洗算法、数据转换算法、数据装载算法错误。

数据使用质量问题主要包括展示工具使用错误、展示方式不合理和展示周期不合理。

数据维护质量问题主要包括数据备份/恢复错误、数据的存储能力有限、维护过程缺乏验证机制和人为后台调整数据。

3. 流程因素

流程因素是指由于系统流程和操作流程设置不当造成的数据质量问题。这部分数据质量问题主要来源于主题分析数据的创建流程、传递流程、装载流程、使用流程、维护流程和稽核流程等各环节：①创建流程质量问题主要是指操作员数据录入时缺乏审核流程；②传递流程质量问题主要是指通信流程沟通不畅；③装载流程质量问题主要是指清洗流程缺乏/不当、调度流程逻辑错误、数据装载流程逻辑错误及数据转换流程逻辑错误；④使用流程质量问题主要是指数据使用流程缺乏流程管理；⑤维护流程质量问题主要是指缺乏变更维护流程、缺乏错误数据维护流程、缺乏数据测试流程以及对人工后台调整数据没有严格的流程监控；⑥稽核流程质量问题主要是指缺乏数据错误反馈流程。

4. 管理因素

管理因素是指由于人员素质及管理机制方面的原因造成的数据质量问题。例如，人员培训、人员管理及奖惩措施不当等管理缺失或者管理缺陷造成的数据质量问题。由于人员素质、人员管理所产生的质量问题主要包括：①针对数据质量问题，没有建立管理数据质量的专门机构、出现数据质量问题后无专人负责；②没有明确的数据质量目标；③企业缺少管理数据质量的管理办法、对数据质量相关人员缺少长期培训计划；④人员使用数据不规范导致业务数据重复、数据不一致等。

在数据质量问题的影响因素中，信息、技术和流程这三个方面的数据质量问题相对比较容易控制，可通过引入数据质量管理体系和数据质量管理系统得到改善。而管理因素所引起的数据质量问题，往往与企业对数据的理解和支持程度紧密相关，需要企业从数据规划、数据治理的组织与职责、数据规范的制度和流程等方面进行改善。

（二）数据质量评估的定义与标准

1. 数据质量评估的定义

数据质量评估是对数据质量进行评估的过程，依据一定的评估框架，按照确定的步骤和流程，从整体上考量某个或某些数据集对特定业务应用的满足程度，能很好满足业务应用的数据集的数据质量较好，反之则数据质量较差。

一般来说，以下几种情况下需要进行比较完整的数据质量分析：①当组织产生了全新的业务需求，需要对现有的数据集进行一次质量评估，以考察现有数据是否足以支持新的业务需求；②当数据的采集、清洗、转化、存储等任一个环节产生了重大的技术变更（比如重构、使用新的工具）的时候，需要对变更后产生的新的数据集进行质量评估；③当从新的数据来源获取了全新的数据，并预计将其应用在具体业务中的时候。

2. 数据质量评估的标准

数据作为组织最有价值的资产之一，需要保证对其进行合规的管理。其中，数据质量是保证数据应用的基础，只有做好数据质量的把控、统一数据标准，才能为提供高质量的大数据服务打好基础。数据质量评估标准有六大要点：准确性、完整性、一致性、及时性、可靠性和可解释性。

（1）准确性。准确性描述了一个值与它所描述的客观事物的真实值之间的接近程度，即数据中记录的信息和数据是否准确，数据记录的信息是否存在异常或错误。导致不准确的数据可能有多种原因：收集数据的设备可能出故障；人或计算机的错误可能在数据输入时出现；当用户不希望提交个人信息时，可能故意向强制输入字段输入不正确的值（例如，为生日选择默认值"1月1日"）。这称为被掩盖的缺失数据。错误也可能在数据传输中出现。这些可能是由于技术的限制，如用于数据转移和消耗同步缓冲区大小的限制。不正确的数据也可能是由命名约定或所用的数据代码不一致，或输入字段（如日期）的格式不一致而导致的。重复元组也需要数据清洗。

对于数据准确性的检查需要注意：①数据的值域是否存在异常，通常数据往往会有一定的值域约束（指定有业务含义的数值值域和文本值域）；②数据时序波动是否存在异常，对于单一维度分布需要进行稳定性校验（维度/度量），并确认环比数据相比水平正常。

（2）完整性。完整性考察的是数据信息是否存在缺失的情况。数据缺失的情况可能是整个数据的缺失，也可能是数据中某个字段信息的缺失。数据完整性是数据质量最为基础的一项评估标准。不完整数据的出现可能有多种原因，有些受关注的属性，如销售事务数据中顾客的信息，并非总是可以得到的。其他数据没有包含在内，可能只是因为输入时被认为是不重要的。相关数据没有记录可能是由于理解错误，或者因为设备故障。与其他记录不一致的数据可能已经被删除。此外，历史或修改的数据可能被忽略。缺失的数据，特别是某些属性上缺失值的元组，可能需要推导出来。

对于数据完整性的检查需要注意两个方面：①是否空值或者存在无效数据，比如检查字段是否为空；②记录数是否异常，通过对比源库上的表数据量和目的库上对应表的数据量来判断数据是否存在缺失。

（3）一致性。一致性指的是数据是否遵循了统一的规范以及数据之间的逻辑关系是否正确。其中，统一的规范所考量的是一项数据是否遵循了其特定的格式；数据之间的逻辑关系要求数据能够满足多项数据间存在的固定逻辑关系。

对于数据一致性的检查需要注意：①数据是否符合标准编码规则；②对于数据库中的数据，需检查外键是否正确、是否存在映射异常（即源表和目标表中直接映射的字段值相同）、是否违反交叉验证规则（数值交叉校验规则和特定值交叉校验规则）。

（4）及时性。及时性指的是数据所提供时间符合领导机关、社会用户使用统计数据的要求的程度。数据从生成到录入数据库存在一定的时间间隔，如果数据分析周期加上数据建立的时间过长，就可能导致数据分析得出的结论失去借鉴意义。比如监控一家百货公司高端销售代理的月销售红利分布时，部分销售代理未能在月末及时提交各自的销售记录，时间过了月底仍有大量更正与调整。在下个月的一段时间内，存放在数据库中的数据是不完整的。然而，一旦所有的数据被接收之后，数据库里的数据就是正确的。月底数据没能及时更新对数据质量具有负面影响。

对于数据及时性的检查需要注意：①时序区间覆盖度；②数据更新频率。

（5）可靠性。可靠性指的是数据使用者对数据质量的信赖程度，反映有多少数据是用户信赖的。数据质量的可靠性保证了数据的价值：首先大数据的采集需花费大量的财力和物力，获取大数据本身就是有价的；经分析和处理后的可靠性数据，对可靠性工作的开展和指导具有很高的价值，其所创造的效益是可观的。

对于数据可靠性的检查需要注意：①数据的可追溯性；②短期内值得信赖的数据在长期中数据质量是否依旧可靠。

（6）可解释性。可解释性是指数据能够使用人类可认知的说法进行解释、呈现和预测，反映数据是否易于理解。假设在某一时刻数据库有一些错误，之后都被更正。然而，过去的错误已经给销售部门的用户造成了问题，因此他们不再相信该数据。数据还使用了许多会计编码，销售部门并不知道如何解释它们。即便该数据库现在是正确的、完整的、一致的、及时的，但是由于很差的可靠性和可解释性，销售部门的用户仍然可能把它看成低质量的数据。

对于数据可解释性的检查需要注意：①数据编码的科学性与开源性；②数据是否揭示了一段时间内的客观事实。

（三）数据质量评估方法

数据质量评估方法，即采用何种方式对数据质量进行评估，如何评定和刻画质量水平。数据质量评估方法主要分为定性和定量方法，以及两者结合的综合评估法。定性方法主要依靠评判者的主观判断。定量方法则提供了一个系统、客观的数量分析方法，结果较为直观、具体。

1. 定性评估法

定性评估法是基于一定的评估准则与要求，根据评估的目的和用户对象的需求，从定性的角度来对基础科学数据资源进行描述与评估。定性评估标准因业务领域、能力水平和实际任务等差别而因人而异，无法强求一致。定性评估法的主体需要对领域背景有较深的了解，一般应由领域专家或专业人员完成。定性评估法一般包括第三方评测法、用户反馈法和专家评议法等。

（1）第三方评测法。第三方评测法是由第三方根据特定的信息需求，建立符合特定信息需求的数据质量评估指标体系，按照一定的评估程序或步骤，得出数据质量评估结论。其中第三方指的是相对于管理方、建库单位以及信息用户而言的评测团队或机构，第三方应本着"公平、公正、公开"和诚实信用的原则，在对数据质量评测内容各方面情况进行充分了解和分析的基础上，利用科学规范的评测方法和程序做出客观公正的评估。第三方应具有专业性和独立性。专业性是指第三方需要具有一定的专业评估技术。独立性是指评测的主体和客体之间不存在隶属或利益关联，评测过程应独立操作。

第三方评测法的优点如下：①独立性，第三方的独立性在一定程度上保证了评测结果的客观公正和中立性；②专业性，第三方具备专业化的评测工具、严密的评测流程与评测技术以及丰富的评测经验，能够保证评测的科学性。

第三方评测法的缺点有两点：①存在着科学数据信息的动态性与易变性和第三方评测法的静止性与方法单一性的矛盾，使得数据质量评估工作往往滞后于实际情况的变化；②第三方很难深入考虑科学数据专业学科领域各个信息资源的特点和特定的信息用户的需求。

（2）用户反馈法。用户反馈法是由评估方向用户提供相关的评估指标体系和方法，用户根据其特定的信息需求，从中选择符合其需要的评估指标和方法来评估信息资源。用户反馈法要求评估方仅将其所选择的指标体系和评估指南告知用户，帮助或指导用户进行数据质量评估，不能代替用户评估。

用户反馈法的优点如下：①通过用户反馈，可以更好地了解用户，基于用户需求做好数据质量的改进；②通过用户反馈有利于对数据质量的问题查漏补缺，扩展评估的视角。

用户反馈法的缺点如下：①在一定程度上会增加用户的负担；②用户在一定程度上缺乏对数据质量深入、准确的认知，由其承担评估职责容易产生偏差。

（3）专家评议法。专家评议法是指根据一定的规则，组织数据质量领域的若干专家组成评判委员会进行创造性思维，并按照一定的评估程序或步骤对相关数据质量进行评估的过程。专家评议是科学研究管理中非常重要的制度安排。专家评议应该贯彻的原则是：公开性、公正性、公平性、可靠性、效用性和经济性。

专家评议法的优点如下：①较为简单易行；②相关专家在专业理论上造诣较深、实践经验丰富，通过将专家意见进行综合、归纳，最终得出的评估结果一般比较全面、正确；③专家通过会议形式评估能够集思广益，通过专家对于评估对象的深入讨论或者正反两方面的探讨，评估结果一般较为科学、透彻。

专家评议法的缺点如下：①参加评估的专家可能会出于个人利益，其评估结果有所偏颇；②参加评估的专家权责不对等时，评估过程易受到权威或一些个人意见的因素干扰，难以实现完全的批判性思考。

2. 定量评估法

定量评估法是指按照数量分析方法，从客观量化角度对数据资源进行的优选与评估。定量评估法的结果相较于定性评估法往往更加直观、具体，是评估基础科学数据资源的发展方向。目前对于科学数据资源进行定量评估的方法包括统计分析法、计算机辅助检查法等。

（1）统计分析法。统计分析法是指通过运用数学方式，建立数学模型，根据收集到的各种数据评估资料进行数理统计和分析，最终对于质量评估形成定量的结论。统计分析法的优点是操作较为简单，缺点是其评估标准和结果受所收集的相关资料影响较大，对历史统计数据的完整性和准确性有较高的要求。依据所收集的统计资料进行评估，可能会因现实客观条件变化，不能准确地对实际数据质量做出评估。

（2）计算机辅助检查法。计算机辅助检查法是指通过部署运行计算机程序等工具，实现数据质量指标的评估方法，以直接取得数据资源的质量参数。计算机辅助检查的优点是可以得到明确的数值结果，客观性较强。但目前阶段可以借助计算机进行检查的质量指标非常有限，适用范围比较小。在对数据质量进行评估时，由于不同类型的数据资源所使用的采集和计算方法通常存在着一定的差异，且一些质量指标彼此之间具有一定的相关性，计算机往往不能察觉这些相关性，因此利用计算机辅助检查法用于数据质量的横向比较时不够客观、准确。

3. 综合评估法

综合评估法是将定性和定量两种方法有机结合起来，从两个角度对数据资源质量进行评估。常见的综合评估法包括：层次分析法、缺陷扣分法等。

（1）层次分析法。层次分析法是通过对评估对象进行优劣排序、评价和选择，为评估主体提供定量形式评估依据的一种方法。层次分析法通过将复杂的问题分解成若干层次，建立阶梯层次结构，然后构成判断矩阵，进行每个层次的排序一致性检验，再进行层次总排序和一致性检验，最终得出结论。

层次分析法适用于结构较为复杂、评估准则较多且不易量化的问题，具有高度的简明性、有效性、可靠性和广泛的适用性。其局限性主要表现在：①在对综合型数据资源进行评估时，针对不同的主题和学科背景的数据资源，许多方面的性质不具有可比性，可移植性较差；②层次分析法过程比较复杂，具有一定的滞后性，不适用于需要频繁进行数据质量评估的活动。

层次分析法的基本步骤如下：①首先将研究问题概念化，找出研究对象所涉及的主要因素；②分析各因素之间的关联和隶属关系，构建有序的层次结构模型；③将同一层次的各因素对上一层次中某准则的相对重要性进行两两比较，建立判断矩阵；④依据判断矩阵计算被比较因素对上一层对应准则的相对权重，并进行一致性检验；⑤计算各层次相对于系统总目标的合成权重，进行层次总排序。

（2）缺陷扣分法。缺陷扣分法是通过把握评估对象的结构缺陷进行判断的方法，把其中质量特征不符合规定的称为缺陷。根据缺陷对成果使用影响程度的大小，将其分为严重缺陷、重缺陷、轻缺陷类，并依此设定扣分值。将满分设为 100 分，先对评估数据中的缺陷进行判定，并对各缺陷按其严重程度进行扣分，再将各缺陷扣分值累加，最后得到最终分值，从而判定数据质量。

缺陷扣分法的优点是操作简便，缺陷值易于量化，根据扣分情况，可以很方便地对数据质量进行分级定级。实际操作中，缺陷扣分法的局限性在于：①重缺陷与轻缺陷之间扣分跨越太大，评估结果的可靠性差；②缺陷扣分法对缺陷的认定过于绝对，结果容易有失客观；③缺陷扣分法仅适用于部分专业领域，如空间数据等结构化数据的质量评估，而在全面的综合评估方面不完全适用。

（四）数据质量评估流程

1. 需求分析

需求分析指的是对需要数据质量评估的具体业务，获取其特定数据资源的需求特征。需求分析这一步是针对特定数据资源的需求特征建立具有针对性的评价指标体系的基础，在这一步需要明确：①与数据、流程、人员、组织以及与数据质量评估业务情况相关的技术信息环境；②明确数据质量评估工作中重点关注的问题等。

2. 确定评估对象及范围

确定评估的对象及范围，即确定当前评估工作应用的数据集的范围和边界，需要明确数据集在属性、数量、时间等维度的具体界限。在对数据质量进行评估时，评估的对象必须是一个确定的静态的集合，既可以是数据项也可以是数据集。

3. 选取质量维度及评估指标

数据质量维度是指进行质量评估的具体质量反映项，如正确性、准确性等。它是控制和评价数据质量的主要内容。因此，首先要依据具体业务需求选择适当的数据质量维度和评价指标。选取可测、可用的质量维度作为评估指标准则项，在不同的数据类型和不同的数据生产阶段，同一质量维度有不同的具体含义和内容，应该根据实际需要和生命阶段确定质量维度。在此阶段要注意指标之间避免冲突，同时也要注意新增评估指标的层次、权重问题，以及与其他同层次指标的冲突问题。

4. 确定质量测度及其评估方法

数据质量评估在确定其具体维度和指标对象后，根据每个评估对象的特点，确定其测度及实现方法。对于不同的评估对象一般是存在不同的测度的，以及需要不同的实现方法支持，所以应该根据质量对象的特点确定其测度和实现方法，常用定性方法和定量方法。

5. 质量评估

质量评估是根据前面四步确定的质量对象、质量范围、质量测度及其实现方法进行质量评测活动的过程。评估对象的质量应当由多个质量维度的评测来反映，单个数据质量测量不能充分、客观地评价由某一数据质量范围所限定的信息的质量状况，也不能为数据集的所有可能的应用提供全面的参考，多个质量维度的组合能提供更加丰富的信息。

6. 结果分析与报告

评估后要对评估结果进行分析：对评估目标与结果进行对比分析，确定是否达到评估指标；对评估的方案的有效性进行分析，确认方案是否合适等。根据评估结果确定对象的质量评估，如需要，可根据评估结果鉴定质量级别。最终的质量评价（或评级）将说明数据质量是否能满足实际业务需求。最后应将质量评估结果和数据质量评估过程汇总并报告。完整的数据质量评估结果和报告，应该包括全部上述内容。

案例分享　全国第一个数据质量评估体系发布

2021年5月26日，大数据产业发展系列研究成果发布会暨数博会"十佳大数据案例"揭晓活动在贵阳举行。会上，全国第一个数据质量评估体系——《贵州省数据质量评估体系》发布。

贵州省近年来大力推动数字政府建设，并将其作为实施大数据战略行动、建设国家大数据综合试验区的主攻方向，率先建设系统互通、网络互联、数据共享的"一云一网一平台"，打造贵州"数字政府"的核心基础设施，通过数据的汇聚、融通、应用，构建政府数据治理体系，支撑"放管服"改革，助推政府治理体系和治理能力现代化。

（资料来源：https://baijiahao.baidu.com/s? id = 1700825156227626687&wfr = spider&for = pc）

第二节　　大数据采集技术

一、八爪鱼

八爪鱼是一款可视化免编程的网页采集软件，可以从不同网站中快速提取规范化的数据，帮助用户实现数据的自动化采集、编辑以及规范化，降低工作成本。云采集是它的一大特色，相比于其他采集软件，云采集能够做到更加精准、高效和大规模。可视化操作，无须编写代码即可制作规则采集，适用于零编程基础的用户，新版本 7.0 智能化，内置智能算法和既定采集规则，用户设置相应参数就能实现网站、App 的自动采集。云采集是八爪鱼的主要功能，支持关机采集，并实现自动定时采集。

八爪鱼客户端采用的开发语言是 C#，运行在 Windows 系统中。如果使用的是 Mac 电脑，可先安装 Windows 虚拟机，再安装八爪鱼采集器。八爪鱼客户端中，采集和导出数据主要经过 3 步：①配置任务；②配置完成后，选择采集方式，本地采集或云采集；③采集完成，导出数据。

对应地，八爪鱼有 3 大程序来完成这 3 大步骤：①主程序负责任务配置及管理；②任务的云采集控制以及云集成数据的管理（导出、清洗、发布），本地采集程序根据工作流程，通过正则表达式与 XPath 原理，负责快速采集网页数据；③数据导出程序负责数据导出，导出格式支持 Excel、CSV、HTML、TXT 等，也能导出到数据库等，支持一次导出百万级别的数据。

八爪鱼采集器的核心原理是：基于 Firefox 内核浏览器，通过模拟人浏览网页的行为（比如打开网页，单击网页中的某个按钮等操作），对网页内容进行全自动提取。

作为一款通用的网页数据采集器，八爪鱼能够采集互联网上 98% 的网页。它并不针对某个网站、某个行业的数据进行采集，而是网页上能看到或网页源码中有的文本信息，几乎都能采集。为满足不同数据采集的需求，八爪鱼有两种采集方式：本地采集和云采集。

（1）本地采集，亦称单机采集，是通过使用自己的计算机来进行数据采集。可以实现绝大多数网页数据的爬取，可以在采集过程中对数据进行初步的清洗。当使用的八爪鱼自带正则工具时，可利用正则表达式将数据格式化，在数据源头实现去除空格、筛选日期等多种操作。八爪鱼还提供分支判断功能，可对网页中的信息进行是与否的逻辑判断，可满足用户筛选信息的需求。

（2）云采集是使用八爪鱼提供的云服务集群进行数据采集，不占用本地计算机资源。在规则配置好之后，启动云采集，可关掉自己的计算机，实现无人值守。其功能特点是：定时采集，实时监控，数据自动去重并入库，增量采集，自动识别验证码，API 多元化导出数据。速度特点是：利用云端多节点并发运行，采集速度将远超于本地采集（单机采集）。防封特点是：具有多节点、多 IP，可避免网站对爬虫机 IP 地址的封锁，实现采集数据的最大化。

二、爬山虎采集器

爬山虎采集器能够采集互联网上的绝大部分网页，比如动态网页、静态网页、单页程序、表格数据、列表数据、文章数据、搜索引擎结果、下载图片，等等。爬山虎操作不是很复杂，功能设置比较简单，但是不能支持复杂一些的网站。该产品特点和核心技术主要体现在：①简单易学，通过可视化界面、鼠标单击操作即可抓取数据。②快速高效，内置一套高速浏览器内核，加上 HTTP 引擎模式，实现快速采集数据。③适用于各种网站，能够采集互联网 99% 的网站，包括单页应用、AJAX 加载等动态类型网站。④导出数据类型丰富，可以将采集到的数据导出为 CSV、Excel 以及各种数据库，支持 API 导出。⑤自动识别列表数据，通过智能算法，一键提取数据。⑥自动识别分页技术，通过算法智能识别、采集分页数据。⑦混合浏览器引擎和 HTTP 引擎，兼顾了易用性和效率。

三、Apache Flume

Flume 是 Apache 旗下的一款开源、高可靠性、高扩展性、容易管理、支持客户扩展的数据采集系统。Flume 能够进行海量日志的采集、聚合和传输，通过从许多不同的源收集，聚合和移动大量日志数据到集中式数据存储。

Flume 的组成架构如下：Flume 运行的核心是 Agent，Agent 是最小的独立运行单位。一个 Agent 就是一个 JVM（Java Virtual Machine）进程，即一个完整的数据采集工具，它以事件的形式将数据从源头送至目的地，含有三个核心组件，分别是 Source、Channel、Sink，如图 5 - 2 所示。

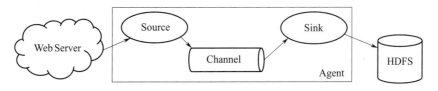

图 5 - 2　Flume 的组成架构图

其中，Source 是负责接收数据到 Flume Agent 的组件。Source 组件可以处理各种类型、各种格式的日志数据，包括 Avro Source、Exce Source、Spooling Directory Source、NetCat Source、Syslog Sources 等。

Channel 主要提供一个队列的功能，是位于 Source 和 Sink 之间的缓冲区。Source 到 Channel 是完全事务性的，一旦事务中的所有事件全部传递到 Channel 且提交成功，那么 Source 就将其标记为完成。如果因为某种原因事件传递失败，那么事务将会回滚。

Sink 不断地轮询 Channel 中的事件且批量地移除它们，并将这些事件批量写入到存储或索引系统，或者发送到另一个 Flume Agent。同样，Channel 到 Sink 也是完全事务性的。在从 Channel 批量删除数据之前，每个 Sink 用 Channel 启动一个事务，批量事件一旦成功写出到存储系统或下一个 Flume Agent，Sink 就利用 Channel 提交事务。事务一旦被提交，该 Channel 就从自己的内部缓冲区删除事件。

一种常见的使用 Flume 进行数据采集的大数据处理流程如下：Flume 采集数据后进入 MapReduce 进行清洗，对原始数据进行整形，去掉无用数据，清洗后的数据被存入实时非关系数据库 HBase，再利用 Hive 数据仓库进行统计分析，存入 Hive 表，并通过 Sqoop 将大数据平台的数据导出到关系数据库，最后利用 Web 技术进行信息展示。

四、Fluentd

Fluentd 是统一日志记录层的开源数据收集器，负责从服务器收集日志信息，将数据流交给后续数据存盘、查询工具。Fluentd 作为云端原生计算基金会（CNCF）的成员项目之一，遵循 Apache 2 License 协议。

Fluentd 的架构主要分为三部分：Input、Buffer 和 Output。Fluentd 的架构设计和 Flume 如出一辙，非常类似于 Flume 的 Source、Channel 和 Sink。

其中：Input 负责接收数据或者主动抓取数据，Buffer 负责数据获取的性能和可靠性，Output 负责输出数据到目的地，例如文件、AWS S3 或者其他的 Fluentd。Fluentd 具有以下几个特点：

（1）Fluentd 使用 JSON 进行统一日志记录，通过将数据结构化为 JSON，使得 Fluentd 几乎能统一处理日志数据的所有方面，包括收集、过滤、缓冲和跨多个源和目标（统一日志层）输出日志。与此同时，使用 JSON 可以更轻松地进行下游数据处理，可在保留灵活模式的同时进行访问。

（2）可插拔架构。Fluentd 拥有灵活的插件系统，允许社区扩展其功能。

（3）所需的资源较少。Fluentd 使用 C/Ruby 开发，只需要很少的系统资源。一个实例运行占用 30～40MB 内存，可处理 13000 个事件/秒/核心。

（4）内置可靠性。Fluentd 支持基于内存和文件的缓冲，以防止节点间数据丢失。Fluentd 还支持强大的故障转移功能，可以设置为高可用性。

Fluentd 官网是：https://www.fluentd.org/。

五、其他大数据采集技术

大数据采集技术或工具还有很多，下面将简要介绍以下 5 种：

1. 火车头

火车头是国内出现比较早的网络爬虫工具，可以抓取网页上散乱分布的数据信息，并通过一系列的分析处理，准确挖掘出所需数据。火车头也可以抓取网页上的文字。火车头工具的操作门槛相对较高，适合懂代码、懂技术的人群使用。

2. 前嗅

前嗅是一款采集软件，支持动态调整、自动定时采集、模板在线更新等功能。前嗅的软件并不能说特别简单，对有些网站的数据采集需要编写一小段脚本来执行，但确实采集数据非常全面，网上能看到的公开数据基本上都是可以采集下来的。

3. 熊猫采集器

熊猫采集器操作非常简单，不需要专业基础，采集新手就能使用。它的功能特别强悍复杂，只要是浏览器能看到的内容，都可以用熊猫批量采集下来。比如各种电话号码、邮箱，以及各种网站信息搬家、网络信息监控、网络舆情检测、股票资讯实时监控，等等。

4. 发源地

发源地（Finndy +）引擎是一款基于云端的，集数据采集、清洗、去重、加工于一体的互联网 Web/App 数据采集工具化引擎。发源地云采集引擎可以低成本、高效率地完成网页中文本、图片等资源信息的采集，并进行过滤加工，挖掘出所需的精准数据。让数据根据采集规则算法以结构化的文件或 API 方式输出，同时可以选择发布到网站进行售卖，或者导出 Excel、CSV、PDF 等格式的文件保留在本地。

5. 集搜客

集搜客（GooSeeker）是由深圳市天据电子商务有限公司研发的一款大数据软件，由服务器和客户端两部分组成。服务器用来存储规则和线索（待抓网址）。客户端分为 MS 谋数台和 DS 打数机，MS 谋数台用来制作网页抓取规则，DS 打数机用来采集网页数据。

案例分享　eHorus 智慧云智能诊断系统的巡检优势

智慧云智能诊断系统的巡检优势主要体现在精确采集数据，安全、稳定、高效地传输数据，安全可靠地存储数据，以及准确的数据分析算法与分析模型。

1）精确采集数据。错误的数据会导致错误的决策，对于光伏电站的运维而言，数据采集的精度越高，对光伏电站全站光伏设备运行状态的监测和故障分析将会更加精准。相比于传统的定时采集数据的方式，eHorus 智慧云智能诊断系统应用大数据平台技术，实现了高精度的时序监测数据存储管理，能够更加真实地反映光伏设备的运行状态和趋势。

2）安全、稳定、高效地传输数据。光伏电站具有设备数量多、占地面积广的特点，依靠人工巡检的运维模式很难快速、准确地发现异常运行的光伏设备，此时需要依靠采集到的设备运行数据进行分析判断。eHorus 智慧云智能诊断系统与光伏电站之间可通过互联网通道进行实时、稳定的数据传输，并通过 VPN 技术实现数据的加密传输，保证安全、稳定、高效地数据传输。

3）安全可靠地存储数据。光伏电站的光伏组件数量较多，导致设备的数据监测点数量也较多，1 个装机容量为 100 MW 的光伏电站的数据监测点数量可超过 7 万个。结合光伏电站的这一特点，国华卫星自建的存储级别为 PB 级的光伏电站设备运行状态大数据中心可为数量超过 100 万个的设备数据监测点提供数据存储服务，从而保证了 eHorus 智慧云智能诊断系统的稳定运行。

4）准确的数据分析算法与分析模型。eHorus 智慧云智能诊断系统可进行采集数据、存储数据、清理数据、查询数据、分析数据、可视化数据等一系列数据操作。该智能诊断系统采用分类分析、回归分析、关联规则等分析算法，能够及时有效地分析、判断光伏设备的异常运行状态，从而可达到精确定位异常运行光伏设备的目的。

（资料来源：https://baijiahao.baidu.com/s? id = 1706316574263530540&wfr = spider&for = pc）

第三节　大数据的预处理

如今，大数据正带来一场信息社会的变革。庞大的数据需要进行剥离、整理、归类、建模、分析等操作，建立数据分析的维度，通过对不同维度的数据进行分析，最终才能得到想要的数据和信息。因此，如何进行大数据的采集、导入、预处理、统计、分析和挖掘，是"做"好大数据的关键基础。

一、数据预处理的概念和内涵

数据预处理（Data Preprocessing）是指在对数据进行挖掘以前，需要对原始数据进行清洗、集合和变换等一系列处理工作，以达到挖掘算法进行知识获取研究所要求的最低规范和标准。通过数据预处理工作，可以使残缺的数据完整，并将错误的数据纠正、多余的数据去除，进而将所需的数据进行数据集成。

大数据预处理技术就是完成对已接收数据的辨析、抽取、清洗等操作。因获取的数据可能具有多种结构和类型，数据抽取过程可以帮助我们将这些复杂的数据转化为单一的或者便于处理的构型，以达到快速分析处理的目的。采集到的大数据需要清洗是由于已接收数据并不全是有价值的，有一些数据并不是研究所关心的内容，也有一些数据则是完全错误的干扰项，要对数据进行过滤，去除噪声，提取出有效数据。

数据预处理的流程主要包括数据清洗、数据集成、数据变换、数据归约以及在对数据挖掘结果的评价计划基础上进行的二次预处理的精炼等。

二、数据清洗

数据的不断剧增是大数据时代的显著特征，大数据必须经过清洗、分析、建模、可视化才能体现其潜在的价值。在众多数据中总是存在着许多"脏数据"，即不完整、不规范、不准确的数据，数据清洗就是指把"脏数据"彻底洗掉，包括检查数据一致性，处理无效值和缺失值等，从而提高数据质量。在实际的工作中，数据清洗通常占开发过程50%~70%的时间，是数据准备过程中最花费时间、最乏味的，但也是最重要的一步。

一般情况下，按照数据质量评估标准筛选出"有问题"的数据。"有问题"的数据主要包含3种：残缺数据、噪声数据和冗余数据。其中：残缺数据一般缺少某些属性或属性值，或者仅包含聚集类数据；噪声数据是可能出现的相对于真实值的偏差或错误，主要包括错误数据、假数据、异常数据；冗余数据既包括重复的数据，也包括与分析处理的问题无关的数据。

（一）残缺数据的处理

在处理残缺数据的过程中，通常会用到如下方法：

1. 忽略元组

若元组的某个属性残缺，可以选择忽略整个元组，当缺少类标号时通常这么做。除非元组有多个属性残缺，否则一般不采用忽略元组的方法。当每个属性缺失值的百分比变化很大时，直接忽略元组会造成数据处理性能特别差。一旦采用忽略元组，就不能使用该元组的剩余属性值。

2. 人工填写残缺值

通常可以使用常量、属性均值、类似属性均值、推测残缺值等方法确定残缺值并填写：①使用全局常量填写残缺值；②使用属性的均值填写残缺值；③使用与存在残缺属性的元组属同一类的所有样本的属性均值填写残缺值；④使用最可能的值填写残缺值，如可以使用回归分析等方法推测该残缺值的大小。人工填写残缺值的方法仅适用于数据量小且残缺值少的情况，数据量很大、缺失很多值的情况则不适用。

1）使用全局常量填写残缺值。该方法将缺失的属性值用同一个常量（如"－"或∞）替换。如果缺失的值都用同一个符合如"－"替换，那么挖掘程序可能误以为所有缺失的值都是相同的，属于同一属性，但真实情况是残缺值通常不是相同的，其实际大小差别很大。该方法比较简单，但并不是十分可靠。

2）使用属性的中心刻度（例如均值或中位数）填写残缺值。属性的中心刻度在一定程度上反映出数据分布的中间情况。对于均匀分布的数据集而言，使用均值足够。数据分布状态呈现出不均匀或者倾斜时应该使用中位数。

3）使用与存在残缺属性的元组属同一类的所有样本的属性均值（或中位数）。例如，如果将顾客按信用风险级别分类，可以用具有相同信用风险顾客的平均收入去替换收入中的残缺值。当给定的数据分布是倾斜的时，选择中位数优于均值。

4）使用最可能的值填写残缺值。可以使用回归、贝叶斯方法等基于推理的工具或决策树归纳确定。例如，利用数据集中其他顾客的属性，可以构造一棵决策树来预测收入的缺失值。

以上方法都会使数据有偏，因为填入的值可能是不正确的。方法4）是当下最流行的策略。与其他方法相比，它使用已有数据的大部分信息来预测缺失值。在估计收入的缺失值时，通过考虑其他属性的值，有更大机会保持收入和其他属性之间的联系。

需要注意的是，在某些情况下，残缺值并不意味数据有错误。比如，在申请信用卡时，可能要求申请人提供驾驶证号。没有驾驶证的申请者自然无法填写该字段，但不排除填写无效的全部"0"或"#"或其他符号，也有可能选项里有"不适用"这个选择。即便不同申请人填的都是"不适用"，每位申请人的实际情况可能很不一样：①未到法定允许考驾驶证的年龄；②正在考驾驶证过程中；③过了法定考驾驶证的年龄但没有学过开车；④刚考过驾驶证但是还未领到。虽然以上情况都属于"不适用"，但每一种情况与其他情形是截然不同的，仅赋值"不适用"并不能区分每一种情况。理想情况下，每个属性都应当有一个或多个关于空值条件的规则。这些规则可以说明是否允许空值，并且/或者说明这样的空值应当如何处理或转换。如果在业务处理的稍后步骤提供值，那么字段也可能故意留下空白。在得到数据后，可以尽可能清洗数据，好的数据库和数据输入设计将有助于在第一现场把残缺值或错误的数量降至最低。

（二）噪声数据的处理

噪声是指待测变量的随机误差或方差。处理噪声数据时，通常的做法是把待处理的数据进行平滑处理。这里主要介绍数据平滑技术的三种方法：分箱、回归和离群点分析。

1. 分箱

分箱方法通过考察数据的"近邻"（即周围的值）来平滑有序数据值。这些有序的值被分布到一些"桶"或箱中。使用分箱处理噪声数据时，通常的做法是将数据按照一定的规则放进"箱子"中，采用某种方法对各个箱子中的数据进行处理。常见的分箱方法主要有三种：等深分箱法、等宽分箱法和用户自定义分箱法。等深分箱法是使每箱具有相同的记录数，每个箱子的记录数称为箱子的深度。等宽分箱法平均分割整个数据值的区间，使得每个箱子的区间相等，这个区间就是箱子的宽度。用户自定义分箱法则是根据用户自定义的规则进行分箱处理。

【例5-1】 客户收入属性的取值（单位：元/月）是：800，1000，1200，1500，1500，1800，2000，2300，2500，2800，3000，3500，4000，4500，4800，5000。请按照上述三种方案进行分箱处理。

解：将客户收入属性的取值按照上述三种方案进行处理，见表5-1。

表5-1 分箱方法示例表

分箱方法	具体标准	分箱结果
等深分箱法	箱子深度为4	箱1：800 1000 1200 1500 箱2：1500 1800 2000 2300 箱3：2500 2800 3000 3500 箱4：4000 4500 4800 5000
等宽分箱法	箱子宽度为1000	箱1：800 1000 1200 1500 1500 1800 箱2：2000 2300 2500 2800 3000 箱3：3500 4000 4500 箱4：4800 5000
用户自定义分箱法	将客户收入划分为1000以下、1000~2000、2001~3000、3001~4000和4000以上五组	箱1：800 箱2：1000 1200 1500 1500 1800 2000 箱3：2300 2500 2800 3000 箱4：3500 4000 箱5：4500 4800 5000

表5-1中客户收入数值首先经历了由小到大排序：①在等深分箱法中，因数据一共有16个，被分为4个箱，每箱里面包含4个数值。②在等宽分箱法中，因排序后最小值是800，将箱子宽度定为1000时，第一个箱子里最小数是800，那么最大数就是1800；第二个箱子里最小值是2000，那么最大值就是3000；第三个箱子里最小值是3500，那么最大值就是4500；第四个箱子里最小值是4800，那么最大值就是5800，而客户收入数据最大值是5000，故四个箱子足以放入所有数据。③在用户自定义分箱法中，客户收入数值在1000以下的只有1个，被放入第一个箱子中；数值在1000至2000之间的数有6个，被放入第二个箱子中；数值在2001至3000之间的数有4个，被放入第三个箱子中；数值在3001至4000之间的数有2个，被放入第四个箱子中；数值在4000以上的数共3个，被放入第五个箱子中。

在分箱之后，需要对每个箱子中的数据进行平滑处理。通常有3种平滑方式：①均值法，即对同一箱子中的数据求均值，用均值代替箱子中的所有数据；②中位数法，即取箱子中所有数据的中位数，用中位数代替箱子中的所有数据；③边界值法，即对箱子中的每一个数据使用离边界值较小的边界值代替。

【例5-2】 对例5-1中等宽分箱法的结果进行不同的平滑处理，并合并最后的结果。在按边界值进行平滑处理时，若距离两侧边界值相同时，取较小的边界值。

解： 由例5-1可知，等宽分箱法的结果见表5-1。对等宽分箱法的结果进行不同的平滑处理，结果见表5-2。

表5-2 对等宽分箱法的结果进行不同平滑处理

平滑处理方式	平滑处理结果	合并后的结果
按均值	箱1：1300 1300 1300 1300 1300 1300 箱2：2520 2520 2520 2520 2520 箱3：4000 4000 4000 箱4：4900 4900	1300 1300 1300 1300 1300 1300 2520 2520 2520 2520 2520 4000 4000 4000 4900 4900
按中位数	箱1：1350 1350 1350 1350 1350 1350 箱2：2500 2500 2500 2500 2500 箱3：4000 4000 4000 箱4：4900 4900	1350 1350 1350 1350 1350 1350 2500 2500 2500 2500 2500 4000 4000 4000 4900 4900
按边界值	箱1：800 800 800 1800 1800 1800 箱2：2000 2000 2000 3000 3000 箱3：3500 3500 4500 箱4：4800 5000	800 800 800 1800 1800 1800 2000 2000 2000 3000 3000 3500 3500 4500 4800 5000

对于表5-1中的等宽分箱法的结果分别使用三种不同的平滑处理方式，具体过程如下：

1）用箱均值平滑。箱中每一个值都被替换为箱中的均值。例如，箱1中6个数值的均值是：（800+1000+1200+1500+1500+1800）/6=1300，因此箱1中的每一个值都被替换为1300。以此类推，箱2中5个数值的均值是：（2000+2300+2500+2800+3000）/5=2520。箱3中3个数值的均值是：（3500+4000+4500）/3=4000。箱4中2个数值的均值是：（4800+5000）/2=4900。因此，箱2中的5个数值均被2520替换，箱3中的3个数值均被4000替换，箱4中的2个数值均被4900替换。合并最后的结果，就是将16个数值由小到大组成4行4列矩阵。

2）用箱中位数平滑。此时，箱中的每一个值都被替换为该箱的中位数。箱1中6个数的中位数是：（1200+1500）/2=1350。箱2中5个数的中位数是2500。箱3的中位数是4000。箱4的中位数是：（4800+5000）/2=4900。合并最后的结果，就是将16个数值由小到大组成4行4列矩阵。

3）用箱边界值平滑，给定箱中的最大值和最小值同样被视为箱边界值，而箱中的每一个值都被替换为最近的边界值。以箱1为例，该箱的边界最大值是1800，最小值是800，箱内6个数，按照就近原则，箱1数替换为"800 800 800 1800 1800 1800"。箱2中最大3000，最小2000，一共5个数，距离2000较近的2300被替换为2000，距离3000较近的2800被替换为3000，而2500距离2000和3000一样近，加之例5-2中写明"若距离两侧边界值相同时，取较小的边界值"，故 2500 被替换为 2000。以此类推，箱 3 中的数值被替换为"3500 3500 4500"，箱 4 中的 2 个数分别是最大和最小边界值，无须替换。合并最后的结果，就是将 16 个数值由小到大组成 4 行 4 列矩阵。

一般而言，宽度越大，平滑效果越明显。箱是等宽的时，每个箱内数值的区间范围是常量。分箱也可以作为一种离散化技术使用，后文将做进一步介绍。

2. 回归

可以用一个函数拟合数据来平滑数据，这种技术称为回归。线性回归涉及找出拟合两个属性（或变量）的"最佳"直线，使得利用一个属性可以来预测另一个。多元线性回归是线性回归的扩充，其中涉及的属性多于两个，并且数据拟合到一个多维曲面。处理噪声数据还可以使用回归函数。通过发现两个变量之间相关关系，构造一个回归函数使得该函数能够更大程度地满足两个变量之间的关系，使用这个函数来平滑数据。

3. 离群点分析

可以通过聚类来检测离群点。聚类将类似的值组织成群或"簇"。直观上落在簇集合之外的值就被视为离群点，图 5-3 中 A、B、C 三点即为异常数据。

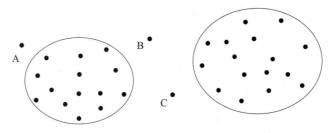

图 5-3　聚类方法中的异常数据

处理噪声数据也可以使用聚类方法，具体做法是：将数据集合分组为若干个簇，在簇外的值即为孤立点，也就是噪声数据，之后对这些孤立点进行删除或替换。通常，相似或相邻近的数据聚合在一起形成各个聚类集合，在这些聚类集合之外的数据即为异常数据。

（三）冗余数据的处理

处理冗余数据时，由于其中既包含重复的数据，也包含对分析处理的问题无关的数据，通常采用过滤数据的方法进行处理。

对于重复数据一般采用重复过滤的方法，在已知重复数据内容的基础上，从每一个重复数据中取出一条记录保留下来，删去其他重复数据，可以分为直接过滤和间接过滤。直接过滤是对于重复数据直接进行过滤操作，选择任意一条记录保留下来并过滤掉其他重复数据；间接过滤则是对重复数据先进行一定的处理，形成一条新记录后再进行过滤操作。

对于无关的数据则采用条件过滤的方法，根据一个或多个条件对数据进行过滤。使用条件过滤时，对一个或多个属性设置条件，将符合条件的记录放入结果集，将不符合条件的数据过滤掉。

实际上，重复过滤就是一种条件过滤。

（四）数据清洗是一个过程

残缺、噪声和冗余都导致不正确的数据。前面考察了处理残缺数据、噪声数据和冗余数据的技术。数据清洗所涉及的工作不仅仅只有以上 3 种。数据清洗作为一个过程，如何正确地进行这项工作？有没有工具来辅助该项工作的顺利完成？

1. 偏差检测

数据清洗过程的第一步是偏差检测。导致偏差的因素可能有多种，包括具有很多可选字段的设计不佳的输入表单、人为的数据输入错误、故意的错误（如不愿意泄露自己的信息），以及数据退化（如过期的网址）。偏差也可能源于不一致的数据表示和编码的不一致使用。记录数据的设备错误和系统错误是另一种偏差源。当数据（不恰当的）用于不同于最初目的时，可能会出现错误。

如何检测出数据偏差呢？作为开始，需要使用任何可得的相关数据性质知识。这些知识或"关于数据的数据"称作元数据，具体包括每一个属性的数据类型和定义域和取值的上下限。这些对于把握数据趋势和识别异常、查看数据的基本统计描述是有用的。比如找出均值、中位数和众数，查看数据是对称的还是倾斜的，检查数据的值域，计算每个属性的标准差，等等。通常视远离给定属性均值超过两个标准差的值为可能的离群值。

需要警惕编码使用的不一致和数据表示的不一致问题（比如同一字段里日期有时记为"2021/7/10"，有时记为"10/7/2021"）。字段过载是另一种错误源，通常是由以下原因导致的：开发者将新属性的定义挤进已经定义的属性的未使用（位）部分。如使用一个属性未使用的位，该属性取值已经使用了 32bit 中的 30bit。

还应当根据唯一性规则、连续性规则和空值规则考察数据。唯一性规则是指给定属性的每个值都必须不同于该属性的其他值。连续性规则是指属性的最小和最大值之间没有缺失的值，并且所有值必须是唯一的（如检验数）。空值规则是指空白、问号、特殊符号或指示空值条件的其他串的使用（如一个给定属性的值何处不能用），以及如何处理这样的值。缺失值的原因通常包括：①被要求提供属性值的人拒绝提供和/或发现没有所要求的信息（如非驾驶人未填写驾驶证号属性值）；②数据输入者不知道正确的值；③值在稍后提供。空值规则应当说明如何记录空值条件，在数值属性处存放 0（如果正常属性值中无 0）或者使用"不知道""?"等表示。

有大量不同的商业工具可以进行偏差检测。数据清洗工具使用简单的领域知识（如邮政地址和拼写检查），检查并纠正数据中的错误。在清洗多个数据源的数据时，这些工具依赖于分析和模糊匹配技术。数据审计工具通过分析数据发现规则和联系，并检测违反这些条件的数据来找到偏差值。

2. 数据变换

有些数据不一致，可以使用其他材料人工地加以修正。比如，数据输入时的错误可以通过核查纸上的记录加以更正。然而，大部分错误需要数据变换。一旦发现偏差，通常需要定义并使用一系列变换来纠正。

商业工具可以支持数据变换步骤。数据迁移工具允许说明简单的变换，如改变字符串的名称，将"gender"用"sex"替换。ETL 工具允许用户通过图形用户界面（GUI）实现变换。通常这些工具仅支持有限变换，因此特殊情况下需要为数据清洗过程编写程序。

偏差检测和数据变换（纠正偏差）这两步过程一般是迭代执行的。该过程容易出错且费时。有些变换常常导致更多偏差。嵌套的偏差可能在其他偏差解决之后才能检测到。比如，年份字段打字错误"20021"，在所有日期值都变成统一格式时该错误才会显现出来。变换通常以批处理方式进行，用户等待并反馈信息。仅当变换完成之后，用户才能回过头来检查是否错误地产生了新的异常。一般情况下需要多次迭代才能使用户满意。不能被给定变换自动处理的元组通常写到一个文件中，但不给出失败的原因解释。这样，整个数据清洗过程也缺乏交互性。

新的数据清洗方法强调加强交互性。例如，Potter's Wheel 是一种公开的数据清洗工具，它集成了偏差检测和数据变换。用户在一个类似于电子数据表的界面上，通过编辑和调试每个变换，一次一步，逐渐构造一个变换序列。变换可以通过图形或提供的例子说明。结果立即显示在屏幕上的记录中。用户可以撤销变换，使得导致额外错误的变换可以被"清除"。该工具在最近一次变换的数据视图上自动地进行偏差检测。随着偏差的发现，用户逐渐地开发和精化变换，从而使数据清洗更有效。

另一种提高数据清洗交互性的方法是开发数据变换操作的规范说明语言。这种工作关注定义 SQL 的扩充和使得用户可以有效地表达数据清洗具体要求的算法。随着对数据的了解逐步加深，不断更新元数据以反映这种知识很重要。这有助于加快在相同数据的未来版本上的数据清洗速度。

三、数据集成

数据集成就是将不同数据源中的数据，逻辑地（生成一个图）或物理地（生成一个新的关系表）集成到一个统一的数据集合中，在这个集成的数据集上进行后续的分析处理。数据集成的主要目的是解决多重数据存储或合并时所产生的数据不一致、数据重复或冗余的问题，以提高后续数据分析的精确度和速度。由于数据的多样性和结构的复杂性，在实现数据集成时，常需要解决模式匹配、数据值冲突和数据冗余等问题。

模式匹配的实质就是实体识别问题，是为了匹配不同数据源的现实实体。例如，用户编码的数据值在 A 数据库中表示为 A. user_id，在 B 数据库中可能表示为 B. customer_id，A. user_id = B. customer_id。通常以元数据为依据进行实体识别，避免模式集成时出现错误。每个属性的元数据包括属性名称、含义、数据类型、允许取值范围和空值规则等，还可以用来帮助变换数据。例如，Gender 属性的数值在一个数据库中可以是 F 和 M，而在另一个数据库中是 male 和 female。在集成期间，当一个数据库的属性与另一个数据库的属性匹配时，需要注意匹配数据的结构，如函数依赖、完整性约束等，以保障原模式数据之间的关系在集成后的模式中仍然适用。例如，在一个系统中，"满 100 减 20"的折扣发生在购买同类商品满 100 元的条件下，而在另一系统中，买任意商品只要超过 100 元都可以减 20 元。在集成以上折扣时，需要弄清楚该折扣在目标系统中的使用条件，再对比依赖关系进行修改。

对于同一现实世界的实体而言，在不同系统中的同一属性的数据值可能不同，即存在数据值冲突，可能的原因有：属性的表示方式不同、单位不同等。例如，不同国家 GDP 统计单位不相同、表示房价的货币单位不相同等。针对数据值冲突，需要根据元数据提取该属性的规则，并在目标系统中建立统一的规则，将原始属性值转换为目标属性值。

同一属性在不同系统中使用不同的字段名，如同样的顾客 ID，在 A 系统中的字段名是 Cust_id，在 B 系统中是 Customer_Num。集成后某个数据属性可以由其他数据属性经过计算得出，如 A 系统中有月营业额属性，在 B 系统中有日营业额属性，显然月营业额是可以通过日营业额累加得出。类似这些情况，在数据集成时会出现数据冗余。对此，可以通过相关分析来检验属性之间的相关度，进而判断是否存在数据冗余，通常使用标称数据检测的方法。

（一）标称数据的 χ^2 相关检验

标称数据是指具有有穷多个且属性无序的不同值（但可能很多），如地理位置、工种和商品类型等。对于标称数据，两个属性 A 和 B 之间的相关联系可以通过 χ^2 检验发现。假设 A 有 m 个不同值：a_1，a_2，$\cdots$，a_m，B 有 n 个不同值：b_1，b_2，$\cdots$，b_n。令 (A_i, B_j) 表示属性 A 取值 a_i、属性 B 取值 b_j 的联合事件 $(A = a_i, B = b_j)$。根据 χ^2 检验，可得

$$\chi^2 = \sum_{i=1}^{m} \sum_{j=1}^{n} \frac{(o_{ij} - e_{ij})^2}{e_{ij}} \tag{5-1}$$

式中，o_{ij} 是 (A_i, B_j) 的实际频次；e_{ij} 是 (A_i, B_j) 的期望频次，且

$$e_{ij} = \frac{c_a c_b}{n} \tag{5-2}$$

式中，n 是元组的个数；c_a 是 $A = a_i$ 的个数；c_b 是 $B = b_j$ 的个数。

χ^2 检验假设 A、B 之间是独立的，如果拒绝该假设，则说明 A、B 之间是统计相关的。

【例 5-3】　使用 χ^2 属性的相关分析。假设调查了 1500 人，记录了每个人的性别，每个人对喜爱的阅读材料类型是否是小说进行投票。这样搜集了两个属性"性别"和"阅读偏好"。每种可能的联合事件观测频次见表 5-3，其中括号中的数是期望频次。期望频次根据两个属性的数据分布，用式（5-2）计算。

表 5-3　例 5-3 的数据 2×2 相依表

	男	女	合计
小说	250（90）	200（360）	450
非小说	50（210）	1000（840）	1050
合计	300	1200	1500

（资料来源：《数据挖掘概念与技术》，Jiawei Han，Micheline Kamber，Jian Pei 著，范明和孟小峰译，63 页
注："性别"和"阅读偏好"相关吗？）

使用式（5-2）可以验证每个单元的期望频率。例如，单元（男，小说）的期望频率是

$$e_{11} = \frac{c_{\text{男}} c_{\text{小说}}}{n} = \frac{300 \times 450}{1500} = 90$$

如此等等。注意，在任意行，期望频次的和必须等于该行总观测频率，并且任意列的期望频次的和也必须等于该列的总观测频次。

使用计算 χ^2 的式（5-1），得到

$$\chi^2 = \frac{(250 - 90)^2}{90} + \frac{(50 - 210)^2}{210} + \frac{(200 - 360)^2}{360} + \frac{(1000 - 840)^2}{840}$$

$$= 284.44 + 121.90 + 71.11 + 30.48 = 507.93$$

对于这个 2×2 的表，自由度是 $(2-1) \times (2-1) = 1$。对于自由度 1，在 0.001 的置信水平下，拒绝假设的值是 10.828（取自分布上百分点表）。由于计算出来的值 507.93 大于 10.828，因此拒绝"性别"和"阅读偏好"独立的假设，并断言对于给定的人群，这两个属性是（强）相关的。

（二）数值数据的相关系数与协方差

而对于数值数据，可以通过检测它们之间的相关关系来估计两个属性之间的相关度。

$$r_{A,B} = \frac{\sum_{i=1}^{n}(a_i - \overline{A})(b_i - \overline{B})}{n\,\sigma_A\,\sigma_B} = \frac{\sum_{i=1}^{n}(a_i b_i) - n\overline{A}\,\overline{B}}{n\,\sigma_A\,\sigma_B} \qquad (5-3)$$

式中，n 是元组的个数；a_i、b_i 是元组 i 在 A、B 上的值；$\overline{A}$、$\overline{B}$ 是 A、B 的均值；σ_A、σ_B 是 A、B 的标准差。

$r_{A,B} > 0$，表示 A 和 B 正相关，$r_{A,B}$ 的值越大，相关度越高。

$r_{A,B} = 0$，表示 A 和 B 是独立的。

$r_{A,B} < 0$，表示 A 和 B 负相关，$r_{A,B}$ 的绝对值越大，相关度越高。

在概率论与统计学中，协方差和方差是两个类似的度量，评估两个属性如何一起变化。A 和 B 的协方差被定义为

$$\mathrm{Cov}(A,\ B) = E\left[(A - \overline{A})(B - \overline{B})\right] = \frac{\sum_{i=1}^{n}(a_i - \overline{A})(b_i - \overline{B})}{n} \qquad (5-4)$$

把 $r_{A,B}$ 的式（5-3）与式（5-4）相比较，可以看到

$$r_{A,B} = \frac{\mathrm{Cov}(A,\ B)}{\sigma_A\,\sigma_B} \qquad (5-5)$$

可以证明

$$\mathrm{Cov}(A,\ B) = E(AB) - \overline{A}\,\overline{B} \qquad (5-6)$$

该式可以简化计算。

对于两个趋向于一起改变的属性 A 和 B，如果 A 大于 $\overline{A}$，则 B 很可能大于 $\overline{B}$。因此，A 和 B 的协方差为正。而当一个属性小于它的期望值时，另一个属性趋向于大于它的期望值，则 A 和 B 的协方差为负。

如果 A 和 B 是独立的，则 $E(AB) = E(A)E(B)$。因此协方差为 $\mathrm{Cov}(A,\ B) = E(AB) - \overline{A}\,\overline{B} = E(A)E(B) - \overline{AB} = 0$。然而其逆不成立。某些随机变量（属性）对可能协方差是 0，但并不独立。仅在某种附加的假设下（如数据遵守多元正态分布），协方差为 0 表示独立性。

【例 5-4】 数据属性的协方差分析。表 5-4 给出了在 5 个时间点观测到的 A、B 两家公司的股票价格。如果股市受相同的产业趋势影响，它们的股价会一起涨跌吗？

表 5-4　A、B 两家公司的股票价格

时间点	A	B
T_1	6	20
T_2	5	10
T_3	4	14
T_4	3	12
T_5	1	5

$$E(A) = \frac{6+5+4+3+1}{5} = \frac{19}{5} = 3.8$$

而

$$E(A) = \frac{20+10+14+12+5}{5} = \frac{61}{5} = 12.2$$

于是，使用式（5-6）计算

$$\text{Cov}(A,\ B) = \frac{6\times20 + 5\times10 + 4\times14 + 3\times12 + 1\times5}{5} - 3.8\times12.2 = 7.04$$

由于协方差为正，因此得出：A、B两家公司的股票价格同时上涨。

方差是协方差的特殊情况，其中两个属性相同（即属性与自身的协方差）。

（三）元组重复和数据值冲突的检测与处理

除了检测属性间的冗余外，还应当在元组级检测重复。例如对于给定的唯一数据实体，存在两个或多个相同的元组。去规范化表（Denormalized Table）的使用是数据冗余的另一个来源。不一致通常出现在各种不同的副本之间，原因是：不正确的数据输入，或者由于更新了部分数据，但未更新所有数据。如果订单数据库包含订货人的姓名和地址属性，并未将这些信息记录在订货人数据库中，那么匹配时就会出现差异，如同一订货人的名字可能以不同的地址出现在订单数据库中。为了避免同一个订货人同多个地址相联系而增添数据处理的麻烦，通常使用"去规范化表"。

数据集成还涉及数据值冲突的检测与处理。对于现实世界的同一实体，来自不同数据源的属性值可能不同。这可能是因为表示、尺度或编码不同。比如重量属性可能在一个系统中以公制单位存放，而在另一个系统中以英制单位存放。对于连锁旅馆，不同城市的房价不仅可能涉及不同的货币，而且可能涉及不同的服务（如早餐服务）和税收。再比如，不同学校交换信息时，每个学校都有自己的课程计划和评分方案。一所大学可能采取小学期制，开设一系列数据库讲座式课程，用 A、B、C、D 评分；另一所大学则采取学期制，开设一门数据库课程，用百分制评分。虽然百分制可以转为 A-D 评分，但成绩的转换反倒会丢失掉很多信息，信息交换并不容易。

属性也可能在不同的抽象层，其中属性在一个系统中记录的抽象层可能比另一个系统中"同样的"属性低。例如，销售总额在一个数据库中可能涉及 A 公司的一个分店。而另一个数据库中相同名字的属性可能表示 A 公司所有分店加总的销售额数值。

四、数据变换

在数据预处理阶段，数据被变换或统一，使得挖掘过程更有效。

（一）数据变换策略

在数据变换中，数据被变换或统一成适合于挖掘的形式。数据变换策略包括如下6种：

（1）平滑：去掉数据中的噪声。这类技术包括分箱、回归和聚类。

（2）属性构造：可以由给定的属性构造新的属性并添加到属性集中，以帮助挖掘过程。

（3）聚集：对数据进行汇总或聚集。比如，可以聚集日销售数据，计算月和年销售量。通常，这一步用来为多个抽象层的数据分析构造数据立方体。

（4）规范化：把属性数据按比例缩放，使之落入一个特定的小区间，如 -1.0~1.0 或 0.0~1.0。

（5）离散化：数值属性（如年龄）的原始值用区间标签（如 0~10，11~20 等）或概念标签（如少年、成年、中年、老年）替换。这些标签可以递归地组织成更高层概念，导致数值属性的概念分层。图5-4显示了同一属性的概念分层。对于同一个属性可以定义多个概念分层，以适合不同用户的需要。

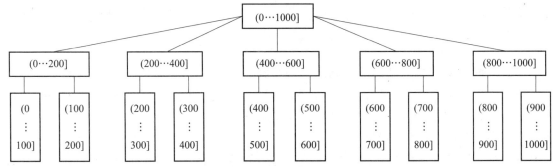

图5-4　同一属性概念分层示意图

注：区间（$x\cdots y$］表示从x（不包括）到y（包括）的区间。

（6）由标称数据产生概念分层：属性，如街道，可以泛化到较高的概念层，如城市或县乡。许多标称属性的概念分层都蕴含在数据库的模式中，可以在模式定义级自动定义。

值得注意的是，数据预处理的主要任务之间存在很多重叠。比如平滑是数据清洗的一种形式，数据清洗的ETL工具里，用户指定的变换可以用于纠正数据的不一致。本节将重点讨论后三种策略。

（二）通过规范化变换数据

规范化的数据变换的形式通常有属性类型变换和属性值变换。

1. 属性类型变换

属性类型变换是数据从一种表示形式转换为另一种表示形式的过程。为了后续统计分析工作的需要，通常将原始数据的属性转换成目标数据集的属性类型，可以使用数据概化、属性构造等方法进行属性变换。

数据概化是指用更抽象或更高层次的属性来代替低层或原始数据。例如：街道属性可以概化到城市的层次，或直接概化到国家的层次；年龄属性可以概化为青年、中年、老年；出生年月的属性可以概化为"80后""90后""00后"等。

属性构造是指构造新的属性并将其添加到属性集合中以便帮助挖掘。该属性可以是根据原有属性计算出的属性，如根据半径属性计算出新属性周长与面积，也可以是根据原属性与目标属性之间的映射关系，将属性变化成一对一映射和多对一映射。其中，一对一映射表示原数据类型与目标数据类型之间为一一对应的关系，如将"2021年7月10日"的日期转换为"2021/7/10"，只是形式上的转换，是一对一的关系。多对一映射表示原数据类型与目标数据类型之间为多对一的关系，见表5-5。

表5-5　多对一映射实例

原数据类型（得分，整数型）	目标数据类型（品质，字符串）
9~10	优等品
6~8	中等品
1~5	劣等品

2. 属性值变换

属性值变换即数据标准化，是指将属性值按比例进行缩放，使之落在一个特定的区间，以消除数值型属性因大小不一而造成的挖掘效果的偏差。常用的数据标准化的方法有四种：

（1）最大 – 最小标准化。已知属性的原范围 [old_min，old_max]，将其映射到新范围 [new_min，new_max]

$$x' = \frac{x - \text{old\_min}}{\text{old\_max} - \text{old\_min}} \ (\text{new\_max} - \text{new\_min}) \ + \text{new\_min}$$

这种方法操作简单，但存在缺陷。当新加入的数据超过了原范围 [old_min，old_max] 时，必须更新 old_min 与 old_max 的值，否则会出错。

（2）0 – 1 标准化。0 – 1 标准化是最大 – 最小标准化的一种特殊形式，即 new_min = 0，new_max = 1 的情况。

$$x' = \frac{x - \text{old\_min}}{\text{old\_max} - \text{old\_min}}$$

（3）零 – 均值标准化。零 – 均值标准化适用于数据符合正态分布的情况。

$$x' = \frac{x - \mu}{\sigma}$$

式中，μ 为均值；σ 为标准差。

（4）小数定标标准化。小数定标标准化通过移动小数点的位置，将属性值映射到 [0，1]，使用小数的科学计数法来达到规范化的目的。

$$x' = \frac{x}{10^j}$$

式中，j 是使 $\max(|x'|) < 1$ 成立的最小值。

（三）数据离散化和概念分层

离散化技术可以根据如何进行离散化加以分类，比如根据是否使用类信息，或根据离散化的进行方向（自顶向下或自底向上）来分类。如果离散过程使用类信息，则称它为监督的离散化；否则是非监督的。如果离散化过程首先找出一个或几个点（称作分裂点或割点）来划分整个属性区间，然后在结果区间上递归地重复这一过程，则称它为自顶向下离散化或分裂。自底向上离散化或合并刚好相反，它们首先将所有的连续值看作可能的分裂点，通过合并领域的值形成区间，然后在结果区间递归地应用这一过程。

数据离散化和概念分层产生也是数据变换形式。原始数据被少数区间或标签取代。这简化了原数据，使得挖掘更有效，挖掘的结果模式一般更容易理解。对于多个抽象层上的挖掘，概念分层也是有用的。

可以使用以下 3 种方法实现数据离散化：

1. 通过分箱离散化

分箱是一种基于指定的箱个数的自顶向下的分裂技术。比如，通过使用等宽分箱，用箱均值或中位数替换箱中的每个值，可以将属性值离散化，就像用箱的均值或箱的中位数平滑一样。这些技术可以递归地作用于结果划分，产生概念分层。但是，分箱并不使用类信息，因此是一种非监督的离散化技术。它对用户指定的箱个数很敏感，也容易受离群点的影响。

2. 通过直方图分析离散化

直方图分析也不使用类信息，是一种非监督离散化技术。直方图把一个属性的值划分成不相交的区间，称作桶或箱。可以使用各种划分规则定义直方图，如在等宽直方图中，将值分成相等分区或区间。理想情况下，使用等频直方图，值被划分，使得每个分区包括相同个数的数据元组。直方图分析算法可以递归地用于每个分区，自动地产生多级概念分层，直到达到一个预先设定的概念层数，过程终止。也可以对每一层使用最小区间长度来控制递归过程。最小区间长度设定每层每个分区的最小宽度，或每层每个分区中值的最少数目。

3. 通过聚类、决策树和相关分析离散化

聚类、决策树和相关分析可以用于数据离散化。聚类分析是一种流行的离散化方法。通过将属性的值划分成簇或组，聚类算法可以用来离散化数值属性。聚类考虑数据的分布特点以及数据点的邻近性，因此可以产生高质量的离散化结果。

遵循自顶向下的划分策略或自底向上的合并策略，聚类可以用来产生属性的概念分层，其中每个簇形成概念分层的一个节点。在前一种策略中，每一个初始簇或分区可以进一步分解成若干子簇，形成较低的概念层。在后一种策略中，通过反复地对邻近簇进行分组，形成较高的概念层。

分类决策树的技术可以用于离散化，该技术使用自顶向下划分方法。不同于目前已经提到的方法，离散化的决策树方法是监督性的，因为它们使用类标号。例如在患者症状数据集中，每个患者具有一个判断结论类标号。类分布信息用于计算和确定划分点（划分属性区间的数据值）。选择划分点使得一个给定的结果分区包含尽可能多的同类元组。熵是最常用于确定划分点的度量。为了离散化数值属性，该方法选择最小化熵的属性值作为划分点，并递归地划分结果区间，得到分层离散化。这种离散化形成属性的概念分层。由于基于决策树的离散化使用类信息，引出区间边界（划分点）更有可能定义在有助于提高分类准确率的地方。

相关性度量也可以用于离散化。ChiMerge 是一种基于 χ^2 的离散化方法。到目前为止，人们主要研究自顶向下划分策略的离散化方法。ChiMerge 却是自底向上的策略，递归地找出最邻近区间，然后合并，形成较大的区间。与决策树分析一样，ChiMerge 是监督性的，因为它使用类信息。其基本思想是，对于精确的离散化，相对类频率在一个区间内应当完全一致。因此，如果两个邻近的区间具有非常类似的类分布，则对这两个区间进行 χ^2 检验。具有最小 χ^2 值的相邻区间合并在一起，因为低 χ^2 值表明它们具有相似的类分布。该合并过程递归地进行，直到满足预先定义的终止条件。

（四）标称数据的概念分层产生

考虑标称数据的数据变换时，着重研究标称属性的概念分层产生，标称属性具有有穷多个不同值（但可能很多），值之间无序。例如地理位置、工作类别和商品类型。

对于用户和领域专家而言，人工定义概念分层是一项乏味和耗时的任务。幸运的是，许多分层结构都隐藏在数据库的模式中，并且可以在模式定义级自动地定义。概念分层可以用来把数据变换到多个粒度层。例如，关于销售的数据挖掘模式除了在单个分店挖掘之外，还可以针对指定的地区或国家挖掘。

下面介绍 4 种标称数据概念分层的产生方法：

（1）由用户或专家在模式级显式地说明属性的部分序：通常，标称属性或维的概念分层涉及一组属性。用户或专家可以在模式级通过说明属性的偏序或全序，很容易地定义概念分层。例如，假设关系数据库包括街道、城市、省和国家。类似地，数据仓库的维"定位"会包含相同的属性。可以在模式级说明这些属性的一个全序，如街道＜城市＜省＜国家，来定义分层结构。

（2）通过显式数据分组说明分层结构的一部分：这本质上是人工地定义概念分层结构的一部分。在大型数据库中，通过显式的值枚举定义整个概念分层是不现实的。然而，对于一小部分中间层数据，可以很容易地显式说明分组。例如，在模式级说明了省和国家形成一个分层后，用户可以人工地添加某些中间层。如显式地定义"东、中、西部地区"。

（3）说明属性集但不说明它们的偏序：用户可以说明一个属性集形成概念分层，但并不显式说明它们的偏序。然后，系统可以试图自动产生属性的序，构造有意义的概念分层。

如果没有掌握数据语义的知识，如何找出任意的标称属性集的分层序？由于一个较高层的概念通常包含若干从属的较低层概念，定义在较高概念层的属性与较低概念层的属性相比，通常包含较少不同值。根据这一现实观察，可以根据给定属性集中每个属性不同值的个数，自动产生概念分层。具有最多不同值的属性放在分层结构的最底层。一个属性的不同值个数越少，它在产生的概念分层结构中所处的层次越高。在许多情况下，这种启发式规则都很有用。在考察了所产生的分层之后，如果必要，局部层次交换或调整可以由用户或专家来做。

【例5-5】　根据每个属性的不同值的个数产生概念分层。假设用户从一个企业数据库中选择了一个关于"企业经营地址"的属性集：街道、国家、省和城市，但没有指出这些属性之间的分层次序。

"企业经营地址"的概念分层可以自动产生，如图5-5所示。首先，根据每个属性的不同值个数，将属性按升序排列，其结果如下（其中，每个属性的不同值个数在括号中）：国家（35），省（125），城市（3572），街道（736193）。其次，按照排好的次序，自顶向下产生分层，第一个属性在最顶层，最后一个属性在最底层。最后，用户可以考察所产生的分层，如果必要的话，修改它，以反映属性之间期望的语义联系。

注意，这种启发式规则并非万无一失。比如数据库中的时间维可能包含20个不同的年，12个不同的月，7个不同的星期，此时分层结构的最顶层不应该是星期，而应该是年。

（4）只说明部分属性集：在定义分层时，用户有可能不小心，或者对于分层结构中应当包含什么只有很模糊的想法。因此，用户可能在分层结构说明中只包含了相关属性的一小部分。例如，用户可能没有包含"企业经营地址"的分层相关的所有属性，而只说明了街道和城市。为了处理这种部分说明的分层结构，在数据库模式中嵌入数据语义，使得语义密切相关的属性能够捆绑在一起很重要。这样，一个属性的说明可能触发整个语义密切相关的属性组被"拖进"，形成一个完整的分层结构。然而，必要时，用户应当可以选择忽略这一特性。

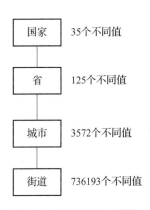

图5-5　基于不同值个数的
模式概念分层之自动产生

使用预先定义的语义关系产生概念分层。关于"定位"概念，假设数据挖掘专家已经将五个属性编码、街道、城市、省和国家捆绑在一起，因为它们关于定位概念的语义密切相关。如果用户在定义定位的分层结构时只说明了属性城市，那么系统可以自动拖进以上五个属性，形成一个分层结构。用户可以选择去掉分层结构中的任何属性，如编码和街道，让城市作为该分层结构的最低概念层。

总之，模式和属性值计数信息都可以用来产生标称数据的概念分层。使用概念分层变换数据使得较高层的知识模式被发现。它允许在多个抽象层进行挖掘，这是许多数据挖掘应用的共同需要。

五、数据归约

采用数据归约的技术可以获得数据集的简化表示（简称近似子集），并且近似子集的信息表达能力和原数据集非常接近。因此，数据归约对后续的分析处理不产生影响，归约前后的数据分析处理结果相同，且用于数据归约的时间不超过归约后数据挖掘节省的时间。数据归约的必要前提是充分理解挖掘任务并熟悉数据内容。常用的数据归约方法有维归约和数值归约。

（一）维归约

维归约是从原有的数据中删除不重要或不相关的属性，或者通过对属性进行重组来减少属性的个数。维归约的目的是找到最小的属性子集，且该子集的概率分布尽可能地接近原数据集的概率分布，可以通过以下几种方法找到最小属性子集：

1. 逐步向前选择

从一个空属性集开始，将该集合作为属性子集的初始值，每次从原属性集中选择一个当前最优的属性添加到属性子集中，迭代地选最优并添加，直至无法选出最优为止。

2. 逐步向后删除

从一个拥有所有属性的属性集开始，将该集合作为属性子集的初始值，每次从当前子集中选择一个当前最差的属性并将其从属性子集中删除，迭代地选最差并删除，直至无法选出最差为止。

3. 向前选择与向后删除结合

可以将向前选择和向后删除的方法结合在一起，每次选择一个最好的属性，并在剩余属性中删除一个最差的属性。

（二）数值归约

数值归约是用较简单的数据表示形式替换原数据，也可以采用较小的数据单位或用数据模型代替数据以减少数据量。常用的数值归约方法有：

1. 直方图

在进行数值归约时，常使用分箱来近似数据分布。属性 A 的直方图将 A 的数据分布划分为不相交的子集或桶。如果每个桶只代表单个属性值或频率对，则该桶称为单值桶。通常，桶表示给定属性的一个连续区间。

2. 聚类

聚类技术把数据元组看作对象，将对象划分为群或簇，使得在一个簇中的对象"相似"，而与其他簇中的对象"相异"。在数值归约中,用数据的簇代表替换实际数据。

3. 抽样

抽样可以用比原数据集小得多的随机样本(子集)表示大型数据集,因此可以用于数值归约。采用抽样进行数值归约得到样本的花费正比于样本集的大小,而不是数据集的大小。

4. 参数回归

参数回归通常采用一个模型来评估数据。使用参数回归的方法只需要存放参数而不用存放实际数据,能极大地减少数据量,但只对数值型数据有效。

案例分享　智慧温室多传感器数据采集与预处理

智慧农业的推广得益于物联网技术的快速发展,如何能精确地控制智慧温室内作物的生长环境,实现增产增收,对从传感器采集到的数据进行有效处理至关重要。

1. 数据采集

以智慧温室传感器采集作物数据:以吉林农业科技学院2号智慧温室内作物生长环境作为研究对象,主要通过传感器采集数据。

根据不同作物的生长时间,在采集数据时只采集生长时的数据,不采集休眠时的数据。在传感器出现故障或采集的数据大面积出错时,设定人工手动采集数据,并按照系统的格式将数据上传到智慧温室系统数据库中。

以土壤温度、土壤相对湿度、空气温度、空气相对湿度、光照强度和二氧化碳浓度六种因素为测量目标,每种因素同时用分布在大棚内不同的位置五个传感器进行测量。连续20天,每天在8:00—15:00进行四次数据测量,形成了六个20×20的数据矩阵。

2. 数据预处理

采用simFrame软件包对采集的六个数据矩阵进行缺失处理。缺失比例按照5%、10%、15%、20%、25%、30%进行,缺失方式按照完全随机缺失进行。

利用随机森林、多重插补、袋装算法三种方法对缺失值进行填补处理。在填补完成后,利用相关系数对填补后数据和原始数据进行对比分析,判断准确性。下一步计算不同机器学习算法在不同缺失比例的情况下,对不同环境因素填补的相关系数。

(资料来源:李卓,揣小龙,唐友. 基于机器学习填补与3σ分析在智慧温室多传感器数据采集预处理中的研究 [J/OL]. 吉林农业大学学报:1-6 [2021-08-03].)

| 本章关键词 |

大数据采集;大数据预处理

| 课后思考题 |

1. 简述大数据来源有哪些。
2. 举例说明数据清洗的主要步骤。
3. 简述数据集成与数据变换的差别。

第六章

大数据处理的计算架构

本章提要

大数据开启了以数据的深度挖掘和融合为主要特征的智慧化新阶段。随着大数据技术的广泛深入，大数据应用已经形成了庞大的生态系统，人们对数据特点的认识和需求变化，以及新数据类型的不断出现，很难再用一种架构或处理技术覆盖所有场景，新的处理架构和处理技术也随之不断涌现。本章根据大数据处理需求和类型的不同，首先对大数据处理进行整体概述，然后简单总结早期流行的集中式计算架构，最后重点介绍当前主流的分布式计算架构及热门的大数据分析处理系统。

学习目标

1. 清楚地理解大数据处理的基本概念。
2. 更好地掌握 MapReduce 和 Spark 技术。
3. 加深对集中式与分布式计算架构的学习。
4. 熟练掌握 6 种大数据分析处理系统。

重点：MapReduce、Spark 等技术、分布式计算架构以及不同大数据分析处理系统的学习。

难点：MapReduce 和 Spark 的作业流程。

导入案例

基于大数据处理平台的民航机场应急救援

2020 年 10 月 16 日，中国民航历史上规模最大的机场应急救援综合演练在上海浦东国际机场展开，演练共涉及浦东国际机场、机场公安局等 14 家单位 800 余人，各类设施设备 100 余台。演练模拟一架飞往机场的国际航班进入上海管制区后，机场接到匿名电话，声称在飞机上安装有炸弹。机组获悉后，在空中实施排查，在行李架上找到一件无人认领的行李。机场立即启动集结待命，同时向上海市应急联动中心申请支援。由于天气原因，航空器在降落时偏出跑道，造成多名人员受伤，导致后货舱内安装有锂电池的设备起火、前货舱酒精泄漏，机组随后执行货舱火警处置和紧急撤离程序。机场和上海市救援力量立即开展航空器灭火、受伤人员救治与转运、航空器排爆、危险品处置、航空器搬移等救援行动。演练还根据入境疫情防控全闭环管理的要求，模拟演练了对未受伤人员的现场处置和闭环转运安置及疫情防控的保障流程，包括核酸检测、二次测温、流调、办理入关手续、信息登记、隔离转运等科目。

演练采集所有的应急救援设施设备信息，包括人员分配、部署位置、设备型号等，通过模拟航空器突发事件和非航空器突发事件时应急救援行动的开展，提升应急救援人员对救援流程的掌握程度，并可采用虚拟演练方法来实现应急救援人员对不同特情的处置，包括如何安排设施设备使用顺序、机场场面滑行道使用、协同部门进场时间等，有效提高机场人员的应急能力。

一次应急救援行动需要处理的不同部门提供的数据量在 TB 级别，全民航累积的历史数据量在 PB 级别左右，通过搭建机场应急救援大数据处理平台将应急设施设备部署信息、通信语音、场面运行、广播报文、电子进程单等存储在 Oracle、SQLSever、MySQL 和 MongoDB 等传统数据库中，利用相应工具将数据采集到大数据分析平台中并通过数据交换组件对各类数据进行融合，依托数据处理引擎的批处理和流处理功能对数据进行快速处理，最后以可视化形式呈现给一线应急救援部门，对实时性要求极高的应急救援行动进行支持，并为指挥决策部门提供各类数据分析工具，让应用部门不需要关注底层大数据开发技术，只需要专注于行动指挥、进程安排，进而解决一线单位在救援行动中面临的问题。

（资料来源：潘卫军，刘铠源，朱新平，等. 民航机场应急救援大数据处理平台架构研究 [J]. 计算机与数字工程，2021，49（2）：280－283.）

思考：

（1）根据上述内容，尝试画出机场应急救援大数据处理平台的总体架构。

（2）根据你的理解，分析机场应急救援大数据处理中各数据库是如何相互协助工作的？

第一节 大数据处理概述

一、大数据处理的内涵

（一）大数据处理的定义

大数据处理是一项涉及计算与信息处理等多方面的综合性技术，具有显著的技术综合性和交叉性。大数据的有效处理需要将存储、计算与分析层面的技术紧密结合、交叉综合，以形成一种完整的大数据处理技术栈，即包括并综合大规模硬件资源和基础设施管理、分布式存储管理、并行化计算、分析挖掘、应用服务在内的完整的大数据处理系统平台。

大数据处理从海量的原始数据中抽取出有价值的信息，将数据转换成信息，其中数据资源是基础、处理平台是支撑、分析算法是核心、应用效益是根本。大数据应用的很多问题都来自具体行业，大数据处理具有很强的行业应用需求驱动。因此，大数据处理必须紧密结合行业应用的实际场景和需求，结合行业实际应用需求去解决技术难题，从而有效地利用大数据处理技术提升行业的信息处理与服务水平、发掘行业的深层价值。

（二）大数据处理的特征

1. 处理的数据量大

大数据处理的特征首先就体现为"大"，随着信息技术的高速发展，数据开始爆发性增长，需要处理的数据大小通常达到 PB（1024 TB）或 EB（1024 PB）级，巨大的数据量和种类繁多的数据类型给大数据系统的存储和计算带来很大挑战。因此，大数据处理需要存储器、服务器技术的支撑。存储器把采集到的数据存储起来，建立相应的数据库，并进行管理和调用，主要解决大数据的可存储、可表示、可处理、可靠性及有效传输等几个关键问题。

2. 处理的数据格式多样

大数据包括不同格式的数据，从简单的电子邮件、数据日志和信用卡记录，到仪器收集到的科学研究数据、医疗数据、财务数据以及丰富的媒体数据（如照片、音乐、视频等）。在大数据背景下，不同格式的数据需要不同的处理方法和技术，可以根据应用的实际需求，采取灵活的处理方式。对于响应时间要求低的数据可以采取批处理的方式，而对于响应时间要求高的实时数据可以采用流处理方式。

3. 处理数据的速度快

大数据主要通过互联网传输，产生速度非常快，生活中每个人每天都在提供大量的资料，且这些数据需要及时处理。对于一个平台而言，花费大量资本去存储作用较小的历史数据是不划算的，因此保存的只有过去几天或者一个月之内的数据。基于这种情况，大数据对处理速度有非常严格的要求，服务器中大量的资源都用于处理和计算数据，很多平台都需要做到实时分析，通过基于实现软件性能优化的高速计算机处理器和服务器，创建实时数据流已成为流行趋势。

二、MapReduce

（一）MapReduce 简介

1. MapReduce 的产生背景与应用场景

2004 年，Google 在 OSDI 国际会议上发表了一篇论文《Map Reduce：大型集群上的简化数据处理》（*MapReduce：Simplified Data Processing on Large Clusters*），公布了 MapReduce 的基本原理和主要设计思想，Google 用 MapReduce 重新改写了其整个搜索引擎中的 Web 文档索引处理。在 Google 发表了文章后，开源项目 Lucene（搜索索引程序序库）和 Nutch（搜索引擎）的创始人 Doug Cutting，发现 MapReduce 正是其所需要的解决大规模分布数据处理的重要技术，因而模仿 Google 的 MapReduce，基于 Java 设计出了称为 Hadoop 的开源 MapReduce，该项目成为 Apache 下最重要的项目。

MapReduce 作为一种分布式计算模型，有其擅长的领域，也有其不擅长的方面：

（1）MapReduce 计算模型适用于批处理任务，即在可接受的时间内对整个数据集进行计算，得到某个特定的查询结果，该计算模型不适合需要实时反映数据变化状态的计算环境。

（2）MapReduce 计算模型是以"行"为处理单位的，无法回溯已处理过的"行"，故每行日志都必须是一个独立的语义单元，行与行之间不能有语义上的关联。

（3）MapReduce 计算模型是在处理时对数据进行解释，输入的 Key 和 Value 可以不是数据本身固有的属性，Key、Value 的选择完全取决于分析数据的人。因此，相对于传统的关系数据库管理系统，MapReduce 计算模型更适合于处理半结构化或无结构化的数据。

（4）MapReduce 是一个线性可扩展模型，服务器越多，处理时间越短。

2. MapReduce 的设计理念与特点

MapReduce 是一种编程模型，用于大规模数据集（大于1TB）的并行运算，用于解决海量数据的计算问题，它的设计理念是"计算向数据靠拢"，而不是"数据向计算靠拢"。MapReduce 框架把计算节点和存储节点放在一起运行，将复杂的、运行于大规模集群上的并行计算过程高度地抽象为两个函数：Mapping 和 Reducing，从而减少了节点间的数据移动开销。

总的来说，MapReduce 主要具有以下几个特点：

（1）易于编程。MapReduce 通过一些简单的接口，就可以完成一个分布式程序，然后分布到 PC 上运行，即写一个分布式程序。和写一个简单的串行程序是一样的，这也是 MapReduce 编程变得非常流行的一个原因。

（2）良好的扩展性。当计算资源不能得到满足的时候，可以通过简单地增加机器来扩展 MapReduce 的计算能力。

（3）高容错性。MapReduce 设计的初衷是使程序能够部署在廉价的 PC 上，因此它具有很高的容错性。例如，当一台机器发生故障，MapReduce 可以把该机器上的计算任务转移到另外一个节点上运行，而且这个过程不需要人工参与，完全是由 Hadoop 内部完成的。

（4）适合 PB 级以上海量数据的离线处理。MapReduce 比较适合离线处理而不适合在线处理。例如，像毫秒级别地返回一个结果，MapReduce 就很难做到。

3. MapReduce 的主要功能

MapReduce 通过抽象模型和计算框架把需要做什么（What Need to Do）与具体怎么做（How to Do）分开了，提供了一个抽象和高层的编程接口与框架。使用者仅需编写少量处理应用问题的程序代码即可，如何具体完成这个并行计算任务所相关的诸多系统层细节都可以交给计算框架去处理，它的主要功能有：

（1）数据划分和计算任务调度。系统自动将一个待处理的大数据作业（Job）划分为很多个数据块，每个数据块对应一个计算任务（Task），并自动调度计算节点来处理相应的数据块。作业和任务调度功能主要负责分配和调度计算节点（Map 节点或 Reduce 节点），同时负责监控这些节点的执行状态，并负责 Map 节点执行的同步控制。

（2）数据/代码互定位。进行数据处理的一个基本原则就是本地化数据处理，即一个计算节点尽可能处理其本地磁盘上所分布存储的数据（代码向数据的迁移）；当无法进行这种本地化数据处理时，再寻找其他可用节点，将数据从网络上传给该节点（数据向代码迁移），选择可用节点时，尽可能从数据所在的本地机架上寻找，可以减少通信延迟。

（3）系统优化。为了减少数据通信开销，中间结果数据进入 Reduce 节点前会进行一定的合并处理。一个 Reduce 节点所处理的数据可能会来自多个 Map 节点，为了避免 Reduce 计算阶段发生数据相关性，Map 节点输出的中间结果需使用一定的策略进行适当的划分处理，保证相关性数据发送到同一个 Reduce 节点。此外，系统还进行一些计算性能优化处理，如对最慢的计算任务采用多备份执行、选最快完成者作为结果。

（4）出错检测和恢复。在以低端商用服务器构成的大规模 MapReduce 计算集群中，节点硬件（主机、磁盘、内存等）出错和软件出错是常态，因此 MapReduce 需要能检测并隔离出错节点，并调度分配新的节点接管出错节点的计算任务。同时，系统还将维护数据存储的可靠性，用多备份冗余存储机制提高数据存储的可靠性，并及时检测和恢复出错的数据。

（二）MapReduce 的基本架构

MapReduce 采用 Master/Slave 的架构，包含四个组成部分：Client、JobTracker、TaskTracker、Task。

1. Client

Client 是拥有独立的配置流程、主数据、单据及用户的区域块，主要功能有：用户可以编写 MapReduce 程序通过 Client 提交到 JobTracker 端；也可以通过 Client 提供的一些接口查看作业的运行状态。

每一个 Job 都会在用户端通过 Client 类将应用程序以及参数配置 Configuration 打包成 JAR 文件存储在 HDFS，并把路径提交到 JobTracker 的 Master 服务，然后由 Master 创建每一个 Task（即 MapTask 和 ReduceTask），并分发到各个 TaskTracker 服务中去执行。

2. JobTracker

JobTracker 是一个后台服务进程，启动之后，会一直监听并接收来自各个 TaskTracker 发送的心跳信息，主要负责作业监控和资源调度。

JobTracker 接收到 JobClient 的请求后将其加入作业调度队列中，然后等待 JobClient 通过 RPC 向其提交作业，而 TaskTracker 则一直通过 RPC 向 JobTracker 发送心跳信号询问是否有任务可执行，有则请求 JobTracker 派发任务给它执行。如果 JobTracker 的作业队列不为空，则 TaskTracker 发送的心跳信号将会获得 JobTracker 向它派发的任务，这是一个主动请求的任务：Slave 的 TaskTracker 主动向 Master 的 JobTracker 请求任务，当 TaskTracker 接到任务后，通过自身调度在本 Slave 建立起 Task，执行任务。

3. TaskTracker

TaskTracker 是运行在多个节点上的 Slave 服务，是 JobTracker 和 Task 之间的桥梁。TaskTracker 与 JobTracker 和 Task 之间采用了 RPC 协议进行通信。主要功能有汇报心跳和执行命令。

TaskTracker 通过心跳将本节点上资源的使用情况和任务的运行进度汇报给 JobTracker，同时执行 JobTracker 发送过来的命令并执行相应的操作。TaskTracker 使用 Slot 等量划分本节点上的资源量。Slot 代表计算资源（CPU、内存等），Hadoop 调度器的作用就是将各个 TaskTracker 上的空闲 Slot 分配给 Task 使用。Slot 分为 MapSlot 和 ReduceSlot 两种，分别提供 MapTask 和 ReduceTask 使用。

4. Task

Task 分为 MapTask 和 ReduceTask 两种，均由 TaskTracker 启动。

MapTask 是 Map 引擎，完成如下功能：解析每条数据记录，传递给用户编写的 Mapper；将 Mapper 输出数据写入本地磁盘（如果是 Map-only 作业，则直接写入 HDFS）。

ReduceTask 是 Reduce 引擎，完成如下功能：从 MapTask 上远程读取输入数据；对数据排序；将数据按照分组传递给用户编写的 Reducer。

HDFS 以固定大小的块（Block）为基本单位存储数据，而 MapReduce 的处理单位则是分片（Split）。Split 是一个逻辑概念，只包含一些元数据信息，比如数据起始位置、数据长度、数据所在节点等。Split 的划分方法完全由用户自己决定，Split 的多少决定了 MapTask 的数目，每一个 Split 只会交给一个 MapTask 处理。

（三）MapReduce 作业的运行流程

Hadoop 运行 MapReduce 作业的流程包括：提交作业、初始化作业、分配任务、执行任务、更新进度和状态、完成作业。从客户端、JobTracker、TaskTracker 和 HDFS 的层次对该流程进行具体分析，如图 6 - 1 所示。

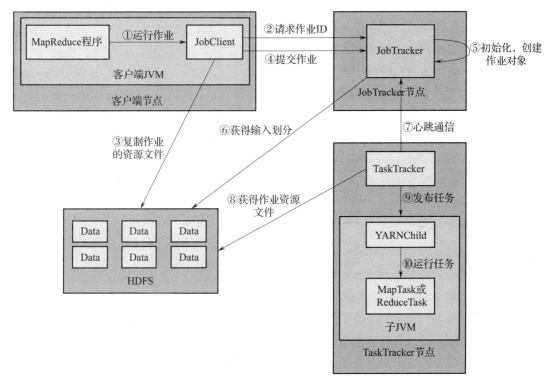

图 6 - 1　MapReduce 作业的运行流程

1. 提交作业

一个 MapReduce 作业在提交到 Hadoop 后会进入自动化执行过程，在运行过程中，用户除了监控程序的执行情况和强制中止作业之外，不能对作业的执行流程进行任何的干预。因此，在作业提交之前，用户需要对相关内容进行配置。

配置作业完成并确认无误后，开始运行作业，即执行图中的步骤①。具体流程如下：

（1）通过调用 JobTracker 对象的 getNewJobID（）从 JobTracker 处获取当前作业的 ID 号（图中步骤②）。

（2）检查作业相关路径。在代码中获取各个路径信息时会对作业的路径进行检查。

（3）计算作业的输入划分，并将划分信息写入 Job. split 文件，如果写入失败就会返回错误。

（4）将运行作业所需要的资源复制到对应的 HDFS 上，包括：作业的 JAR 文件、配置文件和计算所得到的输入划分信息等（图中步骤③）。

（5）调用 JobTracker 对象的 submitJob（）方法来真正提交作业，JobTracker 作业准备执行（图中步骤④）。

2. 初始化作业

在客户端用户作业调用 JobTracker 对象的 submitJob（）方法之后，JobTracker 会把此调用放入内部的 TaskTracker 变量中，然后进行调度，默认的调度方法是 JobQueueTaskScheduler，即 FIFO（First in First out）调度方法。当客户作业被调度执行时，JobTracker 会创建一个代表这个作业的 JobInProgress 对象，并将任务和记录信息封存到这个对象中，以便跟踪任务的状态和进程。JobInProgress 对象的 initTask 函数会对任务进行初始化操作（图中步骤⑤）。详细步骤如下：

（1）从 HDFS 中读取作业对应的 Job. split（图中步骤⑥）。JobTracker 会从 HDFS 中对应的路径获取 JobClient 在步骤③中写入的 Job. split 文件，得到输入数据的划分信息，为后续初始化过程中 Map 任务的分配做好准备。

（2）创建并初始化 Map 任务和 Reduce 任务。首先，initTask 根据输入数据划分信息中的个数设定 MapTask 的个数，然后为每个 MapTask 生成一个 TaskInProgress 来处理 input split，并将 MapTask 放入 nonRunningMapCache，最后根据 JobConf 中的 mapred. reduce. tasks 属性，利用 setNumReduceTasks（）方法设置 ReduceTask 的个数，采用类似 MapTask 的方法将 ReduceTask 放入 nonRunningReduces 中。

（3）创建两个初始化 Task，根据个数和已经配置完成的输入划分信息，分别初始化 Map 和 Reduce。

3. 分配任务

TaskTracker 和 JobTracker 之间的通信和任务分配是通过心跳机制完成的。TaskTracker 作为一个单独的 JVM 执行一个简单的循环，每隔一段时间向 JobTracker 发送心跳，JobTracker 在接收到心跳信息后，如果有待分配的任务，就会为 TaskTracker 分配一个任务，并将分配信息封装在心跳通信的返回值中，返回给 TaskTracker。TaskTracker 从 Response 中得知需要做的事情，如果是一个新的 Task，则将它加入本机的任务队列中（图中步骤⑦）。

4. 执行任务

TaskTracker 申请到新的任务之后，通过调用 localizeJob（）方法将任务本地化，即将运行所必需的数据、配置信息、程序代码从 HDFS 复制到 TaskTracker 本地（图中步骤⑧），具体步骤如下：

（1）将 Job. split 复制到本地。

（2）将 Job. jar 复制到本地。

（3）将 Job 的配置信息写入 Job. xml。

（4）创建本地任务目录，解压 Job. jar。

（5）调用 launchTaskForJob（）方法发布任务（图中步骤⑨）。

任务本地化之后，通过 launchTaskForJob（）方法调用 launchTask（）启动任务。首先使用 launchTask（）为任务创建本地目录。然后启动 TaskRunner，其中对于 Map 任务启动 MapTaskRunner，对于 Reduce 任务则启动 ReduceTaskRunner。最后，通过 TaskRunner 启动新的 JVM 来运行每个任务（图中步骤⑩）。

5．更新进度和状态

由 MapReduce 作业分割成的每个任务中都有一组计数器，可以对任务执行过程中的进度组成时间进行计数。在报告进度时，通过设置一个标志以表明状态变化，监听线程检查到这个标志后会告知 TaskTracker 当前的任务状态。同时，TaskTracker 在每隔 5s 发送给 JobTracker 的心跳中分装任务状态，报告自己的任务执行状态。通过心跳机制，所有的 TaskTracker 的统计信息都会汇总到 JobTracker 处。JobTracker 将这些信息合并起来，产生一个全局的作业进度统计信息，用来表明正在运行的所有作业，以及其中所含任务的状态。最后，JobClient 通过每秒查看 JobTracker 来接收作业进度的最新状态。

6．完成作业

当 JobTracker 接收到最后一个任务的已完成通知后，便把作业的状态设置为"成功"。然后，JobClient 也将及时得到任务已经完成的信号，告知用户作业完成，最后从 runJob（）方法处返回。

（四）MapReduce 的技术特征

1．向"外"横向扩展，而非向"上"纵向扩展

MapReduce 集群的构建完全选用价格便宜、易于扩展的低端商用服务器，而非价格昂贵、不易扩展的高端服务器。对于大规模的数据处理，由于有大量数据存储需要，基于低端服务器的集群远比基于高端服务器的集群优越，这也是为什么 MapReduce 并行计算集群会基于低端服务器实现的原因。

2．失效被认为是常态

MapReduce 集群中使用了大量的低端服务器，因此，节点硬件失效和软件出错是常态。一个良好设计、具有高容错性的并行计算系统不能因为节点失效而影响计算服务的质量，任何节点失效都不应当导致结果的不一致或不确定，当一个节点失效时，其他节点要能够无缝接管失效节点的计算任务，失效节点恢复后应能自动无缝加入集群，而不需要进行人工系统配置。MapReduce 并行计算软件框架使用了多种有效的错误检测和恢复机制，如节点自动重启技术，使集群和计算框架具有对付节点失效的健壮性，能有效处理失效节点的检测和恢复。

3．把处理向数据迁移

传统高性能计算系统通常有很多处理器节点与一些外存储器节点相连，如用 SAN 连接的磁盘阵列，因此，当大规模数据处理时，外存文件数据 I/O 访问会成为一个制约系统性能的瓶颈。为了减少大规模数据并行计算系统中的数据通信开销，可以将处理向数据靠拢和迁移。MapReduce 采用了数据/代码互定位的技术方法，计算节点首先尽量负责计算其本地存储的数据，以发挥数据本地化特点，仅当节点无法处理本地数据时，再采用就近原则寻找其他可用计算节点，并把数据传送到该可用计算节点。

4．顺序处理数据、避免随机访问数据

大规模数据处理的特点决定了大量的数据记录难以全部存放在内存，而通常只能放在外存中进行处理。由于磁盘的顺序访问要远比随机访问快得多，因此，MapReduce 主要设计为

面向顺序式大规模数据的磁盘访问处理。为了实现面向大数据集批处理的高吞吐量的并行处理，MapReduce 可以利用集群中的大量数据存储节点同时访问数据，以此利用分布集群中大量节点上的磁盘集合提供高带宽的数据访问和传输。

5. 为应用开发者隐藏系统层细节

在软件工程实践指南中，程序员需要记住大量的编程细节（从变量名到复杂算法的边界情况处理），这对大脑记忆是一个巨大的认知负担，需要高度集中注意力，而并行程序编写更加困难，如需要考虑多线程中同步等复杂烦琐的细节。此外，由于并发执行中的不可预测性，程序的调试查错也十分困难，在大规模数据处理时需要考虑数据分布存储管理、数据分发、数据通信和同步、计算结果收集等诸多问题。MapReduce 提供了一种抽象机制将程序员与系统层细节隔离开来，程序员仅需描述需要计算什么（What to compute），而具体怎样去计算（How to compute）就交由系统的执行框架处理，这样程序员可从系统层细节中解放出来，而致力于其应用本身计算问题的算法设计。

6. 平滑无缝的可扩展性

可扩展性主要包括两方面：数据扩展性和系统规模扩展性。理想的软件算法应当能随着数据规模的扩大而表现出持续的有效性，性能上的下降程度应与数据规模扩大的倍数相当；在集群规模上，要求算法的计算性能应能随着节点数的增加保持接近线性程度的增长。现阶段，绝大多数单机算法都达不到以上理想的要求，把中间结果数据维护在内存中的单机算法在大规模数据处理时很快会失效，从单机到基于大规模集群的并行计算也需要不同的算法设计。而 MapReduce 在大多数情形下能实现以上理想的扩展性特征，且对于很多计算问题，基于 MapReduce 的计算性能可随节点数目增长保持近似于线性的增长。

三、Spark

（一）Spark 简介

1. Spark 的产生背景与应用场景

Spark 是基于内存计算的大数据并行计算框架，可用于构建大型的、低延迟的数据分析应用程序，是一种快速、通用、可扩展的大数据分析引擎。Spark 于 2009 年诞生于美国加州大学伯克利分校的 AMP（Algorithms，Machine，and People）实验室，2010 年实现开源，2013 年 6 月成为 Apache 孵化项目，2014 年 2 月成为 Apache 顶级项目，如今仍是 Apache 软件基金会下的顶级开源项目之一。

Spark 适用于数据量不是特别大，要求实时统计分析需求且需要对特定数据集进行多次操作的场合，需要反复操作的次数越多，所需读取的数据量越大，受益越大。同时，Spark 不适用于异步细粒度更新状态的应用，即不适合对于增量修改的应用模型，例如 Web 服务的存储或者是增量的 Web 爬虫和索引。

Spark 在典型行业中的应用场景有：Yahoo 将 Spark 用在 Audience Expansion 中进行点击预测和即席查询等；淘宝技术团队通过 Spark 解决多次迭代的机器学习算法、高复杂度的算法等问题，并将结果应用于内容推荐、社区发现等；腾讯大数据精准推荐也借助 Spark 快速迭代的优势，实现了"数据实时采集、算法实时训练、系统实时预测"的全流程实时并行高维算法，将其成功应用于广点通 PCTR 投放系统上；优酷土豆通过 Spark 实现机器学习、图计算等迭代计算，将其应用于视频推荐、广告业务等。

2. Spark 的设计理念与特点

Spark 的设计遵循"一个软件栈满足不同应用场景"的理念，逐渐形成了一套完整的生态系统，既能够提供内存计算框架，也可以支持 SQL 即时查询、实时流式计算、机器学习和图计算等。Spark 可以部署在资源管理器 YARN 上，提供一站式的大数据解决方案。

总的来说，Spark 具有以下几个特点：

（1）快速高效。Hadoop MapReduce 的 Job 将中间输出和结果存储在 HDFS 中，而 Spark 允许将中间输出和结果存储在内存中，节省了大量的磁盘 I/O 操作。此外，Spark 使用先进的有向无环图（Directed Acyclic Graph，DAG）执行引擎，支持循环数据流与内存计算，基于内存的执行速度比 MapReduce 快上百倍，基于磁盘的执行进度也能快十倍。

（2）简洁使用。Spark 所提供的接口非常丰富，提供基于 Python、Java、Scala 和 SQL 的简单易用的 API 以及内建的丰富的程序库，降低了使用者的门槛。此外，Spark 还能和其他大数据工具密切配合使用，自带 80 多个高等级操作符，可以在 Scala、Python、R 的 Shell 中进行交互式查询，并在这些 Shell 中使用 Spark 集群来验证解决问题的方法。

（3）全栈式数据处理。Spark 提供了完整而强大的技术栈支持，包括批处理（Spark Core）、交互式查询（Spark SQL）、流式计算（Spark Streaming）、机器学习（Spark MLlib）、图计算（Spark GraghX），Python 操作 PySpark、R 语言 SparkR 等，运行模式多样，这些组件可以无缝整合在同一个应用中，在应对复杂的计算时，提供一套统一的解决方案。因此，只要掌握 Spark 一门编程语言，就可以编写不同应用场景的应用程序。

（4）兼容性高。Spark 可以不依赖于第三方的资源管理和调度器，实现 Standalone 作为其内置的资源管理和调度框架，解决单点故障的问题，且此模式也完全可以使用其他集群管理器替换，比如 YARN、Mesos、Kubernetes、EC2 等。此外，Spark 除了可以访问操作系统自身的本地文件系统和 HDFS 外，还可以访问 Cassandra、HBase、Hive、Tachyon 以及任何 Hadoop 的数据源，并将已经使用 HDFS、HBase 的用户迁移到 Spark。

3. Spark 的主要功能

Spark 基于内存计算，提高了在大数据环境下数据处理的实时性，同时保证了高容错性和高吞吐性，允许用户将 Spark 部署在大量廉价硬件之上，形成集群，它的主要功能有：

（1）减少磁盘 I/O。Hadoop YARN 中的 ApplicationMaster 申请到 Container 后，具体的任务需要利用 Node Manager 从 HDFS 的不同节点下载任务所需的资源（如 JAR 包），即 Hadoop MapReduce 的 Map 端将中间输出和结果存储在磁盘中，Reduce 端又需要从磁盘读写中间结果，伴随着大量的磁盘 I/O 操作，运算速度严重受到了限制。而 Spark 将应用程序上传的资源文件缓冲到 Driver 本地文件服务的内存中，当 Executor 执行任务时直接从 Driver 的内存中读取，即 Spark 将 Map 端的中间输出和结果存储在内存中，Reduce 端在拉取中间结果时避免了大量的磁盘 I/O 操作，效率也大幅提升。

（2）增加并行度。将中间结果写到磁盘与从磁盘读取中间结果属于不同的环节，Hadoop 将它们简单地通过串行执行衔接起来，而 Spark 把不同的环节抽象为 Stage，允许多个 Stage 既可以串行执行，又可以并行执行。并行度就是 Spark 作业中，各个 Stage 的 Task 数量，也代表了 Spark 作业在各个阶段 Stage 的并行度。合理设置并行度，可以充分利用集群资源，减少每个 Task 处理的数据量，增加性能加快运行速度。合理的并行度的设置，应该是要设置得足够大，例如，官方推荐的 Task 数量是设置成 Spark Application 总 CPU 核数量的 2~3 倍，比如 150 个 CPU 核，基本要设置 Task 数量为 300~500。

（3）避免重新计算。每个作业会因为 RDD 之间的依赖关系拆分成多组任务集合，称为调度阶段，也叫作任务集，调度阶段的划分由 DAG Scheduler 划分。Stage 是 Job 的执行阶段，DAG Scheduler 按照 Shuffle Dependency 作为 Stage 的划分节点对 RDD 的 DAG 进行 Stage 划分（上游的为 Shuffle Map Stage）。一个 Job 可能被划分为一到多个 Stage，Stage 分为 Shuffle Map Stage 和 Result Stage 两种。当 Stage 中某个分区的 Task 执行失败后，会重新对此 Stage 调度，在重新调度的时候会过滤已经执行成功的分区任务，不会造成重复计算和资源浪费。

（4）提供可选的 Shuffle 和排序。Shuffle 是打乱数据顺序使得相同的 Key 被统一到同一个分区。Hadoop MapReduce 在 Shuffle 时需要花费大量时间进行排序，且排序在 MapReduce 的 Shuffle 中是不可避免的，而 Spark 的 Shuffle 更加先进，Spark 在 Shuffle 的时候，可以根据不同场景选择在 Map 端排序或者 Reduce 端排序，且不一定会用到排序，有可能会使用 Hash 的形式。例如，在 Bypass 机制下，Task 会为每个下游 Task 创建一个临时磁盘文件，并将数据按 Key 进行 Hash，根据 Key 的 Hash 值，将 Key 写入对应的磁盘文件之中。写入磁盘文件时先写入内存缓冲，缓冲写满之后再溢写到磁盘文件。最后，所有临时磁盘文件合并成一个磁盘文件，并创建一个单独的索引文件。

（5）提供灵活的内存管理策略。Spark 将内存分为堆上的存储内存、堆外的存储内存、堆上的执行内存、堆外的执行内存 4 个部分，提供了执行内存和存储内存之间固定边界和"软"边界的实现。Spark 默认使用"软"边界的实现，执行内存或存储内存中的任意一方在资源不足时都可以借用另一方的内存，最大限度地提高资源的利用率，减少对资源的浪费。Spark 的内存管理器提供的 Tungsten 实现了一种与操作系统的内存 Page 非常相似的数据结构，用于直接操作操作系统内存，节省了创建的 Java 对象在堆中占用的内存，使得 Spark 对内存的使用效率更加接近硬件。此外，Spark 会给每个 Task 分配一个配套的任务内存管理器，对 Task 粒度的内存进行管理，Task 的内存可以被多个内部的消费者消费，任务内存管理器对每个消费者进行 Task 内存的分配与管理，因此 Spark 对内存有着更细粒度的管理。

（二）Spark 的生态系统

Spark 的生态系统主要包含 Spark Core、Spark SQL、Spark Streaming、MLlib 和 GraphX 等组件。Spark 的生态系统分为三层，如图 6-2 所示。

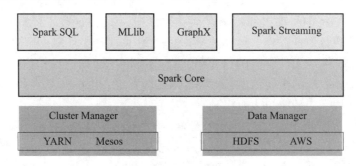

图 6-2　Spark 的生态系统

其中：①底层的 Cluster Manager 负责集群的资源管理，Data Manager 负责集群的数据管理。②中间层的 Spark Core，即 Spark 内核。③最上层为四个专门用于处理特定场景的 Spark 高层模块。下面主要对 Spark 主要功能模块，即中高层模块进行介绍，关于其他模块的介绍可参考前面章节，此处不再详述。

1. Spark Core

Spark Core 是 Spark 的核心功能实现，为其他组件提供底层的服务。主要功能包括：SparkContext 的初始化、任务调度、内存管理、计算引擎等。

在正式提交 Application 之前，首先需要初始化 Spark Context。Spark 在 Spark Context 的 Task Scheduler 组件中提供了对 Standalone 部署模式的实现和 YARN、Mesos、Kubernetes 等分布式资源管理系统的支持，为 Task 分配计算资源，提高任务的并发执行效率。Spark 优先考虑使用各节点的内存作为存储，当内存不足时会考虑使用磁盘，通过减少磁盘 I/O，提升任务执行的效率，使得 Spark 适用于实时计算、流式计算等场景。

2. Spark SQL

Spark SQL 是 Spark 用来操作结构化数据的程序包，允许开发人员直接处理 RDD，同时也提供了对关系数据库的增、删、查、改等的交互式操作，可查询比如 Hive 表、Parquet 以及 JSON 等外部数据源。Spark SQL 支持开发者将 SQL 和传统 RDD 编程的数据操作方式相结合，不论是使用 Python、Java 还是 Scala，开发者都可以在单个的应用中同时使用 SQL 和复杂的数据分析，开发人员不需要自己编写 Spark 应用程序，就可以使用 SQL 命令进行查询，并进行更复杂的数据分析。

3. Spark Streaming

Spark Streaming 是 Spark 提供的对实时数据进行流式计算的组件。DStream 由一系列连续的 RDD 组成，是 Spark Streaming 中所有数据流的抽象，可以被组织为 DStream Graph。Spark Streaming 允许程序能够像普通 RDD 一样对实时数据流进行处理和控制。主要功能包括容错性、实时性和高吞吐性。

Spark Streaming 支持高吞吐量、可容错处理的实时流数据处理，其核心思路是将流数据分解成一系列短小的批处理作业，每个短小的批处理作业都可以使用 Spark Core 进行快速处理。Spark Streaming 提供了用来操作数据流的 API，并且与 Spark Core 中的 RDD API 高度对应，也支持多种数据输入源，如 Kafka、Flume Twitter、MQTT、ZeroMQ、Kinesis 和 TCP 套接字等。

4. MLlib

MLlib（Machine Learnig Lib）是 Spark 中一个常见的机器学习功能的程序库，机器学习算法一般都有多个迭代计算的步骤，需要在多次迭代后获得足够小的误差或者足够收敛才会停止，Spark 的设计初衷就是为了支持一些迭代的 Job，这正好符合很多机器学习算法的特点。

MLlib 通过调用其中的 API，提供了常用机器学习算法的实现，包括聚类、分类、统计、回归、协同过滤等多种功能，还提供了模型评估、数据导入等额外的支持功能，方便了用户，提高了效率，降低了机器学习的门槛。

5. GraphX

GraphX 是用来操作图（比如社交网络的朋友关系图）的程序库，是 Spark 中用于图计算的 API，包含控制图、创建子图、访问路径上所有顶点的操作，主要遵循整体同步并行（Bulk Synchronous Parallel，BSP）计算模式下的 Pregel 模型实现。GraphX 性能良好，拥有丰富的功能和运算符，能在海量数据上自如地运行复杂的图算法。

GraphX 提供了对图的抽象 Graph，Graph 由顶点（Vertex）、边（Edge）及继承了 Edge 的 EdgeTriplet（添加了 srcAttr 和 dstAttr 用来保存源顶点和目的顶点的属性）三种结构组成。GraphX 目前已经封装了最短路径、网页排名、连接组件、三角关系统计等算法的实现，用户可以选择使用。

（三）Spark 的基本架构

从集群部署的角度来看，Spark 的基本架构包括 Cluster Manager、Worker Node、Executor、Driver。

1. Cluster Manager

Cluster Manager 是指在集群上获取资源的外部服务，在 Standalone 模式中，Master 为主节点，在 YARN 模式中，ResourceManager 为资源管理器，控制整个集群，监控 Worker。Cluster Manager 主要负责资源的分配与管理。集群管理器分配的资源属于一级分配，它将各个 Worker 上的内存、CPU 等资源分配给应用程序，但是并不负责对 Executor 的资源分配。目前，Standalone、YARN、Mesos、Kubernetes、EC2 等都可以作为 Spark 的集群管理器。

2. Worker Node

Worker Node 是集群中任何可以运行 Application 代码的节点，在 Standalone 模式中指的是通过 Slave 文件配置的 Worker 节点，在 Spark on YARN 模式下就是 Node Manager 节点。由集群管理器分配得到资源的 Worker Node 主要负责以下工作：控制计算节点，创建并启动 Executor，将资源和任务进一步分配给 Executor，同步资源信息给 Cluster Manager。

3. Executor

Executor 是为某个 Application 运行在 Worker Node 上的一个进程。主要负责任务的执行以及与 Worker、Driver 的信息同步。Executor 接收任务，进行反序列化，得到数据的输入和输出，在分布式集群的相同数据分片上，数据的业务逻辑一样，然后，由 Executor 的线程池负责执行。

4. Driver

Driver 为客户端驱动程序，运行 Application 的 main（）函数。主要负责将任务程序转换为 RDD 和 DAG，并与 Cluster Manager 进行通信与调度。程序运行的时候，编程的 Spark 程序，打包提交到 Driver 端，这样就构成了一个 Driver。

（四）Spark 的运行流程

Spark 作业的运行模式多种多样，灵活多变，部署在单机上时，既可以用本地模式运行，也可以用伪分布模式运行，而当以分布式集群的方式部署时，也有众多的运行模式可供选择，这取决于集群的实际情况。Spark 作业的运行流程如图 6-3 所示。

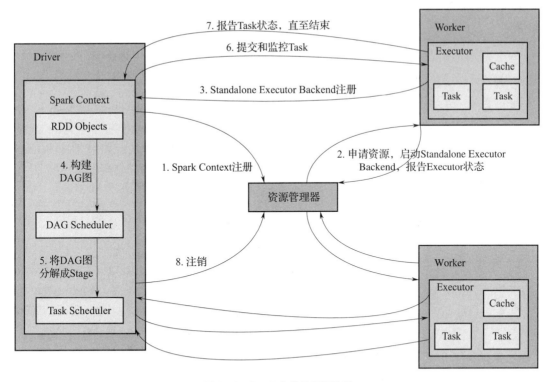

图6-3　Spark 作业的运行流程

1. Spark Context 注册

构建 Spark Application 的运行环境（启动 Spark Context），Spark Context 向资源管理器（可以是 Master、Resource Manager 等）注册并申请运行 Executor 资源（CPU Core 和 Memory）。

2. 申请资源，启动 Standalone Executor Backend，报告 Executor 状态

根据 Spark Context 的资源申请要求和 Worker 心跳周期内报告的信息，资源管理器决定在哪个 Worker 上分配 Executor 资源，然后在该 Worker 上获取资源并启动 Standalone Executor Backend。

3. Standalone Executor Backend 注册

Standalone Executor Backend 向 Spark Context 注册。

4. 构建 DAG 图

Spark 应用程序进行各种转换操作，通过行动操作触发作业运行。提交之后，Spark Context 解析 Application 代码，根据 RDD 之间的依赖关系构建 DAG 图，DAG 图提交给 DAG Scheduler 进行解析。

5. 将 DAG 图分解成 Stage

DAG Scheduler 是面向调度阶段的高层次的调度器，DAG Scheduler 把 DAG 拆分成相互依赖的调度阶段，当遇到宽依赖就划分为新的调度阶段。每个调度阶段包含一个或多个 Stage（或者称为 TaskSet），Stage 一般在获取外部数据和 Shuffle 之前产生，这些 Stage 形成任务集，

提交给底层调度器 Task Scheduler 进行调度运行。DAG Scheduler 记录哪些 RDD 被存入磁盘等物化操作，同时要寻求任务的最优化调度，如数据本地性等。此外，DAG Scheduler 监控运行调度阶段过程，如果某个调度阶段运行失败，则需要重新提交该调度阶段。

6. 提交和监控 Task

每个 Task Scheduler 只为一个 Spark Context 实例服务，Task Scheduler 接收来自 DAG Scheduler 发送过来的任务集后，把任务集以任务的形式一个个分发到集群 Worker 节点的 Executor 中去运行。如果某个任务运行失败，Task Scheduler 要负责重试；如果 Task Scheduler 发现某个任务一直未运行完，就可能启动同样的任务运行同一个任务，最后选用先运行完那个任务的结果。

7. 报告 Task 状态，直至结束

Worker 收到 Task Scheduler 发送过来的任务后，Standalone Executor Backend 会建立 Executor 线程池，以多线程的方式运行，每一个线程负责一个任务。任务运行结束后要返回给 Task Scheduler，直至 Task 完成。不同类型的任务，返回的方式也不同，Shuffle Map Task 返回的是一个 MapStatus 对象，而不是结果本身；ResultTask 根据结果的不同，返回的方式也不同。

8. 注销

所有 Task 完成后，Spark Context 向 Master 注销，释放资源。

案例分享 Hadoop 和 Spark 在 Web 系统推荐功能中的应用

Web 系统推荐功能要解决的就是数据量大的问题，同时还要快和准，如果用单机处理，即使内存够运行完整个流程，也要耗费大量时间，迭代就更加难以完成，所以在实际开发中，Web 系统常常要用到分布式系统。对于分布式计算框架，Hadoop 和 Spark 是目前合适并且优秀的分布式模型。目前它们的应用场景有很多，包括提供个性化服务，优化业务流程等，当然最常见的就是个性化推荐的服务。

首先，Hadoop 和 Spark 都是免费开源框架，可在 Apache 官网下载 Hadoop 和 Spark 的安装包；然后安装一个虚拟机环境，安装配置诸如 ubantu 等系统；接着通过 Xshell 等终端模拟软件连接上虚拟机，此时就可将下载的安装包上传到虚拟机当中；上传完成后，通过 zxvf 指令将安装包解压至指定位置。完成上述部署后，还需要对几个配置文件进行修改，修改之前，因为 Hadoop 需要 Java 环境，所以还需要先行下载 Java JDK，并且在 etc/profile 中配置路径。这些完成之后，就要对 Hadoop 和 Spark 配置文件进行修改，主要开发步骤为：

(1) 在 Hadoop 中，首先修改 Hadoop-env. sh 文件，将 jdk 路径导入进去，修改 core-site. xml 文件，指定 NameNode 的通信地址以及 Hadoop 运行时产生的文件路径，接着修改 hdfs-site. xml，设置 HDFS 副本数量，然后修改 mapred-site. xml。应注意的是，由于在配置文件目录下没有此文件，需要修改名称，具体方式为：mvmapred-site. xml. template mapred-site. xml

通知 MapReduce 使用 YARN, 修改 yarn-site. xml, 然后修改 Reduce 获取数据的方式。这些修改完成之后需要将 Hadoop 添加到环境变量中, 然后执行。配置文件修改完成后, 需要先格式化 Hadoop, 然后在 sbin 目录下执行 start–all. sh 脚本即可启动 Hadoop 服务, 通过 jps 可以看到各个节点的端口。

（2）Hadoop 启动完成后就可以启动系统的 Spark 服务, 同 Hadoop 一样也需要先修改其配置文件, 并且需要先将 Python 配置到默认环境中, 虽然 Spark 大部分是以 Scala 作为开发语言的, 但在此处, 采用 Pyhton 来进行操作。将环境配置完成之后, 同样是在 sbin 目录下运行 start–all. sh 脚本来启动 Spark 集群, 通过 jps 查看是否成功。

（3）集群都启动成功后, 就需要准备推荐功能所需要的推荐服务, 结合 Web 系统中影视推荐功能, 此服务可结合用户的喜好, 有针对性地为其推荐相类似的影视资源。ALS（协同过滤的一种）可以直接调用, 所以只需要设置好迭代的参数即可, 当然首先还是要先对数据集进行处理, 具体代码为

movieRatings ＝ text. map(lambda x: x. split(" ,")[:3])
model ＝ ALS. train(movieRatings, 10, 10, 0.01)

（4）服务脚本编写好之后, 需要上传到虚拟机环境当中运行。在运行服务脚本之前, 开发人员需要通过 pip 指令在虚拟机中安装好 PySpark、PyHDFS 等各个插件, 然后可以直接通过 Python 脚本的方式来直接启动服务。

至此, 一个推荐服务已经基本搭建并且运行起来了, 如果后端需要访问这个服务, 可以用 Flask 框架设置的路由直接进行访问。

（资料来源：童莹，杨贞卓. Hadoop 和 Spark 在 Web 系统推荐功能中的应用 [J]. 现代信息科技, 2020, 4（19）: 87–89.）

第二节 集中式计算架构

一、大型主机

（一）大型主机概述

大型主机, 或称大型机、mainframe, 最初是指装在非常大的带框铁盒子里的大型计算机系统, 用来同小一些的迷你机和微型机有所区别。大多数时候它却是指 System/360 开始的一系列的 IBM 计算机, 使用专用的处理器指令集、操作系统和应用软件以处理大量数据和业务量。

大型主机不仅仅是一个硬件上的概念, 更是一个硬件和专属软件的有机整体。大型主机的性能优势是其他类型服务器所不及的, 例如：大型主机处理复杂多任务时能力超强, 宕机时间远远低于其他类型的服务器；大型主机 I/O 能力强, 擅长超大型数据库的访问；采取动态分区管理, 根据不同应用负载量的大小灵活地分配系统资源；从底层防止入侵的设计策略使大型主机安全性提高。对于像金融、电信、交通、能源、政府等行业中对系统处理能力和安全性稳定性要求都极为苛刻的应用来说, 大型主机是不可替代的。

（二）大型主机的特点

1. RAS 特性

大型主机的性能，并不能用单一的每秒并行浮点计算能力来体现，大型主机相比于其他计算机系统，其主要特点在于其 RAS（Reliability, Availability, Serviceability）的特性。

Reliability：可靠性。这指的是系统必须尽可能可靠，不会意外崩溃、重启甚至导致系统物理损坏，这意味着一个具有可靠性的系统必须能够对于某些小的错误自修复，对于无法自修复的错误也尽可能进行隔离，保障系统其余部分正常运转。

Availability：可用性。这指的是系统必须能够确保尽可能长时间工作而不下线，即使系统出现一些小的问题也不会影响整个系统的正常运行，在某些情况下甚至可以进行 Hot Plug 的操作，替换有问题的组件，从而严格地确保系统的宕机时间（Downtime）在一定范围内。

Serviceability：服务性。这指的是系统能够提供便利的诊断功能，如系统日志、动态检测等手段方便管理人员进行系统诊断和维护操作，从而及早地发现错误并且修复错误。

大型主机一般都在系统内集成了相当高程度的冗余和错误检查（技术），RAS 作为一个整体，其作用在于确保整个系统尽可能长期可靠地运行而不下线，并且具备足够强大的容错机制，防止系统发生灾难性问题。每个处理器核心都有两个完全的执行通道来同时执行每一条指令。如果两个通道的计算结果不一致，CPU 的状态就会复原，重新执行该条指令，结果还是不一致的话，一个空闲状态的 CPU 将会被激活替代当前的 CPU。除了 CPU，其他元件例如记忆芯片、内存总线等，也有相应的冗余设计，确保系统的高可靠性、高可用性、高服务性。

2. I/O 吞吐量

除了 RAS 外，大型主机还被设计用来处理大容量 I/O 的应用。磁盘 I/O 即磁盘的输入输出，输入指的是对磁盘写入数据，输出指的是从磁盘读出数据，磁盘 I/O 可以理解为读写。应用会发起一次或多次数据请求，请求的数据量称为 I/O 大小，单位为 KiB，例如 4KiB、256KiB、1024KiB 等；磁盘 IOPS（I/O Operations Per Second）是指一秒内磁盘进行多少次 I/O 读写；磁盘吞吐量是指每秒磁盘 I/O 的流量，即磁盘写入加上读出的数据的大小。

IOPS、I/O 大小和吞吐量之间的关系公式为：吞吐量 = IOPS × I/O 大小，即磁盘 I/O 大小越大，IOPS 越高，那么磁盘每秒 I/O 的吞吐量就越高。当应用的 I/O 大小较大，例如离线分析、数据仓库等应用，可以选择吞吐量更大的大数据型实例规格族；当应用的 I/O 大小对时延较为敏感、比较随机且 I/O 大小相对较小，例如 OLTP 事务型数据库、企业级应用，可以选择 IOPS 更高的 ESSD 云盘、SSD 云盘。

大型主机的设计中包括一些辅助计算机来管理 I/O 吞吐量的通道，让 CPU 解放出来只处理高速内存中的数据，每个 I/O 通道都能同时处理许多 I/O 操作和控制上千个设备。相比于普通的 PC，大型主机经常同时处理上千个数据流，并且能保证每一个数据流的高速运转。

3. ISA

指令集体系架构（Instruction Set Architecture，ISA）是在最底层把硬件结构抽象出来供软件编程控制的，指令集解决了最基本的软件兼容性问题。指令集类型主要分为 CISC 和 RISC 两类：Intel 的 x86 是很古老的 CISC 指令集，虽然有很多弊端但今天依然广泛使用；RISC 类型的指令集主要有 ARM、MIPS、Power 等。

每种广泛采用的指令集背后都有一个强大的生态系统，就像生物学里的生态系统一样，每个 ISA 生态系统都有清晰的食物链结构：PC 和服务器领域是 x86 的地盘，ARM 生态圈主要分布在智能手机、平板计算机及嵌入式设备中。指令集也是一道天然的壁垒，外面想进入、里面想出来都很难，因为它不仅仅是一类半导体芯片，背后更是一个庞大的生态系统。很多时候指令集就是一个国家的 IT 战略根基，通过打造统一的 CPU 指令集架构，芯片设计、软件开发等便可以进行统一集中研发，从而降低研发成本，有利于快速形成生态系统。

作为大型主机市场的绝对霸主，IBM 大型机的整体指令集保持了对应用程序的向后兼容。这样客户使用新的硬件就更为容易，只需换上新系统而无须做额外的软件测试工作。大型主机的投资回报率就像其他计算机平台一样，取决于其规模、所支持的工作负载、人力资源的开销、保证关键业务应用的不间断服务和一些其他风险因素。持续的对系统指令架构的支持对于保持大型机客户是十分重要的一环。

4. 与云计算虚拟化技术的兼容

云计算（Cloud Computing）是分布式计算的一种，指的是通过网络"云"将巨大的数据计算处理程序分解成无数个小程序，然后，通过多部服务器组成的系统处理和分析这些小程序得到结果并返回给用户。虚拟化是指通过虚拟化技术将一台计算机虚拟为多台逻辑计算机。在一台计算机上同时运行多个逻辑计算机，计算元件在虚拟的基础上而不是真实的基础上运行，是一个为了简化管理、优化资源的解决方案，这种把有限的固定的资源根据不同需求进行重新规划以达到最大利用率的思路，在 IT 领域就叫作虚拟化技术。

虚拟化技术可以扩大硬件的容量，简化软件的重新配置过程。大型主机与当前的技术热点云计算虚拟化联系十分紧密，所有大型机操作系统中都广泛而深入地采用了虚拟化技术，而云计算技术也是如此。"云计算"的概念假定了在使用计算资源和软件的同时，不用去管它们从何而来，这和大型主机系统建造的模型不谋而合。

（三）大型主机面临的挑战

目前大型主机在全球《财富》1000 强企业的日常运作中扮演了核心角色，尽管其他类型的服务器也被广泛应用，大型主机仍然在当今的电子商务环境中占据着重要地位，在银行、金融、医疗、保险、公用事业、政府机关和大量的其他公有及私有企业中，主机继续构成现代商务的基础。

大型主机建立在其特有的技术和特有的硬件设备上，使其具有出色的性能，但由于大型主机系统从 20 世纪六七十年代延续至今，其结构越来越复杂，而对于其服务器的操作方式和系统管理，IBM 并没有提供更符合现在流行的网页或其他互联网操作方式，大型主机的发展也面临越来越多的挑战。

（1）大型主机的运维人才培养成本非常高。通常一台大型主机汇集了大量精密的计算机组件，操作非常复杂，这对一个运维人员掌握其技术细节提出了非常高的要求。大型主机对维护人员的专业技能要求高，由于大型主机架构的复杂性，只能通过专门的培训来训练各级大型主机维护人员，而且大型主机在各个关键系统中的核心地位，也使得大型机不是那么平易近人，相对封闭的环境使大型主机的技术越来越复杂、越来越晦涩难懂，所以培养大型主机维护人员的专业技能需要耗费很大的人力、物力。新手使用大型主机时，对主机的安全性也带来了冲击。人员的专业技能过关后，如何登录主机也是一个问题，传统上使用 IBM 提供的 3270 模拟终端专用登录工具登录大型主机，这需要 3270 模拟终端与大型主机之间的通信联通，还得在 3270 模拟终端上配置大型主机的 IP、端口等信息才能登录。大型主机应用在各个重要行业的核心系统中，为了安全性的考虑，维护人员只能在机房或特定的地点通过 3270 终端登录，在其他地方是没有办法登录的。

（2）大型主机的价格通常非常昂贵。通常一台配置较好的 IBM 大型主机，其售价达到上百万美元甚至更高，因此使用大型主机系统的一般以对信息的安全性和稳定性要求很高的企业为主。例如，从美国"阿波罗计划"的成功，到天气预报、军事科学的发展，以及全球金融业、制造业商业模式的变换，无一离得开大型主机的功劳；在银行业，现在数以亿计的个人储蓄账户管理、丰富的金融产品提供都依赖大型机；在证券业，离开大型主机，无纸化交易是不可想象的。

（3）大型主机虽然在性能和稳定性方面表现卓越，但并不代表其永远不会出故障。一旦一台大型主机出现了故障，那么整个系统将处于不可用的状态，后果相当严重。并且，随着业务的不断发展，用户访问量迅速提高，计算机系统的规模也在不断扩大，在单一大型主机上进行扩容往往比较困难。

随着 PC 性能的不断提升和网络技术的快速普及，大型主机的市场份额变得越来越小，很多企业开始放弃原来的大型主机，而改用小型机和普通的 PC 服务器来搭建分布式计算机。例如，近年来随着分布式系统、云计算的出现以及国家提倡使用国产设备和国产软件、摆脱对国外厂商的依赖，一些对服务可靠性要求不是十分严格、经费不是特别充裕的企业都在谋求转型。这些企业都在规划将服务从大型机系统中迁出，让服务更具有灵活性，以此来减少资源浪费和人员浪费。有的企业已经做出了将服务从主机系统迁移到分布式系统上的尝试，并且取得了良好的效果。

二、超级计算机系统

（一）超级计算机概述

"超级计算机"（Super Computer）又称巨型机，是一种能够处理普通计算机无法胜任的海量资料并可以进行高速运算的计算机，其基本组成组件与 PC 的概念无太大差异，但规格与性能则强大许多，是一种超大型电子计算机。这类计算机除了具有很强的计算能力，还具有大规模的数据存储能力和高速的网络传输能力。同时，超级计算机还配有丰富的操作系统、编译环境、并行开发环境和软件环境，能够给不同应用领域的用户提供合适的编译、开发和运行环境，多用于高科技领域和尖端技术研究。

高性能计算领域通常用浮点运算能力来描述超级计算机的运算能力，单位是 FLOPS，含义为每秒执行了多少次浮点运算。超级计算机"Summit"能够每秒钟进行 20 亿亿次浮点运算，也就是说它运算 1min，相当于 14 亿中国人同时使用计算器连续计算 80 年。

如今，一个国家超级计算机的算力和所拥有的超级计算机数量，从一个侧面反映了一个国家在信息化时代的技术实力。超级计算机对任何国家来说，不但能够促进经济、社会的发展，也对保障国家安全发挥着不可替代的作用，更重要的是很多国家的重大科学与工程领域的关键问题都需要超级计算机那强大的计算能力才能完成。

（二）超级计算机的特点

1. 极大的数据存储容量

存储器主要功能为存储程序和各种数据信息，并能在计算机运行过程中高速、自动地完成程序或数据的存取。超级计算机的存储子系统包括内存和外存两部分，负责存储相关的数据与交互。内存在计算机主机内，直接与运算器、控制器交换信息，容量体积小，存取速度快，一般只存放那些正在运行的程序和待处理的数据。而外存储器通常以硬盘等形式表现而存在，作为内存储器的延伸，用来存放一些系统必须使用但又不急于使用的程序和数据，这些程序和数据必须调入内存才能够执行。外存储器通常读取数据较慢，但容量大，可以长时间保存大量信息。

超级计算机配有多种外围设备及丰富的、高功能的软件系统，具有极大数据存储容量。此外，超级计算机采用涡轮式设计，每个刀片就是一个服务器，能实现协同工作，并可根据应用需要随时增减。以我国第一台全部采用国产处理器构建的"神威·太湖之光"为例，它的持续性能为 9.3 亿亿次/s，峰值性能可以达到 12.5 亿亿次/s。通过先进的架构和设计，实现了存储和运算的分开，确保用户数据、资料在软件系统更新或 CPU 升级时不受任何影响，保障了存储信息的安全，真正实现了保持长时、高效、可靠的运算并易于升级和维护的优势。

2. 极快速的数据处理速度

超级计算机系统包括高速互连通信网络子系统、高速运算子系统以及配套的维护监控、电源、冷却部分等。高速运算子系统是超级计算机的核心，负责各种逻辑运算，由多个 CPU 组成；高速互连通信网络子系统是连接系统不同组件的，一般由高速以太网、自定制互联机制构成；为了保障超级计算机系统能够长时间正常运转，防止出现死机，设计了专门的维护监控系统；在进行高速运算时，CPU 会产生热量，因而冷却系统在超级计算机系统中十分重要，它能够保证超级计算机不会因为过热而死机；电源系统负责为超级计算机系统提供稳定、可靠的能源供应。

超级计算机的 CPU 数远远大于日常的计算机，但衡量超级计算机的运算能力并非只靠 CPU 的数量，而更重要的是构建其内部的互联结构，即将成千上万的 CPU 调动起来一起协同工作，而建造一个高效的互联网络是超级计算机的核心，对其性能影响甚大。设计超级计算机系统需要通过系统工程的思想与方法，将组成超级计算机的软、硬件系统进行有机整合，从而发挥其最大作用。

（三）超级计算机的应用领域

1. 气象预报领域

气象预报是超级计算机最重要的应用领域之一。我们每天收听、收看的气象预报就是由超级计算机运算和检测大量数据得来的。在大型网络中，对于巨量数据的管理和大量信息的计算，用普通计算机是不能完成的，只有依靠超级计算机。超级计算机通过对气象卫星侦察的信息进行集中化数据处理、量化分析和建模分析后，得出更精准的数据，从而快速预测气候变化，以减轻气候变化给人类带来的种种破坏。

2. 医药领域

在医药领域中，超级计算机也显示出了巨大的"威力"。利用超级计算机在制药过程中进行分子级别的量化配方分析，使制药成分更科学、更合理，并且做到剂量成分适中，为人类制药带来更加便捷的条件。在重症治疗方面，由医生给出治疗方案，借助 E 级超算对医生的方案进行模拟，并根据病人的情况纠正方案的不足之处。例如，通过药物之间的关系，对药物的治疗作用和效果进行模拟，即分子生物学模拟，或者通过基因分析，对最佳用药或治疗方案进行预测。

3. 交通领域

在交通领域中，超级计算机可以用来认识和改进汽车、飞机或轮船等交通工具的空气流体动力学、燃料消耗、结构设计、防撞性，并帮助减少噪声等，提高乘坐者的安全性和舒适度，具有潜在的经济和安全收益。例如，通过高速行驶汽车的空气动力学模拟，来测算如何使风阻最小，汽车发生碰撞后其形状会如何变化以及怎样保障人身安全，又如，用 2.4 万CPU 核开展了大型商用飞机全参数气动优化设计。这些都可以通过超级计算机进行仿真，为飞机和汽车的设计制造提供依据。

4. 防震减灾领域

准确定位地震和推断破裂机制是地震监测的难点，在防震减灾领域中，深度学习历史地震数据，根据记忆中汇集的上百万个地震资料，结合地震学理论，超级计算机通过对地震的模拟，能帮助人类探索地震预测方法。例如，"智能地动"系统根据地震波形来记录和推断，借助强大记忆数据库，让系统能在 1~2s 内推算出地震的位置、深度、震级和震源机制等参数，从而减轻与地震相关的风险，给人类生活安全提供更加可靠的保障。

5. 航空航天领域

在飞机研制过程中，从设计要求确定到详细计算、原型机试制、试飞以及设计定型，每一个环节都需要进行气动分析。例如，曙光 5000A 超级计算机被用于大飞机机翼、翼身组合、发动机吊挂等部分的设计工作。此外，借助超级计算机能够使传统的模拟、试验等工作在较短时间内完成。飞行器高速飞行中，高温气流以及气体的分布情况对航天器的成功试验十分为重要。在"天宫一号"的设计过程中，研发团队利用"神威·太湖之光"超级计算机对飞行器的状态进行大规模并行模拟，使用超过 15000 个处理器，在准确的前提下，以极高的效率出色地完成了计算任务（20 天内便完成常规需要 12 个月才能完成的计算任务）。超级计算机的模拟计算结果与风洞实验数据基本吻合，为"天宫一号"飞行试验提供重要数据支持。

6. 石油勘探领域

石油勘探大多采用地震勘测的办法，即在地面进行爆破后，用探测仪器检测和采集震动反射波的大量数据，利用对这些数据计算、处理和分析的结果确定地下储油位置。石油勘探中大量数值的快速计算、处理和分析，必须由高性能的超级计算机完成。例如，2007 年，曙光 4000L 超级计算机就曾在发现储量高达 10 亿 t 的渤海湾冀东南堡油田的过程中发挥了关键作用，而其后的曙光 5000A 超级计算机的应用，则进一步达到了地下数千米的勘探深度。

第三节　分布式计算架构

一、分布式计算架构简介

（一）分布式计算架构的概念和内涵

分布式计算架构是指以分布式计算技术为基础，用于解决大规模问题的开放式软件架构，一般包括四个层次，最底层是分布式部署的物理服务器集群，第二层是实现大规模文件数据存储的分布式文件系统，是分布式计算的存储基础，再往上一层实现海量数据的处理和管理，例如分布式关系数据库、分布式非关系数据库（NoSQL）、分布式并行计算等，最上面一层是各种分布式的应用。

"分工协作，专人做专事"就体现了分布式的概念。分布式系统是一个硬件或软件组件分布在不同的网络计算机上，彼此之间仅仅通过消息传递进行通信和协调的系统。在分布式数据库系统中，用户感觉不到数据是分布的，即用户不须知道关系是否分割、有无副本、数据存于哪个站点以及事务在哪个站点上执行等。简单来说，基于分布式架构的系统是一组相互独立但并行协同工作的计算机集合；对系统的用户来说，系统就像一台计算机一样。从硬件角度，每台机器都是自治的、独立的；从软件角度，用户感受是整体的、一致的。

在一些大型的系统中使用分布式框架将模块分布到不同的服务器上，可以避免服务器压力过大导致系统瘫痪的问题。这些模块可以进行纵向和横向的拆分。纵向是按层次拆分，将一个大应用拆分为多个小应用，如果新业务较为独立，那么就直接将其设计部署为一个独立的 Web 应用系统，纵向拆分相对较为简单，通过梳理业务，将较少相关的业务剥离即可。横向是按功能拆分提供服务，将复用的业务拆分出来，独立部署为分布式服务，新增业务只需要调用这些分布式服务，横向拆分需要识别可复用的业务，设计服务接口，规范服务依赖关系。

分布式计算架构的优势在于：系统扩展能力较强，可基于通用硬件扩展计算和存储能力来提升系统处理能力，满足业务不断增长的需求；运行效率较高，在对系统各环节合理拆分的基础上，通过并行处理进一步突破传统串行处理存在的效率瓶颈；运行可靠性较好，将系统拆分后并行运行在多台相同的设备上，即使单一设备出现故障，整个系统仍可正常运转或仅局部受损；系统成本优势明显，分布式系统基于相对廉价的通用计算和存储设备构建，获取相同处理能力的成本低于传统架构。

同时，分布式计算架构也存在一些不足。例如，在对系统进行拆分后，如何协调各部分之间的并行处理，确保最终处理结果的一致性；如何应对跨网络访问过程中可能存在的信息丢失和通信延迟，确保信息系统服务水平；如何确保在单个节点异常情况下系统正确切换与恢复，确保系统整体可靠性，这都需要在系统设计与实现层面制定有针对性的解决方案。

（二）分布式计算架构的设计理念与特征

分布式计算架构设计的核心理念是"并行拆分与横向扩展"，即按照一定维度将系统进行拆分，系统各部分松耦合并行运行，并建立起较为完善的横向扩展与容错恢复机制。也正是基于这一设计理念，分布式计算架构具备了以下特征：

1. 分布性

分布式计算架构中的多台计算机都会在空间上随意分布，同时，机器的分布情况也会随时变动，主要表现在三个方面：一是物理部署分布式，即用多台计算机来共同承载业务；二是处理过程分布式，系统各环节各司其职、并行处理，通过特定机制有效协同关联；三是数据存储分布式，将数据分散存储，但不影响数据运算结果的完整性和一致性。

2. 对等性

分布式架构中的计算机没有主/从之分，既没有控制整个系统的主机，也没有被控制的从机，即所有计算机节点都是对等的。副本（Replica）是分布式系统最常见的概念之一，指的是分布式系统对数据和服务提供的一种冗余方式。在常见的分布式系统中，为了对外提供高可用的服务，我们往往会对数据和服务进行副本处理。数据副本是指在不同的节点上持久化同一份数据，当某一个节点上存储的数据丢失时，可以从副本上读取该数据，这是解决分布式系统数据丢失问题最为有效的手段。另一类副本是服务副本，是指多个节点提供同样的服务，每个节点都有能力接收来自外部的请求并进行相应的处理。

3. 并发性

并发性是指在一个系统中拥有多个计算，这些计算具有同时执行的特性，且它们之间有着潜在的交互。在一个计算机网络中，程序运行过程中的并发性操作，是非常常见的行为，例如同一个分布式系统中的多个节点，可能会并发地操作一些共享的资源，诸如数据库或分布式存储等。如何准确并高效地协调分布式并发操作也成了分布式计算架构与设计中最大的挑战之一。

4. 缺乏全局时钟

一个典型的分布式计算架构是由一系列在空间上随意分布的多个进程组成的，具有明显的分布性，这些进程之间通过交换消息来进行相互通信。因此，在分布式系统中，进程间的交互、线程间的交互在不停地发生，有着各式各样的消息，很难定义两个事件究竟谁先谁后，原因就是因为分布式系统缺乏一个全局的时钟序列控制。

5. 故障总是会发生

在一个分布式系统中，故障时常发生，而且频率远比集中部署更高，因此在系统设计之时就要充分考虑各种可能发生的故障。一个被大量工程实践所检验过的黄金定理是：任何在设计阶段考虑到的异常情况，一定会在系统实际运行时发生，并且，在系统实际运行过程中还会遇到很多在设计时未能考虑到的异常故障。所以，除非需求指标允许，在系统设计时不能放过任何异常情况。

二、分布式计算架构的演变

1. 初始阶段架构

当网站的流量很小的时候，可以将所有的业务放到一台服务器上，即初始阶段的小型系统，这时应用程序、数据库、文件等所有的资源都在一台服务器上，通俗称为 LAMP（Linux，Apache，MySQL，PHP/Python/Perl）。这个阶段的架构开发简单，部署也简单，但是扩展和维护不易，性能提升难。

2. 应用服务、数据服务以及文件服务分离

随着网站的用户量增大，流量增大，给予应用服务器、数据库服务器和文件服务器单独的部署机器，可以增加系统的性能，提高访问的效率，提高单机的负载能力和容灾的能力。这个阶段的应用程序、数据库、文件分别部署在独立的资源上。

3. 使用缓存改善性能

大部分业务场景下，80%的访问量都集中在 20%的热数据上（适用二八原则），因此，通过引入缓存组件，将数据库中访问较集中的一小部分数据存储在缓存服务器中，可以减少数据库的访问次数，降低数据库的访问压力，提高系统整体的承载能力。缓存分为本地缓存和远程分布式缓存，本地缓存访问速度更快但缓存数据量有限，同时存在与应用程序争用内存的情况。

4. 使用应用服务器集群

完成分库分表工作后，数据库的压力降低，但是随着访问量和流量的持续增加，请求数太高会导致响应速度变慢。使用集群是系统解决高并发、海量数据问题的常用手段，通过向集群中追加资源，提升系统的并发处理能力，使得服务器的负载压力不再成为整个系统的瓶颈。通过应用服务器集群，即多台服务器通过负载均衡同时向外部提供服务，解决单台服务器处理能力和存储空间上限的问题，可以提高程序的性能。

5. 数据库读写分离

随着用户量的增多，数据库操作往往会成为一个系统的瓶颈所在，而且一般的系统"读"的压力远远大于"写"，因此可以通过数据库的读写分离来减轻数据库压力。通过设置主从数据库实现读写分离，主数据库负责"写操作"，从数据库负责"读操作"，根据压力情况，从数据库可以部署多个提高"读"的速度，借此来提高系统总体的性能。

6. CDN 和反向代理加速

为了应付复杂的网络环境和不同地区用户的访问，通过 CDN（Content Delivery Network，内容分发网络）和反向代理加快用户访问的速度，同时减轻后端服务器的负载压力。CDN 与反向代理的基本原理都是缓存，CDN 将数据缓存在离用户最近的地方，使用户以最快的速度获取数据，即所谓网络访问第一跳。反向代理服务器位于网站机房一侧，代理网站 Web 服务器接收 HTTP 请求。

7. 分布式文件系统和分布式数据库

任何强大的单一服务器都满足不了大型系统持续增长的业务需求，数据库读写分离随着业务的发展最终也将无法满足需求，需要使用分布式数据库及分布式文件系统来支撑。分布式数据库是系统数据库拆分的最后方法，只有在单表数据规模非常庞大的时候才使用，更常用的数据库拆分手段是业务分库，将不同的业务数据库部署在不同的物理服务器上。数据库采用分布式数据库，文件系统采用分布式文件系统。

8. 使用 NoSQL 和搜索引擎

随着业务越来越复杂，对数据存储和检索的需求也越来越复杂，系统需要采用一些非关系数据库如 NoSQL 和非数据库查询技术如搜索引擎。应用服务器通过统一数据访问模块访问各种数据，减轻应用程序管理诸多数据源的麻烦。

9. 业务拆分

为了应对日益复杂的业务场景，通常使用分而治之的手段将整个系统业务分成不同的产品线，应用之间通过超链接建立关系，也可以通过消息队列进行数据分发或者通过访问同一个数据存储系统来构成一个关联的完整系统，即系统上按照业务进行拆分改造，应用服务器按照业务区分进行分别部署。

10. 分布式服务

随着业务越拆越小，应用系统整体复杂程度呈指数级上升，由于所有应用要和所有数据库系统连接，最终导致数据库连接资源不足，拒绝服务。这时可以将公共的应用模块提取出来，部署在分布式服务器上供应用服务器调用。

三、常用的分布式计算架构

（一）Hadoop 分布式计算架构

Hadoop 分布式计算架构是出现比较早的一个分布式计算框架，主要是基于 Google 提出的 MapReduce 的开发模式下一个开源实现功能非常强大的分布式计算框架，由 Java 开发完成。Hadoop 分布式计算架构包括两个部分，计算框架 MapReduce 与用来存储计算数据的存储框架 HDFS。

MapReduce 是一种计算架构设计，利用函数式编程思想把一个计算分成 Map 与 Reduce 两个计算过程。MapReduce 把一个大的计算任务划分为多个小的计算任务，然后把每个小的计算任务分配给集群的每个计算节点，并一直跟踪每个计算节点的进度决定是否重新执行该任务，最后收集每个节点上的计算结果并输出。HDFS 是一个基于分布式的对大文件进行存储的文件系统。HDFS 具有高容错性和对机器设备要求比较低等特点。HDFS 把每个大文件分成固定大小的数据块，均衡地存储在不同的机器上，然后对每个数据文件进行备份存储，保证数据不会出现丢失。

MapReduce 架构是基于 JobTracker 与 TaskTracker 的主从结构设计。JobTracker 负责具体的任务划分和任务监视，并决定某个任务是否需要回滚；TaskTracker 则是负责具体的任务执行，对每个分配给自己的任务进行数据获取，保持与 JobTracker 通信报告自己的状态，输出计算结果等计算过程。对任务输入，框架会首先通过 JobTracker 进行任务的切分，划分结束就发送到每个 TaskTracker 执行 Map 任务，Map 结束之后为了让性能更加均衡会执行洗牌（Shuffle）操作，最后执行 Reduce 操作，输出结果。

HDFS 集群是基于名称节点 NameNode 与数据节点 DataNode 展开的主从架构设计。主节点名称节点负责整个集群的数据存储信息的存储，一个集群中只有一个名称节点，而从节点数据节点负责具体的数据存储，一般会有多个在集群中。具体的任务执行流程可参考本章第一节 MapReduce 作业的运行流程部分。

（二）Storm 分布式计算架构

1. 框架介绍

Storm 分布式计算架构是由 Twitter 提出，并由类 Lisp 语言开发出的一个用来处理实时大数据的基于流式计算的分布式框架。Storm 对于实时计算的意义类似于 Hadoop 对于批处理的意义，Storm 克服了 Hadoop 框架的延迟比较大、后期程序运维复杂的缺陷，可以简单、高效、可靠地处理流数据，并支持多种编程语言。Storm 框架还可以方便地与数据库系统进行整合，从而开发出强大的实时计算系统，处理非常大量的数据。

相较于 Hadoop，Storm 拥有更多的功能组件，但是其主要功能基于 Nimbus 和 Supervisor 两个功能组件展开，通过 ZooKeeper 对组件进行生命周期的监视。Nimbus 负责在集群分发的代码，Topology 只能在 Nimbus 机器上提交，将任务分配给其他机器，并进行故障监测；Supervisor 部署在每个工作机器上，监听分配给它的节点，根据 Nimbus 的委派在必要时启动和关闭工作进程。

2. Storm 任务执行介绍

相比于 Hadoop 的执行是以任务（Job）展开，Storm 任务则是以提交拓扑（Topology）的方式开始。和 Hadoop 任务执行不同的是，除非手动干预停止任务流，否则该拓扑会在框架中一直循环计算。每个拓扑会在具体的工作进程 Worker 上执行，Worker 之间采用了 ZeroMQ（Zero Message Queue）消息队列进行通信，提高了通信性能。

Storm 具体的任务过程通过客户端提交一个拓扑，Nimbus 通过与 ZooKeeper 交互获取适合的运行机器，然后把任务分配到具体的机器，机器上的 Supervisor 根据分配到的任务启动相应的工作进程开始执行任务。在执行过程中，无论是 Supervisor 还是每个 Worker 都会与 ZooKeeper 保持心跳联系。具体执行过程如图 6-4 所示。

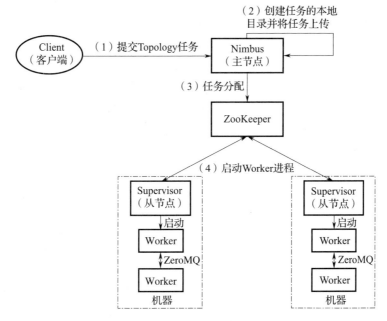

图 6-4　Storm 的任务执行过程

（1）提交 Topology 任务。由客户端提交 Topology 任务到 Storm 集群的 Nimbus 主节点。Nimbus 主节点收到任务请求后，创建 Topology 任务的本地目录，并将任务的 JAR 包上传至 Nimbus 下的 inbox 目录。

（2）创建任务的本地目录并将任务上传。JAR 包中的 Submit Topology 方法会对 Topology 进行一些检查处理，如 Bolt/Spout 的 ID 是否违法，Storm 是不是 Active（活跃）等，其中 Spout 和 Bolt 是拓扑结构的两个组件，Spout 是信息源，主要任务为对外部文件的对接与读取，并将读取的信息按照元组（Tuple）的形式发送至拓扑中。Bolt 是信息的处理者，负责对数据进行分析和处理，并将结果存储到特定结构体。然后在 Nimbus 服务器上建立 Topology 本地目录进行存储（包含 Topology 的 JAR 包以及 Topology 的序列化对象）。

（3）任务分配。Nimbus 主节点从 ZooKeeper 上获取活动的从节点信息，并计算任务的工作量，之后 Nimbus 进行任务分配（根据 Topology 定义的一些参数来对 Bolt/Spot 设定 Task 的数量并分配对应的 Task – ID），将分配好的 Task 信息发送到 ZooKeeper（Task 信息包括 Task 的心跳信息，Topology 的描述信息等，发送到 ZooKeeper 对应的目录下）。

（4）启动 Worker 进程。Supervisor 从节点监听 ZooKeeper 上的信息，当有任务分配时，启动任务的 Topology；对于某个 Supervisor 从节点，从 ZooKeeper 上获取分配给自己的 Task 任务，根据任务的描述信息启动相应数目的 Worker 进程；由 Worker 进程来执行具有任务的 Task——Spout 或者 Bolt。

（三）Spark 分布式计算架构

1. 框架介绍

Spark 是使用 Scala 编写的，基于弹性分布式数据集（Resilient Distributed Dataset，RDD）的分布式计算框架。RDD 是 Spark 分布式计算架构中最主要的数据结构，RDD 有三个要素：分区、依赖关系和计算逻辑。分区是保证 RDD 分布式的特性，对 RDD 的数据进行划分后，将其分布到不同的 Executor 中，大部分对 RDD 的计算都是在分区上进行的。依赖关系维护着 RDD 的计算过程，根据一个分区的输出是否被多分区使用，可以将依赖分为窄依赖和宽依赖。RDD 的计算逻辑是其功能的体现，其计算过程是以所依赖的 RDD 为数据源进行的。

Spark 的计算过程保持在内存中，减少了硬盘读写，能够将多个操作进行合并后计算，因此该框架解决了在 Hadoop 计算框架中，执行迭代任务时效率比较低的弊端。此外，该框架还提供了任务执行期间任务的交互查询，增加了任务的可控性。相比于 Hadoop，Spark 除了提供计算的方法调用之外，还延伸出了如 Filter、FlatMap、Count、Distinct 等更丰富的操作。

和 Hadoop 的通用性相比，Spark 框架对一些特殊的算法有一定的针对性。Spark 会对输入数据进行缓存，每次计算无须对数据重复加载，对于一些需要迭代的计算，通过中间数据的缓存可以快速完成整个计算，比如 k – means 算法，会提高 20 倍左右的速度。此外，Spark 可以控制缓存到内存中的数据，当没有足够可使用的内存时，可以选择缓存一定百分比的数据，因此该框架有更大的自助性。

2. Spark 任务执行介绍

Spark 的任务执行框架也是以主从模式对任务调度，其任务执行框架由主结构 Master 和从属结构 Workers 组成，具体的任务执行是以 Driver 的方式。用户自己开发的程序以 Driver 的方式连接 Master，并指定数据集 RDD 的生成与转换，然后把 RDD 的操作发送到任务执行节点 Workers 上。Workers 既执行具体任务也存储计算所需数据，当收到对于 RDD 的操作之后，Workers 通过收到的操作定义对本地化数据进行操作生成预期结果，最后把结果返回或者存储。具体的任务执行流程可参考本章第一节 Spark 作业的运行流程部分。

（四）三种分布式计算架构比较

1. 框架比较

Hadoop 分布式计算架构、Storm 分布式计算架构、Spark 分布式计算架构这三种分布式框架，虽然都是基于主从结构对框架展开的，但是在细节上，不同分布式计算架构的框架仍有一些不同。一个好的架构设计不仅需让框架后期更好维护，还需让开发者对框架的运行机理更容易掌握，可以在性能上进行优化。三种分布式计算架构的框架比较见表6-1。

表6-1　三种分布式计算架构的框架比较

架构名称	框架设计	存储	通信
Hadoop	JobTracker/TaskTracker	HDFS	RPC/HTTP
Storm	Nimbus/Supervisor	实时的输入流	zeroMQ 消息队列
Spark	Master/Workers	内存、磁盘	共享、广播变量

2. 性能比较

三种分布式计算架构在不同的领域和行业都有大规模的使用，也有着不同的适用场景，三者性能上的比较见表6-2。

表6-2　三种分布式计算架构的性能比较

架构名称	优势	弊端	使用场合
Hadoop	Java 编写性能高	时延高 处理流程固定	批处理 对延迟不敏感 离线的数据处理
Storm	实时接收数据流 更高的容错能力 开发简单	依赖其他组件较多 内存控制不好 多语言支持不好	实时性 流数据处理 分布式 RPC 计算
Spark	算法实现简单 数据缓冲内存 计算方法更通用 任务执行时可以交互	需要较大内存 增量更新效率差	批处理 迭代性质的任务 大部分大数据处理任务

四、集中式与分布式计算架构之间的比较

集中式计算架构的数据集中存放在单台数据库中，业务系统集中部署在单台服务器上；分布式计算架构是一个硬件或软件组件分布在不同的网络计算机上，彼此仅仅依靠网络消息进行通信和协调的系统。集中式与分布式计算架构，在业务支撑能力，一致性、可用性和可靠性，运维复杂度和故障恢复能力三个核心要素方面存在着一些差异，见表6-3。

表6-3 集中式与分布式计算架构核心要素对比

项目	集中式计算架构	分布式计算架构
业务支撑能力		
价格成本	★	★★★★
自主/安全	★	★★★★★
灵活/兼容	★★★	★★★★★
扩展/伸缩	★★★	★★★★★
可用性、一致性和可靠性		
可用性	★★★	★★★★★
一致性和可靠性	★★★★★	★★★★
运维复杂度和故障恢复能力		
维护性	★★★★★	★★★★
业务恢复	★★★★	★★★★★

（一）业务支撑能力比较

在集中式计算架构下，为了应对更高的性能、更大的数据量，往往只能向上升级到更高配置的机器，如升级更强的 CPU、升级多核、升级内存、升级存储等，一般这种方式被称为 Scale Up。但单机的性能永远都有瓶颈，随着业务量的增长，只能通过 Scale Out 的方式来支持，即横向扩展出同样架构的服务器。但是由于单个服务器的造价昂贵，Scale Out 的方式成本非常高，无法做到按需扩展。

分布式计算架构的解决方案是基于廉价的 PC 服务器来做 Scale Out，借助高速网络组建的 PC 集群，整体提供的计算能力远远高于传统主机，并且成本很低，横向的扩展性还可带来系统良好的成长性。分布式计算架构在价格成本、自主安全、灵活兼容、扩展伸缩方面有比较显著的优势。

表6-4 总结了两种架构模式在业务支撑的几个方面的比较：

表6-4 集中式与分布式计算架构在业务支撑方面的比较

比较项目	集中式计算架构	分布式计算架构
价格成本	软硬件价格昂贵： √ 商用集中架构的设备被 IOE（IBM、Oracle、EMC，IBM 代表硬件以及整体解决方案服务商，Oracle 代表数据库，EMC 代表数据存储）三家公司垄断，采购成本高 √ 持续 IT 投入巨大	合理可控： √ 基于廉价 PC，成本低 √ 云平台降低、分摊研发投入 √ 边际成本下降迅速
自主安全	国外巨头垄断： √ 巨头垄断，封闭体系，共享较少 √ 控制能力较弱	自主知识产权： √ 国产技术，自主研发 √ 易于监管
灵活兼容	限制多： √ 不适用于非结构化大数据处理 √ 硬件平台兼容性差	灵活方便： √ 增加 x86 服务器快速实现 √ 简单、方便

（续）

比较项目	集中式计算架构	分布式计算架构
扩展伸缩	传统业务特性： ✓ 可把精力集中投入到业务研发 ✓ 支撑能力有上限（数万笔/天） ✓ 对计划和规划的要求较高	互联网业务特性： ✓ 适应互联网业务突发增长 ✓ 灵活支撑高并发交易（数万笔/s） ✓ 金融级 PaaS

（二）可用性、一致性和可靠性比较

从架构设计来看，集中式计算架构的计算、存储都在一套硬件体系内，无须面对网络分区（网络无法连接）问题，能很容易实现高一致性，并通过存储的冗余和软硬件结合的高度优化，达到较高的可靠性。但在可用性方面，由于集中式计算架构在设计上是一个单点，单机不可用即全部不可用，所以集中式的系统只能在停机维护时暂停业务，这一点在很多互联网场景下是难以接受的。

分布式计算架构设计，天然就有多个节点，很容易通过主备、冗余、哈希（Hash）等手段实现计算和存储冗余备份，从而实现高可用。表 6 - 5 对两种架构的可用性、一致性和可靠性进行了对比。

表6-5　集中式与分布式计算架构可用性、一致性和可靠性对比

比较项目	集中式计算架构	分布式计算架构
可用性	✓ 一般	✓ 高
一致性 可靠性	✓ 高	✓ 柔性事务处理 ✓ 基于可靠消息保证最终一致性

（三）运维复杂度和故障恢复能力比较

集中式计算架构部署结构简单，设备数量少，在运维复杂度上较分布式计算架构有天然的优势。分布式计算架构随着机器数量的线性增长，在发布部署、系统监控和故障恢复等方面的复杂性也随之增长，无法通过简单的工具和脚本来支撑。

集中式的发布部署一般只需应对百台内规模的代码/配置更新，通过简单的脚本或者平台就可以自动化完成，发布时间一般也能控制在小时级别，且系统一般比较稳定，发布周期也不会太频繁。在分布式环境下，千台甚至万台服务器的规模很常见，如果按照传统的串行操作和自动化脚本，整个发布周期会非常长，一旦出现问题，回滚也会非常慢。因此，在分布式计算架构下，往往需要提供 P2P 分发或类似的技术手段来加速发布过程，同时通过 Beta 发布、分组发布、蓝绿发布等手段来解决大规模集群下的发布验证、灰度引流和快速回滚等问题。

在系统监控方面，集中式计算架构比较简单。而在分布式环境下做监控，主要的挑战在于海量日志的实时分析和秒级展示，系统运行的状态分散在上万台规模的集群中，每时每刻都在产生新的状态。监控系统需要通过日志或者消息的方式采集整个集群的数据做各种统计分析。在巨大的业务量下，每晚一秒钟发现问题就会带来大量的业务异常，在极端情况下还会产生不可估量的损失。因此，也需要监控体系具备秒级的实时计算能力。

在系统的容灾机制和故障恢复方面，集中式计算架构一般会采用主备复制和主备切换的方式来实现，几种典型设计原则包括一主多备、同城双活、两地三中心等集中式的容灾方案，既比较成熟，也沉淀了数据复制、镜像快照、一体化迁移等一系列容灾相关的技术，可以从容应对各种场景，但也存在成本较高、恢复时间较长、业务影响面较大等不足。而分布式系统虽然在运维和监控复杂度方面需要通过技术手段来弥补天然的不足，但在容灾恢复方面却有着天然的优势。数据天然分布在不同的存储、机房和城市，且架构上容易按合适的容量进行水平拆分。

表6-6总结了两种架构在运维复杂度和故障恢复能力方面的对比。

表6-6　集中式与分布式计算架构在运维复杂度和故障恢复能力方面的对比

比较项目	集中式计算架构	分布式计算架构
运维复杂度	✓ 集中管理简化	蓝绿发布、灰度引流 自动化实现秒级业务监控
故障恢复能力	✓ 硬件备份	单元化机房架构 服务的自恢复能力 变更控制和回滚 开关和降级能力

通过上述对集中式和分布式计算架构在业务支撑，可用性、一致性和可靠性，运维复杂度和故障恢复三个方面的分析发现，分布式计算架构在价格成本、自主安全、灵活兼容、扩展伸缩等方面有明显优势。集中式计算架构在维护性、一致性和可靠性方面有优势，而分布式计算架构需要达到同等或更高的维护性与高一致性和可靠性，需要通过先进的分布式中间件与大规模运维平台来支持。在实际的应用过程中，可根据实际需求和资源能力选择合适的系统架构。

第四节　　大数据分析处理系统简介

大数据处理系统使得大数据的处理效率快速提高，目前主要的大数据处理系统有数据查询分析计算系统、批处理系统、图计算系统、流式计算系统、迭代计算系统和内存计算系统等。

一、数据查询分析计算系统

（一）数据查询分析计算系统的概念与特征

数据查询分析计算系统是对数据仓库中的数据，用 SQL 语句进行查询分析，需要具备对大规模数据进行实时或准实时查询的能力。通过 SQL 查询解析模块，将用户提交的 SQL 查询转换成计算系统的数据处理任务，为计算系统提供完善的 SQL 查询接口。数据查询分析计算系统具有可扩展性、容错性以及对复杂数据结构的支持等特点。此外，分布式查询引擎针对

SQL 查询所具有的交互性特点提供了一系列优化策略，为提高查询的实时性以及数据吞吐量起到了重要的作用。

（二）数据查询分析计算系统的典型产品简介

1. Cassandra 的概念及特征

Cassandra 是一套开源分布式 NoSQL 数据库系统，最初由 Facebook 开发，后转变成了开源项目。它是一个网络社交云计算方面理想的数据库，以 Amazon 专有的完全分布式的 Dynamo 为基础，结合了 Google BigTable 基于列族（Column Family）的数据模型。Cassandra 由于良好的可扩展性，被 Digg、Twitter 等知名 Web 2.0 网站所采纳，成了一种流行的分布式结构化数据存储方案。和其他数据库比较，Cassandra 有以下突出特点：

（1）模式灵活可拓展。Cassandra 很容易进行添加、删除、替换节点等操作。在文档存储时，使用 Cassandra 不必提前解决记录中的字段，且可以在系统运行时随意添加或移除字段。Cassandra 是纯粹意义上的水平扩展，为给集群添加更多容量，可以指向另一台计算机，不必重启任何进程，改变应用查询，或手动迁移任何数据。

（2）高可用与容错。Cassandra 可以运行在多台机器上，可以通过跨多节点方式处理大数据，它没有单点故障且不会存在单点。Cassandra 地址发生失效问题，通过采用跨节点的分布式系统，将数据分布在集群中的所有节点上解决，从而提供更好的本地访问性能，并且在某一数据中心发生火灾等不可抗拒灾难的时候防止系统彻底瘫痪。此外，每个节点使用 P2P 的 gossip 协议来改变集群中的自己和其他节点的状态信息。

2. Cassandra 的任务执行过程

Cassandra 的基本流程包括 Cassandra 写和读两个方面。

（1）Cassandra 写过程

1）客户端向 Cassandra 集群中单一随机节点发出写请求，此节点将作为代理节点，并根据复制放置策略（Replication Placement Strategy）将写请求发送到 N 个不同节点。

2）这 N 个节点以"RowMutation"消息的形式接收到此写请求，节点会执行以下两个操作：一是消息追加到 CommitLog 中以满足事务性目的；二是将数据写入到 MemTable，当 MemTable 结构数据满的时候需要刷新到 SSTable。同时每个给定列族的一组临时的 SSTable 会被合并到一个大的 SSTable，临时的 SSTable 会被当作垃圾回收。

3）代理节点必须等待这 N 个不同节点中的某些节点写响应的返回，才能将写操作成功的消息告诉客户端（根据写一致性水平来确定需要等待写成功响应的节点个数）。

（2）Cassandra 读过程

1）客户端发送一个读请求到 Cassandra 集群中的随机节点（即存储代理节点 StorageProxy），该节点根据复制放置策略将读请求发送到 N 个不同节点。

2）收到读请求的节点都要合并读取 SSTable 和 MemTable，由于在内存中进行操作，数据量也相对较小，因此从 MemTable 中读取数据相对简单而且循环查找很快。当扫描 SSTable 时，Cassandra 使用一个更低级别的列索引与布隆过滤器（Bloom filter，Bf）来查找数据块。通过 Bf 确定待查找 Key 所在的 SSTable，以及 Index Block（索引块）确定 Key 在 SSTable 中的偏移位置。

3）代理节点必须等待这 N 个不同节点中的某些节点读响应的返回，才能将读操作成功的消息告诉客户端（根据读一致性水平来确定需要等待读成功响应的节点个数）。

二、批处理系统

（一）批处理系统的概念与特征

批处理系统就是负责批量处理任务的系统，用户把一批任务通过指令交给系统后，由系统控制自动运行这批任务。所谓任务，也可以称之为队列，是指用户需要做的事情，一般是对一组大批量的数据进行处理。通常一个任务由一个或多个步骤组成，这些步骤之间为串行关系，上一个步骤执行成功了，才会执行下一个步骤。批处理系统自动化程度比较高，系统吞吐量大，资源利用率高，系统开销小，但各作业周转时间长，不提供用户与系统的交互手段，适合大的成熟的作业。批处理系统的特点主要表现在以下两个方面：

（1）多道。多道是指多道程序运行，即按多道程序设计的调度原则，从一批后备作业中选取多道作业调入内存并组织它们运行。在内存中同时存放多个作业，一个时刻只有一个作业运行，这些作业共享 CPU 和外部设备等资源。多道处理系统的优点是由于系统资源为多个作业所共享，其工作方式是作业之间自动调度执行，用户不干预作业，从而大大提高了系统资源的利用率和作业吞吐量。

（2）成批。操作员把用户提交的作业组织成一批，由操作系统负责每批作业间的自动调度，用户在提交作业之后直到获得结果之前几乎不再和计算机打交道，一旦提交作业就失去了对其运行的控制能力，不能干预作业的运行。

（二）批处理系统的典型产品简介

批处理主要操作大容量静态数据集，并在计算过程完成后返回结果。Apache Hadoop 是一种专用于批处理的处理框架，Hadoop 的处理功能来自 MapReduce 引擎，MapReduce 的处理技术符合使用键值对的 Map、Shuffle、Reduce 算法要求。基本处理过程可参考本章第一节 MapReduce 作业的运行流程部分。

Apache Hadoop 及其 MapReduce 处理引擎提供了一套久经考验的批处理模型，最适合处理对时间要求不高的大规模数据集，通过非常低成本的组件即可搭建完整功能的 Hadoop 集群，使得这一廉价且高效的处理技术可以灵活应用在很多案例中，与其他框架和引擎的兼容与集成能力，使得 Hadoop 可以成为使用不同技术的多种工作负载处理平台的底层基础。此外由于磁盘空间通常是服务器上最丰富的资源，这意味着 MapReduce 可以处理非常海量的数据集，且 MapReduce 具备极高的缩放潜力，生产环境中曾经出现过包含数万个节点的应用。但是这种方法也存在一些局限，由于严重依赖持久存储，每个任务需要多次执行读取和写入操作，因此速度相对较慢；MapReduce 的学习曲线较为陡峭，虽然 Hadoop 生态系统的其他周边技术可以大幅降低这一问题的影响，但通过 Hadoop 集群快速实现某些应用时依然需要注意这个问题。

三、图计算系统

（一）图计算系统的概念与特征

图计算是专门针对图结构数据的处理，以图计算引擎运行的硬件平台来进行分类，则主要分为三类：①基于分布式环境的大规模图计算系统；②基于单机的大规模图计算系统；③基于硬件加速器的大规模图计算系统。图计算系统解决了传统计算模式下关联查询的效率低、成本高的问题，在问题域中对关系进行了完整的刻画，并且具有丰富、高效和敏捷的数据分析能力，其特征有如下三点：

（1）基于图抽象的数据模型。图计算系统将图结构化数据表示为属性图，它将用户定义的属性与每个顶点和边缘相关联。属性可以包括元数据（例如，用户简档和时间戳）和程序状态（例如顶点的 PageRank 或相关的亲和度）。源自社交网络和网络图等自然现象的属性图通常具有高度偏斜的幂律度分布和比顶点更多的边数。

（2）图数据模型并行抽象。图的经典算法中，从 PageRank 到潜在因子分析算法都是基于相邻顶点和边的属性迭代地变换顶点属性，这种迭代局部变换的常见模式形成了图并行抽象的基础。在图并行抽象中，用户定义的顶点程序同时为每个顶点实现，并通过消息（例如 Pregel）或共享状态（例如 PowerGraph）与相邻顶点程序交互。每个顶点程序都可以读取和修改其顶点属性，在某些情况下可以读取和修改相邻的顶点属性。

（3）图模型系统优化。对图数据模型进行抽象和对稀疏图模型结构进行限制，使一系列重要的系统得到了优化。比如 GraphLab 的 GAS 模型更偏向共享内存风格，允许用户的自定义函数访问当前顶点的整个邻域，可抽象成 Gather、Apply 和 Scatter 三个阶段。GAS 模式的设计主要是为了适应点分割的图存储模式，从而避免 Pregel 模型对于邻域很多的顶点、需要处理的消息非常庞大时会发生的假死或崩溃问题。

（二）图计算系统的典型产品简介

1. Pregel 的概念及特征

Pregel 是一种基于整体同步并行（Bulk Synchronous Parallel，BSP）模型实现的并行图处理系统，搭建了一套可扩展的、有容错机制的平台，提供了一套非常灵活的 API，可以描述各种各样的图计算。Pregel 主要用于图遍历、最短路径、PageRank 计算等。

Pregel 的主要特点是具有高容错性。Pregel 采用检查点机制来实现容错，在每个超步的开始，Master 会通知所有的 Worker 把自己管辖的分区的状态写入到持久化存储设备。Master 会周期性地向每个 Worker 发送 ping 消息，Worker 收到 ping 消息后会给 Master 发送反馈消息。每个 Worker 上都保存了一个或多个分区的状态信息，当一个 Worker 发生故障时，它所负责维护的分区的当前状态信息就会丢失。Master 监测到一个 Worker 发生故障"失效"后，会把失效 Worker 所分配到的分区，重新分配到其他处于正常工作状态的 Worker 集合上，然后，所有这些分区会从最近的某超步 S 开始时写出的检查点中，重新加载状态信息。

2. Pregel 的任务执行过程

Pregel 并没有采用远程数据读取或者共享内存的方式，而是采用了纯消息传递模型来实现不同顶点之间的信息交互，Pregel 的计算过程是由一系列被称为"超步"的迭代组成的。

（1）选择集群中的多台机器执行图计算任务，有一台机器会被选为 Master，其他机器作为 Worker。Master 只负责协调多个 Worker 执行任务，系统不会把图的任何分区分配给它。Worker 借助于名称服务系统可以定位到 Master 的位置，并向 Master 发送自己的注册信息。

（2）Master 把一个图分成多个分区，并把分区分配到多个 Worker。一个 Worker 会领到一个或多个分区，每个 Worker 知道所有其他 Worker 所分配到的分区情况。每个 Worker 负责维护分配给自己的那些分区的状态（顶点及边的增删），对分配给自己的分区中的顶点执行 Compute（）函数，向外发送消息，并管理接收到的消息。

（3）Master 会把用户输入划分成多个部分，然后，Master 会为每个 Worker 分配用户输入的一部分（输入的图数据分给多个 Worker 来加载处理）。如果一个 Worker 从输入内容中加载到的顶点，刚好是自己所分配到的分区中的顶点，就会立即更新相应的数据结构。否则，该 Worker 会根据加载到的顶点的 ID，把它发送到其所属的分区所在的 Worker 上（每个 Worker 都知道其他 Worker 的分区情况，即知道哪些节点哪些边由哪个 Worker 来处理）。当所有的输入都被加载后，图中的所有顶点都会被标记为"活跃"状态。

（4）Master 向每个 Worker 发送指令，Worker 收到指令后，开始运行一个超步。Worker 会为自己管辖的每个分区分配一个线程，对于分区中的每个顶点，Worker 会把来自上一个超步的、发给该顶点的消息传递给它，并调用处于"活跃"状态的顶点上的 Compute（）函数，在执行计算过程中，顶点可以对外发送消息，但是，所有消息的发送工作必须在本超步结束之前完成。当所有这些工作都完成以后，Worker 会通知 Master，并把自己在下一个超步还处于"活跃"状态的顶点的数量报告给 Master。上述步骤会被不断重复，直到所有顶点都不再活跃并且系统中不会有任何消息在传输，这时，执行过程才会结束。

（5）计算过程结束后，Master 会给所有的 Worker 发送指令，通知每个 Worker 对自己的计算结果进行持久化存储。

四、流式计算系统

（一）流式计算系统的概念与特征

流数据（或数据流）是大数据分析中的重要数据类型，是指在时间分布和数量上无限的一系列动态数据集合体。流式计算可以实时处理来自不同数据源的、连续到达的流数据，经过实时分析处理，给出有价值的分析结果。因为数据的价值随着时间的流逝而降低，因此，当事件出现时就应该立即进行处理，以保障大数据的时效性和价值性。流式计算系统的特征主要包括以下几个方面：

（1）无限性。在流式计算中，数据的单位为元组，数据以增量的方式、连续数据流的形态，持续到达计算平台。数据记录（Record）在计算过程中不断地动态到达，与批处理不同，流式计算在计算过程开始之前就知道数据大小与边界，更容易优化。

（2）无序性。数据源不唯一，在数据流重放的过程中，数据流中各元组间的顺序无法控制，要得到完全相同的数据流是很困难的，甚至是不可能的。Record 的原始顺序和在处理节点上的处理顺序可能不一致，Shuffle 过程（数据传递）也可能导致顺序改变。

（3）实时性。数据流中元组在线到达后需要实时进行处理。流式大数据重点关注数据的实时分析和处理，对数据流的时效性往往要求很高，数据的时间价值非常重要。

（4）突发性。数据流流速高，且随着时间推移而动态变化，这一方面要求系统能够根据数据流流速的变化弹性、动态地适应，实现资源、能耗的高效利用；另一方面，当数据流中各元组语义在不同时刻变化时，处理数据流的有向任务图不仅需要及时地识别这种语义变化，并且需要有效地适应语义变化，动态地更新数据。

（5）易失性。数据一旦经过处理，不被归档存储，则会直接丢失，因此，未被存到内存的数据将很难被检索。

（二）流式计算系统的典型产品简介

1. Apache Samza 的概念及特征

Apache Samza 是一个分布式流处理框架，使用 Apache Kafka 用于消息发送，采用 Apache Hadoop YARN 来提供容错、处理器隔离、安全性和资源管理。Samza 非常适用于实时流数据处理的业务，如数据跟踪、日志服务、实时服务等应用，它能够帮助开发者高速处理消息，同时还具有良好的容错能力。在 Samza 流数据处理过程中，每个 Kafka 集群都与一个能运行 YARN 的集群相连并处理 Samza 作业。

Samza 具有以下特性：

（1）简单的 API：Samza 提供了一个简单基于回调且兼容 MapReduce 的消息处理 API。

（2）状态管理：Samza 提供了一个基于 LevelDB 的 Key-Value 数据库来存储历史数据，从而实现了有状态的消息管理。

（3）容错处理：每当集群中的一台机器发生故障时，YARN 将会透明地将相关任务迁移到其他机器上。

（4）持久性：Samza 使用 Kafka 保证消息的有序处理，并能够持久化到分区，不存在发生消息的丢失的可能。

（5）可扩展性：Samza 在每个层结构都是可分区和分布式的，Kafka 提供了有序、可分区、可追加、容错的流；YARN 提供了一个分布式、供 Samza 运行的容器环境。

（6）可插拔/开箱即用：Samza 提供了一个可插拔特性的 API，该 API 使得 Samza 不仅能够使用 Kafka 和 YARN，还能够使用其他消息系统和执行环境。

（7）资源隔离：通过使用 YARN 实现了对 Hadoop 安全模型和资源隔离的支持。

2. Apache Samza 的任务执行过程

Samza 的作业是对一组输入流进行处理转化成输出流的程序。Samza 的流单位既不是元组，也不是 Dstream，而是一条条消息。Samza 中的每个流都被分割成一个或多个分区，对于流里的每一个分区而言，都是一个有序的消息序列，后续到达的消息会根据一定的规则被追加到其中一个分区里。

（1）Samza 客户端需要执行一个 Samza 作业时，它会向 YARN 的 ResourceManager 提交作业请求。

（2）ResourceManager 通过与 NodeManager 沟通为该作业分配容器（包含了 CPU、内存等资源）来运行 Samza ApplicationMaster。

（3）Samza ApplicationMaster 进一步向 ResourceManager 申请运行任务的容器。

（4）获得容器后，Samza ApplicationMaster 与容器所在的 NodeManager 沟通，启动该容器，并在其中运行 Samza Task Runner。

（5）Samza Task Runner 负责执行具体的 Samza 任务，完成流数据处理分析。

五、迭代计算系统

（一）迭代计算系统的概念与特征

迭代计算是一种通过多次循环得出结果的计算方式，一般需要将上一次计算的结果代入下一步的计算中。当计算数据和计算规模都比较小时，可以在单机上实现计算过程；但是当数据集变大或者计算复杂度上升时，例如在互联网企业中，各种数据挖掘、信息检索等计算用例，抽取的数据集较大，往往使用分布式的迭代计算。

迭代计算的特点主要包括以下两个方面：①Input 数据由两部分组成，即 Static 和 Variable 数据，而且大部分情况下 Static 数据比 Variable 数据量大很多，Static 与 Variable 数据完成计算之后，得到新的 Variable 数据，然后该新数据与 Static 数据再次进行计算，如此循环，直到迭代结束条件得到满足之后才退出。②迭代计算单个任务的数据集普遍不是很大。

（二）迭代计算系统的典型产品简介

1. Twister 的概念及特征

Twister 是一个增强的 MapReduce runtime，具有扩展的编程模型，高效地支持迭代 MapReduce 计算。它使用 Publish/Subscribe 消息传递基础设施进行通信和数据传输，支持长时间的 Map/Reduce 任务，这些任务可以以"配置一次使用多次"的方法使用。另外，它还可以通过"广播"和"分散"类型的数据传输为 MapReduce 提供编程扩展，相较于其他 MapReduce runtime，这些改进让 Twister 支持更高效的 MapReduce 计算。

Twister 从工作结点的本地磁盘读取数据并在工作结点的分布式内存中处理中间数据，所有通信和数据传输通过一个 Publish/Subscribe 消息基础设施来处理。使用 Publish/Subscribe 消息传递基础设施处理四种通信需求：①发送/接收控制事件；②从 the Client side driver 发送数据给 Twister daemons；③Map 与 Reduce 任务之间的中间数据转换；④发回 Reduce 任务的输出给 the Client side driver 来唤醒 Combine 操作。

2. Twister 的任务执行过程

Twister 是针对迭代 MapReduce 计算优化的分布式内存 MapReduce runtime。

在 Twister 中，大文件不会自动被切割成一个一个 Block，因而用户需提前把文件分成一个一个小文件，以供每个 Task 处理。在 Map 阶段，经过 Map（）处理完的结果被放在分布式内存中，然后通过一个 Broker Network（NaradaBroking 系统）将数据推给各个 Reduce Task（Twister 假设内存足够大，中间数据可以全部放在内存中）；在 Reduce 阶段，所有 Reduce Task 产生的结果通过一个 Combine 操作进行归并，此时，用户可以进行条件判定，确定迭代是否结束。Combine 后的数据直接被送给 Map Task，开始新一轮的迭代。为了提高容错性，Twister 每隔一段时间会将 Map Task 和 Reduce Task 产生的结果写到磁盘上，这样，一旦某个 Task 失败，它可以从最近的备份中获取输入，重新计算。

为了避免每次迭代重新创建 Task，Twister 维护了一个 Task Pool，每次需要 Task 时直接从 Pool 中取。在 Twister 中，所有消息和数据都是通过 Broker Network 传递的，该 Broker Network 是一个独立的模块，目前支持 NaradaBroking 和 ActiveMQ（Active Massage Queue）。

六、内存计算系统

（一）内存计算系统的概念与特征

内存计算（In-memory Computing）系统是指在计算过程中让 CPU 从主内存数据库中读写数据，而不是从磁盘读写数据的计算系统。不同于传统基于硬盘的系统，内存计算系统将工作数据存储在内存中，避免了长延迟的 I/O 操作，可有效减少数据读写和移动的开销，提高大数据处理性能。内存计算技术包括列存储格式、数据分区与压缩、增量写入、无汇总表等方法。

内存计算系统主要包括内存存储和内存数据处理系统两大类。RAM Cloud 是一种典型的分布式内存数据存储系统，它将几千甚至上万台存储服务器互联，构成一个大规模面向数据中心的内存存储系统。内存数据处理系统主要面向迭代式数据处理等应用，通过特定的编程模型和运行环境支撑，在内存中进行大规模的数据分析处理和检索查询。内存计算系统的最大特点就是让数据访问速度加快，内存数据库（Main Memory Database，MMDB，也叫主内存数据库）技术可以有效地使用 CPU 周期和内存，且内存计算技术能够充分利用多核处理器的计算能力，支持对大量数据的并行处理，大大提高了系统的整体性能。

（二）内存计算系统的典型产品简介

1. Dremel 的概念及特征

Dremel 是 Google 的交互式数据分析系统，可以在数以千计的服务器组成的集群上发起计算，处理 PB 级的数据，也是 Google MapReduce 的补充，大大缩短了数据的处理时间，被成功地应用在 Google 的 BigQuery 中。Dremel 系统有下面几个主要的特点：

（1）Dremel 是一个大规模系统，在一个 PB 级别的数据集上面，将任务缩短到秒级，无疑需要大量的并发。

（2）Dremel 是 MR 交互式查询能力不足的补充。和 MapReduce 一样，Dremel 也需要和数据运行在一起，将计算移动到数据上面，所以它需要 GFS 这样的文件系统作为存储层。

（3）Dremel 的数据模型是嵌套（nested）的。互联网数据常常是非关系型的，Dremel 还需要有一个灵活的数据模型，这个数据模型至关重要，Dremel 支持一个嵌套的数据模型，类似于 JSON。

（4）Dremel 中的数据是用列式存储的。使用列式存储，分析的时候，可以只扫描需要的那部分数据，减少 CPU 和磁盘的访问量，同时列式存储是压缩友好的，使用压缩，可以综合 CPU 和磁盘，发挥最大的效能。

（5）Dremel 结合了 Web 搜索和并行 DBMS 的技术。首先，他借鉴了 Web 搜索中的"查询树"的概念，将一个相对巨大复杂的查询，分割成较小且较简单的查询。其次，和并行 DBMS 类似，Dremel 可以提供一个 SQL-like 的接口，就像 Hive 和 Pig 那样。

2. Dremel 的任务执行过程

Dremel 是一个多用户的系统，切割分配任务的时候，还需要考虑用户优先级和负载均衡。对于大型系统，还需要考虑容错，如果一个叶子 Server 出现故障或变慢，不能让整个查询也受到明显影响。通常情况下，每个计算节点，执行多个任务。例如，有 3000 个叶子 Server，每个 Server 使用 8 个线程，就可以有 24000 个计算单元；如果一张表可以划分为 100000 个区，就意味着大约每个计算单元需要计算 5 个区；这执行的过程中，如果某一个计算单元太忙，就会另外开启一个来计算，这个过程是动态分配的。对于 GFS 这样的存储，一份数据一般有 3 个备份，计算单元很容易就能分配到数据所在的节点上，典型的情况可以到达95%的命中率。Dremel还有一个配置，就是在执行查询的时候，可以指定扫描部分分区，比如可以扫描30%的分区，在使用的时候，相当于随机抽样，加快查询。

案例分享　基于大数据架构的智能交通可视化平台

　　随着社会经济的发展，机动车保有量不断上升，城市交通路网、高速公路及其他公路不断扩展，公安交通管理部门需要处理的信息量越来越大。通过利用云计算、互联网、大数据、地理信息、人工智能等新一代信息技术，融合路面执勤、电子警察、智能卡口以及其他执法终端等各类基础信息资源，辅助交警指挥决策，可以提高交通管理的水平，实现道路交通管理的网格化、智能化、可视化，为构建智能交通提供支撑。

　　基于大数据架构的智能交通可视化平台体系结构如图6-5所示。

图6-5　平台体系结构

　　(1) 接入层：主要有交通警情、信号灯控制系统、交通信息诱导发布系统、视频监控系统、重点区域停车场管理系统等。将路网状况信息与地理信息系统进行融合，实现交通管理信息一张图。

　　(2) 数据层：主要有数据整合治理（数据汇聚、清洗转换等）、数据库搭建（定位数据库、业务库等）、地图融合（各类时空数据经过地图引擎，实现上图的过程）等。

　　(3) 服务层：主要包括地图服务（测距、浏览、切换、定位、地图工具等）和智能应用服务（智能搜索、拥堵预警、路网路况等）、可视化服务（基于地图服务或空间数据服务的相关空间位置等的属性查询）等。

　　(4) 应用层：主要包括可视化指挥、重点区域疏导等。可视化指挥是指基于地图可视化的态势分析、指挥调度等。重点区域疏导，包括地理信息系统展示的可视化和大数据的可视化以及基于地图的大数据可视化。

　　采用大数据技术、地理信息技术、可视化技术等，智能交通可视化平台实现多源数据的融合、数据交换与共享，使智能交通的各种业务以图形、图表或地理信息系统可视化方式展现。平台在融合了各种交通管理大数据的同时，也融合了时空大数据，具有时空信息的分析和挖掘、区域快速定位、资源状态感知展示（包括道路、设施、车辆、人流等）、交通诱导、交通信号控制展示、车辆动态轨迹、路网运行监测与交通态势预判等功能。

　　(资料来源：于志青. 基于大数据架构的智能交通可视化平台设计 [J]. 中州大学学报, 2021, 38 (1)：120-123.)

｜本章关键词｜

MapReduce；Spark；Pregel；Storm；Apache Samza；集中式计算架构　分布式计算架构

｜课后思考题｜

1. 简单总结 MapReduce 和 Spark 的运行机制以及两者之间的差异？
2. 请举出一个集中式与分布式系统架构综合运用的案例？
3. 本书中提到多种大数据分析处理系统，请举出一个至少应用到其中两个应用系统的综合案例？并和单个的处理系统进行对比分析？

第七章

大数据分析与建模

本章提要

有了大数据之后，下一步就是分析这些数据，期望通过合适的数据分析挖掘技术建立模型找到蕴藏在数据背后的客观规律。大数据分析技术经过这么多年的发展，已经形成了一些分析建模的基本思路和方法。本章主要学习大数据分析与建模的相关知识，包括三节内容，首先是对管理大数据分析的概述，梳理了大数据分析的流程、关键技术和主要类别。其次总结了大数据分析的主要方法，在数据理解与特征工程的基础上，分别阐述了描述性统计分析、回归分析、分类分析、聚类分析和关联分析方法。最后讨论了管理大数据分析建模过程、评估和度量指标。

学习目标

1. 了解大数据分析的作用、基本流程和关键技术。
2. 掌握主要的大数据分析方法，理解不同方法的适用范围。
3. 掌握大数据分析建模的过程、评估和度量指标。

重点：理解不同的大数据分析与建模技术与方法的特点、适用范围。

难点：运用大数据分析与建模的技术和方法，解决在具体的管理情境遇到的问题。

导入案例

大数据分析为疫情防控保驾护航

大数据时代，无论是等级响应，还是每一次疫情防控决策，不应只是出自领导者的经验、主观的感受，或是有限信息条件下的"差不多"判断，而应该是基于大数据基础上的科学化、精准化、高效化的决策。通过全景数据实时掌握城市的状态，及时发现存在的问题，迅速采取精准的措施，彻底消除危险的隐患，保证城市平稳健康运行。可以通过数据分析模型密切监测以下趋势：①疫情发展趋势监测。通过各级卫生健康部门每日公布的数据（全国、省级、地市、县的确诊数、疑似数、死亡数、出院数等），建立本地区与全国、省级、本市的趋势对比，通过环比、同比、占比，及时发现增长过快、持续增长等趋势特征。②高危区域人员流动特征监测。发现防控中的重点区域和重点对象。在疫情后该项更为重要。③重点区域动态监测。通过热力图及动态变化及时发现重点区域和发展态势。④对象特征实时分析。⑤对象交叉关联分析。

大数据分析模型强化了对疫情数据的归集和数据分析，应不断优化疫情防控大数据分析模型，对风险人群的流动做到最大限度的监控，辅助卫生健康部门做好对疫情的防控工作。

思考：

1. 在新冠疫情防控中，大数据分析与建模发挥了怎样的作用？
2. 你还知道哪些借助大数据分析与建模应对新冠疫情防控的例子？

第一节　　管理大数据分析概述

一、管理大数据分析的概念与内涵

管理大数据是企业发展过程中不断出现和积累的，涉及战略、组织、人力资源、企业文化等专业领域的各项管理数据。将众多企业的管理数据整合到一起，可以形成多生态跨产业链的垂直整合、横向共享的完整生态体系，具有"海量"的特征。企业通过对管理大数据的使用，将数据价值转换成时间价值，进而转换成管理价值与经济价值。

管理实践中，大数据分析就是对海量的管理过程中积累和产生的大数据进行精加工，找出事物运行规律的过程。严格地说，大数据分析是一种技术，从大量的数据中抽取出潜在的有价值的信息、模式和趋势，然后以易于理解的可视化形式表达出来，其目的是提高市场决策能力、检测异常模式、控制可预见风险、在经验模型基础上预言未来趋势等。

（一）大数据时代下企业管理的特点

1. 企业用于分析的数据量十分庞大

数据分析是当前企业管理过程中不容忽视的重要支撑点，企业需要有大量完整、真实、有效的数据进行支撑，才能够对未来行业的发展趋势进行有效的预测，从而采取积极的应对措施，制定良好的战略。以往情况下，对于数据的收集、存储以及分析都存在着一定的局限性，企业在分析和处理相关信息问题的时候，都是从能够获取到的少量信息中，最大限度地挖掘和分析自身所需的信息，这在无形之中增加了企业的工作量，同时信息的不完整性、滞后性等问题将会直接影响到企业的全面发展。在大数据时代来临之后，现代企业可以采用更加积极有效的方式，对市场信息、客户情况以及行业间的发展情况进行全面充分的了解和掌握，这就减少了主观性判断的缺陷，为企业不断提升核心竞争力、扩大产业规模提供了良好的前提基础。

2. 数据的精确性要求有所降低

在小数据时代，企业需要建立专门的数据库，对自身收集到的各项数据进行存储、整理，不断提高和优化数据的准确性，主要是因为如果数据中出现了一定偏差，将会给企业的正确战略决策造成负面影响。小数据时代下，对数据的疏忽造成的后果会被放大，而处在大数据时代下的企业管理并不需要面临这个困扰。大数据时代中，企业能够获取到的数据信息越来越全面、完整、真实，这样就能够因为数据量的增加，减少数据的错误率。企业管理过程中针对某一个错误问题，都能够及时地进行调整，增强了企业自身的纠错能力，企业应用大数据，并不单纯是为了数据的准确性，更多是从数据之中挖掘潜在的价值信息。

3. 对事物之间的相关性进行寻找

大数据时代和以往的区别还体现在一个重要方面，那就是对于事物之间的因果关系不再进行重点研究，而是将研究的重心逐渐放在事物之间的相关性方面。大数据时代，逐渐摒弃了提出假设——收集数据——处理分析数据——验证假设的方式，而是从低价值密度的数据中，对具有潜在价值的信息数据进行充分挖掘，从而对事物之间的关联进行全面探索。

（二）大数据在企业管理中的作用及价值

1. 大数据帮助企业优化资源配置

大数据能实现企业各业务环节间的信息高度集成和互联，减少不必要的资源浪费。一个企业的运营是在人、财、物、信息等资源有效运作的基础上实现的，资源配置合理，则能发挥每项资源的最大潜能；资源配置不合理，则必然导致浪费。管理大数据能分析企业的产品结构、订单结构、客户结构是否合理，调整资源配置方向。同样，企业可以利用管理大数据分析判断哪些订单和客户对利润的贡献最大，从而调整和优化产品、订单和客户结构，实现资源优化配置和经济效益最大化。

以制造业为例，制造业的研发、采购、物流、生产、库存、销售等环节会产生大量的诸如各工序节拍信息、产品质量信息、发货和收货信息、物料流动信息、客户需求信息、人力资源需求信息等数据。管理大数据系统能够实现企业内部和外部的各项数据的高度集成和互联，消除过度生产浪费、等待时间浪费、工序浪费、库存浪费、运输浪费、产品缺陷浪费等，降低生产成本，提高生产效率和产品质量，实现资源优化配置。

2. 大数据帮助企业推动产品创新

产品和服务的不断创新，在企业的全面发展中具有十分重要的地位和作用，能够影响到企业的经营能力和发展成果。在对企业进行全面管理的过程中，需要对企业中的大数据进行全面有效的应用，这样能够让企业永远保持新鲜的活力，积极应对市场的变化。企业在对消费者的消费需求进行分析的时候，积极使用大数据技术，能够对产品、服务的不断创新创造良好的条件。消费者在进行购物之后，能够将自身对于产品、服务的评价和感受通过社交网络平台、购物平台进行反映，现代企业可以通过对消费者的这些信息进行收集，作为自身产品、服务的反馈信息，从而根据顾客提出的一些问题、建议等，对自身产品和服务进行不断的改进和完善、生产相应的新产品，这对于提高企业产品和服务的总体质量和效果具有积极的作用和意义。

3. 大数据帮助企业实现精准营销

大数据能够帮助企业跟踪分析市场营销的宏观环境和微观环境，实现精准营销。企业市场营销的宏观环境包括政法环境、经济环境、人口环境、社会文化环境、技术环境和自然环境等。企业市场营销的微观环境包括企业内部环境、供应、营销中介、客户、竞争者及公共关系。大数据能够挖掘和分析宏观环境、行业环境和用户需求等数据，为企业的精准营销提供大数据支撑。

4. 大数据帮助企业改善内部管理

大数据能实现企业内部信息共享，利用数据改善企业内部管理。企业内部各业务部门之间建立信息共享机制能够提高跨部门的协作效率，而信息共享是通过文档和记录等数据来实现的，管理层通过大数据能够及时发现企业经营管理中的诸如战略失误、组织结构不合理、人员配备不当等问题。此外，企业内部利用大数据可以提升业务管理水平，例如，通过分析员工的人力资源效能数据，企业能够探寻人力效能产出的规律，优化人力资源结构，提升企业的人力资源利用效率。另外，企业还可以基于优秀员工的行为、习惯和价值观等数据形成适合本企业的优秀人才画像，用于招聘和培养优秀人才。

5. 大数据帮助企业优化产品流程

网络技术、物联网和云计算等技术的有效应用，为企业对产品的生产、制造进行全面控制和管理，提供了重要的技术支持。当前在产品制造过程中，产品的生命周期能逐渐实现数据化，这对于保证产品的质量、提高其使用的性能具有良好效果。应用大数据云计算技术和大数据技术，能够对产品的设计研发、生产制造以及运营管理等方面的各项数据进行全面有效的智能分析，这对优化产品的生产制造流程具有十分积极的促进意义。同时企业还能够通过大数据技术，对各项数据进行深度的挖掘，针对数据所包含的高潜在价值进行充分的应用，这样能够建构起完整的数据模型，在进行产品流程优化的时候，能够做好相关的支持工作。加强产品的流程优化，能够为提高产品的生产效率和质量起到良好的促进作用。

综上所述，应综合运用最新的大数据挖掘技术，以及自身大量的专业知识积累，帮助各行各业的企业真正有效地实现管理大数据的应用价值。将大小数据深度结合，解决结构化数据与非结构化数据的衔接，帮助各垂直领域的行业大型企业用好数据资产，创造出深层价值，助力企业管理的转型升级。

二、大数据分析流程

（一）跨行业数据挖掘标准流程 CRISP-DM

跨行业数据挖掘标准流程 CRISP-DM（Cross-industry Standard Process for Data Mining）是一种业界认可的用于指导数据挖掘工作的方法，为数据库知识发现工程（Knowledge Discovery in Database，KDD）或数据挖掘项目提供了一个完整的过程描述。CRISP-DM 把这个过程划分为六个阶段，分别是业务理解、数据理解、数据准备、建立模型、模型评估和模型部署。

1. 业务理解

业务理解（Business Understanding）要求从商业角度对业务部门的需求进行理解，并把对业务需求的理解转化为数据挖掘的定义，拟订达成业务目标的初步方案。业务理解主要包括四个步骤：确定商业目标、评估形势、确定大数据分析目标和制订项目计划，以下分别加以概述：

（1）确定商业目标。确定商业目标的过程包括背景分析、商业目标确立，从业务运作、实施和价值层面来衡量项目成功或有用的、可测量的标准。背景分析包括确定项目负责人和联络人，收集项目背景信息，确定问题领域。商业目标确立包括检查目前的状态和先决条件，确定项目成果的提供方式和目标群体，确认需求和预期，描述当前问题的解决方案。商业成功标准应明确详细的商业成功标准和由谁负责评估成功。

（2）评估形势。评估形势是尽可能地寻找和确定出与数据挖掘项目有关的资源、约束、假设和在决定数据分析目标及项目计划中应该予以考虑的其他因素。具体的操作步骤包括列出调研计划、座谈计划等，调研的数据源、信息源、软硬件、人力规划，通过座谈、文案调查、电话、电子邮件等沟通方式，建立术语表，理解和熟悉业务语言和数据挖掘语言，建立统一的语言，估算收集数据的工作量和成本、解决方案的成本、项目的各种收益，如果要建立系统则要估算运营成本。

（3）确定大数据分析目标。用大数据分析专业术语来表达，确定大数据分析目标的过程就是将业务语言定义的项目需求翻译成大数据分析语言定义的项目需求的过程。在这个过程中需要与业务专家、大数据分析专家交流学习，详细说明大数据分析问题所属的技术类型，如聚类、分类、关联规则还是其他。

（4）制订项目计划。该计划主要包括项目计划、工具和技术的初始评估两个方面。要详细列出各个步骤、时间安排的甘特图、需要的资源、投入/产出、所依赖的条件，对可能用到的工具和技术如何使用做初始考察，描述对工具和技术的具体要求。

以基于分类技术的预测模型为例，业务理解过程就是回答以下问题：①什么业务发展不好，需要进行客户预测？②在没有预测模型的情况下，如何评价目前的工作？③做了预测模型之后，会带来哪些改进，得到哪些收益？④预测模型会带来哪些成本，影响哪些部门，有多少工作量？⑤预测模型的技术术语如何理解？⑥数据挖掘专家如何了解我们的业务内涵？⑦预测模型有哪些风险，各自的可能性有多大？

2. 数据理解

数据理解（Data Understanding）始于原始数据的收集，然后是熟悉数据、识别和标注数据质量问题、探索数据，发现有深层含义的数据子集以形成对隐藏信息的假设。

（1）收集数据。找出可能的影响主体的因素，确定这些影响因素的数据载体、数据体现形式和数据存储位置。

（2）熟悉数据。检测数据质量，对数据进行初步理解，简单描述数据，探测数据意义。

（3）探索和检查数据。分析数据中潜藏的信息和知识，提出拟用数据加以验证的假设。

数据理解流程其实是从业务到数据解读的过程，严格地说，还没有进入数据预处理阶段，只是数据的采集和质量检测。其核心是研究现有的数据是否可以解决业务理解过程中提出的那些关键问题。

3. 数据准备

数据准备（Data Preparation）阶段要从原始数据中形成作为建模分析对象的最终数据集，具体工作主要包括选择数据、清洗数据、构造数据、整合数据和格式化数据等五个步骤，各项工作并不需要预先规定好执行顺序，而且数据准备工作还有可能多次执行。

数据准备阶段的主要任务是数据预处理，即 ETL 过程，目的是提升数据质量，将分散的数据整合和清洗成一张大数据分析软件可处理的宽表。

4. 建立模型

建立模型（Modeling）是指应用软件工具，选择合适的建模方法，处理准备好的数据表，找出数据中隐藏的规律。在建立模型阶段，需要选择和使用各种建模方法，并将模型参数进行优化。对同样的业务问题和数据准备，可能有多种大数据分析技术方法可供选用，此时可优先选择提升度高、置信度高、简单而易于总结业务政策和建议的大数据分析技术方法。在建模过程中，还可能会发现一些潜在的数据问题，这要求返回数据准备阶段。建立模型阶段的具体工作包括：选择合适的建模技术、进行检验设计、建造模型。

5．模型评估

模型评估（Evaluation）是指从业务角度和统计角度进行模型结论的评估。要求检查建模的整个过程，以确保模型没有重大错误，并检查是否遗漏重要的业务问题。该阶段主要包含三个步骤：评估结果、复核流程和确定下一步工作。当模型评估阶段结束时，应对数据挖掘结果的发布计划达成一致。

评估决定了当前模型的命运，如果没通过评估，则只能面临返工。评估的过程主要由业务专家来评判，他们不会考虑技术细节，而仅仅从商业上的可用性角度提出自己的结论。

6．模型部署

模型部署（Deployment）又称为模型发布，建立模型本身并不是数据挖掘的目标，虽然模型使数据背后隐藏的信息和知识显现出来，但数据挖掘的根本目标是将信息和知识以某种方式组织和呈现出来，并用来改善运营、提高效率。当然，在实际的数据挖掘工作中，根据不同的企业业务需求，模型部署的具体工作可能简单到提交数据挖掘报告，也可能复杂到将模型集成到企业的核心运营系统中。

进入模型部署阶段的数据挖掘应用是成功的。但是，任何模型都不是一成不变的，模型的更新、维护和实际部署（如营销派单），意味着模型的部署仅仅是营销流程的开始，最终的效果还需要营销结果来检验。

（二）SAS 数据挖掘方法论 SEMMA

SEMMA 是由 SAS 公司提出的一套行之有效的数据挖掘方法论，将数据挖掘的核心过程分为抽样（Sample）、探索（Explore）、修整（Modify）、建模（Model）、评估（Assess）几个阶段。这得益于 SAS 在数据处理研究工作的长期积累。SAS 公司是统计和商业智能软件的最大生产商之一，自从 SAS 问世以来，就一直是统计模型市场领域的领头羊。

1．Sample——数据取样

当进行大数据分析时，首先要从企业的大量数据中取出一个与要探索的问题相关的数据子集，而不是动用全部企业数据。通过数据样本的精选，不仅能减少数据处理量、节省系统资源，而且能通过数据的筛选，使想要数据反映的规律性更加凸显出来。

通过数据取样，要把好数据的质量关。在任何时候都不要忽视数据的质量，即使你是从一个数据仓库中进行数据取样，也不要忘记检查其质量如何。因为是要通过数据挖掘探索企业运作的规律性，如果原始数据有误，探索规律性也就无从谈起。

从巨大的企业数据母体中取出哪些数据作为样本数据呢？这要依所要实现的目标来分别采用不同的办法：①如果目标是进行过程的观察、控制，则可以选择随机取样，然后根据样本数据对企业或其中某个过程的状况做出估计。例如，SAS 不仅支持这一取样过程，而且可对所取出的样本数据进行各种例行的检验。②如果目标是想通过数据挖掘得出企业或其某个过程的全面规律性，则必须获得在足够广泛范围变化的数据，以使其有代表性。应当从实验设计的要求来考察所取样数据的代表性。唯此，才能通过此后的分析研究得出反映本质规律性的结果。

2．Explore——数据特征探索、分析和预处理

前述的数据取样，或多或少是带着对如何达到数据挖掘目的的先验认识进行操作的。当

我们拿到了一个样本数据集后，它是否达到我们原来设想的要求？其中有没有什么明显的规律和趋势？有没有出现未曾设想过的数据状态？因素之间有何相关性？它们可区分成怎样一些类别？……这些都是需要我们首先探索的内容。进行数据特征的探索、分析，最好是能进行可视化的操作。SAS 有 SAS/Insight 和 SAS/SpectraView 两个产品提供了可视化数据操作的最强有力的工具、方法和图形。它们不仅能做各种不同类型统计分析显示，而且可做多维、动态甚至旋转的显示。

这里的数据探索，就是通常所进行的深入调查的过程。最终要达到的目的可能是要搞清多因素相互影响的、十分复杂的关系。但是，这种复杂的关系不可能一下子建立起来。一开始，可以先观察众多因素之间的相关性；再按其相关的程度，了解它们之间相互作用的情况。这些探索、分析，并没有一成不变的操作规律性；相反，是要有耐心地反复试探、仔细观察。在此过程中，你原来的专业技术知识是非常有用的，它会帮助你进行有效的观察。但是，你也要注意，不要让专业知识束缚了你对数据特征观察的敏锐性。可能实际存在着你的先验知识认为不存在的关系。假如你的数据是真实可靠的话，那么你绝对不要轻易地否定数据呈现给你的新关系。很可能这里就是发现的新知识。它也许会导引你在此后的分析中，得出比你原有的认识更加符合实际的规律性知识。

3. Modify——问题明确化、数据调整和技术选择

通过上述两个步骤的操作，你对数据的状态和趋势可能有了进一步的了解，对拟解决的问题也有了进一步的明确，还要尽可能量化问题解决的要求。问题越明确，越能进一步量化，问题就向它的解决更前进了一步。这是十分重要的。因为原来的问题很可能是诸如质量不好、生产率低等模糊的问题，没有问题的进一步明确，你简直就无法进行有效的数据挖掘操作。

在问题进一步明确的基础上，你就可以按照问题的具体要求来审视你的数据集了，看它是否适应你的问题的需要。高德纳公司（Gartner）在评论当前一些数据挖掘产品时特别指出，在数据挖掘的各个阶段中，数据挖掘的产品都要使所使用的数据和所将建立的模型处于十分易于调整、修改和变动的状态，这才能保证数据挖掘有效进行。

视问题的需要，可能要对数据进行增删；也可能按照你对整个数据挖掘过程的新认识，要组合或者生成一些新的变量，以体现对状态的有效描述。在问题进一步明确、数据结构和内容进一步调整的基础上，下一步数据挖掘应采用的技术手段就更加清晰、明确了。

4. Model——模型的研发、知识的发现

这一步是数据挖掘工作的核心环节。按照 SAS 提出的 SEMMA 方法论，走到这一步时，你对应采用的技术已有了较明确的方向；你的数据结构和内容也有了充分的适应性。SAS 在这时也向你提供了充分的可选择的技术手段，包括回归分析等数理统计方法、关联分析方法、分类及聚类分析方法、人工神经元网络、决策树等。在实际的数据挖掘中，具体使用哪一种方法或哪些方法的组合，主要取决于数据集的特征以及要实现的目标。实际上，这种选择也不一定是唯一的，不妨多试几种方法，从实践中选出最适合的方法。

5. Assess——模型和知识的综合解释和评估

在上述过程中将会得出一系列分析结果、模式或模型。同一个数据源可以利用多种数据分析方法和模型进行分析，评估（Assess）的目的之一就是从这些模型中找出一个最好的模

型，另外就是要对模型进行针对业务的解释和应用。

若能从模型中得出一个直接的结论当然很好，但更多时候会得出对目标问题多侧面的描述。这时就要能很好地综合它们的影响规律性地提供合理的决策支持信息。所谓合理，实际上往往是要在所付出的代价与达到预期目标可靠性之间的平衡上做出选择。假如你在数据挖掘过程中，就预见到最后要进行这样的选择的话，那么你最好把这些平衡的指标尽可能量化，以利于最后的综合抉择。

三、大数据分析关键技术

大数据分析技术要改进已有数据挖掘和机器学习技术，开发数据网络挖掘、特异群组挖掘、图挖掘等新型数据挖掘技术，突破基于对象的数据连接、相似性连接等大数据融合技术，突破用户兴趣分析、网络行为分析、情感语义分析等面向领域的大数据挖掘技术。

数据挖掘就是从大量的、不完全的、有噪声的、模糊的、随机的实际应用数据中，提取隐含在其中的、人们事先不知道的、但又是潜在有用的信息和知识的过程。从挖掘任务和挖掘方法的角度，未来需要在以下几个方面进行突破：

(1) 可视化分析。数据可视化无论对于普通用户还是数据分析专家，都是最基本的功能。数据可视化可以让数据自己说话，让用户直观感受到结果。大数据可视分析是指在大数据自动挖掘的同时，结合计算机的计算能力和人的认知能力，利用人机交互技术和可视化界面，获得大规模复杂数据集的分析能力。在大数据时代，大数据可视化是必须尽快解决的关键问题，为大数据服务的研究指明了方向。

(2) 数据挖掘算法。数据可视化是将机器语言翻译给人看，而数据挖掘就是机器的母语。分割、集群、孤立点分析以及各种各样的算法让我们精炼数据，挖掘价值。这些算法一定要能够应付大数据的量，同时还具有很高的处理速度。

(3) 预测性分析。预测性分析可以让分析师根据图像化（可视化）分析和数据挖掘的结果做出一些前瞻性判断。

(4) 语义引擎。语义引擎需要设计足够的人工智能才足以从数据中主动地提取信息。语言处理技术包括机器翻译、情感分析、舆情分析、智能输入、问答系统等。

(5) 数据质量和数据管理。数据质量与管理是管理的最佳实践，透过标准化流程和机器对数据进行处理可以确保获得一个预设质量的分析结果。

四、大数据分析类别

大数据分析是利用数据获得洞察力，帮助人们更好地做决策的学科集合。根据数据分析的目的不同，可将大数据分析分为以下四个类别：

(1) 描述型数据分析。描述型数据分析提供数据描述，报告数据并对数据进行可视化处理；其目的是对"已经发生什么"和"正在发生什么"提供一个认识理解。

(2) 诊断型数据分析。在诊断型数据分析中，通过评估描述型数据，诊断分析工具能够让数据分析师深入地分析数据，钻取到数据的核心；其目的是分析"为什么会发生"。

(3) 预测型数据分析。预测型数据分析，利用数据预测趋势，识别数据关系；其目的是告诉人们，将来可能发生什么。

（4）指令型数据分析。指令型数据分析，也叫规范型数据分析，是指根据所拥有的已知数据，依据未来所希冀的方向，为执行一系列的最佳决策提供指导方针的数据分析方法；其目的是告诉人们如何应对。

数据分析的这四个分支，每一个都可以进一步细分，同时各种不同的工具和技术都可应用于每一个分支。

第二节 大数据分析方法

一、大数据分析方法概述

大数据不仅数据类型复杂，更重要的是数据中模式结构复杂，信噪比较低。在数据的结构与功能越来越复杂的客观现实面前，需要更多角度的模式探测和更可靠的模型构建，无论是运用模型生成规则还是运用结果，都需要更规范的设计与分析。

数据在被采集和存储之后，虽然已经以某种特定的形式存在于计算机的存储器中，但是此时的数据并不能体现它的价值和规律，而发现价值和规律的过程就是数据分析。数据智能分析是大数据处理整个过程最重要的组成部分，是大数据价值体现的核心环节，在大数据智能分析过程中，对数据的理解和特征提取是首要任务，要想实现这个任务，就需要按照特定的格式去描述数据，按照特定的方法去度量数据。在数据智能分析阶段，经典的机器学习方法是最常见的数据智能分析方法，除此之外，近年发展迅猛的深度学习算法在某些领域也取得了惊人的效果。

数据分析方法主要对机器学习算法进行分类介绍，机器学习算法主要分为四类。

（一）监督式学习

监督式学习（Supervised Learning）是拥有一个输入变量（自变量）和一个输出变量（因变量），使用某种算法去学习从输入到输出之间的映射函数。目标是得到足够好的近似映射函数，当输入新的变量时可以以此预测输出变量。因为算法从数据集学习的过程可以被看作一名教师在监督学习，所以称为监督式学习。监督式学习可以进一步分为分类（输出类别标签）和回归（输出连续值）问题。

（1）分类：分类问题指的是输出变量属于一个范畴，比如"红色"和"蓝色"或者"生病"和"未生病"。

（2）回归：回归问题指的是输出的变量是一个实值，比如"价格""重量"。

（二）非监督式学习

非监督式学习（Unsupervised Learning）指的是只有输入变量，没有相关的输出变量。目标是对数据中潜在的结构和分布建模，以便对数据做进一步的学习。这种学习方式也被称为无监督式学习，因为它和监督式学习不同，对于学习并没有确切的答案，学习过程也没有教师监督，算法独自运行以发现和表达数据中的有意思的结构。非监督式学习问题可以进一步分为聚类问题和关联问题。

（1）聚类问题：指的是我们想在数据中发现内在的分组，比如以购买行为对顾客进行分组。

（2）关联问题：指的是我们想发现数据各部分之间的联系和规则，例如购买 X 物品的顾客也喜欢购买 Y 物品。

（三）半监督式学习

半监督式学习（Semi-Supervised Learning，SSL）是监督式学习与非监督式学习相结合的一种学习方法。这种学习算法拥有大部分输入数据（自变量）和少部分有标签数据（因变量）。可以使用非监督式学习发现和学习输入变量的结构，使用监督式学习技术对无标签的数据进行标签的预测，并将这些数据传递给监督式学习算法作为训练数据，然后使用这个模型在新的数据上进行预测。

许多现实中的机器学习问题都可以归纳为这一类。因为对数据打标签需要专业领域的知识，这是费时费力的。相反无标签的数据收集和存储起来都是方便和便宜的。例如照片分类，只有部分照片带有标签（如狗、猫和人），但是大部分照片都没有标签。

（四）强化学习

强化学习（Reinforcement Learning）可以训练程序做出某一决定。程序在某一情况下尝试所有可能的行动，记录不同行动的结果并试着找出最好的一次尝试来做决定。强化学习是多学科多领域交叉的一个产物，它的本质是解决决策（Decision Making）问题，即自动进行决策，并且可以做连续决策。强化学习主要包含四个元素：智能体（Agent）、环境状态、行动和奖励。强化学习的目标就是获得最多的累计奖励。

1. 强化学习与监督式学习

监督式学习就好比你在学习的时候，有一个导师在旁边指点，他知道怎么是对的怎么是错的，但在很多实际问题中，例如围棋这种有成千上万种组合方式的情况，不可能有一个导师知道所有可能的结果。强化学习会在没有任何标签的情况下，通过先尝试做出一些行为得到一个结果，通过这个结果是对还是错的反馈，调整之前的行为，就这样不断地调整，算法能够学习到在什么样的情况下选择什么样的行为可以得到最好的结果。就好比你有一只还没有训练好的小狗，每当它把屋子弄乱后，就减少美味食物的数量（惩罚），每次表现不错时，就加倍美味食物的数量（奖励），那么小狗最终会学到一个知识，就是把客厅弄乱是不好的行为。

两种学习方式都会学习出输入到输出的一个映射，监督式学习出的是它们之间的关系，可以告诉算法什么样的输入对应着什么样的输出，而强化学习出的是给机器的反馈（Reward Function），即用来判断这个行为是好还坏。另外强化学习的结果反馈有延迟，有时候可能需要走了很多步以后才知道以前某一步的选择是好还是坏，而监督式学习做了比较坏的选择会立刻反馈给算法。而且强化学习面对的输入总是在变化，每当算法做出一个行为，它影响下一次决策的输入，而监督式学习的输入是独立同分布的。通过强化学习，一个智能体（Agent）可以在探索（Exploration）和开发（Exploitation）之间做权衡，并且选择一个最大的回报。探索（Exploration）会尝试很多不同的事情，看它们是否比以前尝试过的更好。而一般的监督式学习算法不考虑这种平衡。

2. 强化学习与非监督式学习

非监督式不是学习从输入到输出的映射，而是模式，例如在向用户推荐新闻文章的任务中，非监督式会找到用户先前已经阅读过类似的文章并向他们推荐其一。而强化学习则是将通过向用户先推荐少量的新闻，并不断获得来自用户的反馈，最后构建用户可能会喜欢的文章的"知识图"。

二、数据理解与特征工程

（一）数据类型

大数据分析与建模是大数据应用中的一个重要环节，其目标是：在对数据进行预处理的基础上进行有效建模（大多数以机器学习作为技术路径），并为具体的应用目标提供服务支撑。这意味着大数据分析与建模必须有效响应来自数据层的若干特征和挑战，具体有：

1. 异构的数据格式

多样性（Variety）是大数据的一个典型特征，这意味着，大数据智能分析必须能够有效响应不同数据类型的特点以确保数据建模的有效实现，在具体应用中，异构的数据类型至少有数值、文本、图形、图像、音频、视频等格式。

2. 异构的数据组织方式

在实际应用中，出于应用特点或建模需要，数据的组织也不一样，常见的两种方式包括"属性-值"型数据和链接型数据。

（1）"属性-值"型数据：指的是包含用以描述数据对象的若干数据属性和标签属性的数据。

（2）链接型数据：指的是由一组点以及点与点之间的边构成的图数据。一般针对链接型数据的分析需要有专门的技术路径，比如链接型数据挖掘、社会网络分析、图挖掘等。同时因为链接型数据的特点，又引申出很多专门的技术方法。

3. 数据的时序性

传统的研究和分析一般集中于某个数据对象在某个时刻的数据快照。但是，在很多应用情境下，数据分析面对的数据是一个以时间为下标的数据序列，这样的数据序列称为时序数据。针对这样的数据（即时序数据），也需要专门的方法加以响应，比如时序数据挖掘、流数据分析等。

4. 数据的交互性

传统的研究和分析一般是假定所有的数据都是独立搜集的，能够反映其表示的对象（比如某个人）的某些方面的特征。但是在实际应用过程中，一个普适的问题是：数据的产生与这个数据所反映的物理对象是耦合在一起的，即这个物理对象在生成数据的时候，由于知道自己在被观察，因此生成的数据是被自身有意加工过的，这样的场景就决定了数据分析就必须考虑数据生成的这种交互性特点，目前逐渐得到学界和工业界认可的博弈机器学习就是针对这个问题展开的。

（二）数据规范化

数据规范化（Normalization）就是将数据按比例缩放，使之落入一个小的特定区间。在某些比较和评价的指标处理中经常会用到，去除数据的度量单位限制，将其转化为无量纲的纯数值，便于不同单位或量级的指标能够进行比较加权。

数据规范化试图赋予数据不同维度属性以相等的权重，借此让上述的度量方法更加合理和有效。数据规范化的主要作用（和优势）在于：既可以保持数据的完整性，同时又可以最小化数据的冗余。数据规范化处理主要包括数据同趋化处理和无量纲化处理两个方面。数据同趋化处理主要解决不同性质数据问题，这是因为：对于不同性质指标直接（度量）分析不能正确反映不同维度的作用力的综合结果，须先考虑改变不同维度的数据性质，使所有维度对度量结果的作用力同趋化。数据无量纲化处理主要解决数据的可比性。

数据规范化的方法有很多种，包括（不限于）：

1. 最小 - 最大规范化

所谓最小 - 最大规范化（Min-Max Normalization），也称为离差标准化，是对原始数据的线性变换，使结果值映射到 [min, max]。可用公式表示为

$$新数值 = （原数值 - 极小值）/（极大值 - 极小值）$$

最小 - 最大规范化保持原始数据值之间的联系，但是如果今后的输入实例落在原数据值域之外，则该方法将面临"越界"错误。

2. Z 分数规范化

Z 分数规范化（Z-score Normalization）指的是利用均值和标准差对样本 $X = \{x_1, x_2, x_3, \cdots, x_n\}$ 中的每个元素进行规范化，使经过处理的数据符合标准正态分布，从而使结果易于比较。可用公式表示为

$$新数值 = （原数值 - 均值）/ 标准差$$

当属性 A 的实际最小值和最大值未知，或者离群点左右了最小 - 最大规范化时，该方法是有效的。

3. 小数定标规范化

小数定标规范化通过移动属性 A 的值的小数点位置进行规范化。小数点移动的位数取决于该属性数据取值的最大绝对值。

例如，属性 A 的取值范围是 [-800, 70]，那么就可以将数据的小数点整体向左移三位即 [-0.8, 0.07]。

（三）度量方法

相似性的度量方法很多，有的用于专门领域，也有的适用于特定类型的数据，如何选择相似性的度量方法是一个相当复杂的问题。以聚类为例，刻画聚类数据之间的亲疏远近程度主要有相似系数函数和距离函数两类。

1. 相似系数函数

相似系数函数的基本思想是：两个"数据"越相似，则相似系数值越大，两个"数据"

越不相似，则相似系数值越小，往往取值范围设置在 $[0, 1]$ 或者 $[-1, 1]$。这样就可以使用相似系数值来刻画数据的相似性，常用的相似系数函数有如下几种（不限于）：

（1）余弦相似度。余弦相似度（Cosine Similarity）就是两个向量之间夹角的余弦值。余弦相似度用向量空间中两个向量夹角的余弦值作为衡量两个个体间差异的大小。相比于距离度量，余弦相似度更加注重两个向量在方向上的差异，而非距离或长度上。

两个 n 维样本点 A $(x_{11}, x_{12}, \cdots, x_{1n})$ 和 B $(x_{21}, x_{22}, \cdots, x_{2n})$ 间的夹角余弦是

$$\cos\theta = \frac{\sum_{k=1}^{n} x_{1k} x_{2k}}{\sqrt{\sum_{k=1}^{n} x_{1k}^2} \sqrt{\sum_{k=1}^{n} x_{2k}^2}}$$

夹角余弦取值范围为 $[-1, 1]$。夹角余弦越大表示两个向量的夹角越小，夹角余弦越小表示两向量的夹角越大。当两个向量的方向重合时夹角余弦取最大值 1，当两个向量的方向完全相反夹角余弦取最小值 -1。（优点：不受坐标轴旋转、放大缩小的影响。）

（2）杰卡德相似系数。杰卡德相似系数（Jaccard Similarity Coefficient）主要用于计算符号度量或布尔值度量的个体间的相似度，因为个体的特征属性都是由符号度量或者布尔值标识，无法衡量差异具体值的大小，只能获得"是否相同"这个结果，所以 Jaccard 相似系数只关心个体间共同具有的特征是否一致这个问题。

两个集合 A 和 B 的交集元素在 A、B 的并集中所占的比例，称为两个集合的杰卡德相似系数，用符号 $J(A, B)$ 表示：

$$J(A, B) = \frac{|A \cap B|}{|A \cup B|}$$

杰卡德相似系数是衡量两个集合相似度的指标。

（3）相关系数。相关系数（Correlation Coefficient）是衡量随机变量 X 与 Y 相关程度的一种方法，随机变量 X 与 Y 的相关系数定义为

$$\rho_{XY} = \frac{\text{Cov}(X, Y)}{\sqrt{D(X)} \sqrt{D(Y)}} = \frac{E((X - EX)(Y - EY))}{\sqrt{D(X)} \sqrt{D(Y)}}$$

其中，协方差 $\text{Cov}(X, Y) = E[(X - EX)(Y - EY)]$ 表示的是两个变量总体误差的期望：如果 X 与 Y 的变化趋势一致，那么 $\text{Cov}(X, Y)$ 就是正值；如果 X 与 Y 变化趋势相反，那么 $\text{Cov}(X, Y)$ 就是负值；如果 X 与 Y 是统计独立的，那么 $\text{Cov}(X, Y)$ 就是 0。

由相关系数的定义可知，相关系数的取值范围是 $[-1, 1]$，相关系数的绝对值越大，则表明 X 与 Y 相关度越高，当 X 与 Y 线性相关时，相关系数取值为 1（正线性相关）或 -1（负线性相关）。在相关系数的基础上，相关距离（Correlation Distance）的定义如下：

$$D_{XY} = 1 - \rho_{XY}$$

2. 距离函数

距离函数是把每个数据看作高维空间中的一个点，进而使用某种距离来表示数据之间的相似性。距离较近的样本点性质较相似，距离较远的样本点则差异较大。常用的距离函数有如下几种（不限于）：欧氏距离、曼哈顿距离、切比雪夫距离等。

（1）欧氏距离。欧氏距离（Euclidean Distance）是最易于理解的一种距离计算方法，源自欧氏空间中两点间的距离公式，相当于高维空间内向量所表示的点到点之间的距离。

两个 n 维样本点 $A(x_{11}, x_{12}, \cdots, x_{1n})$ 和 $B(x_{21}, x_{22}, \cdots, x_{2n})$ 间的欧氏距离为

$$D_{12} = \sqrt{\sum_{k=1}^{n} (x_{1k} - x_{2k})^2}$$

由于特征向量的各分量的量纲不一致，通常需要先对各分量进行标准化，使其与单位无关，比如对身高（cm）和体重（kg）两个单位不同的指标使用欧氏距离可能使结果失效。（优点：简单，应用广泛。缺点：没有考虑分量之间的相关性，体现单一特征的多个分量会干扰结果。）

（2）曼哈顿距离。从名字就可以猜出曼哈顿距离（Manhattan Distance）的计算方法，想象你在曼哈顿要从一个十字路口开车到另外一个十字路口，驾驶距离是两点间的直线距离吗？显然不是，除非你能穿越大楼。实际驾驶距离就是曼哈顿距离。而这也是曼哈顿距离名称的来源，曼哈顿距离也称为城市街区距离（City Block Distance）。

两个 n 维样本点 $A(x_{11}, x_{12}, \cdots, x_{1n})$ 和 $B(x_{21}, x_{22}, \cdots, x_{2n})$ 间的曼哈顿距离为

$$d_{12} = \sum_{k=1}^{n} |x_{1k} - x_{2k}|$$

（3）切比雪夫距离。玩过国际象棋吗？国王走一步能够移动到相邻的 8 个方格中的任意 1 个。那么国王从格子 (x_1, y_1) 走到格子 (x_2, y_2) 最少需要多少步？自己走走试试。你会发现最少步数总是 $\max\{|x_2 - x_1|, |y_2 - y_1|\}$ 步。有一种类似的距离度量方法叫切比雪夫距离（Chebyshev Distance）。

两个 n 维样本点 $A(x_{11}, x_{12}, \cdots, x_{1n})$ 和 $B(x_{21}, x_{22}, \cdots, x_{2n})$ 间的切比雪夫距离为

$$d_{12} = \max_{i} (|x_{1i} - x_{2i}|)$$

这个公式的另一种等价形式是

$$d_{12} = \lim_{k \to +\infty} \left(\sum_{i=1}^{n} |x_{1i} - x_{2i}|^k \right)^{1/k}$$

（4）闵可夫斯基距离。闵可夫斯基距离（Minkowski Distance）又称闵氏距离，不是一种距离，而是一组距离的定义。两个 n 维样本点 $A(x_{11}, x_{12}, \cdots, x_{1n})$ 和 $B(x_{21}, x_{22}, \cdots, x_{2n})$ 间的闵可夫斯基距离定义为

$$d_{12} = \sqrt[p]{\sum_{k=1}^{n} |x_{1k} - x_{2k}|^p}$$

其中，p 是一个变参数。当 $p=1$ 时，闵可夫斯基距离就是曼哈顿距离；当 $p=2$ 时，闵可夫斯基距离就是欧氏距离；当 $p \to +\infty$ 时，闵可夫斯基距离就是切比雪夫距离。根据变参数的不同，闵可夫斯基距离可以表示不同的距离。

闵可夫斯基距离，包括曼哈顿距离、欧氏距离和切比雪夫距离都存在明显的缺点。

举例说明，二维样本（身高，体重），其中身高范围是 150 ~ 190，体重范围是 50 ~ 60，有三个样本：$a(180, 50)$，$b(190, 50)$，$c(180, 60)$。那么 a 与 b 之间的闵可夫斯基距离（无论是曼哈顿距离、欧氏距离或切比雪夫距离）等于 a 与 c 之间的闵可夫斯基距离，但是身高的 10cm 真的等价于体重的 10kg 吗？因此用闵可夫斯基距离来衡量这些样本间的相似度很有问题。

简单说来，闵可夫斯基距离的缺点主要有两个：①将各个分量的量纲（Scale），也就是"单位"当作相同的看待了；②没有考虑各个分量的分布（期望、方差等）可能是不同的。

（5）标准化欧氏距离。标准化欧氏距离（Standardized Euclidean Distance）是针对简单欧氏

距离的缺点而做的一种改进方案。标准化欧氏距离的思路为：既然数据各维分量的分布不一样，那先将各个分量都"标准化"到均值、方差相等。均值和方差标准化到多少呢？假设样本集 X 的均值（Mean）为 m，标准差（Standard Deviation）为 s，那么 X 的"标准化变量"表示为

$$X^* = \frac{X - m}{s}$$

而且标准化变量的数学期望为 0，方差为 1。因此样本集的标准化过程（Standardization）用公式描述就是

$$\text{标准化后的值} = （\text{标准化前的值} - \text{量的均值}）/\text{分量的标准差}$$

经过简单的推导就可以得到两个 n 维样本点 A（x_{11}，x_{12}，$\cdots$，x_{1n}）和 B（x_{21}，x_{22}，$\cdots$，x_{2n}）间的标准化欧氏距离的公式为

$$d_{12} = \sqrt{\sum_{k=1}^{n} \left(\frac{x_{1k} - x_{2k}}{s_k} \right)^2}$$

如果将方差的倒数看成是一个权重，这个公式可以看成是一种加权欧氏距离（Weighted Euclidean Distance）。

（6）马氏距离。有 M 个样本向量 $X_1 \sim X_m$，协方差矩阵记为 S，均值记为向量 $\boldsymbol{\mu}$，则其中样本向量 X 到 $\boldsymbol{\mu}$ 的马氏距离（Mahalanobis Distance）表示为

$$D(X) = \sqrt{(X - \boldsymbol{\mu})^{\mathrm{T}} S^{-1} (X - \boldsymbol{\mu})}$$

而其中向量 X_i 与 X_j 之间的马氏距离定义为

$$D(X_i, X_j) = \sqrt{(X_i - X_j)^{\mathrm{T}} S^{-1} (X_i - X_j)}$$

若协方差矩阵是单位矩阵（各个样本向量之间独立同分布），则公式就成为

$$D(X_i, X_j) = \sqrt{(X_i - X_j)^{\mathrm{T}} (X_i - X_j)}$$

也就是欧氏距离了。若协方差矩阵是对角矩阵，则公式变成了标准化欧氏距离。

马氏距离应用于下面两种情况：度量两个服从同一分布并且其协方差矩阵为 C 的随机变量 X 与 Y 的差异程度；度量 X 与某一类的均值向量的差异程度，判别样本的归属。此时，Y 为类均值向量。马氏距离的优点为：量纲无关，排除变量之间的相关性的干扰。缺点为：不同的特征不能差别对待，可能夸大弱特征。

（7）汉明距离。在信息论中，两个等长字符串之间的汉明距离（Hamming Distance）是两个字符串对应位置的不同字符的个数。换句话说，它就是将一个字符串变换成另外一个字符串所需要替换的字符个数。例如字符串"1111"与"1001"之间的汉明距离为 2。汉明距离的应用是信息编码，为了增强容错性，应使得编码间的最小汉明距离尽可能大。

（四）特征工程

特征工程是机器学习应用的基础，指的是利用领域知识从原始数据中提取用于后续机器学习及数据挖掘应用的特征（向量）的过程。整个过程涉及诸如特征表示、特征提取、特征选择等内容。

1. 特征表示

特征表示就是将数据转化为有利于后续分析和处理的形式而进行的一种形式化表示和描述，隐含着如下几个要素：①特征表示的研究对象是原始数据，而原始数据具有不同的类型，

如文本、音频、图像、视频等，这意味着针对不同的数据类型应该使用不同的特征表示方法。②特征表示的研究目标是有利于后续分析和处理，而后续的分析和处理都是应用目标导向的，这意味着在进行特征表示的时候必须要考虑后续应用的目标。③特征表示的最终输出是可计算的特征向量，而此特征向量应该能如实、无歧义地表征原始数据在应用目标指向上的属性特征。④对于给定的原始数据，在进行特征表示的相关研究和应用实践时，往往需要领域专家的知识和经验，基于专家经验提取的特征往往具有一定的物理意义。⑤鉴于存放在计算机中的原始数据本身都已数字化，这意味着，原始数据本身就是一种表示描述对象的特征向量。在实际应用中，特征表示往往与下文依次介绍的特征提取、特征选择联合使用。

2. 特征提取

特征提取也称为特征抽取（Feature Extraction），指的是从原始特征 $X = (x_1, x_2, \cdots, x_N)$ 重构出一组新特征 $Y = (y_1, y_2, \cdots, y_M)$ 的过程，其数学描述为 $Y = f(X)$，其中 $f(X)$ 为重构函数。在实际应用中，特征提取往往与下节介绍的特征选择联合使用。值得一提的是，特征提取的过程是 "$X \rightarrow Y$" 的降维转换（映射）过程，这个过程未必是可逆的，意味着从 Y 未必能够不失真地恢复 X。在机器学习应用中，之所以使用特征提取后的降维特征数据而不是利用原始的特征数据，几个原因在于（不限于）：①在原始的高维特征向量空间中，往往包含有冗余信息以及噪声信息，这对后续分析准确率不利，而通过降维，有望减少冗余信息所造成的误差，从而提高后续分析精度。②仅在变量层面上分析可能会忽略变量之间的潜在联系，而通过加速后续计算的速度，往往能够得到数据内部的结构特征。③高维空间本身具有稀疏性（一维正态分布有 68% 的值落于正负标准差之间，而在十维空间上只有 0.02%），通过降维，也能有效解决原始数据中的稀疏性问题。

总之，降维的目的在于：减少预测变量个数的同时，确保这些变量是相互独立的，并能够提供一个框架来解释结果。常见的特征提取方法有：主成分分析（PCA）、线性判别分析（LDA）、独立分量分析（ICA）、粗糙集属性约简等。

3. 特征选择

特征选择的任务是从一组数量为 D 的特征中选择出数量为 d（$D > d$）的一组最优特征。在机器学习的实际应用中，特征数量往往较多（特征向量维度非常大），其中可能存在与应用目标不（太）相关的特征或者特征之间存在相互依赖，容易导致诸如训练时间长、模型过于复杂、模型的泛化能力弱等问题。因此在进行机器学习与数据挖掘之前有必要进行特征选择（或者属性选择）。

在实际应用中，特征提取和特征选择经常联合使用，两者都是从原始特征中找出最有效（同类样本的不变性、不同样本的鉴别性、对噪声的鲁棒性）的特征，从而起到降低维度、提取有效信息、压缩特征空间、减少计算量、发现更有意义的潜在变量等作用。特征提取专注于用映射（变换）的方法把原始特征变换为较少的新特征，而特征选择专注于从原始特征中挑选一些最有代表性或者对后续分析（聚类或者分类等）更有贡献的特征。通常而言，特征提取和特征选择都与具体的问题有关，目前没有理论能够给出对任何问题都有效的特征提取与选择方法。

选择优化特征集合需要两个主要步骤：①必须确定进行搜索所需要的策略；②需要确定特征的评价准则来评价所选择的特征子集的性能。因而，可以把特征选择方法从这两个方面进行分类：

（1）按搜索策略划分特征选择算法。根据算法进行特征选择所用的搜索策略，可以把特征选择算法分为采用全局最优搜索策略、随机搜索策略和启发式搜索策略3类。

（2）评价函数。评价函数的作用是评价产生过程所提供的特征子集的好坏。根据其工作原理，评价函数主要分为筛选器（Filter）和封装器（Wrapper）两大类。

筛选器通过分析特征子集内部的特点来衡量其好坏。筛选器一般用作预处理，与分类器的选择无关，常用的度量方法有相关性、距离、信息增益、一致性等。

运用相关性来度量特征子集的好坏是基于这样假设：好的特征子集应该使得所包含的特征与分类的相关度较高，而特征之间相关度较低。运用距离度量进行特征选择是基于这样的假设：好的特征子集应该使得属于同一类的样本距离尽可能小，属于不同类的样本之间的距离尽可能大。使用信息增益作为度量函数的动机在于：假设存在特征子集 A 和特征子集 B，分类变量为 C，若 A 的信息增益比 B 大，则认为选用特征子集 A 的分类结果比 B 好，因此倾向于选用特征子集 A。一致性指的是：若样本1与样本2属于不同的分类，但在特征 A 和 B 上的取值完全一样，那么特征子集 $[A，B]$ 不应该选作最终的特征集。

筛选器由于与具体的分类算法无关，因此它在不同的分类算法之间的推广能力较强，而且计算量也较小。

封装器实质上是一个分类器，封装器用选取的特征子集对样本集进行分类，分类的精度作为衡量特征子集好坏的标准。封装器由于在评价的过程中应用了具体的分类算法进行分类，因此其推广到其他分类算法的效果可能较差，而且计算量也较大。

特征提取与特征选择都是为了从原始特征中找出最有效的特征。它们之间的区别是：特征提取强调通过特征转换的方式得到一组具有明显物理或统计意义的特征；而特征选择是从特征集合中挑选一组具有明显物理或统计意义的特征子集。两者都能帮助减少特征的维度、数据冗余，特征提取有时能发现更有意义的特征属性，特征选择的过程经常能表示出每个特征的重要性对模型构建的重要性。

三、描述性统计分析

大数据分析的方法有很多，按照数据分析的任务目标的不同，大致可以分为五大类：数据描述性分析、回归分析、分类分析、聚类分析和关联分析。其中，数据描述性分析和回归分析属于统计学的范畴，而分类分析、聚类分析和关联分析则主要使用机器学习或数据挖掘的方法。

本节将主要讲述数据的描述性分析，即使用统计学方法来描述数据的统计特征量、分析数据的分布特性，具体包括数据的集中趋势分析、数据的离散趋势分析、数据的偏度和峰度特性分析，以及数据的相关性分析。

（一）数据的集中趋势

用于描述数据集中趋势的统计量有很多，常见的有均值、中位数、众数等。

1. 均值

（1）算术平均数（Mean）。它指的就是样本的平均值。

（2）加权平均数。与算术平均数类似，不同点在于，在加权平均数中，我们认为数据中的每个点对于平均数的贡献并不是相等的，有些点要比其他点更加重要，这里就用权重来表示它们的重要性。

（3）几何平均数。它是 n 个变量连乘积的 n 次方根，多用于计算平均比率和平均速度，如平均利率、平均发展速度、平均合格率等。

2. 中位数

中位数是按顺序排列的一组数据中位于中间位置的数，也就是说，这组数据中，有一半的数据比中位数大，而另一半数据则比中位要小。因此，对于奇数个数据来说，中位数就是处于中间的那个值，对于偶数个数据来说，中位数则是中间两个值的平均值。

比如，共有 6 个数据 52，38，42，56，59，62。首先按照从小到大的顺序进行排列，这样处于中间位置的数据就是 52 和 56，那么中位数就是这两个数的平均数，也就是 54。为什么要定义中位数呢？我们发现，相较于均值来说，中位数不易受到数据中极端数值的影响。比如在这个例子中，如果加入一个非常大的数，如 1000，那么该组数据的均值就会变大，但是中位数变化是比较小的，所以中位数具有比较强的抗干扰性。

3. 众数

众数是指在一组数据中，出现次数最多的数据，也就是频数最大的数据。

（二）数据的离散趋势

1. 方差

方差是样本值与样本均值之差的平方和的平均数。因此，当数据分布比较分散时，各个数据与均值的差的平方和就比较大，因而方差也就较大；当数据分布比较集中时，各个数据与均值的差的平方和就比较小。

2. 极差

除了方差之外，有时还用极差来体现一组数据波动的范围，极差就是最大值与最小值之差。显然极差越大，数据的离散程度就越大。

3. 四分位数

四分位数也称为四分位点，它是将所有的数值按大小顺序排列并分成四等份，处于三个分割点位置的就是四分位数。其中，Q_1 称为下四分位数，Q_2 也就是前面介绍的中位数，Q_3 称为上四分位数。那么 Q_1 和 Q_3 的差距又称为四分位距。

4. 箱形图

由此，数据集的分布形态就可以用 5 个统计量，即中位数、四分位数 Q_1 和 Q_3，以及最大值和最小值进行概括，通常我们用箱形图进行可视化表示。

箱形图的绘制方法是：先找出一组数据的上边缘和下边缘，也就是最大值和最小值，以及中位数和两个四分位数；然后，连接两个四分位数画出箱体；再将上边缘和下边缘与箱体相连接，中位数在箱体中间。箱形图反映了不同数据集的分散和集中情况。

（三）数据的偏度和峰度特性

1. 偏度

偏度，也称为偏态或偏态系数，是统计数据分布偏斜方向和偏斜程度的度量，也就是统计数据分布非对称程度的数字特征。偏度的定义是三阶标准中心距：①正态分布偏度为 0，且均值、众数、中位数都位于同一点，也就是概率密度最大的这一点；②当偏度大于 0 时，此时分布曲线是左偏的，那么左边最高点对应的是众数，然后是中位数，右边对应的是均值，也就是说中位数是处在众数和均值中间的，这时候众数是小于中位数小于均值的；③当偏度小于 0 时，此时分布曲线是右偏的，并且均值小于中位数小于众数。

2. 峰度

峰度系数是用来反映频数分布曲线顶端尖峭或扁平程度的指标。峰度的定义是四阶标准中心距 −3，这里 −3 的目的是使正态分布的峰度为 0。和正态分布相比，峰度越大，它的分布曲线顶端就越尖峭；峰度越小，它的分布曲线顶端就越平缓。

（四）数据的相关性分析

数据实际上包含了多个维度，想要分析两个维度数据之间的关系，可以用协方差和 Pearson 相关系数。

1. 协方差

协方差的取值可以大于零也可以小于零：当大于零时，说明对应的两个变量正相关；当小于零时，说明两个变量负相关；而当协方差接近零时，说明两个变量基本没有相关性，接近相互独立。因此，协方差可以衡量两个变量相关性大小，绝对值越大，说明越相关。但是，我们利用协方差很难去比较多个变量与同一个变量间的相关性的相对大小，因为它们的量纲是没有统一的。

2. Pearson 相关系数

为了便于比较不同变量间相关性的相对大小，Pearson 相关系数被提出了。相关系数的取值范围是 [−1, 1]，相关系数的绝对值越大，则表示相关度越高。

四、回归分析

（一）回归分析的概念

英国著名统计学家弗朗西斯·高尔顿（Francis Galton，1822—1911 年）是最先应用统计方法研究两个变量之间关系问题的人，"回归"一词就是由他引入的。回归分析，一个统计预测模型，用以描述和评估因变量与一个或多个自变量之间的关系；反映的是事务数据库中属性值在时间上的特征，产生一个将数据项映射到一个实值预测变量的函数，发现变量或属性间的依赖关系。其主要研究问题包括数据序列的趋势特征、数据序列的预测以及数据间的相关关系等。

回归分析方法被广泛地用于解释市场占有率、销售额、品牌偏好及市场营销效果。它可以应用到市场营销的各个方面，如客户寻求、保持和预防客户流失活动、产品生命周期分析、销售趋势预测及有针对性的促销活动等。

回归分析主要表现为：①判别自变量是否能解释因变量的显著变化——关系是否存在。②判别自变量能够在多大程度上解释因变量——关系的强度。③判别关系的结构或形式——反映因变量和自变量之间相关的数学表达式。④预测自变量的值。⑤当评价一个特殊变量或一组变量对因变量的贡献时，对其自变量进行控制。

在大数据分析中，回归分析是一种预测性的建模技术，它研究的是因变量（目标）和自变量（预测器）之间的关系。这种技术通常用于预测分析、时间序列模型以及发现变量之间的因果关系。通常使用曲线来拟合数据点，目标是使曲线到数据点的距离差异最小。

（二）线性回归

线性回归是回归问题中的一种，线性回归假设目标值与特征之间线性相关，即满足一个多元一次方程。通过构建损失函数，来求解损失函数最小时的参数 w 和 b。通常我们可以表达成如下公式：

$$\hat{y} = wx + b$$

$\hat{y}$ 为预测值，自变量 x 和因变量 y 是已知的，而我们想实现的是预测新增一个 x，其对应的 y 是多少。因此，为了构建这个函数关系，目标是通过已知数据点，求解线性模型中 w 和 b 两个参数。

目标、损失函数

损失函数（Loss Function）或代价函数（Cost Function）是将随机事件或其有关随机变量的取值映射为非负实数以表示该随机事件的"风险"或"损失"的函数。在应用中，损失函数通常作为学习准则与优化问题相联系，即通过最小化损失函数求解和评估模型，例如在统计学和机器学习中被用于模型的参数估计，在宏观经济学中被用于风险管理和决策，在控制理论中被应用于最优控制理论。

求解最佳参数，需要一个标准来对结果进行衡量，为此需要定量化一个目标函数式，使得计算机可以在求解过程中不断优化。

针对任何模型求解问题，都是最终得到一组预测值 $\hat{y}$，对比已有的真实值 y，数据行数为 n，可以将损失函数定义如下：

$$L = \frac{1}{n} \sum_{i=1}^{n} (\hat{y}_i - y_i)^2$$

即预测值与真实值之间的平均的平方距离，统计中一般称其为均方误差（Mean Square Error，MSE）。把之前的函数式代入损失函数，并且将需要求解的参数 w 和 b 看作函数 L 的自变量，可得

$$L(w, b) = \frac{1}{n} \sum_{i=1}^{n} (wx_i + b - y_i)^2$$

求解最小化 L 时 w 和 b 的值，核心目标优化式为

$$(w^*, b^*) = \arg \min_{(w,b)} L(w, b) = \arg \min_{(w,b)} \sum_{i=1}^{n} (wx_i + b - y_i)^2$$

常见的求解方式有两种：最小二乘法（Least Square Method）和梯度下降（Gradient Descent）法。

（1）最小二乘法

求解 w 和 b 是使损失函数最小化的过程，在统计中，称为线性回归模型的最小二乘"参数估计"（Parameter Estimation）。我们可以将 $L(w, b)$ 分别对 w 和 b 求导，得

$$\frac{\partial L}{\partial b} = 2 \left[w \sum_{i=1}^{n} x^2 - \sum_{i=1}^{n} x_i (y_i - b) \right]$$

$$\frac{\partial L}{\partial b} = 2 \left[nb - \sum_{i=1}^{n} (y_i - wx_i) \right]$$

令上述两式为 0，可得到 w 和 b 最优解的闭式（Closed – form）解：

$$w = \frac{\sum\limits_{i=1}^{n} y_i(x_i - \bar{x})}{\sum\limits_{i=1}^{n} x_i^2 - \frac{1}{n}\left(\sum\limits_{i=1}^{n} x_i\right)^2}$$

$$b = \frac{1}{n}\sum\limits_{i=1}^{n}(y_i - wx_i)$$

（2）梯度下降法

对 w 和 b 取一个随机初始值，然后不断地迭代改变 (w, b) 的值使损失函数 L 减小，直到最终收敛（即取到一个 (w, b) 使得 $L(w, b)$ 最小）。

$$w \leftarrow w - \alpha\frac{\partial L}{\partial w}$$

$$b \leftarrow b - \alpha\frac{\partial L}{\partial b}$$

式中，α 称为学习率。

（三）逻辑回归

逻辑回归又称 logistic 回归分析，虽然名字中有回归，但模型最初是为了解决二分类问题，主要在流行病学中应用较多，比较常用的情形是探索某疾病的危险因素，根据危险因素预测某疾病发生的概率等。例如，想探讨胃癌发生的危险因素，可以选择两组人群：一组是胃癌组，另一组是非胃癌组。两组人群肯定有不同的体征和生活方式等。这里的因变量就是是否患有胃癌，即"是"或"否"，为二分类变量；自变量就可以包括很多了，例如年龄、性别、饮食习惯、幽门螺杆菌感染等。自变量既可以是连续的，也可以是分类的。通过 logistic 回归分析，就可以大致了解到底哪些因素是胃癌的危险因素。logistic 回归的因变量可以是二分类的，也可以是多分类的。

线性回归模型用最简单的线性方程实现了对数据的拟合，但只实现了回归而无法进行分类。逻辑回归就是在线性回归的基础上构造的一种分类模型。对线性模型进行分类如二分类任务，简单的是通过阶跃函数（Unit-step Function），即将线性模型的输出值套上一个函数进行分割，如图 7 – 1 所示。

$$\text{sgn}(x) = \begin{cases} 1 & x \geq 0 \\ 0 & x < 0 \end{cases}$$

但这样的分段函数数学性质不好，既不连续也不可微。因此有人提出了对数概率函数，如图 7 – 2 所示，简称 Sigmoid 函数。

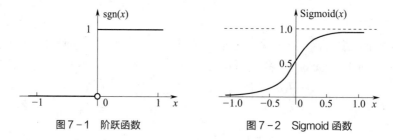

图 7 – 1　阶跃函数　　　　　　图 7 – 2　Sigmoid 函数

$$\mathrm{Sigmoid}(x) = \frac{1}{1 + e^{-x}}$$

该函数具有很好的数学性质，可以用于预测类别，并且任意阶可微，因此可用于求解最优解。将函数代进去，可得 LR 模型为

$$y = \frac{1}{1 + e^{-(W^{T}x + b)}}$$

LR 模型就是在拟合 $Z = W^{T}x + b$ 这条直线，使得这条直线尽可能地将原始数据中的两个类别正确地划分开。

1. 损失函数

回归问题的损失函数一般为 MSE，LR 解决二分类问题时，损失函数为如下形式：

$$L = -\left[y\log\widehat{y} + (1 - y)\log(1 - \widehat{y}) \right]$$

这个函数通常称为对数损失（Logloss），这里的对数底为常数 e，其中真实值 y 是有 0/1 两种情况，而推测值 $\widehat{y}$ 由于借助对数概率函数，其输出是 0~1 之间连续概率值。因此损失函数可以转换为分段函数：

$$f(x) = \begin{cases} -\log\widehat{y} & y = 1 \\ -\log(1 - \widehat{y}) & y = 0 \end{cases}$$

2. 优化求解

确定损失函数后，要不断优化模型。LR 的学习任务转化为数学的优化形式为

$$(w^{*}, b^{*}) = \arg\min_{w,b} L(w, b)$$

是一个关于 w 和 b 的函数。同样，采用梯度下降法进行求解，此过程需要链式求导法则：

$$w \leftarrow w - \alpha\frac{\partial L}{\partial w}$$

$$b \leftarrow b - \alpha\frac{\partial L}{\partial b}$$

此外，优化算法还包括 Newton Method（牛顿法）、Conjugate Gradient Method（共轭梯度法）、Quasi-Newton Method（拟牛顿法）、BFGS Method（BFGS 法）、L-BFGS（Limited-memory BFGS）法等，上述优化算法中，BFGS 法与 L-BFGS 法均由拟牛顿法引申出来，与梯度下降法相比，其优点是：①不需要手动地选择步长；②比梯度下降法快。但缺点是这些算法更加复杂，实用性不如梯度下降法。

线性回归和逻辑回归是两种经典的算法，经常被拿来做比较，两者的主要区别有：①线性回归只能用于回归问题，逻辑回归虽然名字叫回归，但是更多用于分类问题；②线性回归要求因变量是连续性数值变量，而逻辑回归要求因变量是离散的变量；③线性回归要求自变量和因变量呈线性关系，而逻辑回归不要求自变量和因变量呈线性关系；④线性回归可以直观地表达自变量和因变量之间的关系，逻辑回归则无法表达变量之间的关系。

案例分享　可口可乐公司的橙汁工厂

《商业周刊》曾刊登一篇有关可口可乐公司的橙汁工厂的文章。该工厂的目标是全年生产高质量、口味一致的橙汁。可口可乐公司利用在巴西各个橙园中拍到的卫星图像来

确定不同地方生长的橙子何时成熟，并通过观察果园各地的天气模式，来预测分析来自各个不同地区橙子的质量。同时，可口可乐公司还通过分析橙子的成分来预测橙子的口味和甜度，以判断橙子之间的不同之处。最后，可口可乐公司利用数据分析方法，来确定如何将不同质量、不同成分的橙子进行混合。数学最优化技术考察了所有潜在的可利用的橙子，然后用最便宜的成本，从各种橙子不同的化学成分中得出正确的成分组合方式，进而得到想要的混合产品。

五、分类分析

分类的目的是获得一个分类函数或分类模型（也常常称为分类器），该模型能把数据集的实例映射到某一个给定类别。首先要声明的是，分类和预测是不同的，分类与聚类也是两回事。分类是给出分类标号，这种标号是离散且无序的；而预测则建立连续值函数模型。聚类是无监督的学习，相应地，分类则是有监督的学习。

对于有监督的学习，存在数学的一些概念，分别称为训练集、测试集和应用集。训练集和测试集之和是历史上某个周期的数据（比如 2020 年 12 月），而应用集是下一个周期的数据（比如 2021 年 1 月）。训练集和测试集的切分比例一般是 2:1 或 3:1，训练集比测试集大的好处是模型相对稳定：由于测试集是同一周期内的数据，周期间的特征变化可以忽略不计，是比较理想的测试场景。注意，切分训练集和测试集必须采用随机抽样的方法，如果随机性保证不了，则模型很难成功。

所谓有监督学习，就是给定一定量的样本，每个样本都有一组属性和一个类别，这些类别是事先确定的，通过学习过程得到一个分类器，这个分类器能够对新出现的对象给出正确的分类。

在训练集和测试集构成的历史期数据中是存在类标号的，在训练集上运行分类算法构造好了分类器之后，在测试集上进行交叉测试，达到预期性能后再进行可用性测试。可用性测试是一种实战性质的操作，在下一周期数据也就是应用集上运行，通过下一周期实际的反馈结果来评定模型的准确性和健壮性。如果应用集上的准确率和测试集上的准确率非常接近，那么健壮性就很优秀，反之如果准确率太低，则提示测试集过拟合，关于过拟合将在本章第三节详细讨论。

分类的评价标准如下：

（1）分类的正确性。分类器可以根据分类的结果构造混淆矩阵，从而计算准确率，分类的准确率应尽可能高。

（2）时间。构造分类器的时间开销，越短越好。

（3）健壮性。应用集上的准确率与测试集上的准确率越接近越好。

（4）可扩展性。当数据规模明显增大时，如果算法的复杂度过高，则会影响可扩展性。

（5）可操作性。规则集的明确性越高、混淆性越低则越好，如决策树的叶子类别分布非常纯粹。

（6）规则的优化。随着时间的推移，规律逐渐变化，分类器性能会劣化，规则的优化、模型的更新非常重要。

解决分类问题的方法很多，基本的分类方法主要包括：K - 近邻、SVM 法、决策树、朴素贝叶斯、人工神经网络等。

（一）K-近邻法

K-近邻（K-Nearest Neighbor，KNN）法最初由 Cover 和 Hart 于 1968 年提出，是一个理论上比较成熟的方法。人们常说"物以类聚，人以群分"，要判断一个人的好坏就看他周围的朋友，如果朋友都是好人，当然此君也极有可能是好人。反之亦然。KNN 法就是基于这种思想，它的思路非常简单：找到训练集样本空间中的 K 个距离预测样本 x 最近的点，统计 K 个距离 x 最近的点的类别，找出个数最多的类别，将 x 归入该类别。从图 7-3 的示例中可以清晰地看出，当 $K=5$ 时，未知样本 x_u 应该属于类别 w_1。

KNN 法有三个基本要素：K 值选择、距离度量选择及分类决策规则。

（1）K 值选择。K 太小，分类结果易受噪声点影响；K 太大，近邻中又可能包含太多的其他类别的点。对距离加权，可以降低 K 值设定的影响。K 值通常是采用交叉检验来确定的。经验规则为：K 一般低于训练样本数的平方根。

（2）距离度量选择。一般采用马氏距离或者欧氏距离。需要注意的是，高维度和变量值域对距离度量存在显著影响：变量数越多，欧氏距离的区分能力就越差；值域越大的变量常常会在距离计算中占据主导作用，因此应先对变量进行标准化。

（3）分类决策规则。投票法没有考虑近邻的距离的远近，距离更近的近邻也许对最终的分类有更大的影响，所以加权投票法更恰当一些。加权投票法中的权重随着样本间距离的增大而减小。

KNN 法步骤如图 7-4 所示。

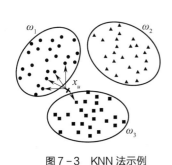

第一步	·准备数据，对数据进行标准化预处理
第二步	·计算测试样本和每个训练样本的距离
第三步	·对距离排序，得到 K 个最近邻样本
第四步	·统计 K-最近邻样本中每个类标号出现的次数
第五步	·选择出现频率最大的类标号作为未知样本的类标号

图 7-3　KNN 法示例　　　　　图 7-4　KNN 法步骤

KNN 法的优缺点见表 7-1。

表 7-1　KNN 法的优缺点

优点	缺点
（1）简单有效，容易理解和实现 （2）重新训练的代价较低 （3）对于类域的交叉或重叠较多的待分样本集来说，KNN 法较其他方法更为适合 （4）适合处理多模分类和多标签分类问题	（1）是懒惰方法（决策在测试时生成），比一些积极学习的算法要慢 （2）计算量比较大（需要计算到所有样本点的距离），需对样本点进行剪辑 （3）样本不平衡会导致预测偏差较大，可采用加权投票法改进 （4）容易对维度灾难敏感 （5）类别评分不是规格化的（不像概率评分）

（二）SVM 法

SVM 法即支持向量机（Support Vector Machine）法，是一个二分类的分类模型，由 Vapnik 等人于 1995 年提出。SVM 法的主要思想可以概括为两点：①它是针对线性可分情况进行分析，对于线性不可分的情况，通过使用非线性映射算法将低维输入空间线性不可分的样本转化为高维特征空间使其线性可分，从而使得高维特征空间采用线性算法对样本的非线性特征进行线性分析成为可能。②它基于结构风险最小化理论在特征空间中构建最优超平面，使得学习器得到全局最优解，并且在整个样本空间的期望以某个概率满足一定的上界。

SVM 法把分类问题转化为寻找分类平面的问题，并通过最大化分类边界点距离分类平面的距离来实现分类。故 SVM 法亦被称为最大边缘（Maximum Margin）法。将训练集中的数据区分开的超平面可以用线性方程表示：

$$f(\boldsymbol{x}) = \boldsymbol{W}^{\mathrm{T}}\boldsymbol{x} + b = 0$$

假设两种样本的标签是 1 和 −1，那么对于一个分类器来说，$f(\boldsymbol{x}) > 0$ 和 $f(\boldsymbol{x}) < 0$ 就可以分别代表两个不同的类别，$y = 1$ 和 $y = -1$。但光是分开是不够的，SVM 法的核心思想是尽最大努力使分开的两个类别有最大间隔，这样才使得分隔具有更高的可信度。而且对于未知的新样本才有很好的分类预测能力（即泛化能力）。

为了描述这个间隔，并且让它最大，SVM 的办法是：让离分隔面最近的数据点距离分隔面具有最大的距离。图 7 − 5 为 SVM 分类线性可分示图。

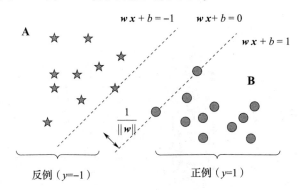

图 7 − 5　SVM 分类线性可分示图

将距离分离超平面最近的两个不同类别的样本点称为支持向量（Support Vector），两个类别中的支持向量构成了两条平行于分离超平面的长带，二者之间的距离称为间隔（Margin）：

$$\text{Margin} = \frac{2}{\|\boldsymbol{w}\|}$$

从图 7 − 5 中可观察到：Margin 以外的样本点对于确定分离超平面没有贡献，换句话说，SVM 是由训练样本中很重要的支持向量所确定的。待分样本集中的大部分样本不是支持向量，移去或者减少这些样本对分类结果没有影响。因此，SVM 法具有较好的适应能力和较高的分准率。

SVM 分类问题可描述为在全部分类正确的情况下，最大化间隔：

$$\frac{2}{\|\boldsymbol{w}\|}$$

等价于最小化

$$\frac{1}{2} \parallel \boldsymbol{w} \parallel^2$$

因此，SVM 法的约束最优化问题可以表示为

$$\min_{\boldsymbol{w},b} \frac{1}{2} \parallel \boldsymbol{w} \parallel^2$$

$$\text{s. t.} \ \ y_i \left(wx_i + b \right) \geqslant 1, \ i = 1, \ 2, \ \cdots, \ N$$

SVM 法的优缺点见表 7 – 2。

表7 – 2 SVM 法的优缺点

优点	缺点
（1）适合小样本情况下的机器学习问题 （2）可以提高泛化性能 （3）可以解决高维问题 （4）可以解决非线性问题 （5）可以避免神经网络结构选择和局部极小点问题	（1）对缺失数据敏感 （2）对非线性问题没有通用解决方案，必须谨慎选择核函数（kernel function）来处理 （3）计算复杂度高。主流的算法是 $O\left(n^2\right)$ 的，大规模数据计算耗时

（三）决策树分类算法

决策树（Decision Tree）归纳是经典的分类算法。它采用自顶向下递归的方式构造决策树。可以从生成的决策树中提取规则。图 7 – 6 给出了决策（二叉）树的示例。

决策树具有以下特点：①对于决策（二叉）树而言，它可以看作是 if – then 规则集合，由决策树的根节点到叶子节点对应于一条分类规则；②分类规则是互斥并且完备的，所谓互斥即每一条样本记录不会同时匹配上两条分类规则，所谓完备即每条样本记录在决策树中都能匹配上一条规则；③分类的本质是对特征空间的划分，如图 7 – 7 所示。

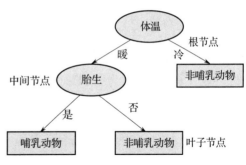

图7-6 决策（二叉）树示例

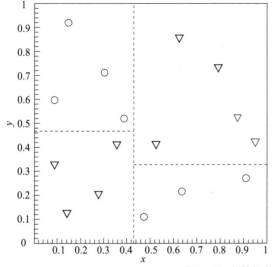

图7-7 与特征空间划分的对应关系

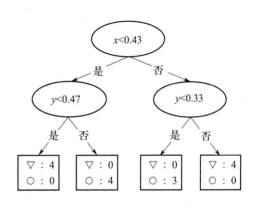

决策树思想实际上就是寻找最纯净的划分方法，这个最纯净在数学上叫纯度，纯度通俗点理解就是目标变量要分得足够开（$y=1$ 的和 $y=0$ 的混到一起就会不纯）。另一种理解是分类误差率的一种衡量。实际决策树法往往用到的是纯度的另一面，即不纯度。不纯度的选取有多种方法，如信息熵、基尼指数、分类误差等。决策树要达到寻找最纯净划分的目标需要做两件事，建树和剪枝。

1. 决策树建树

决策树建树，首先需要解决以下三个问题：

（1）如何选择较优的特征属性进行分裂？

每一次特征属性的分裂，相当于对训练数据集进行再划分，对应于一次决策树的生长。选择较优的特征属性，首先需要对特征的重要性进行排序比较。也就是从树根节点到叶子节点上的特征变量是从最重要到次重要依次排序的，那怎样衡量这些变量的重要性呢？ID3 算法用的是信息增益，C4.5 算法用信息增益率。为了判断分裂前后节点不纯度的变化情况，目标函数定义为信息增益（Information Gain）：

$$\Delta = I(\text{Parent}) - \sum_{i=1}^{n} \frac{N(a_i)}{N} I(a_i)$$

式中，$I(\cdot)$ 对应于决策树节点的不纯度；Parent 表示分裂前的父节点；N 表示父节点所包含的样本记录数；a_i 表示父节点分裂后的某子节点，$N(a_i)$ 为其计数；n 为分裂后的子节点数。

在特征分裂后，有些子节点的记录数可能偏少，以至于影响分类结果。为了解决这个问题，C4.5 算法改进了分裂目标函数，用信息增益率（Information Gain Ratio）来选择特征：

$$\text{Information Gain Ratio} = \frac{\Delta}{\text{Entropy (Parent)}}$$

因而，特征选择的过程等同于计算每个特征的信息增益，选择最大信息增益的特征进行分裂。决策树法会把每个特征都试一遍，然后选取那个能够使分类分得最好的特征，也就是说如果 A 属性作为父节点产生的纯度增益（GainA）大于 B 属性作为父节点产生的纯度增益（GainB），则 A 作为优先选取的属性。

（2）如何分裂训练数据（对每个属性选择最优的分割点）？

分裂准则依然是通过不纯度来分裂数据的，通过比较划分前后的不纯度值，来确定当前属性的最优分割点。

（3）什么时候应该停止分裂？

有两种自然情况应该停止分裂：①该节点对应的所有样本记录均属于同一类别；②该节点对应的所有样本的特征属性值均相等。但除此之外，还可以手动设定分裂停止条件：①树的深度达到设定的阈值；②该节点所含观测值的数量少于预设的父节点应含观测值数量的阈值；③该节点所含观测值的数量少于预设的阈值等。

2. 决策树剪枝

生成的决策树对训练数据会有很好的分类效果，却可能对未知数据的预测不准确，即决策树模型发生过拟合（Overfitting）——训练误差（Training Error）很小、泛化误差（Generalization Error，亦可看作为 Test Error）较大。发生过拟合的根本原因是分类模型过于复杂，可能的原因如下：①训练数据集中有噪声样本点，对训练数据拟合的同时也对噪声进行拟合，从而影响了分类的效果；②决策树的叶子节点中缺乏有分类价值的样本记录，也就是说此叶子节点应被剪掉。

为了避免决策树过拟合，需要对树进行剪枝。剪枝通过极小化决策树的整体损失函数（Loss Function）或代价函数（Cost Function）来实现，决策树 T 的损失函数为

$$L_\alpha(T) = C(T) + \alpha |T|$$

式中，$C(T)$ 表示决策树的训练误差；α 为调节参数；$|T|$ 为模型的复杂度。

模型越复杂时，训练的误差就越小。上述定义的损失正好做了两者之间的权衡。如果剪枝后损失函数减少了，即说明这是有效剪枝。具体剪枝算法可以通过动态规划等方法来实现。

3. 决策树的优缺点

决策树的优缺点见表 7-3。

表7-3 决策树的优缺点

优点	缺点
（1）计算复杂度不高，易于理解和解释 （2）数据预处理阶段比较简单，且可以处理缺失数据 （3）能够同时处理数据型和分类型属性，且可对有许多属性的数据集构造决策树 （4）是一个白盒模型，若给定一个观察模型，则根据所产生的决策树很容易推断出相应的逻辑表达式 （5）在相对短的时间内能够对大数据集合做出可行且效果良好的分类结果	（1）对于各类别样本数量不一致的数据，信息增益偏向于那些具有更多数值的特征。因此建议用平衡的数据训练决策树 （2）决策树的结果可能是不稳定的，因为在数据中一个很小的变化可能导致生成一个完全不同的树，这个问题可以通过使用集成决策树来解决 （3）实际决策树学习算法是基于启发式算法，如贪婪算法，寻求在每个节点上的局部最优决策。这样的算法不能保证返回全局最优决策树 （4）忽略属性之间的相关性 （5）易于过拟合 （6）对噪声数据较为敏感

（四）朴素贝叶斯法

1. 朴素贝叶斯法介绍

朴素贝叶斯（Naive Bayes）法是基于贝叶斯定理与特征条件独立假设的分类方法。朴素贝叶斯分类器的主要思路为：通过联合概率 $P(x, y) = P(x|y)P(y)$ 建模，运用贝叶斯定理求解后验概率 $P(y|x)$；将后验概率最大者对应的类别作为预测类别，因为后验概率最大化，可以使得期望风险最小化（期望风险是全局的，是基于所有样本点的损失函数最小化的）。

朴素贝叶斯分类器首先定义训练样本集，其类别

$$y_I \in \{c_1, c_2, \cdots, c_k\}$$

训练样本中有 N 个样本，类别数为 k，输入待测样本 x，通过最大化后验概率的原则预测 x 类别的公式如下：

$$\arg \max_{c_k} P(y = c_k | x) \tag{7-1}$$

由贝叶斯定理可知：

$$P(y = c_k | x) = \frac{P(x | y = c_k) P(y = c_k)}{P(x)}$$

对于类别c_k而言，$P(x)$是恒等的，因此式（7 – 1）可以等价为

$$\arg \max_{c_k} P(x \mid y = c_k) P(y = c_k) \tag{7 – 2}$$

从上式可以发现，朴素贝叶斯分类问题转化成了求条件概率和先验概率乘积的最大值问题。其中先验概率可以通过统计不同类别样本出现频次得到，而条件概率却无法直接获得。朴素贝叶斯法对条件概率做了条件独立的假设，即特征条件独立。样本 x 有 n 维特征向量，第 j 维特征 $x(j)$ 的取值有 S_j 个。根据条件独立假设，可知

$$P(x \mid y = c_k) = \prod_j P(x^{(j)} \mid y = c_k)$$

因此，式（7 – 2）等价于：

$$\arg \max_{c_k} P(y = c_k) \prod_j P(x^{(j)} \mid y = c_k) \tag{7 – 3}$$

式（7 – 3）即为贝叶斯分类器生成模型。

2. 优缺点

朴素贝叶斯法的优缺点见表 7 – 4。

表7 – 4 朴素贝叶斯法的优缺点

优点	缺点
（1）数学基础坚实，分类效率稳定，容易解释 （2）所需估计的参数很少，对缺失数据不太敏感 （3）无须复杂的迭代求解框架，适用于规模巨大的数据集	（1）属性之间的独立性假设往往不成立（可考虑用聚类算法先将相关性较大的属性进行聚类） （2）需要知道先验概率，分类决策存在错误率

（五）人工神经网络法

1. 神经网络介绍

人工神经网络（Artificial Neural Network，ANN）是一种应用类似于大脑神经突触连接的结构进行信息处理的数学模型。在这种模型中，大量的节点（或称神经元或单元）之间相互连接构成网络，即神经网络，以达到处理信息的目的。神经网络通常需要进行训练，训练的过程就是网络进行学习的过程。训练改变了网络节点的连接权的值使其具有分类的功能，经过训练的网络就可用于对象的识别。目前，神经网络已有上百种不同的模型，常见的有 BP 网络、径向基 RBF 网络、Hopfield 网络、随机神经网络（Boltzmann 机）、竞争神经网络（Hamming 网络、自组织映射网络）等。

具体来讲，神经网络由神经元构成，一个神经元是一个运算单元 f，该运算单元在神经网络中称作激活函数，激活函数通常设定为 Sigmoid 函数（也可以设为其他函数），它可以输入一组加权系数的量，对这个量进行映射，如果这个映射结果达到或者超过了某个阈值，输出一个量。图 7 – 8 给出了简单的神经网络示意图。

在有监督任务中，神经网络算法能够提供

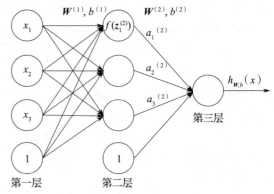

图7 – 8 简单的神经网络示意图

一种复杂且非线性的假设模型，它具有权重矩阵 W 和阈值 b，可以以此参数来拟合数据。

如有输入值 x_1，x_2，x_3 和它们的网络参数 $W^{(1)}$，$b^{(1)}$，输入值系数加权求和可以得到第二层网络中第一个"神经元"的输入：

$$z_1^{(2)} = x_1 W_{11}^{(1)} + x_2 W_{12}^{(1)} + x_3 W_{13}^{(1)} + b^{(1)}$$

该值经过"神经元"上的激活函数映射 $f(z_1^{(2)})$ 得到"神经元"的激活值。一个"神经元"的输出可以作为下一层"神经元"的输入。对于第三层的"神经元"，其输入是第二层"神经元"的输出 $a_1^{(2)}$，$a_2^{(2)}$，$a_3^{(2)}$，与第二层的网络参数 $W^{(2)}$，$b^{(2)}$ 的加权求和，得到最终的网络输出 $h_{w,b}(x)$。

每个样本对应的分类误差为 $[y - h_{w,b}(x)]^2$

神经网络分类算法的目标函数是最小化所有样本的分类误差。神经网络参数的确定需要用到 BP 算法，这里不做具体介绍。根据神经网络的目标函数可知，神经网络是基于经验风险最小化原则的学习算法，因而有一些固有的缺陷，比如层数和神经元个数难以确定，容易陷入局部极小，还有过拟合现象等。

2. 优缺点

人工神经网络法的优缺点总结见表 7-5。

表7-5　人工神经网络法的优缺点

优点	缺点
（1）由于神经网络可以有多个非线性的层，因此非常适合对比较复杂的非线性关系建模 （2）神经网络中的数据结构基本上对学习任何类型的特征变量关系都非常灵活 （3）研究表明，为网络提供更多的训练数据（不管是增加全新的数据集还是对原始数据集进行扩张）可以提高网络性能	（1）网络的训练可能非常具有挑战性和计算密集性，需要大量参数（网络拓扑、阈值） （2）模型较复杂，结果难以解释 （3）网络的高性能需要大量的数据来实现，在"少量数据"情况下通常不如其他机器学习算法的性能

六、聚类分析和关联分析

在非监督式学习（Unsupervised Learning）中，数据并不会被特别标识，学习模型是为了推断出数据的一些内在结构。非监督式学习一般有以下两种思路：

（1）第一种思路是在指导 Agent 时不为其指定明确的分类，而是在成功时采用某种形式的激励制度。需要注意的是，这类训练通常会被置于决策问题的框架里，因为它的目标不是产生一个分类系统，而是做出最大回报的决定，这类学习往往被称为强化学习。

（2）第二种思路称为聚类（Clustering），这类学习类型的目标不是让效用函数最大化，而是找到训练数据中的近似点。常见的应用场景包括聚类及关联规则的学习等。

（一）聚类分析

聚类属于非监督式学习，聚类的方法有很多种，常见的有 k-means（k-均值）、层次聚类（Hierarchical Clustering）、谱聚类（Spectral Clustering）等，图 7-9 描述了聚类分析的概念与分类内容。

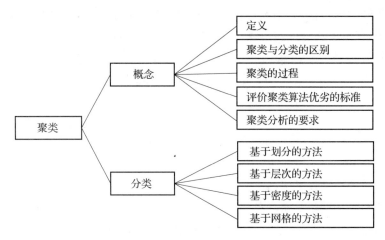

图7-9 聚类分析的概念与分类

1. 聚类相关的概念

（1）定义。聚类是数据挖掘中的概念，就是按照某个特定标准（如距离）把一个数据集分割成不同的类或簇，使得同一个簇内的数据对象的相似性尽可能大，同时不在同一个簇中的数据对象的差异性也尽可能大。也即聚类后同一类的数据尽可能聚集到一起，不同类数据尽量分离。

（2）聚类与分类的区别。聚类简单地说就是把相似的东西分到一组，聚类的时候，我们并不关心某一类是什么，我们需要实现的目标只是把相似的东西聚到一起。因此，一个聚类算法通常只需要知道如何计算相似度就可以开始工作了，因此聚类通常并不需要使用训练数据进行学习，这在机器学习中被称作非监督式学习。然而，分类时，对于一个分类器，通常需要告诉它"这个东西被分为某某类"这样一些例子，理想情况下，一个分类器会从它得到的训练集中进行"学习"，从而具备对未知数据进行分类的能力，这种提供训练数据的过程通常叫作监督式学习。

（3）聚类的过程

1）数据准备：包括特征标准化和降维。

2）特征选择：从最初的特征中选择最有效的特征，并将其存储于向量中。

3）特征提取：通过对所选择的特征进行转换形成新的突出特征。

4）聚类（或分组）：首先选择合适特征类型的某种距离函数（或构造新的距离函数）进行接近程度的度量，而后执行聚类或分组。

5）聚类结果评估：对聚类结果进行评估。评估主要有三种：外部有效性评估、内部有效性评估和相关性测试评估。

（4）评价聚类算法优劣的标准

1）处理大的数据集的能力。

2）处理任意形状，包括有间隙的嵌套的数据的能力。

3）算法处理的结果与数据输入的顺序是否相关，也就是说算法是否独立于数据输入顺序。

4）处理数据噪声的能力。

5）是否需要预先知道聚类个数，是否需要用户给出领域知识。

6）算法处理有很多属性数据的能力，也就是对数据维数是否敏感。

（5）聚类分析的要求

不同的聚类算法有不同的应用背景，有的适合于大数据集，可以发现任意形状的聚簇；有的算法思想简单，适用于小数据集。总的来说，数据挖掘中针对聚类的典型要求包括：

1）可伸缩性。当数据量从几百上升到几百万时，聚类结果的准确度能一致。

2）处理不同类型属性的能力。许多算法针对的是数值类型的数据。但是，实际应用场景中，会遇到二元类型数据、分类/标称类型数据、序数型数据。

3）发现任意形状的类簇。许多聚类算法基于距离（欧氏距离或曼哈顿距离）来量化对象之间的相似度。基于这种方式，我们往往只能发现相似尺寸和密度的球状类簇或者凸型类簇。但是，实际中类簇的形状可能是任意的。

4）初始化参数的需求最小化。很多算法需要用户提供一定个数的初始参数，比如期望的类簇个数、类簇初始中心点的设定。聚类的结果对这些参数十分敏感，调参数需要大量的人力，也非常影响聚类结果的准确性。

5）处理噪声数据的能力。噪声数据通常可以理解为影响聚类结果的干扰数据，包含孤立点、错误数据等，一些算法对这些噪声数据非常敏感，会导致低质量的聚类。

6）增量聚类和对输入次序的不敏感。一些算法不能将新加入的数据快速插入到已有的聚类结果中，还有一些算法针对不同次序的数据输入，产生的聚类结果差异很大。

2. 聚类方法的分类

文献中有大量的聚类算法。很难对聚类方法提出一个简洁的分类，因为这些类别可能重叠，从而使得一种方法具有几种类别的特征。尽管如此，对各种不同的聚类方法提供相对有组织的描述仍然是十分有用的。一般而言，主要的基本聚类算法可以划分为如下几类：

（1）基于划分的方法（Partitioning Method）。给定一个 n 个对象的合集，构建数据的 k 个分区，其中每个分区代表一个簇，并且 $k < n$，也就是说把数据划分为 k 个组，使每个组至少包含一个对象。换句话说就是，基于划分的方法在数据集上进行一层划分，典型的基于划分的方法采取互斥的簇划分，即每个对象必须恰好属于一组。大部分划分方法是基于距离的，采用"迭代的重定位技术"，例如 k – 均值和 k – 中心点算法。以 k – 均值聚类为例说明其原理。

k – 均值聚类的方式是基于距离的，这个距离就是欧氏距离。欧氏距离定义：在笛卡儿坐标系中，如果 $p = (p_1, p_2, \cdots, p_n)$ 和 $q = (q_1, q_2, \cdots, q_n)$ 是欧几里得空间中的两个点，那么距离（d）从 p 到 q，或从 q 到 p 由毕达哥拉斯公式给出：

$$d(p, q) = d(q, p) = \sqrt{(q_1 - p_1)^2 + (q_2 - p_2)^2 + \cdots + (q_n - p_n)^2}$$
$$= \sqrt{\sum_{i=1}^{k} (q_n - p_n)^2}$$

欧几里得空间中的点的位置是欧几里得向量。因此 p 和 q 可以表示为欧几里得向量，从空间的起点（初始点）开始到终点的距离视为欧几里得范数，或欧几里得长度：

$$\| p \| = \sqrt{p_1^2 + p_2^2 + \cdots + p_n^2} = \sqrt{p \cdot p}$$

k – 均值是基于形心的技术，基于形心的划分技术使用簇 C_i 的形心代表该簇，从概念上讲，簇的形心是它的中心点，形心可以用多种定义的方法，例如用分配给该簇的对象（或点）的均值或中心点定义（其中均值就是 k – 均值为定义的，而中心就是 k – 中心点定义的）。对象 $p \in C_i$ 与该簇的代表 c_i 之差用 $\text{dist}(p, c_i)$ 度量，其中 $\text{dist}(p, c_i)$ 是两个数据点的欧氏距离，簇 C_i 的质量可以用簇内的变差来度量，它是 C_i 中所有对象和形心 c_i 之间的误差平方和（距离平方和），定义为

$$E = \sum_{i=1}^{k} \sum_{p \in C_i} \text{dist}(p, c_i)^2$$

式中，E 是数据集中所有对象与形心 c_i 之间的误差平方和；p 是空间的数据点；c_i 是簇 C_i 的形心。

此时只要优化 E，E 越小，得到的簇将越紧凑。

k – 均值的工作过程为：①k – 均值把簇的形心定义为簇内点的均值，首先，在数据集 D 中随机选择 k 个对象，每个对象代表一个簇的初始均值或者中心，对剩下的每个对象，根据其与各个簇中心的欧氏距离，将其分配到最相似的簇，最相似其实就是距离形心最近的欧氏距离了。②簇中每加入一个对象就重新计算簇的均值距离，然后把中心更新为该均值。图 7 – 10 给出了伪代码。

```
算法：k-均值。用于划分的k-均值算法，其中每个簇的中心都用簇中所有对象的均值来表示。
输入：
    k：簇的数目；
    D：包含n个对象的数据集。
输出：k个簇的集合。
方法：
    （1）从D中任意选择k个对象作为初始簇中心；
    （2）repeat
    （3）根据簇中对象的均值，将每个对象分配到最相似的簇；
    （4）更新簇均值，即重新计算每个簇中对象的均值；
    （5）until不再发生变化。
```

图 7 – 10 k – 均值聚类伪代码

k – 均值聚类分析的原理虽然简单，但缺点也比较明显：①聚成几类这个 k 值要自己定，但在对数据一无所知的情况下也不知道 k 应该定多少；②初始形心也要自己选，而这个初始形心直接决定最终的聚类效果；③每一次迭代都要重新计算各个点与形心的距离，然后排序，时间成本较高。值得一提的是，计算距离的方式有很多种，不一定非得是笛卡儿距离；计算距离前要归一化。

（2）基于层次的方法（Hierarchical Method）。基于层次的方法创建给定数据对象集的层次分解。根据层次分解如何形成，基于层次的方法可以分为凝聚的方法或分裂的方法。凝聚的方法也称自底向上的方法，开始将每个对象作为单独的一个组，然后逐次合并相近的对象或组，直到所有的组合并为一个组（层次的最顶层），或者满足某个终止条件。分裂的方法也称为自顶向下的方法，开始将所有的对象置于一个簇中。在每次相继迭代中，一个簇被划分成更小的簇，直到最终每个对象在单独的一个簇中，或者满足某个终止条件。

基于层次的方法可以是基于距离的或基于密度和连通性的。该方法的一些扩展也考虑了子空间聚类。其缺陷在于，一旦一个步骤（合并或分裂）完成，它就不能被撤销。这个严格规定是有用的，因为不用担心不同选择的组合数目，它将产生较小的计算开销。然而，这种

技术不能更正错误的决定。目前一些提高层次聚类质量的方法已有很多。

（3）基于密度的方法（Density-based Method）。大部分聚类方法基于对象之间的距离进行聚类，这样的方法只能发现球状簇，而在发现任意形状的簇时遇到了困难。而基于密度的方法的主要思想是：只要"邻域"中的密度（对象或数据点的数目）超过某个阈值，就继续增长给定的簇。也就是说，对给定簇中的每个数据点，在给定半径的邻域中必须至少包含最少数目的点。这样的方法可以用来过滤噪声或离群点，发现任意形状的簇。

基于密度的方法可以把一个对象集划分成多个互斥的簇或簇的分层结构。通常，基于密度的方法只考虑互斥的簇，而不考虑模糊簇。此外，可以把基于密度的方法从整个空间聚类扩展到子空间聚类。

（4）基于网格的方法（Grid-based Method）。基于网格的方法把对象空间量化为有限个单元形成一个网格结构。所有的聚类操作都在这个网格结构（即量化的空间）上进行。这种方法的主要优点是处理速度很快，其处理时间通常独立于数据对象的个数，而仅依赖于量化空间中每一维的单元数。

对于许多空间数据挖掘问题（包括聚类），使用网格通常都是一种有效的方法。因此基于网格的方法可以与其他聚类方法（如基于密度的方法和基于层次的方法）集成。表7-6简略地总结了这些方法。有些聚类方法集成了多种聚类方法的思想，因此有时很难将一个给定的算法只划归到一个聚类方法类别。此外，有些应用可能有某种聚类准则，要求集成多种聚类技术。

表7-6　聚类方法概览

方法	一般特点
基于划分的方法	✓ 发现球形互斥的簇 ✓ 基于距离 ✓ 可以用均值或中心点等代表簇中心 ✓ 对中小规模数据集有效
基于层次的方法	✓ 聚类是一个层次分解（即多层） ✓ 不能纠正错误的合并或划分 ✓ 可以集成其他技术，如微聚类或考虑对象"连接"
基于密度的方法	✓ 可以发现任意形状的簇 ✓ 簇是对象空间中被低密度区域分隔的稠密区域 ✓ 每个点的"邻域"内必须具有最少个数的点 ✓ 可能过滤离群点
基于网络的方法	✓ 使用一种多分辨率网格数据结构 ✓ 快速处理（独立于数据对象数，但依赖于网格大小）

（二）关联分析

一个广为流传的挖掘商品之间关联性的故事就是"啤酒与尿布"。这样的有关联性的商品还有很多，如洋葱和土豆捆绑消费等。将关联度高的商品放在一起促销或者捆绑销售可以提高营业额。同时电商平台也可以捆绑推荐提高成交量。而当商品非常多的时候，人工已经无法分析出众多商品的关联性。这个时候就需要计算机辅助人们找到哪些商品经常被一起购买。

关联规则挖掘就是从数据背后发现事物之间可能存在的关联或者联系。在关联规则挖掘场景下，一般用支持度和置信度两个阈值来度量关联规则的相关性（关联规则就是支持度和信任度分别满足用户给定阈值的规则）。所谓支持度（Support），指的是同时包含 X、Y 的百分比，即 $P(X, Y)$。所谓置信度（Confidence），指的是包含 X（条件）的事务中同时又包含 Y（结果）的百分比，即条件概率 $P(Y \mid X)$，置信度表示了这条规则有多大程度上可信。

关联规则挖掘的一般步骤是：①进行频繁项集挖掘，即从数据中找出所有的高频项目组（Frequent Itemset，满足最小支持度或置信度的集合，一般找满足最小支持度的集合）；②进行关联规则挖掘，即从这些高频项目组中产生关联规则（Association Rule，既满足最小支持度又满足最小置信度的规则）。下面引用一个经典用例解释上述的若干概念，使用的数据集见表 7-7，该数据集可以认为是超市的购物小票，第一列表示购物流水 ID，第二列表示每个流水同时购买的物品。

表 7-7　物品清单

流水 ID	物品清单
T1	橘子、可乐
T2	牛奶、橘子、窗户清洁器
T3	橘子、洗涤剂
T4	橘子、洗涤剂、可乐
T5	窗户清洁器

指标 1：包含某个组合的账单记录占总账单记录的比例

计算在所有的流水交易中"既有橘子又有可乐的支持度"，即

$$P(橘子 \mid 可乐) = 2/5 = 0.4$$

指标 2：包含某个组合的账单记录占包含某个物品的账单记录的比例

计算"如果橘子则可乐的置信度"，即

$$P(可乐 \mid 橘子) = 2/4 = 0.5$$

上述两个计算示例总结出的关联规则是：如果一个顾客购买了橘子，则有 50% 的可能购买可乐。而这样的情况（即买了橘子会再买可乐）会有 40% 的可能会发生。

目前有众多分析商品关联性的算法，Apriori 算法就是其中一个师祖级算法。很多算法都是由 Apriori 算法演化而来的，Apriori 算法的基本思想是通过对数据库的多次扫描来计算项集的支持度，发现所有的频繁项集从而生成关联规则。Apriori 算法对数据集进行多次扫描。第一次扫描得到频繁 1-项集的集合 L_1，第 $k(k > 1)$ 次扫描首先利用第 $(k-1)$ 次扫描的结果 L_{k-1} 来产生候选集 k-项集的集合 C_k，然后在扫描的过程中确定 C_k 的支持度。最后，在每次扫描结束时计算频繁 k-项集的集合 L_k，算法在候选集 k-项集的集合 C_k 为空时结束。筛选规则为如果某个组合出现频率非常低，那么所有包含这种组合情况的组合出现频率也非常低。我们可以直接不统计这些组合出现的频率。

Apriori 算法的主要步骤如下：

1）扫描全部数据，产生候选 1-项集的集合 C_1。

2）根据最小支持度，由候选 1-项集的集合 C_1 产生频繁 1-项集的集合 L_1。

3）对 $k > 1$，重复执行步骤 4）5）6）。

4）由 L_k 执行连接和减枝操作，产生候选 $k+1$ – 项集的集合 C_k+1。

5）根据最小支持度，由候选 $(k+1)$ – 项集的集合 C_{k+1}，产生频繁 $(k+1)$ – 项集的集合 L_{k+1}。

6）若 L 不等于 $\varnothing$，则 $k=k+1$，步骤跳 4），否则结束。

7）根据最小置信度，由频繁项集产生强关联规则，结束。

第三节　管理大数据分析建模

　　系统分析方法是传统数据建模方法，在大数据分析建模设计中大有作为，然而大数据建模更为复杂，有两个鲜明的特色：①模型不是主观设定的或普适性的，而是具体的，是从数据的内部逻辑和外部关联中根据问题的需要梳理出来的。在这个过程中，基于无形数据的有形模式的探索、比较、估计、识别、确认、解释不可或缺。这在高性能计算领域的算法研究和开发中尤其迫切。在这些研究中，模型常常并非现成的，数据与模型的简单组合拼装并不总是能够切中要害。复杂问题的数据获取，大规模数据的组织、处理，模型与算法、理性决策、数据的展现方式等，都会影响到最终输出模式和结果的可用性。②强调建模过程中模式的变化和复杂的关系，因为数据的脉络和联系正是通过建模过程的模式发展而一一剖析出来的。数据的分布、数据的特征、数据的结构、数据的功能、数据的运动、数据在时空中的变化轨迹、数据的影响层次、不同数据变化层次之间的关系是统计科学的核心内容。总之，数据建模既不是统计理论的简单照搬，也不等同于数据的自动加工，建模的意义是更好地理解数据，增加洞见。因此，数据建模与算法技术联合，成为大数据深度认知的关键。

一、数据分析建模过程

　　数据分析建模过程如图 7 – 11 所示。

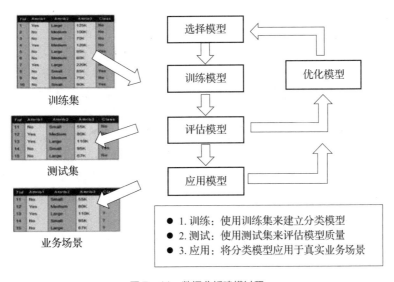

图 7 – 11　数据分析建模过程

（一）选择模型或自定义模型

基于业务基础来决定选择模型的形态，例如，如果要预测产品销量，则可以选择数值预测模型（例如回归模型、时序预测）；如果要预测员工是否离职，则可以选择分类模型（例如决策树、神经网络等）。

如果没有现成的模型可用，则需要自定义模型。不过，一般情况下，自定义模型并非易事，没有深厚的数学基础和研究精神，自行思考出一个解决特定问题的数学模型基本不可能。当前绝大多数人进行的所谓的建模，都只是选择一个已有的数学模型来工作而已。

一般情况下，模型都有一个固定的模样和形式。但是，有些模型包含的范围较广，例如回归模型，其实并不是某一个特定的模型，而是一类模型。所谓的回归模型，其实就是自变量和因变量的一个函数关系式，见表7-8。因此，回归模型的选择，也就有了无限的可能性，回归模型可能采用任何形式的回归方程。模型的好坏是不能够单独来评论的，后续数学家们给我们提供了评估模型好坏的依据。

表7-8　回归模型

回归模型	回归方程
一元线性	$y = \beta_0 + \beta_1 x$
多元线性	$y = \beta_0 + \beta_1 x_1 + \cdots + \beta_k x_k$
二次曲线	$y = \beta_0 + \beta_1 x + \beta_2 x^2$
复合曲线	$y = \beta_0 + \beta_1{}^x$
增长曲线	$y = e^{\beta_0} + \beta_1{}^x$
对数曲线	$y = \beta_0 + \beta_1 \ln x$
三次曲线	$y = \beta_0 + \beta_1 x + \beta_2 x^2 + \beta_3 x^3$
S曲线	$y = e^{\beta_0} + \dfrac{\beta_1}{x}$
指数曲线	$y = \beta_0 e^{\beta_1 x}$
逆函数	$y = \beta_0 + \dfrac{\beta_1}{x}$
幂函数	$y = \beta_0 \left(x^{\beta_1} \right)$

（二）训练模型

当模型确定之后，就到了训练模型这一步。之所以叫模型，因为每个模型大致的模式是固定的，但其中还会有一些不确定的变量，这样模型才会有通用性。如果模型中所有的东西都是固定的，那模型就没有通用性了。模型中可以适当变化的部分，一般叫作参数，例如前面回归模型中的参数。

所谓训练模型，其实就是要基于真实的业务数据来确定最合适的模型参数。模型训练确定好之后，就意味着找到了最合适的参数，一旦找到最优参数，模型就基本可用了。

当然，一个好的算法要运行速度快且复杂度低，这样才能够实现快速的收敛，并且找到全局最优的参数，否则训练所花的时间过长、效率过低，还只是找到局部最优参数，就事倍功半了。

（三）评估模型

模型训练好之后，接下来就是评估模型。所谓评估模型，就是确定一下模型的质量，判断模型是否有用。但是模型的好坏是不能够单独评估的，一个模型的好坏是需要放在特定的业务场景下来评估的，也就是基于特定的数据集才能知道哪个模型好与坏。

既然要评估一个模型的好坏，就应该有一些评价指标。例如，数值预测模型中，评价模型质量的常用指标有平均误差率、判定系数 R^2 等；评估分类预测模型质量的常用指标（见表 7-9）有正确率、查全率、查准率、ROC 曲线和 AUC 值等。

对于分类预测模型，一般要求正确率和查全率等越大越好，最好都接近 100%，表示模型质量好，无误判。

表 7-9 评估分类预测模型质量的常用指标

		实际的类别	
		正例	反例
预测的类别	正例	TP （True Positives，真正例）	FP （False Positives，假正例）
	反例	FN （False Negatives，假反例）	TN （True Negatives，真反例）

$$\text{正确率（Accuracy）}=\frac{\text{正确预测数}}{\text{预测数}}=\frac{TP+TN}{P+N}=\frac{TP+TN}{TP+FN+FP+TN}$$

$$\text{查全率（Recall）}=\frac{\text{实际和预测都为真的数量}}{\text{实际为真的总数}}=\frac{TP}{P}=\frac{TP}{TP+FN}$$

$$\text{查准率（Precision）}=\frac{\text{实际和预测都为真的数量}}{\text{预测为真的总数}}=\frac{TP}{TP+FP}$$

式中，P 和 N 分别代表实际正例和实际反例的数量。

在真实的业务场景中，评估指标是基于测试集的，而不是训练集。所以，在建模时，一般要将原始数据集分成两部分：一部分用于训练模型，叫训练集；另一部分用于评估模型，叫测试集或验证集。

那么为什么评估模型要用两个不同的数据集，而不是直接用一个训练集呢？理论上直接用一个训练集是不行的，因为模型是基于训练集构建起来的，所以在理论上模型在训练集上肯定有较好的效果。但是，后来数学家们发现，在训练集上有较好预测效果的模型，在真实的业务应用场景下其预测效果不一定好（这种现象称为过拟合）。所以，将训练集和测试集分开来，一个用于训练模型，另一个用于评估模型，这样可以提前发现模型是不是存在过拟合。

如果发现在训练集和测试集上的预测效果差不多，就表示模型质量尚好，可以直接使用；如果发现训练集和测试集上的预测效果相差太远，说明模型还可以进一步优化。当然，如果只验证一次就准确评估出模型的好坏，是不可能的。因此，建议采用交叉验证的方式来进行多次评估，以达到找到准确的模型误差的目的。

事实上，模型的评估是分开在两个业务场景中的：①基于过去发生的业务数据进行验证，即测试集。模型就是基于过去的数据集构建的。②基于真实的业务场景数据进行验证，即在应用模型步骤中检验模型的真实应用结果。

（四）应用模型

如果评估模型质量在可接受的范围内，而且没有出现过拟合，那么就可以应用模型了。在这一步，需要将可用的模型开发出来，并部署在数据分析系统中，然后可以形成数据分析的模板和可视化的分析结果，以便实现自动化的数据分析报告。应用模型，就是将模型应用于真实的业务场景。构建模型的目的，就是要解决工作中的业务问题，例如预测客户行为，划分客户群，等等。当然，应用模型过程中，还需要收集业务预测结果与真实的业务结果，以检验模型在真实业务场景中的效果，同时进行后续模型的优化。

（五）优化模型

优化模型一般发生在两种情况下：①在评估模型中，如果发现模型欠拟合，或者过拟合，说明这个模型待优化。②在真实应用场景中，定期进行优化，或者当发现模型在真实的业务场景中效果不好时，也要启动优化。

如果在评估模型时，发现模型欠拟合（即效果不佳）或者过拟合，则模型不可用，需要优化模型。所谓的模型优化，可以分为以下几种情况：①重新选择一个新的模型；②模型中增加新的考虑因素；③尝试调整模型中的阈值到最优；④尝试对原始数据进行更多的预处理，例如派生新变量。

不同的模型，其模型优化的具体做法也不一样。例如回归模型的优化，不仅要考虑异常数据对模型的影响，也要进行非线性和共线性的检验；分类模型的优化，主要是一些阈值的调整，以实现精准性与通用性的均衡。当然，也可以采用元算法来优化模型，就是通过训练多个弱模型，来构建一个强模型（即三个臭皮匠，顶上一个诸葛亮）来实现模型的最佳效果。

实际上，模型优化不仅仅包含了对模型本身的优化，还包含了对原始数据的处理优化，如果数据能够得到有效的预处理，则可以在某种程度上降低对模型的要求。因此，当发现尝试的所有模型效果都不太好的时候，有可能是数据集没有得到有效的预处理，没有找到合适的关键因素（自变量）。不存在一个模型适用于所有业务场景，也不存在一个固有的模型就适用于你的业务场景，好的模型都是优化出来的。

正如数据挖掘标准流程一样，构建模型的这五个步骤，并不是单向的，而是一个循环的过程。当发现模型不佳时，就需要优化，就有可能回到最开始的地方重新开始思考。即使模型可用了，也需要定期对模型进行维护和优化，以便让模型能够继续适用新的业务场景。

二、数据分析模型评估

（一）经验误差与过拟合

分类错误的样本数占样本总数的比例称为错误率（E Rate），即如果在 m 个样本中有 a 个样本分类错误，则错误率 $E = a/m$；$1 - a/m$ 称为精度（Accuracy），即精度 $= 1 -$ 错误率。

更一般地，我们把学习器的实际预测输出与样本的真实输出之间的差异称为误差（Error），将学习器在训练集上的误差称为训练误差（Training Error）或经验误差（Empirical Error），在新样本上的误差称为"泛化误差"（Generalization Error）。

显然，我们希望得到泛化误差小的学习器，然而，我们事先并不知道新样本是什么样的，实际能做的是努力使经验误差最小化。在多数情况下，我们可以学得一个经验误差很小、在训练集上表现很好的学习器，例如对所有训练样本都分类正确，即分类错误率为零，分类精度为100%。但这是不是我们想要的学习器呢？遗憾的是，这样的学习器在多数情况下都不好。

我们实际希望的是在新样本上能表现得很好的学习器。为了达到这个目的，应该从训练样本中尽可能学出适用于所有潜在样本的"普遍规律"，这样才能在遇到新样本时做出正确的判别。然而，当学习器把训练样本学得"太好"了的时候，很可能已经把训练样本自身的一些特点当作了所有潜在样本都会具有的一般性质，这样就会导致泛化性能下降。这种现象在机器学习中称为过拟合，也称过配（Overfitting）。

与过拟合相对的是欠拟合（Underfitting），欠拟合是指对训练样本的一般性质尚未学好。有多种因素可能导致过拟合，其中最常见的情况是由于学习能力过于强以至于把训练样本所包含的不太一般的特性都学到了，而欠拟合则通常是由学习算法和数据内涵共同决定的学习能力低而造成的，欠拟合比较容易克服，例如在决策树学习中扩枝、在神经网络学习中增加训练轮数等，而过拟合则很麻烦。在后面的学习中我们将看到，过拟合是机器学习面临的关键障碍，各类学习算法都必然带有一些针对过拟合的措施，但必须意识到过拟合是无法避免的，只能缓解。

运行完成，若可彻底避免过拟合，则通过经验误差最小化就能获得最优解，这就意味着我们构造性地证明了"P = NP"；因此，只要相信"P ≠ NP"，过拟合就不可避免。

在现实任务中，往往有很多种学习算法可供选择，甚至对同一个学习算法，当使用不同的参数配置时，也会产生不同的模型，那么该选用哪一个学习算法、使用哪一种参数配置呢？这就是机器学习中模型选择（Model Selection）问题。理论的解决方案当然是对候选模型的泛化误差进行评估，然后选择泛化误差最小的那个模型。然而如上面所讨论的，我们无法直接获得泛化误差，而训练误差又由于过拟合现象的存在而不适合作为标准，那么，在现实中如何进行模型评估与选择呢？图7 - 12 给出了过拟合和欠拟合的直观类比。

图7 - 12　过拟合和欠拟合的直观类比

（二）评估方法

通常，可通过实验测试来对学习器的泛化误差进行评估并进而做出选择。为此，需使用一个测试集（Testing Set）来测试学习器对新样本的判别能力，然后以测试集上的测试误差（Testing Error）作为泛化误差的近似，通常假设测试样本也是从样本真实分布中独立同分布采样而得的，但需注意的是，测试集应该尽可能与训练集互斥，即测试样本尽量不在训练集中出现、未在训练过程中使用过。

测试样本为什么要尽可能不出现在训练集中呢？为理解这一点，不妨考虑这样一个场景：老师出了 10 道习题供同学们练习，考试时老师又用同样的这 10 道题作为试题，这个考试成绩能否有效反映出同学们学得好不好呢？答案是否定的，可能有的同学只会做这 10 道题却能得高分。回到我们的问题上来，我们希望得到泛化性能强的模型，好比是希望同学们对课程学得很好、获得了对所学知识"举一反三"的能力；训练样本相当于给同学们练习的习题，测试过程则相当于考试。显然，若测试样本被用作训练了，则得到的将是过于乐观的估计结果。

可是，我们只有一个包含 m 个样例的数据集 $D = \{(x_1, y_1), (x_2, y_2), \cdots, (x_m, y_m)\}$，既要训练，又要测试，怎样才能做到呢？答案是：通过对 D 进行适当的处理，从中产生出训练集 S 和测试集 T，下面介绍几种常见的做法。

1. 留出法

留出（Hold-out）法直接将数据集 D 划分为两个互斥的集合，其中一个集合作为训练集 S，另一个作为测试集 T，即 $D = S \cup T$，$S \cap T = \emptyset$。在 S 上训练出模型后，用 T 来评估其测试误差，作为对泛化误差的估计。

以二分类任务为例，假定 D 包含 1000 个样本，将其划分为 S 包含 700 个样本，T 包含 300 个样本，用 S 进行训练后，如果模型在 T 上有 90 个样本分类错误，那么其错误率为 $(90/300) \times 100\% = 30\%$，精度为 $1 - 30\% = 70\%$。

需注意的是，训练/测试集的划分要尽可能保持数据分布的一致性，避免因数据划分过程引入额外的偏差而对最终结果产生影响。例如，在分类任务中至少要保持样本的类别比例相似，如果从采样（Sampling）的角度来看待数据集的划分过程，则保留类别比例的采样方式通常称为分层采样（Stratified Sampling）。例如通过对 D 进行分层采样而获得含 70% 样本的训练集 S 和含 30% 样本的测试集 T，若 D 包含 500 个正例、500 个反例，则分层采样得到的 S 应包含 350 个正例、350 个反例，而 T 则包含 150 个正例和 150 个反例；若 S、T 中样本类别比例差别很大，则误差估计将由于训练/测试数据分布的差异而产生偏差。

另一个需注意的问题是，即便在给定训练/测试集的样本比例后，仍存在多种划分方式对初始数据集 D 进行分割。例如在上面的例子中，可以把 D 中的样本排序，然后把前 350 个正例放到训练集中，也可以把最后 350 个正例放到训练集中，这些不同的划分将导致不同的训练/测试集，模型评估的结果也会有差别。因此，单次使用留出法得到的估计结果往往不够稳定可靠，在使用留出法时，一般要采用若干次随机划分、重复进行实验评估后取平均值作为留出法的评估结果。例如，进行 100 次随机划分，每次产生一个训练/测试集用于实验评估，100 次后就得到 100 个结果，而留出法返回的则是这 100 个结果的平均。

2. 交叉验证法

交叉验证（Cross Validation）法先将数据集 D 划分为 k 个大小相似的互斥子集，即 $D = D_1 \cup D_2 \cup \cdots \cup D_k$，$D_i \cap D_j = \emptyset$（$i \neq j$）。每个子集 D_i 都尽可能保持数据分布的一致性，即从 D 中通过分层采样得到；然后，每次用 $k-1$ 个子集的并集作为训练集，余下的那个子集作为测试集；这样就可获得 k 组训练/测试集，从而可进行 k 次训练和测试，最终返回的是这 k 个测试结果的均值，显然，交叉验证法评估结果的稳定性和保真性在很大程度上取决于 k 的取值，为强调这一点，通常把交叉验证法称为 k 折交叉验证（k – fold Cross Validation）法。k 最常用的取值是 10，此时称为 10 折交叉验证；其他常用的 k 值有 5、20 等。图 7 – 13 给出了 10 折交叉验证的示意图。

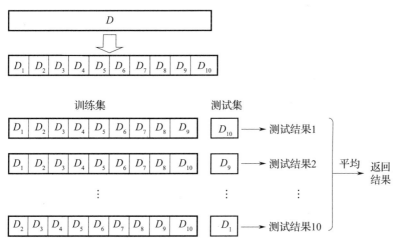

图 7 – 13　10 折交叉验证的示意图

与留出法相似，将数据集 D 划分为 k 个子集同样存在多种划分方式。为减小因样本划分不同而引入的差别，k 折交叉验证通常要随机使用不同的划分重复 p 次，最终的评估结果是这 p 次 k 折交叉验证结果的均值，例如常见的有 10 次 10 折交叉验证。假定数据集 D 中包含 m 个样本，若令 $k = m$，则得到了交叉验证法的一个特例：留一（Leave-one-out，LOO）法。留一法即每次抽取一个样本作为测试集。显然，留一法不受随机样本划分方式的影响，因为 m 个样本只有唯一的方式划分为 m 个子集，每个子集包含一个样本。

3．自助法

我们希望评估的是用 D 训练出的模型。但在留出法和交叉验证法中，由于保留了一部分样本用于测试，因此实际评估的模型所使用的训练集比 D 小，这必然会引入一些因训练样本规模不同而导致的估计偏差。留一法受训练样本规模变化的影响较小，但计算复杂度又太高了，有没有什么办法可以减少训练样本规模不同造成的影响，同时还能比较高效地进行实验估计呢？

自助（Bootstrapping）法是一个比较好的解决方案，它直接以自助采样法（Bootstrap Sampling）为基础。给定包含 m 个样本的数据集 D，我们对它进行采样产生数据集 D'：每次随机从 D 中挑选一个样本，将其复制放入 D'，然后再将该样本放回初始数据集 D 中，使得该样本在下次采样时仍有可能被采到；这个过程重复执行 m 次后，我们就得到了包含 m 个样本的数据集 D'，这就是自助采样的结果。显然，D 中有一部分样本会在 D' 中多次出现，而另一部分样本不出现，可以做一个简单的估计，样本在 m 次采样中始终不被采到的概率是 $\left(1 - \dfrac{1}{m}\right)^m$，取极限得到

$$\lim_{m \to +\infty} \left(1 - \frac{1}{m}\right)^m \to \frac{1}{e} \approx 0.368$$

即通过自助采样，初始数据集 D 中约有 36.8% 的样本未出现在采样数据集 D' 中。于是我们可将 D' 用作训练集，$D \setminus D'$ 用作测试集；这样，实际评估的模型与期望评估的模型都使用 m 个训练样本，而我们仍有数据总量约 1/3 的、没在训练集中出现的样本用于测试。这样的测试结果，亦称包外估计（Out-of-bag Estimate）。

自助法在数据集较小、难以有效划分训练/测试集时很有用；此外，自助法能从初始数据集中产生多个不同的训练集，这对集成学习等方法有很大的好处。然而，自助法产生的数据集改变了初始数据集的分布，这会引入估计偏差。

4. 调参与最终模型

大多数学习算法都有些参数（Parameter）需要设定，参数配置不同，学得模型的性能往往有显著差别。因此，在进行模型评估与选择时，除了要对适用学习算法进行选择，还需对算法参数进行设定，这就是通常所说的参数调节或简称调参（Parameter Tuning）。

读者可能马上想到，调参和算法选择没什么本质区别：对每种参数配置都训练出模型，然后把对应最好模型的参数作为结果。这样的考虑基本是正确的，但有一点需注意：学习算法的很多参数是在实数范围内取值，因此，对每种参数配置都训练出模型来是不可行的。现实中常用的做法，是对每个参数选定一个范围和变化步长，例如在 $[0, 0.2]$ 范围内以 0.05 为步长，则实际要评估的候选参数值有 5 个，最终是从这 5 个候选值中产生选定值。显然，这样选定的参数值往往不是"最佳"值，但这是在计算开销和性能估计之间进行折中的结果，通过这个折中，学习过程才变得可行。事实上，即便在进行这样的折中后，调参往往仍很困难。可以简单估算一下：假定算法有 3 个参数，每个参数仅考虑 5 个候选值，这样对每一组训练/测试集就有 $5^3 = 125$ 个模型需考察；很多强大的学习算法有大量参数需设定，这将导致极大的调参工程量，以至于在不少应用任务中，参数调得好不好往往对最终模型性能有关键性影响。

给定包含 m 个样本的数据集 D，在模型评估与选择过程中由于需要留出一部分数据进行评估测试，事实上我们只使用了一部分数据训练模型。因此，在模型选择完成后，学习算法和参数配置已选定，此时应该用数据集 D 重新训练模型，这个模型在训练过程中使用了所有 m 个样本，这才是我们最终提交给用户的模型。

另外，需注意的是，通常把学得模型在实际使用中遇到的数据称为测试数据，为了加以区分，模型评估与选择中用于评估测试的数据集常称为验证集（Validation Set）。例如，在研究对比不同算法的泛化性能时，用测试集上的判别效果来估计模型在实际使用时的泛化能力，而把训练数据另外划分为训练集和验证集，基于验证集上的性能来进行模型选择和调参。

三、模型的度量指标

对学习器的泛化性能进行评估，不仅需要有效可行的实验估计方法，还需要有衡量模型泛化能力的评价标准，这就是性能度量（Performance Measure）。性能度量反映了任务需求，在对比不同模型的能力时，使用不同的性能度量往往会导致不同的评判结果；这意味着模型的"好坏"是相对的，什么样的模型是好的，不仅取决于算法和数据，还取决于任务需求。

在预测任务中，给定样例集 $D = \{(x_1, y_1), (x_2, y_2), \cdots, (x_m, y_m)\}$，其中 y_i 是示

例 x_i 的真实标记。要评估学习器 f 的性能，就要把学习器预测结果 $f(x)$ 与真实标记 y 进行比较。

回归任务最常用的性能度量是均方误差（Mean Squared Error）：

$$E(f; D) = \frac{1}{m} \sum_{i=1}^{m} [f(x_i) - y_i]^2$$

更一般地，对于数据分布 D 和概率密度函数 $p(\cdot)$，均方误差可描述为

$$E(f; D) = \int_{x \sim D} [f(x) - y]^2 p(x) \mathrm{d}x$$

本节后面主要介绍分类任务中常用的性能度量。

（一）错误率与精度

本章开头提到了错误率和精度，这是分类任务中最常用的两种性能度量，既适用于二分类任务，也适用于多分类任务。错误率是分类错误的样本数占样本总数的比例，精度则是分类正确的样本数占样本总数的比例。对样例集 D，分类错误率定义为

$$E(f; D) = \frac{1}{m} \sum_{i=1}^{m} \mathbb{I}[f(x_i) \neq y_i]$$

精度则定义为

$$\mathrm{acc}(f; D) = \frac{1}{m} \sum_{i=1}^{m} \mathbb{I}[f(x_i) = y_i]$$
$$= 1 - E(f; D)$$

更一般地，对于数据分布 D 和概率密度函数 $p(\cdot)$，错误率与精度可分别描述为

$$E(f; D) = \int_{x \sim D} \mathbb{I}[f(x) \neq y] p(x) \mathrm{d}x$$
$$\mathrm{acc}(f; D) = \int_{x \sim D} \mathbb{I}[f(x) = y] p(x) \mathrm{d}x$$
$$= 1 - E(f; D)$$

（二）查准率、查全率与 F_1

错误率和精度虽常用，但并不能满足所有任务需求。以西瓜问题为例，假定瓜农拉来一车西瓜，用训练好的模型对这些西瓜进行判别，显然，错误率衡量了有多少比例的瓜被判别错误，但是若我们关心的是"挑出的西瓜中有多少比例是好瓜"，或者"所有好瓜中有多少比例被挑了出来"，那么错误率显然就不够用了，这时需要使用其他性能度量。

类似的需求在信息检索、Web 搜索等应用中经常出现，例如在信息检索中，我们经常会关心"检索出的信息中有多少比例是用户感兴趣的""用户感兴趣的信息中有多少被检索出来了"。查准率（Precision）与查全率（Recall）是更为适用于此类需求的性能度量。查准率亦称准确率，查全率亦称召回率。

对于二分类问题，可将样例根据其真实类别与学习器预测类别的组合划分为真正例（TP）、假正例（FP）、真反例（TN）、假反例（FN）四种情形，令 TP、FP、TN、FN 分别表示其对应的样例数，则显然有 TP + FP + TN + FN = 样本总数。分类结果的混淆矩阵（Confusion Matrix）见表 7 - 10。

表7-10　分类结果的混淆矩阵

真实情况	预测结果	
	正例	反例
正例	TP（真正例）	FN（假反例）
反例	FP（假正例）	TN（真反例）

查准率 P 与查全率 R 分别定义为

$$P = \frac{TP}{TP + FP}$$

$$R = \frac{TP}{TP + FN}$$

查准率和查全率是一对矛盾的度量，一般来说，查准率高时，查全率往往偏低；而查全率高时，查准率往往偏低。例如，若希望将好西瓜尽可能多地选出来，则可通过增加选西瓜的数量来实现，如果将所有西瓜都选上，那么所有的好西瓜也必然都被选上了，但这样查准率就会较低；若希望选出的西瓜中好西瓜比例尽可能高，则可只挑选最有把握的西瓜，但这样就难免会漏掉不少好西瓜，使得查全率较低。通常只有在一些简单任务中，才可能使查全率和查准率都很高。

在很多情形下，可根据学习器的预测结果对样例进行排序，排在前面的是学习器认为"最可能"是正例的样本，排在最后的则是学习器认为"最不可能"是正例的样本，按此顺序逐个把样本正例作为正例作为预测，则每次可以计算出当前的查全率、查准率。以查准率为纵轴、查全率为横轴作图，就得到了查准率-查全率曲线，简称 $P-R$ 曲线，显示该曲线的图称为 $P-R$ 图。图7-14给出了一个示意图。

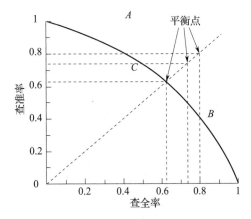

图7-14　$P-R$ 曲线示意图

F_1 是基于查准率与查全率的调和平均（Harmonic Mean）定义的：

$$\frac{1}{F_1} = \frac{1}{2}\left(\frac{1}{P} + \frac{1}{R}\right)$$

F_β 则是加权调和平均：

$$\frac{1}{F_\beta} = \frac{1}{1+\beta^2}\left(\frac{1}{P} + \frac{\beta^2}{R}\right)$$

F_1 计算公式为：

$$F_1 = \frac{2PR}{P+R} = \frac{2TP}{样例总数 + TP - TN}$$

在一些应用中，对查准率和查全率的重视程度有所不同，例如在商品推荐系统中，为了尽可能少打扰用户，更希望推荐内容确实是用户感兴趣的，此时查准率更重要；而在逃犯信息检索系统中，更希望尽可能少漏掉逃犯，此时查全率更重要。F_1 度量的一般形式 F_β 能让我们表达出对查准率/查全率的不同偏好，它定义为

$$F_{\beta} = \frac{(1 + \beta^2)\ PR}{(\beta^2 P)\ + R}$$

其中，β 用于调整权重，当 $\beta = 1$ 时两者权重相同，即为 F_1 值。如果认为查准率更重要，则减小 β；若认为查全率更重要，则增大 β。

（三）ROC 与 AUC

很多学习器是为测试样本产生一个实值或概率预测，然后将这个预测值与一个分类阈值（threshold）进行比较，若大于阈值则分为正类，否则为反类。例如，神经网络在一般情形下是对每个测试样本预测出一个 $[0.0，1.0]$ 的实值，然后将这个值与 0.5 进行比较，大于 0.5 则判为正例，否则为反例。这个实值或概率预测结果的好坏，直接决定了学习器的泛化能力，实际上，根据这个实值或概率预测结果，可将测试样本进行排序，"最可能"是正例的排在最前面，"最不可能"是正例的排在最后面，这样，分类过程就相当于在这个排序中以某个"截断点"（cut point）将样本分为两部分，前一部分判作正例，后一部分则判作反例。

在不同的应用任务中，可根据任务需求采用不同的截断点，例如若更重视查准率，则可选择排序中靠前的位置进行截断；若更重视查全率，则可选择排序中靠后的位置进行截断。因此，排序本身的质量好坏，体现了综合考虑学习器在不同任务下的"期望泛化性能"的好坏，或者说，"一般情况下"泛化性能的好坏。ROC 曲线则是从这个角度出发来研究学习器泛化性能的有力工具。

ROC 曲线源于"二战"中用于警机检测的雷达信号分析技术，20 世纪六七十年代开始被用于一些心理学、医学检测应用中，此后被引入机器学习领域（Spackman，1989）。与前文中介绍的 P–R 曲线相似，我们根据学习器的预测结果对样例进行排序，按此顺序逐个把样本作为正例进行预测，每次计算出两个重要量的值，分别以它们为横、纵坐标作图，就得到了 ROC 曲线。与 P–R 曲线使用查准率、查全率为纵、横轴不同，ROC 曲线的纵轴是真正例率（True Positive Rate，TPR），横轴是假正例率（False Positive Rate，FPR），基于表 7–10 中的符号，两者分别定义为

$$\text{TPR} = \frac{\text{TP}}{\text{TP} + \text{FN}}$$

$$\text{FPR} = \frac{\text{FP}}{\text{TN} + \text{FP}}$$

显示 ROC 曲线的图称为 ROC 图。图 7–15a 给出了一个示意图，显然，对角线对应于随机猜测模型，而点 $(0, 1)$ 则对应于将所有正例排在所有反例之前的理想模型。

现实任务中通常是利用有限个测试样例来绘制 ROC 图，此时仅能获得有限个（真正例率，假正例率）坐标对，无法产生图 7–15a 中的光滑 ROC 曲线，只能绘制出如图 7–15b 所示的近似 ROC 曲线。绘图过程很简单：给定 m^+ 个正例和 m^- 个反例，根据学习器预测结果对样例进行排序，然后把分类阈值设为最大，即把所有样例均预测为反例，此时真正例率和假正例率均为 0，在坐标 $(0, 0)$ 处标记一个点。然后，将分类阈值依次设为每个样例的预测值，即依次将每个样例划分为正例。设前一个标记点坐标为 (x, y)，当前若为真正例，则对应标记点的坐标为 $\left(x, y + \dfrac{1}{m^+} \right)$；当前若为假正例，则对应标记点的坐标为 $\left(x + \dfrac{1}{m^-}, y \right)$，

然后用线段连接相邻点即得。

进行学习器的比较时，与$P-R$图相似，若一个学习器的 ROC 曲线被另一个学习器的曲线完全"包住"，则可断言后者的性能优于前者；若两个学习器的 ROC 曲线发生交叉，则难以一般性地断言两者孰优孰劣。此时如果一定要进行比较，则较为合理的判据是比较 ROC 曲线下的面积，即 AUC（Area Under ROC Curve），如图 7-15 所示。

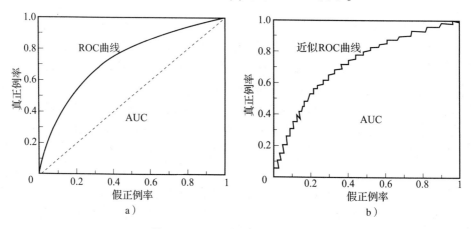

图 7-15　ROC 曲线与 AUC 示意图

从定义可知，AUC 可通过对 ROC 曲线下各部分的面积求和而得，假定 ROC 曲线是由坐标为 (x_1, y_1)，(x_2, y_2)，…，(x_m, y_m) 的点按序连接而形成的 $x_1 = 0$，$x_m = 1$，参见图 7-15b，则 AUC 可估算为

$$\text{AUC} = \frac{1}{2} \sum_{i=1}^{m-1} (x_{i+1} - x_i)(y_i + y_{i+1})$$

形式化地看，AUC 考虑的是样本预测的排序质量，因此它与排序误差有紧密联系。给定 m^+ 个正例和 m^- 个反例，令 D^+ 和 D^- 分别表示正、反例集合，则排序损失（Loss）定义为

$$l_{\text{rank}} = \frac{1}{m^+ m^-} \sum_{x^+ \in D^+} \sum_{x^- \in D^-} \left\{ \mathbb{I}\left[f(x^+) < f(x^-)\right] + \frac{1}{2} \mathbb{I}\left[f(x^+) = f(x^-)\right] \right\}$$

即考虑每一对正、反例，若正例的预测值小于反例，则记一个"罚分"，若相等，则记 0.5 个"罚分"。容易看出，l_{rank} 对应的是 ROC 曲线之上的面积：若一个正例在 ROC 曲线上对应标记点的坐标为 (x, y)，则 x 恰是排序在其之前的反例所占的比例，即假正例率。因此有

$$\text{AUC} = 1 - l_{\text{rank}}$$

（四）代价敏感错误率与代价曲线

在现实任务中常会遇到这样的情况：不同类型的错误所造成的后果不同。例如在医疗诊断中，错误地把患者诊断为健康人与错误地把健康人诊断为患者，看起来都是犯了"一次错误"，但后者的影响是增加了进一步检查的麻烦，前者的后果却可能是丧失了拯救生命的最佳时机；又如，门禁系统错误地把可通行人员拦在门外，将使得用户体验不佳，但错误地把陌生人放进门内，则会造成严重的安全事故。为权衡不同类型错误所造成的不同损失，可为错误赋予非均等代价（Unequal Cost）。

以二分类任务为例，可根据任务的领域知识设定一个代价矩阵（Cost Matrix），见表 7-11，其中Cost_{ij}表示将第 i 类样本预测为第 j 类样本的代价。一般来说，$\text{Cost}_{ii} = 0$；若将第 0 类判别

为第 1 类所造成的损失更大，则 $\mathrm{Cost}_{01} > \mathrm{Cost}_{10}$；损失程度相差越大，$\mathrm{Cost}_{01}$ 与 Cost_{10} 值的差别越大。

表 7 - 11　二分类代价矩阵

真实类别	预测类别	
	第 0 类	第 1 类
第 0 类	0	Cost_{01}
第 1 类	Cost_{10}	0

回顾前面介绍的一些性能度量可看出，它们大都隐式地假设了均等代价，例如错误率是直接计算错误次数，并没有考虑不同错误会造成不同的后果。在非均等代价下，我们所希望的不再是简单地最小化错误次数，而是希望最小化总体代价（Total Cost）。若将表 7 - 11 中的第 0 类作为正类、第 1 类作为反类，令 D^+ 与 D^- 分别代表样例集 D 的正例子集和反例子集，则代价敏感（Cost-sensitive）错误率为

$$E(f; D; \mathrm{Cost}) = \frac{1}{m}\left\{ \sum_{x_i \in D^+} \mathbb{II}\left[(x_i) \neq y_i \right] \times \mathrm{Cost}_{01} + \sum_{x_i \in D^-} \mathbb{II}\left[(x_i) \neq y_i \right] \times \mathrm{Cost}_{10} \right\}$$

类似地，可给出基于分布定义的代价敏感错误率，以及其他一些性能度量如精度的代价敏感版本。若令 Cost_{ij} 中的 i、j 取值不限于 0、1，则可定义出多分类任务的代价敏感性能度量。

在非均等代价下，ROC 曲线不能直接反映出学习器的期望总体代价，而代价曲线（Cost Curve）则可达到该目的。代价曲线图的横轴是取值为 [0，1] 的正例概率代价

$$p(\ +\ )\mathrm{Cost} = \frac{p \times \mathrm{Cost}_{01}}{p \times \mathrm{Cost}_{01} + (1 - p) \times \mathrm{Cost}_{10}}$$

式中，p 是样例为正例的概率。纵轴是取值为 [0，1] 的归一化代价

$$\mathrm{Cost}_{\mathrm{norm}} = \frac{\mathrm{FNR} \times p \times \mathrm{Cost}_{01} + \mathrm{FPR} \times (1 - p) \times \mathrm{Cost}_{10}}{p \times \mathrm{Cost}_{01} + (1 - p) \times \mathrm{Cost}_{10}}$$

式中，FPR 是假正例率；$\mathrm{FNR} = 1 - \mathrm{TPR}$ 是假反例率。

代价曲线的绘制很简单：ROC 曲线上每一点对应了代价平面上的一条线段，设 ROC 曲线上点的坐标为（TPR，FPR），则可相应计算出 FNR，然后在代价平面上绘制一条从（0，FPR）到（1，FNR）的线段，线段下的面积即表示了该条件下的期望总体代价；如此将 ROC 曲线上的每个点转化为代价平面上的一条线段，然后取所有线段的下界，围成的面积即为在所有条件下学习器的期望总体代价。

案例分享　Google 大脑

2011 年年底，Google 发布了一项新技术，基于深度学习（Deep Learning）的"Google 大脑"。在对外的各种宣传中，这个"大脑"不仅"思考"速度超快，而且比计算机要"聪明"很多。为了证明它的聪明，Google 列举了几个例子。比如，通过"Google 大脑"的深度学习（训练）后，语音识别的错误率从 13.6% 下降至 11.6%。大家可不要小看这两个百分点，要做到这一点，通常需要全世界语音识别专家们努力两年左右。而

Google 在语音识别方法上，并未做什么新的研究，甚至没有使用更多的数据，只是用一个新的"大脑"重新学习了一遍原有声学模型的参数就做到了这一点，可见这个"大脑"之聪明。然而如果把这个"大脑"打开来看一看，就会发现它其实并没有什么神秘可言，只不过是利用并行计算技术重新实现了一些人工神经网络的训练方法。

AlphaGo

2016 年 3 月，AlphaGo 挑战世界冠军韩国职业棋手李世石九段。AlphaGo 使用谷歌位于美国的云计算服务器，并通过光缆网络连接到韩国。比赛的地点为韩国首尔四季酒店；赛制为五番棋，分别于 2016 年 3 月 9 日、10 日、12 日、13 日和 15 日进行；规则为中国围棋规则，黑棋贴 3 又 3/4 子；用时为每方 2h，3 次 1min 读秒。2016 年 3 月 9 日、10 日和 12 日的三局对战均为 AlphaGo 获胜，而 13 日的对战则为李世石获胜，15 日的最终局则又是 AlphaGo 获胜。因此对弈结果为 AlphaGo 4:1 战胜了李世石。这次比赛在网络上引发了人们对人工智能的广泛讨论。

本章关键词

数据挖掘；特征工程；回归分析；分类分析；聚类分析；关联分析；模型评估

课后思考题

1. 传统的数据挖掘与分析方法如何适应当前的大数据环境？

2. 结合大数据的分布式数据处理技术，思考各类数据挖掘算法在新技术下的应用前景。

第八章

大数据可视化

本章提要

伴随着大数据的发展，数据可视化手段正在让管理决策变得更加科学与简单。从发现问题到分析问题原因、辅助数据决策，甚至到决策执行环节，用户都能利用数据可视化随时随地获取一手数据分析信息，及时发现执行过程中的问题，真正落地数据决策、数据驱动业务。数据可视化已广泛应用于各行业领域和业务领域，了解并掌握数据可视化相关理论与工具，能够有效提升组织者的管理决策能力。本章主要介绍管理决策中的数据可视化，主要包括大数据可视化概述、数据可视化流程及步骤、可视化评估、数据可视化工具。

学习目标

1. 了解可视化的重要作用及基本类型，掌握可视化基本流程。
2. 认识可视化评估主要方法。
3. 了解数据可视化常用工具，能够应用基本可视化工具进行相应实践研究。

重点：可视化的基本流程。

难点：应用可视化工具进行简单的管理决策。

导入案例

国税总局大数据云平台助力管理决策

税收是经济发展的晴雨表。我国税务系统也是最早开始信息化、数字化建设的。1994年，我国开启了"金税工程"，即覆盖全国的税系统建设。随着社会经济发展，我国纳税人数量在不断增加，企业的经营范围日益多元。由于数据量急剧增长，各地税务机关税收数据的计算、存储、汇聚等遇到了不少挑战。

为了更好地进行税务征收管理工作，2016年8月国家税务总局启动了税收大数据平台建设，中国软件与技术服务股份有限公司集成阿里云中标。2020年8月26日，国家税务总局依托阿里云打造的智慧税务大数据平台已建设完成。由于采用了分布式海量计算技术，计算速度提高了2000倍。国家税务总局税务系统借助新平台可实现30多个省级机关核心税务数据的当日汇总、计算。

税收大数据平台通过数据可视化分析和算法模型可提供税务风险分析，并为省级税务部门提供纳税服务优化建议、税收征管改革支持。以大数据平台为基础，国家税务总局还实现了基于数据的风控分析、减税降费等实际效果。此外，税务部门积极运用"智慧税务"技术同银行合作，为资金短缺、融资困难的企业提供支持，帮助实现税收优惠政策的落地应用。

（资料来源：https://www.sohu.com/a/417422209_99929980）

思考：

1. 管理决策可视化的依据是什么？有什么重要的作用？
2. 如何才能够更好地完成管理决策可视化？管理决策可视化目前的应用有哪些？

第一节 大数据可视化概述

一、数据可视化

（一）定义

数据（Data）是用来描述科学现象和客观世界的符号记录，是构成信息和知识的基本单元。数据是没有进行加工处理的事实，也就是说单个数据之间互不相关、独立存在，人们用一定的方式将其排列或表达就使之间有了意义，供专业人员进行交流、描述、解读。可视化（Visualization）是利用计算机图形学和图像处理技术，将数据转换成图形或图像在屏幕上显示出来，并进行交互处理的过程。

对数据可视化的定义，不同的人有不同的理解，本书大致整理，见表8-1。

表8-1　数据可视化不同定义（部分）

代表人物	定义	角度	参考文献
海伦·肯尼迪等	传达精确的信息和有价值的数据，以及数据集的视觉表现	突出美学，强调数据可视化内在的视觉和传达性质	《数据可视化（40位数据设计师访谈录）》
斯图尔特 K. 卡特等	以计算机辅助、交互式、视觉再现形式表现抽象数据，以提高认知		
伊莎贝尔·莱斯	记录信息、传达意义、便于发现和支持感性推理		《信息设计》
雅克·贝尔坦	信息图形是表现图像和认知关系的认知艺术品，图形表示法是人类创造的基本符号系统之一，目的是存储、理解和传达重要信息。作为视觉语言，图像具有视觉认知的普遍特点	强调功能	《图形符号学》
爱德华 R. 塔夫特	具有几种功能的信息图形：显示数据、避免曲解数据试图讲述的内容、从广义的概述到细分结构上分析不同层次的数据细节		《量化信息的视觉表现》
陈为	通过可视化表达，提高人们完成某些任务效率的过程。这其中，数据就是信息，它可以是各种各样的形式（数字、文本、图像等）；可视化是方式和方法，它可以通过各种工具和载体实现		《数据可视化》

通过分析以上不同定义，我们可以将数据可视化理解成有两个互补含义的术语：①是指将数据转化成视觉表现的创作过程；②是指在创作过程中产生的作品，包括图形、图表和其他在转化成视觉媒介过程中产生的表现形式。

（二）内涵

数据可视化不仅仅是指使数据可以看见，更多的是指使数据易于理解，是把复杂的、不直观的、不清晰的、难于理解的事物变得通俗易懂、一目了然，以便于传播、交流和沟通，以及进一步的研究。数据可视化不限于视觉层面，除了结合图表、文字、表格、录像等形式，也可以结合听觉、嗅觉、触觉等感觉，并加入交互处理的技术、理论和方法，让用户易于理解。数据可视化注重视觉表达、交互方式和人类的心理感知，通过对心理学、图形设计等知识等合理运用来展现数据并有效传达其隐含意义。

针对不同的业务场景，数据可视化的内涵会有所不同。

对于研究大规模数据的人员而言，数据可视化是指综合运用计算机图形学、图像、人机交互等技术，将采集或模拟的数据映射为可识别的图形、图像、视频或动画，并允许用户对数据进行交互分析的理论、方法和技术。

对于广大的编辑、设计师、数据分析师等需要呈现简单数据序列的人员而言，数据可视化是将数据用统计图表和信息图方式呈现，同样也符合"3 + 2"（文字、图表、图像 + 声音、动画）的基本构成元素。

数据可视化的基本思想是将数据库中每一个数据项作为单个图元素表示，大量的数据集构成数据图像，同时将数据的各个属性值以多维数据的形式表示，可以从不同的维度观察数据，从而对数据进行更深入的观察和分析。

数据可视化的目标是洞悉蕴含在数据中的现象和规律，这里面有多重含义：发现、决策、解释、分析、探索和学习。简言之，数据可视化的目标就是通过可视化表达提高人们完成某些任务的效率。

（三）特征

（1）交互性。可视化分析是获取数据，单向表示数据，注意结果和提出后续问题的过程，后续问题可能需要向下钻取、向上钻取、筛选、引入新数据或创建数据的其他视图。进行数据可视化操作的时候，用户可以利用交互的方式来对数据进行有效的开发和管理。

（2）多维性。在可视化的分析下，能够清楚地对数据的变量或者多个属性进行标识，并且所使用的数据可以根据每一维的量值来进行显示、组合、排序与分类。用户可以看到表示对象或事件的数据的多个属性或变量，使数据可视化足够灵活以便说明各种问题。

（3）可视性。由于通过动画、三维立体、二维图形、曲线和图像来对数据进行显示，这样就可以对数据的相互关系以及模式来进行可视化分析。数据可视化能够用一些简单的图形甚至单个图形直观地体现庞杂的信息，有助于节省决策时间，使工作变得更加高效。

二、大数据可视化

支持大数据可视分析的基础理论包括支持分析过程的认知理论、信息可视化理论、人机交互与用户界面理论。目前大数据可视化的研究内容包括大规模科学数据可视化、城市数据可视化、灵活构建可视化、新闻数据可视化、生物医学领域数据可视化、文化遗产应用数据可视化、理解和诊断深度学习模型等多种方向。

（一）定义

大数据是具有 5V 特征的数据。通俗来讲，大数据就是海量资料。在效率至上的时代，其规模巨大而人工无法在较短的时间内采集、管理、处理、分析并整理出通俗易懂的内容，大数据可视化技术应运而生。

大数据可视化就是指将结构化或非结构化数据转换成适当的可视化图表，然后将隐藏在数据中的信息直接展现在人们面前的过程。大数据可视化是数据可视化发展到大数据时代的一个重要阶段。

（二）内涵

大数据可视分析是指在大数据自动分析挖掘方法的同时，利用支持信息可视化的用户界面以及支持分析过程的人机交互方式与技术，有效融合计算机的计算能力和人的认知能力，以获得对于大规模复杂数据集的洞察力。

随着大数据的兴起与发展，互联网、社交网络、地理信息系统、企业商业智能、社会公共服务等主流应用领域逐渐催生了几类特征鲜明的信息类型，主要包括文本、网络或图、时空及多维数据等。这些与大数据密切相关的信息类型与 Shneiderman 的分类交叉融合，成为大数据可视化的主要研究领域。

（1）文本可视化。文本可视化即通过字体的不同属性对文本的逻辑结构、动态演化规律及主体聚类等进行可视化呈现，可以在一定程度上直观地体现文本的主要优势和特点。最基本、最典型的文本可视化就是标签云，依据词频把关键词合理进行排序和归类，然后利用字体的颜色、大小等属性来进行文本可视化。

（2）网络可视化。网络可视化即依据连接拓扑和网络节点之间的关系，直观地体现出网络中隐藏的关系。例如节点，实际上是进行网络可视化的重要内容之一。在大数据分析中最常见的关系就是网络关联，如社交网络和互联网。此外，层次结构在一定程度上也属于一种比较特殊的网络信息。

（3）时空数据可视化。时空数据可视化即充分结合地理制图学以及数据可视化技术，分析和研究空间和时间对于可视化表征之间的关系，能够很好地展示空间、时间及其规律模式。流式地图是最典型的时空数据可视化方式，充分融合地图和时间事件流。后来出现的时空立体方利用三维模式来展现空间、时间、事件，打破了二维数据的局限性。

（4）多维数据可视化。多维数据可视化即很多个维度数据变量的可视化，在数据仓库以及数据库中具有广泛的应用，如商业智能系统、企业信息系统等。最常用的多维数据可视化的方式就是散点图，二维散点图的横纵坐标，可以选择多维度中任意两个维度进行映射，反映不同维度下数据的具体分布情况，利用不同的图形在二维平面内合理反映维度信息。投影是从多维度方面来体现可视化的一种方式，能够很好地体现出维度的属性值的分布情况，还可以体现多维度之间的关系。

（三）特征

（1）多维的数据空间。大数据可视化要求能够使用数据量很大的数据集进行开发，并从大量数据中获得有价值的信息。大数据可视化的数据源一般都是由 n 维属性、m 个元素共同组成的数据集构成的多维信息空间。

（2）复杂的数据开发。大数据时代，大规模、高纬度、非结构化数据层出不穷，要将这样的数据以可视化形式完美地展示出来，传统的显示技术已很难满足这样的需求。大数据可视化数据开发的数据源众多，需要利用复杂的工具及算法对数据进行定量推演及计算。

（3）多角度的数据分析。数据的背后隐藏着信息，而信息之中蕴含着知识和智慧。大数据作为具有潜在价值的原始数据资产，只有通过深入分析才能挖掘出所需的信息、知识以及智慧。大数据可视化要求对多维数据进行切片、块和旋转等动作剖析数据，从而可以多角度多侧面地观察数据，实现全部数据的实时处理。

（4）自主挖掘数据信息。大数据可视化报告将大型数据集中的数据通过图形图像方式表示，为用户创建有吸引力的信息图和热点图，并利用数据分析和开发工具发现其中未知信息，使用户通过大数据获取意见，为用户创造商业价值。

（四）异同比较

数据可视化不同于大数据可视化，二者之间的异同主要表现在表8-2所示的几个方面。

表8-2　数据可视化与大数据可视化异同比较

	数据可视化	大数据可视化
数据类型	结构化	结构化、半结构化、非结构化
表现形式	主要是统计图表	多种形式（3D、虚拟现实等）
实现手段	各种技术方法、工具	各种技术方法、工具
结果	看到数据及其结构关系	发现数据中蕴含的规律特征

三、可视化的发展历程

（一）17世纪前：早期地图与图表

17世纪以前人类研究的领域有限，总体数据量较少，各科学领域也处于初级阶段，可视化的运用还较为单一，系统化程度也较低。因此几何学通常被视为可视化的起源，数据的表达形式也较为简单，数据可视化作品的密度较低，整体处于萌芽阶段。

（二）1600—1699年：测量与理论

17世纪，著名的笛卡儿发展出了解析几何和坐标系，在两个或者三个维度上进行数据分析，成了数据可视化历史中重要的一步。费马和帕斯卡发展出了早期概率论，同时，人口统计学的研究也开始出现。

这些早期的探索使得数据的获取方式主要集中于时间、空间、距离的测量上，对数据的应用集中于制作地图、天文分析上。由于科学研究领域的增多，数据总量大大增加，出现了很多新的可视化形式。人们在完善地图精度的同时，不断在新的领域使用可视化方法处理数据。17世纪末，启动"视觉思维"的必要元素已经准备就绪。

（三）1700—1799年：新的图形形式

随着对数据系统性的收集以及科学的分析处理，18世纪数据可视化的形式已经接近当代科学使用的形式，条形图和时序图等可视化形式的出现体现了人类数据运用能力的进步。随着数据在经济、地理、数学等领域不同场景的应用，数据可视化的形式变得更加丰富，也预示着现代化的信息图形时代的到来。

（四）1800—1849 年：现代信息图形设计的开端

19 世纪上半叶，受到 18 世纪视觉表达方法创新的影响，统计图形和专题绘图领域出现爆炸式的发展，目前已知的几乎所有形式的统计图形都是在此时被发明的。在此期间，由于政府加强对人口、教育、犯罪、疾病等领域的关注，大量社会管理方面的数据被收集用于分析。与此同时，科学研究对数据的需求也变得更加精确，研究数据的范围也有明显扩大，人们开始有意识地使用可视化的方式尝试研究、解决更广泛领域的问题。

（五）1850—1899 年：数据制图的黄金时期

这一时期数据来源的官方化，以及对数据价值的认同，成了可视化快速发展的决定性因素，数据可视化迎来了它历史上的第一个黄金时代。如今几乎所有的常见可视化元素在这一时期都已出现，并且这一时期出现了三维的数据表达方式，这种创造性的成果对后来的研究有十分突出的作用。

在这一时期，法国工程师查尔斯·约瑟夫·米纳德（Charles Joseph Minard）绘制了多幅有意义的可视化作品，被称为法国的 Playfair。他最著名的作品是用二维的表达方式展现六种类型的数据，用于描述拿破仑战争时期军队损失的统计图。

（六）1900—1949 年：现代休眠期

20 世纪前几年可以称为可视化的"现代黑暗时代"，这一时期少有图形创新，统计学也没有大的发展，所以整个上半叶都是休眠期。到 20 世纪 30 年代中期，社会科学中量化和正式的统计模型的兴起，追求数理统计的数学基础成为首要目标，而图形作为一个辅助工具，被搁置起来。数据可视化成果在这一时期得到了推广和普及，并开始被用于得出天文学、物理学、生物学的理论新成果。

（七）1950—1974 年：复苏期

现代电子计算机的诞生和统计应用的发展让数据可视化迎来了新的发展阶段。计算机的出现彻底地改变了数据分析工作，数理统计把数据可视化变成了科学。在这一时期，数据缩减图、多维标度（MDS）法、聚类图、树形图等更为新颖复杂的数据可视化形式开始出现。人们开始尝试着在一张图上表达多种类型数据，或用新的形式表现数据之间的复杂关联，这也成为现今数据处理应用的主流方向。

（八）1975—2011 年：动态交互式数据可视化

这一阶段，计算机成为数据处理的必要组成部分，数据可视化的最大潜力来自动态图形方法的发展，允许对图形对象和相关统计特性进行即时和直接的操纵，数据可视化进入了新的黄金时代。20 世纪 70—80 年代，人们主要尝试使用多维定量数据的静态图来表现静态数据，80 年代中期动态统计图开始出现，20 世纪 80 年代末，视窗系统的出现使得人们能够直接与信息进行交互。

（九）2012 年至今：大数据时代

大数据时代的到来对数据可视化的发展有着冲击性的影响，互联网的加入增加了数据更新的频率和获取的渠道，并且实时数据的巨大价值只有通过有效的可视化处理才可以体现。试图继续以传统展现形式来表达庞大的数据量中的信息是不可能的，大规模的动态化数据要依靠更有效的处理算法和表达形式才能够传达出有价值的信息，因此在上一历史时期就受到关注的动态交互可视化技术，已经向交互式实时数据可视化发展。

纵观数据可视化的发展历程，人类对数据的需求由粗糙变精确、展现形式由一维到多维、数据类型由简单到复杂、应用领域由有限变丰富。我们很容易发现不同时期数据的规模、精度、类型、来源是影响数据可视化形式的主要因素；政治经济需求、商业化应用和科学研究是数据可视化发展的重要推动力。

大数据可视化注定成为可视化历史中新的里程碑，但由于目前仍处于起步阶段，许多问题尚未解决，所以我们很难准确预测其发展走向。从历史规律来看，还需要数学、统计学等其他学科的研究成果助力大数据可视化发展到成熟阶段。因此，更应深刻认识到有效使用新技术和跨专业研究的重要性，不断在实践中创新与学习，注重学科交叉，利用商业、科研、政治等领域的需求和发展来推动大数据可视化的进步。

四、可视化的作用

数据可视化的实际意义是协助用户更强地剖析数据，数据可视化的实质便是视觉效果会话。一方面，数据授予数据可视化以使用价值；另一方面，数据可视化提升数据的灵气。二者紧密联系，协助用户从信息中获取专业知识、从专业知识中获得使用价值。精心策划的图形不但能够形象生动地展示信息，还能够根据强劲的展现方法提高信息的知名度，吸引大家的注意力并使其保持兴趣。

（一）方便理解数据

在分析人员对目标业务活动有深刻了解的基础上，通过数据可视化将取得的复杂分析结果用丰富的图表信息呈现给读者，帮助普通用户更快、更准确地理解数据背后的含义。

例如，在我们观看影视剧或者阅读小说时，其人物关系往往错综复杂，通过可视化结果可以帮助观众或读者更好地厘清人物关系，从而获得更好的阅读或者观看体验。

（二）观测、跟踪数据

大数据时代不仅数据量在急速增长，而且其来源也日渐变得多而复杂，已经远超出人类大脑可以理解消化的范畴。对于处于不断变化中的多个参数值，需要通过实时变化的可视化图表，反馈各种参数的动态变化过程，有效跟踪各种参数值。例如百度地图通过可视化的界面观测、跟踪交通路况的实时信息，为用户出行提供实时的出行方案。

此外，数据可视化可以帮助企业进一步跟踪运营和整体业务性能之间的连接。在竞争环境中，找到业务功能和市场性能之间的相关性是至关重要的。下面用一个案例来说明，一家软件公司的执行销售总监可能会即时在条形图中看到旗舰产品在西南地区的销售额下降的百分比。然后，相关主管可以深入了解这些差异出现在哪里，并开始制订计划。通过这种方式，数据可视化可以让管理人员立即发现问题并采取行动，从而及时止损。

（三）分析数据

可视化分析实际上是一种能够利用交互式可视化界面来对复杂数据进行分析的技术，主要包括可视化技术以及自动化分析技术。大数据可视化技术实际上是一种利用自动化分析进行数据挖掘的技术，在使用能够进行分析的人机交互界面和能够进行信息可视化的界面来融入自身的认知能力和计算机的计算能力，从而引导用户从可视化分析结果分析和推理出有效信息，实现数据分析算法与用户领域知识的完美结合。

可视化能够显著提高分析数据的效率，其重要原因是扩充了人脑的记忆，将短期记忆转换为长期记忆，帮助人脑形象地理解和分析所面临的任务。可视化的结果通过用户的感知与解读，最终将图像等信息经过分析转化为用户的知识用于当下的决策或者之后的探索。

（四）加快信息传递速度

人眼是一个高带宽的巨量视觉信号输入并行处理器，最高带宽为每秒 100MB，具有很强的模式识别能力，对可视化符号的感知速度比对数字或文本快多个数量级，大量的视觉信息的处理发生在潜意识阶段，人脑对视觉信息的处理要比书面信息快 10 倍。因此数据可视化是一种非常清晰的沟通方式，使业务领导者能够更快地理解和处理信息。

五、可视化的类型

从实用角度出发，数据可视化可以分为科学可视化、信息可视化、可视分析学三个大类。

（一）科学可视化

1987 年，美国国家科学基金会报告 *Visualization in Scientific Computing* 第 1 次提出"科学计算可视化"，之后它逐渐演变成"科学可视化"（Scientific Visualization，SicVis）。美国计算机科学家 Bruce H. MeCormick 定义科学可视化为：利用计算机图形学来创建视觉图像，帮助人们理解科学技术概念或结果的那些错综复杂而又往往规模庞大的数字表现形式。

一般从以下几个方面理解科学可视化的内涵：

1. 可视化是一种计算方法

可视化用图形来描述物理现象，把数学符号转化成几何图形，以直观形象的方式来表达数据，显示数据中包含的信息，使科学家和工程技术人员能有效地观察、模拟和计算，并进行交互控制。科学可视化包括图像生成和图像理解两个部分，它既是由复杂多维数据集产生图像的工具，又是解释输入计算机的图像数据的手段。它得到以下几个相对独立学科的支持：计算机图形学、图像处理、计算机视觉、计算机辅助设计、信号处理、图形用户界面及交互技术。

2. 可视化所研究的课题就是人与计算机之间的交互机制

可视化应使人与计算机协同地感知、利用和传递视觉信息。科学可视化按功能可以分为以下三种形式：事后处理方式（计算和可视化是分成两个阶段进行的，两者之间不进行交互作用）、追踪方式（可将计算结果即时以图像显示，以使研究人员了解当前的计算情况，决定计算是否继续）、驾驭方式（科学可视化的最高形式，研究人员可参与计算过程，对计算进行实时干预）。

3. 科学可视化的应用范围包括当代科学技术的各个领域

科学可视化的应用范围中较为典型的领域有：科学研究（分子模型、医学图像、数学、地球科学、空间探索及天体物理学）、工程计算（计算流体力学和有限元分析）。

4. 科学可视化主要关注的是三维现象的可视化

科学可视化鉴于数据类别可分为标量（密度、温度）、向量（风向、力场）、张量（压力、弥散）等三类，此外科学可视化还涉及流场的可视化，数值模拟及计算的交互控制，海量数据的存储、处理及传输，图形及图像处理的向量及并行算法等内容。

（二）信息可视化

1989 年，Stuan K. Card 等人首次提出"信息可视化"（Information Visualization，InfoVis），为抽象的异质性数据集的分析工作提供支持。信息可视化即通过利用图像图形方面的技术与方法，研究大规模非数值型信息资源的视觉呈现（如软件系统中众多的文件或者一行行的程序代码），帮助人们理解和分析数据的过程。

可以从以下几个方面理解信息可视化的内涵：

对于科学可视化与信息可视化，不同的科学家对其内涵有着不同的见解。有的科学家认为信息可视化包括了数据可视化、信息图形、知识可视化、科学可视化以及视觉设计方面的发展与进步；有的认为科学可视化提供的是图形化表现形式的数值型数据，以便对这些数据进行定性和定量分析，侧重于代表时空连续函数的样本数据，而不是内在离散的数据；还有科学家认为数据可视化是关于数据的视觉表现形式的研究，即被抽象为某种概要形式的信息，包括相应信息单位的各种属性和变量，且数据可视化可以同时涵盖成熟的科学可视化领域与年轻的信息可视化领域。

与科学可视化相比，信息可视化的研究更侧重于抽象数据集，研究对象为大规模的非结构化、非几何的信息资源，如软件程序代码、金融交易数据、社交网络数据和文本数据等，其核心挑战是针对大尺度高维复杂数据如何减少视觉混淆对信息的干扰。

信息可视化的研究内容包括：层次信息结构可视化、多维数据结构可视化、时变数据结构可视化、网络运行状态可视化、分布环境算法可视化、网络浏览历史可视化等。

（三）可视分析学

近几年来，随着人工智能的兴起，人们逐渐发现了一些机器能比人做得更好的事情，同时也发现了一些事情需要借助人类的进化本领。由此将可视化与分析进行结合，产生了一个新的学科——可视分析学。可视分析学被定义为以可视交互界面为基础的分析推理科学，将图形学、数据挖掘、人机交互等技术融合在一起，从而实现人脑智能和机器智能优势互补和相互提升。可视分析学将可视化、数据分析以及交互所涉及的功能以及技术糅合在一起，形成一种更加全面综合的科学。一般从以下几个方面理解可视分析学的内涵：

（1）可视分析学更关注意会和推理。可视分析学是通过交互可视化界面促进推理分析的一门科学。科学可视化处理的是具有天然几何结构的数据，信息可视化处理的是抽象数据结构，如树状结构或者图形等，可视化分析尤其关注意会和推理。可视分析学可以看成将可视化、人的因素和数据分析集成在内的一种新思路。

（2）可视分析学是一个多学科领域。可视分析学是一门综合性学科，与多个领域相关：在可视化方面，有信息可视化、科学可视化与计算机图形学；与数据分析相关的领域包括信息获取、数据处理和数据挖掘；在交互方面有人机交互、认知科学和感知等学科融合。可视分析学涉及众多方面的技术，包括分析推理技术、可视化表示和交互技术、数据表示和变换、分析结果的产生、演示和传播的技术等。

案例分享　金融大脑

1. 项目背景

强调效率、精准营销的智慧银行是银行未来发展的趋势。作为国内领先的数据智能践行者，袋鼠云以使纷繁复杂的数据可视、可感、可知为使命。根据杭州银行的现状，袋鼠云为其量身定制了数据可视化大屏，平台将银行现有的不同业务板块间数据融合、统一展示，实现实时数据对接，增强银行对其各项业务运行的掌控和对用户画像分析的精准把握。

2. 方案思路

以黑色和金色为主色调，符合银行的形象。针对银行的需求，主要设计了数据总览、财务情况、风险详情、渠道分析、用户画像这五大主题，覆盖银行现有的业务需要。在对象为"人"的主题，大屏主视图为人像图像，而在需要宏观监控时，大屏主视图则为地图图形。通过用户数据的分析，可对用户消费行为与特征进行精准的跟踪与分析，通过对银行运营数据进行实时监测，能够显著增强管理运行效率和管理掌控。

3. 项目价值

在对银行的数据进行数据可视化后，银行能够显著增强业务运行的掌控，并有据可查地制定更加科学的执行策略。同时银行可以通过数据可视化大屏，更精准地把握用户消费行为与特征、金融风险，进一步完善对银行用户的精准营销与原有运营体系，有助于为其客户带来更加优质的服务和更好地管理银行各项业务，帮助银行全方位提升运营及管理能力。

第二节　数据可视化流程及步骤

数据可视化有一套可量化的过程，结合大数据的特点，它的流程主要分为三个阶段：分析、处理、生成。

一、分析

分析阶段是数据可视化的第一个阶段，也是最重要的阶段，在这个阶段首先需要明确数据所在的行业背景，并根据现有资料整理可用的参考案例，分析可视化的出发点和目标，依据所定目标选取适当数据模型进行推演。

（一）数据分析

首先需要对现有数据进行分析，得出自己的结论，明确要表达的信息和主题（即通过图表要说明什么问题）。然后根据这个目的在现有的或知道的图表信息库中选择能够满足目标的图表。最后开始动手制作图表，并对图表进行美化、检查，直至最后图表完成。

这里容易犯的一个错误是：先设想要达到的可视化效果，然后再去寻找相应的数据。这样经常会造成"现有的数据不能够做出事先设想的可视化效果，或者是想要制作理想的图表需要获取更多的数据"的误区。

（二）目标分析

数据可视化的对象是数据，可视化的目的是揭示数据背后的真相，比如趋势、问题、业务漏洞等，其最终结果是，根据用数据揭示出来的东西，来指导下一步行动。所以图表不需要很炫酷，但是一定要有一个明确的目标，所有行动围绕这个目标来展开。

设定一个清晰的目标可以帮助我们避免数据可视化的一个常见错误：把不相干的事物放在一起比较。这个目标有可能是指导销售团队的排兵布阵；有可能是评价多个运营渠道的投资回报率（ROI）；有可能是找到物业公司多个项目之中的管理漏洞；有可能是为了让CEO能够用数据客观地掌控企业全局。在做任何动作之前，明白到底要干什么，能够事半功倍。

（三）模型确定

数据模型是一组数字或符号的组合，它包含数据的定义、类型等，可以进行各类数学操作等。

最常用的数据模型有概念数据模型和结构数据模型，概念数据模型也称信息模型，描述的是事物的语义或状态行为等，是一种面向用户的数据模型，可以按照用户的观点进行建模，如E–R图；结构数据模型是面向计算机系统的数据模型，用于DBMS的实现，如层次模型、网状模型、关系模型、面向对象模型等。

二、处理

数据处理是进行数据可视化的前提条件，这一阶段的流程主要包含数据清洗、数据规范、数据挖掘和数据存储四个过程。分析阶段完成时会得到结构化数据，根据目标需要在数据中剔除错误、冗余等数据的过程称为数据清洗；根据想要分析的指标将数据规范为确定格式的过程为数据规范；数据挖掘是从海量数据中挖掘有价值的信息；数据存储便是将规范化的数据存储为可视化所需要的数据。

（一）数据清洗

数据清洗的主要内容是将大量数据通过一定的筛选、校验，从而除去不合理、冗余的数据，保留最有用的数据。数据清洗针对的主要对象有四个——缺失值、异常值、重复值和无用值，针对不同对象或不同形式，采取相应的方法进行处理，从而得到期望的数据。

1. 缺失值

缺失值是当对该字段数据进行校核时，如果数据为空，则表明此数据缺失，需要进行相应处理。对于即将要处理的数据，首先要判定此数据是否有缺失值，再确定缺失值范围，可以按照缺失比例和字段重要性这两方面分别制定策略。

（1）当缺失值重要性高、缺失率低时，通过计算进行补充或通过经验或业务知识估计补充。

（2）当重要性高但缺失率高时，可以尝试从其他业务系统数据中取值或使用其他数据以不同指标通过计算获得。

（3）当缺失值重要性低且缺失率也低时，可以视为不重要数据，不做处理或简单添加。

（4）当缺失值重要性低且缺失率高时，以防引起数据失真，应当直接去掉该组数据或者采取一些措施填补缺失数据。

填补缺失数据通常有三种处理方法：计算法（用数学计算的方式算出数据的均值、中位数或众数等进行缺失数据的填补）、临近值法（调取缺失数据的前部分数据或后部分数据进行填充）和插值法（拟合一条曲线经过已知数据中的几个值，再以此推算出缺失数据的值进行填补）。

2. 异常值

异常值是取值错误、格式错误、逻辑错误或数据不一致时的数据，需要根据具体情况进行校核及修正。

（1）取值错误包含范围错误和位数错误。对于范围错误，可以通过添加约束的方式过滤掉指定字段数值超出范围的数据；对于位数错误，可以通过其他业务系统数据进行更改。

（2）格式错误主要有三类：时间、日期、数值、全半角等显示格式不一致；内容中有不该存在的数据，需要以半自动校验半人工的方式来处理，找出可能存在的问题，去除不需要的数据；内容与该字段应有内容不符，这种情况可以采用类型转换来处理。

（3）逻辑错误清洗主要包含去除或替换不合理的数据值，处理方法与缺失值的处理方法相同，常用的筛选异常数据的方法有 3σ 原则和箱形图。3σ 原则指的是如果数据服从正态分布，异常值被定义为一组测定值中与平均值偏差超过 3 个标准差的值。箱形图是显示数据分散情况的一种统计图，优势在于可以不受异常值的影响描述数据的离散情况。

3. 重复值

重复值是同一数据的重复出现，数据集中包含完全重复或几乎重复的数据。对重复数据，可以进行去重或者进行标记处理。

4. 无用值

无用值是在规定指标下使用不到的或无价值的数据。对于当前目标预期无用的数据可以直接删除，但要注意备份原始数据。

（二）数据规范

数据规范是指在一些情况下，为了消除指标之间的量纲和取值范围差异的影响，对原始数据进行的标准化（归一化）处理。其方法就是将数据按照比例进行缩放，使数据落入一个特定的区域，便于后期的综合分析。

（三）数据挖掘

数据可视化的显示空间通常是二维的，比如计算机屏幕、大屏显示器等，3D 图形绘制技术解决了在二维平面显示三维物体的问题。但是在大数据时代，如何从高维、海量、多样化的数据中，挖掘有价值的信息来支持决策，除了需要对数据进行清洗、去除噪声之外，还需要依据业务目的对数据进行二次处理，即数据挖掘。

常用的数据挖掘方法包括：分类、回归分析、聚类、关联规则等，它们分别从不同的角度对数据进行挖掘。

1. 分类

分类是找出数据库中一组数据对象的共同特点并按照分类模式将其划分为不同的类，其目的是通过分类模型，将数据库中的数据项映射到某个给定的类别。它可以应用到客户的分类、客户的属性和特征分析、客户满意度分析、客户的购买趋势预测等，如一个汽车零售商将客户按照对汽车的喜好划分成不同的类，这样营销人员就可以将新型汽车的广告手册直接邮寄到有这种喜好的客户手中，从而大大增加了商业机会。

2. 回归分析

回归分析方法反映的是事务数据库中属性值在时间上的特征，产生一个将数据项映射到一个实值预测变量的函数，发现变量或属性间的依赖关系，其主要研究问题包括数据序列的趋势特征、数据序列的预测以及数据间的相关关系等。它可以应用到市场营销的各个方面，如客户寻求、保持和预防客户流失、产品生命周期分析、销售趋势预测及有针对性的促销活动等。

3. 聚类

聚类分析是把一组数据按照相似性和差异性分为几个类别，其目的是使得属于同一类别的数据间的相似性尽可能大，不同类别数据间的相似性尽可能小。它可以应用到客户群体的分类、客户背景分析、客户购买趋势预测、市场的细分等。

4. 关联规则

关联规则是描述数据库中数据项之间所存在的关系的规则，即隐藏在数据间的关联或相互关系。利用关联规则，由一个事务中某些项的出现可导出另一些项在同一事务中也出现。在客户关系管理中，通过对企业客户数据库中的大量数据进行挖掘，可以从大量的记录中发现有趣的关联关系，找出影响市场营销效果的关键因素，为产品定位、定价与定制客户群、客户寻求、细分与保持，市场营销与推销，营销风险评估和诈骗预测等决策支持提供参考依据。

（四）数据存储

数据存储是将格式化的数据保存为数据可视化工具可使用的数据格式，以方便后续数据可视化的使用。根据选取的可视化工具所需要的格式，一般情况下将数据存储为 CSV、JSON或 Excel 等格式，并形成一个新的数据库，等待数据可视化地数据传入请求。

三、生成

数据的生成即数据可视化的过程，这一阶段需要利用处理过的基础数据建立符合目标的数据模型，将数据通过视觉编码、确定统计图表以及视觉优化等步骤可视化地展现出来。

（一）视觉编码

1. 定义

视觉编码是数据与可视化结果的映射关系。这种映射关系可促使阅读者迅速获取信息。如图8-1所示，使用"颜色饱和度"视觉编码能够快速且容易地找出数字"5"并准确说出其个数。

3222222359874561236987456123666987413568956 47

图8-1 视觉编码效果图

视觉编码由标记和视觉通道组成。标记通常是一些抽象的几何图形元素，如点、线、面、体；视觉通道为标记提供视觉特征，包括位置、大小、形状、颜色、运动方向、色调、亮度等。

2. 主要概念

（1）解码。可视化可以看成是一组图形符号的组合，这些图形符号中携带了被编码过的信息。当阅读者从这些符号中读取信息时，称为解码。

（2）视觉通道。人类解码信息靠的是视觉系统，如果说图形符号是编码信息的工具或通道，那么视觉就是解码信息的通道。因此，把视觉编码→信息→视觉系统的对应称作视觉通道。

视觉通道的表现力和有效性可以由这几个维度来衡量：准确性（是否能够准确地表达视觉数据之间的变化）、可辨认性（同一个视觉通道能够编码的分类个数，即可辨识的分类个数上限）、分离性（不同视觉通道的编码对象放置到一起，是否容易分辨）、视觉突出（重要的信息，是否用更加突出的视觉通道进行编码）。

3. 视觉编码中常用的视觉通道

视觉编码中常用的视觉通道有位置、方向、长度、形状、色调、饱和度、面积等，表8-3为常用视觉通道的对应应用场景。

表8-3 常用视觉通道的对应应用场景

视觉通道	释义	应用场景
位置	数据在空间中的位置，一般指二维坐标	散点图（可一眼识别出趋势、群集和离群值） SWOT分析（标识数据所属象限）
方向	空间中向量的斜度	折线图（传达每一变化区间的变化趋势）
长度	图形的长度	条形图、柱状图（图形的长度代表数据大小）
形状	符号类别	地图、散点图（区分不同的对象和分类）
色调	通常指颜色	颜色应用场景较广，但是颜色使用过多会影响"解码"效应，一般小于或等于五种颜色，同一仪表板中使用一种
饱和度	色调的强度	
面积	二维图形的大小	饼图、气泡图（二维空间中表示数值的大小）

通过以上总结，可以看到有些视觉通道擅于传递与数值相关的信息，有些视觉编码擅于传递与分类相关的信息。

结合数据类型可以将不同数据类型对应的视觉通道的应用效果进行汇总，见表 8 - 4。

表 8 - 4 数据类型与视觉通道的对应

数据类型		对应的视觉通道
定性数据	分类数据	位置、颜色、形状
定量数据	连续数据	位置、长度、面积、色彩饱和度、颜色（≤2 种）、方向
	有序数据	位置、面积、色彩饱和度、颜色、形状

（二）确定统计图表

常见的数据关系和图表类型的对应关系见表 8 - 5。

表 8 - 5 数据关系和图表类型的对应

数据关系类型	对应的图表类型
对比型	柱状图、条形图、面积图、气泡图、词云
地理型	二维地图：区域地图、道路地图、室内地图
	三维地图：全景地图
区间型	仪表盘、进度条、环形进度图
趋势型	折线图、拟合曲线图、面积图、堆积面积图、阶梯图
比例型	饼图、环状图、矩形数图、堆叠面积图、堆叠柱状图
关联型	韦恩图、漏斗图、桑基图、矩形数图、节点关系图
分布型	散点图、气泡图、直方图、概率密度图、茎叶图、箱线图、热力图、地图

在使用统计图表时，有以下几点常见注意事项：

（1）让设计融入背景，让数据占据核心地位。不要让厚重的边框和阴影与数据争夺受众的注意力，相反，要使用空格来区分表格中的元素。

（2）三线表简洁干练，通常是论文及出版物表格样式的首选。

（3）热力图是用表格的形式可视化数据的一种方法，在显示数据的地方（数据之外）利用着色的单元格传递数据相对大小的信息。

（4）借助折线图理解趋势，如时间序列的每年降雨量（每日降雨量之和）。在某些情况下，折线图中的线可能代表一个综合的统计数据，比如平均值或预测的点估计。如果还想展示范围（或者置信区间），可以直接在图上进行可视化；在多指标折线图中，不同颜色、不同标记可以代表不同的指标，可以使数据展示更加直观清晰。

（三）视觉优化

可视化呈现的最后一个步骤是视觉优化。优化包括按照人的接受模式、习惯和能力，甚至还需要考虑显示设备的能力，然后进行综合改进，这样才能更好地达到被接受的效果。

优化的方式主要有以下几种：

（1）聚焦。如果可视化图形不加组织和筛选地摆放出来，整个页面会显得臃肿杂乱、缺乏美感，且无法聚焦用户的注意力，降低用户单位时间获取信息的能力。

（2）集中或者汇总展示。同种内容的数据表或者图形可以放在一起集中展示，帮助观看者在把握全局的基础上更能抓住焦点。

（3）细节修饰。典型工作包括设置标题，标明数据来源，对过长的柱形图进行缩略处理，进行表格线的颜色设置，调整各种字体、图素粗细等。

（4）完美的风格化。所谓风格化就是在标准化基础上的特色化，最典型的例如增加企业、个人的标志（Logo）。

第三节　可视化评估

可视化是新形势下信息服务的一种普遍技术需求和应用趋势，而如何更好地运用这一技术就涉及对技术本身及其用户效用的考察与评估。通过对可视化方法或技术进行评估，能够达到解决实际问题、发现可能的目标用户和使用场景、确定某种可视化方法及技术可以针对的具体任务、发掘其在其他领域的应用等诸多目的。对于可视化方法或技术的用户评估，旨在通过对比新方法和已有方法从而确定方法的有效性（目标用户、任务和情景），明确新的应用领域和关键的应用。

一、评估分类

可视化方法技术及其用户效用的评估大致可以分为三种类型：定量评估、定性评估和综合评估。

（一）定量评估

定量评估也称客观评估，即通过实际的研究设计去验证相关假设的真伪。通常其步骤可以概括为以下几点：首先基于已有的理论和前人的研究列出评估假设，其次设计并执行评估的实验方案，再次分析实验结果，最后基于对研究假设和结果的讨论与思考寻找改进的方向。

客观（定量）评估方法主要有对照实验、观察法、脑电波分析法、眼动分析、日志分析等，其中最常用的就是对照实验和观察法。可视化应用的评估主要是在对照实验研究中评估用户在预定任务中的表现。而对照实验方法的基本逻辑是：控制独立变量如工具、任务、数据和参与者等，依赖变量主要是准确性和效率。其中准确性包括精确度、错误率、正确和不正确响应的数量，而效率包括完成预定义基准测试任务的时间。

此外，目前已有研究延伸了可视化应用评估的技术手段和方法形式。例如，有学者设计和实践了一个量化可视化所形成心理负载，并对用户偏好持续考察的在线评估，该评估运用脑电波、眼动跟踪及日志等手段记录的数据进行了融合性的分析。

（二）定性评估

定性评估也称主观评估，顾名思义，是对其精确性、通用性、现实性等性质的质性评估，主要用于明确技术主要的使用场景、任务和用户，可能涉及扎根理论等理论基础，其对应的评估方法一般包括专家评估、观察法、启发式评估、抽样问卷调查、焦点小组访谈、民族志调查等。

主观评估的方法采用有别于客观评估的形式与方法，以弥补可视化应用评估中客观评估方法的不足。专家评估方法相较于实验评估，可有效减少评估成本、加深评估深度并且适用于更多的评估阶段；启发式评估即基于既有经验规则的探索式评估；焦点小组访谈将小组分为对视觉表达有兴趣组、对数据有兴趣组、外地域组、特定族裔组、主题兴趣组、主题涉及组、无兴趣组、各组代表构成组等多类小组进行访谈，更加全面、有针对性。

（三）综合评估

综合评估，即结合客观与主观评估的方法，参考借鉴有关理论，综合更多现实因素进行考量，以弥补传统单一评估方法在有效性和深入性方面的不足。

综合评估方法主要有案例分析，理论研究，强调过程性评估，强调前期评估，强调多维、深入、长期的评估，以及研究方法批判等。

综合评估方法强调通过"多维深入长期"的案例研究进行评估。其中多维是指使用观察、访谈、调查以及自动记录来评估用户绩效和界面效能；深入是指将专家用户转变成合作伙伴，深入、互动地开展研究；长期是指纵向研究，从特定工具的使用培训开始，观察用户的策略变化；案例研究是指在正常的环境中对用户向工作人员详细报告的有关问题进行分析和总结，注意不能就事论事，最终得出事物一般性、普遍性的规律的方法及能够启发别人的结论。

二、几种典型的评估方法

（一）眼动分析

眼动分析是通过视线追踪技术，监测用户在看特定目标时的眼睛运动和注视方向，并进行相关分析的过程。过程中需要用到眼动仪和相关软件，早期人们主要利用照相、电影摄影等方式来记录眼球运动情况，现在利用眼动仪等先进工具，可以得到更加精确的记录。如图8-2所示为某眼动分析实验的标记。

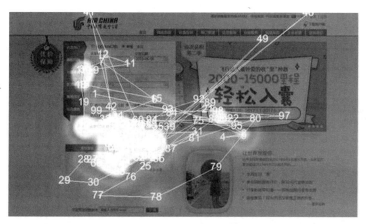

图8-2　某眼动分析实验的标记

（资料来源：http://img.mp.itc.cn/upload/20160905/cd87cf8fe69d44429c5730edcc33ace5_th.jpg）

1. 相关可视化工具

当前主要的眼动数据可视化工具包括 BeGaze、TobiiStudio、GazeTracker 等。这些工具能导入眼动数据文件，然后生成热区图、扫描路径图等可视化结果，并支持视频回放、AOI（Automated Optical Inspection，自动光学检查）定义、数据统计等功能；最后还能将可视化结果以图片的形式输出与保存，可有效地提高数据可视化的效率和质量。随着这些工具的推广，眼动数据的可视化在用户界面可用性评估、广告与品牌、产品设计评价、学习与阅读、驾驶行为等研究领域也得到了广泛应用。

2. 眼动分析案例

Mediative 曾经发表过一篇眼动跟踪研究报告，如图 8-3 所示为用户眼动实验的记录（部分）。这篇报告详细阐述了从 2004 年到 2014 年，谷歌搜索引擎结果页面的变化以及用户为适应这些变化形成的新的搜索习惯。

（1）排名靠前的自然搜索结果变得并不总是位于左上角了，因此搜索用户会尝试在其他地方寻找这些结果。

（2）移动设备已改变用户的搜索习惯，使他们从横向浏览转向纵向浏览。同时，用户正尝试用最快的方式找到自己想要的内容。

（3）在一次搜索行为中，人们会去阅读更多的搜索结果，而花更少时间去看每一个搜索结果究竟有什么内容。

（4）相比几年前，现在特别是第二至第四位的企业会有更多点击量。

（5）忽略知识图谱、图片、地图等的点击，自然搜索结果中的第一名仍然是点击量最高的（32.8%）。

（6）在 PC 端，自然搜索结果排名第一的网页接近页面的底部。

（7）移动端与 PC 端界面的区别导致了点击量的不同，知识图谱出现在 PC 端搜索结果的右侧，而其在移动端占据了主要界面，因此，在移动端用户需要更长于 PC 端 87% 的时间才能看到自然搜索排名第一的结果。

图 8-3 用户眼动实验的记录（部分）

（资料来源：http://img.mp.itc.cn/upload/20160905/b3b02d1fce6e48c096baaa647f3fddfe_th.jpg）

（二）抽样问卷调查

问卷调查是指通过制定详细周密的问卷，要求被调查者据此进行回答以收集资料的方法。抽样问卷调查即在对调查对象进行抽样后再有选择性地发放问卷进行调查。

1. 问题设置

问卷的问题设置一般要满足合理性、科学性以及艺术性要求，且应该先易后难、先"面"后"点"、同类集中、先一般后特殊。例如所设置的问题应该适用于所有调查对象、不涉及调查对象的个人隐私、问题不能带有诱导性、需要明确客观等。

2．抽样方法

（1）简单随机抽样。每次抽取时，每个个体被抽到的概率相等，适用于总体个数较少时使用。

（2）多段抽样。多段抽样就是把从调查总体中抽取样本的过程，分成两个或两个以上阶段进行的抽样方法。

（3）整群抽样。整群抽样又称聚类抽样，是将总体中各单位归并成若干个互不交叉、互不重复的集合，称之为群，然后以群为取样单位抽取样本的一种抽样方式。

（4）系统抽样。当总体的个数比较多时，首先把总体分成均衡的几部分，然后按照预先定的规则，从每一个部分中抽取一些个体得到所需要的样本。

（5）分层抽样。取样时将总体分成互不交叉的层，然后按照一定的比例，从各层中独立抽取一定数量的个体，得到所需样本。

（三）案例研究

案例研究是指结合文献资料对单一对象进行分析，得出事物一般性、普遍性规律的方法。管理学中的案例研究一般是根据所了解的企业经营情况，围绕企业管理问题对某一真实的管理情景所做的客观描述，并进行案例分析。案例研究中的案例是典型示范性案例。在研究上，不可就事论事，要进行分析和总结，得出能够启发他人的结论。

1．基本要求

（1）明确研究对象。案例研究以企业或行业的事件为依据和研究对象来了解案例的价值，内容具有代表性和现实性。

（2）资料真实可靠。案例研究论文应具有所收集的第一手资料、访谈内容和统计资料，反映较为全面的信息。

（3）理论结合实践。从问题分析出发，提出解决措施。

2．数据搜集

案例研究的数据搜集方法既有定性方法也有定量方法。

常用的数据搜集方法包括文件法、档案记录法、直接观察法、参与观察法、人工制品法和访谈法。文件主要包括通信信息、事件报告、内部行政文件、新闻报道等。档案记录包括个人资料、人口普查等问卷资料。直接观察法是指直接到现场观察事件或相关人物，从而获取直接和客观的信息。参与观察法是指观察者参与到实践中，能让数据搜集者深入到研究的事件中获取详细具体的资料，在组织调查或人类学的研究中较常使用。人工制品主要包括技术装置、机械工具、艺术作品等有形证据。

访谈法是案例研究中最重要的数据来源，典型的访谈法包括开放型访谈、结构型访谈和半结构型访谈等。

（1）开放型访谈是在访谈之前，研究者不必预先设定访谈问题。

（2）结构型访谈也称为聚焦式访谈。研究者事前应准备很多访谈问题，但要避免提出引导性问题。

（3）半结构型访谈是在访谈之前预先准备好一系列访谈问题，但要保持灵活开放的态度，同时根据受访者的反应来提出后续问题和探究问题。

案例分享　Excel 数据可视化实例操作

1. 添加数据条，让数据更直观

如表 8-6 所示为某工厂某日产出，需要将其进行可视化呈现。

表 8-6　某工厂某日产出

序号	班组	地点	责任人	数量
1	电气组	2 车间	马春娇（电气组）	43
2	总成组	4 车间	郑翰海（总成组）	42
3	电气组	3 车间	薛痴香（电气组）	40
4	机电组	2 车间	朱孟轩（机电组）	40
5	零件组	3 车间	黄翔路（零件组）	37
6	设备组	3 车间	张顾翠（设备组）	35
7	设备组	3 车间	严楚阳（设备组）	35
8	零件组	3 车间	傅石磊（零件组）	34
9	零件组	3 车间	夏茹白（零件组）	29
10	零件组	1 车间	冯清润（零件组）	24
11	设备组	1 车间	苏建统（设备组）	21
12	电气组	1 车间	叶萧振（电气组）	18

选中数据区域，单击【开始】选项卡中的【条件格式】，选择【数据条】，为数据条选择不同的颜色和效果，能够清楚地看出数据之间的区别，但是结果还不够美观。

重新选择数据区域，把数字的对齐方式改成右对齐，然后选择【条件格式】中的【管理规则】，点击进入【编辑规则】的对话框，把最大值改成数字并设为 60，大于实际最大值 43，所得结果见表 8-7。

表 8-7　数据条可视化结果展示

10.28产出统计				
序号	班组	地点	责任人	数量
1	电气组	2 车间	马春娇（电气组）	43
2	总成组	4 车间	郑翰海（总成组）	42
3	电气组	3 车间	薛痴香（电气组）	40
4	机电组	2 车间	朱孟轩（机电组）	40
5	零件组	3 车间	黄翔路（零件组）	37
6	设备组	3 车间	张顾翠（设备组）	35
7	设备组	3 车间	严楚阳（设备组）	35
8	零件组	3 车间	傅石磊（零件组）	34
9	零件组	3 车间	夏茹白（零件组）	29
10	零件组	1 车间	冯清润（零件组）	24
11	设备组	1 车间	苏建统（设备组）	21
12	电气组	1 车间	叶萧振（电气组）	18

2. 迷你图——单元格里的图表

【条件格式】中的数据条非常好用，可以让数据变得很直观，但是并不能适用于所有数据表，它只能简单地表示出数据的大小，不能表现出数据的增长趋势。

如表8-8所示为某公司各部门1—6月的业绩统计，想要表现出每个部门数据的增长趋势，就需要用到另外一个可视化工具——迷你图。

表8-8　某公司各部门1—6月的业绩统计

部门	1月	2月	3月	4月	5月	6月
部门1	7930	8278	11008	12189	13166	12848
部门2	1176	1371	1492	1480	1013	1013
部门3	963	1159	1187	1378	1238	1177
部门4	579	1622	1923	1882	1799	1909
部门5	1590	892	831	851	838	1129
部门6	670	711	1120	1206	1189	1180
部门7	384	770	775	779	1038	905
部门8	527	1978	2316	2520	2740	2409
部门9	1346	1478	1558	2024	2181	2426
部门10	1189	1038	2740	2181	997	1055

首先，添加一列新的数据用来放置迷你图，然后选择【插入】选项卡中【迷你图】中的【折线】，打开创建折线迷你图的对话框，选择【数据范围】和【位置范围】，然后单击【确定】按钮就能生成迷你图了，结果见表8-9。

表8-9　迷你图可视化结果展示

部门	1月	2月	3月	4月	5月	6月	迷你图
部门1	7930	8278	11008	12189	13166	12848	
部门2	1176	1371	1492	1480	1013	1013	
部门3	963	1159	1187	1378	1238	1177	
部门4	579	1622	1923	1882	1799	1909	
部门5	1590	892	831	851	838	1129	
部门6	670	711	1120	1206	1189	1180	
部门7	384	770	775	779	1038	905	
部门8	527	1978	2316	2520	2740	2409	
部门9	1346	1478	1558	2024	2181	2426	
部门10	1189	1038	2740	2181	997	1055	

3. 图表——数据可视化的重要工具

迷你图让趋势变得非常直观，但是想要知道折线之间的差异比较困难。通过图表工具把所有折线放在同一张图中，则可以轻松比较折线之间的差异。首先，选中所有的数据区域，选择【插入】选项卡的【图表】中的【折线图】，使用带数据标记的折线图，得到图表，选中图表，右击然后单击【选择数据】，在打开的对话框中，单击【切换行列】，所得结果如图 8-4 所示。通过把所有折线放到同一张图表中，可以明显地看到部门1 的数据是最高的。

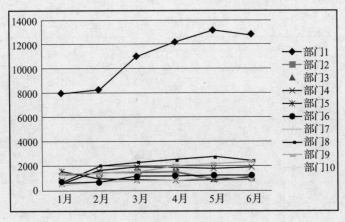

图 8-4　图表可视化结果展示

第四节　数据可视化工具

　　数据可视化工具层出不穷，大数据时代的数据可视化工具需满足以下几个特性：①实时性。数据可视化工具必须适应大数据时代数据量的爆炸式增长需求，能够快速地收集分析数据，并对数据信息进行实时更新。②简单操作。数据可视化工具需满足快速开发、易于操作的特性，能满足互联网时代信息多变的特点。③更丰富的展现。数据可视化工具需具有更丰富的展现方式，能充分满足数据展现的多维度要求。④多种数据集成支持方式。数据的来源不仅仅局限于数据库，需支持团队协作数据、数据仓库、文本等多种方式，并能够通过互联网进行展现。

一、入门级工具

　　Excel 作为数据可视化的基本工具，可以进行各种数据的处理、统计分析和辅助决策操作，已经广泛地应用于管理、统计、金融等领域，也出现在我们日常学习工作的方方面面。
　　Excel 作为常用的入门级数据可视化工具，可以做出大多数图表样式。包括柱形图、折线图、饼图和散点图等，同时也可以进行相关分析、回归分析、方差分析等简单的数据分析等。
　　但是 Excel 展现的图表是静态的，且支持的数据量比较有限，因此其应用场景受到了一定的限制。如果需要深入分析或者追求更高质量的可视化呈现，可以选择其他可视化工具。

二、信息图表工具

信息图表是信息、数据、知识等的视觉化表达，提供长篇文章、研究报告的数据可视化，利用其简单易记的特点帮助我们高效、准确、简明地了解信息，节省时间，再加上其优美的设计会给观看者带来无穷乐趣，在计算机科学、数学以及统计学领域有着广泛的应用。下面简单介绍以下几种信息图表工具：Google Charts、D3.js、Easel.ly、大数据魔镜、Tableau。

（一）Google Charts

Google Charts（https://developers.google.cn/chart/）不仅可以帮助用户设计信息图表，甚至可以帮助用户展示实时数据。该工具使用非常简单，不需要安装任何软件，可以通过浏览器在线生成并查看统计图表。

作为一款信息图表的设计工具，Google Charts 内置了大量可供用户控制和选择的选项，用来生成足以让用户满意的图表，具有更加强大和全面的功能。

（二）D3.js

D3.js（Data-Driven Documents）是一款开源数据可视化工具库，可实现实时交互，其网址为 https://d3js.org/。D3.js 由 Mike Bostock 和斯坦福可视化组的 Jeff Heer 制作，以此为基础而开发的可视化工具有 Data.js、RAWGraphs 等。

D3.js 运行在 Java 上，并使用 HTML、CSS 和 SVG 将数据变为现实，D3.js 使用数据驱动的 DOM 操作方法创建漂亮的网页。这个 JavaScript 库将数据以 SVG 和 HTML5 格式呈现，所以像 IE7 和 IE8 这样的旧式浏览器不能利用 D3.js 功能。

D3.js 能够提供大量线性图和条形图之外的复杂图表样式，例如 Voronoi 图（又叫泰森多边形或 Dirichlet 图，由一组连接两邻点直线的垂直平分线组成的连续多边形组成）、树形图、圆形集群和单词云等。

（三）Easel.ly

Easel.ly（https://www.easel.ly/）是一款免费的信息图表设计工具，基于网站为用户提供信息图表设计服务，允许用户轻松定制。它内置诸如箭头这样的基本图形、各种图表和图标以及自定义字体色彩等不可或缺的功能模块，用户可以上传各种自制的素材来完善自己的设计，也可以直接利用模板进行可视化设计。

（四）大数据魔镜

大数据魔镜（http://www.moojnn.com/）是一款优秀的国产数据分析软件，是基于 Java 平台开发的可扩展、自助式分析、大数据分析的产品。魔镜在垂直方向上采用三层设计：前端为可视化效果引擎，中间层为魔镜探索式数据分析模型引擎，底层对接各种结构化或非结构化数据源。

该软件支持多种文本格式：Excel、TXT、CSV；支持多种数据库：MySQL、SQL Server、DB2、Oracle、Postgre SQL、Access；支持大数据集群：Hive、Spark、Impala。不同版本支持的数据源不一样，高级版本涉及聚类分析、路径规划、挖掘预测等模型，界面操作简单，易学易用。

（五）Tableau

Tableau（https://www.tableau.com/）是一款企业级的大数据可视化工具，是一种用于数据可视化敏捷开发和实现的商业智能演示工具，可用于实现交互式、可视化分析和仪表板应用程序。Tableau 可以帮助用户轻松创建图形、表格和地图，用户只要将大量数据拖放到数字"画布"上，很快就能创建好各种图表。

三、地图工具

地图工具在数据可视化中较为常见，它在展现数据基于空间或地理分布上有很强的表现力，可以直观地展现各分析指标的分布、区域等特征。当指标数据要表达的主题和地域有关联时，就可以选择以地图作为大背景，从而帮助用户更加直观地了解整体的数据情况，同时也可以根据地理位置快速地定位到某一地区来查看详细数据。下面简单介绍以下几种地图工具：MapShaper、Modest Maps、Google Fusion Tables。

（一）MapShaper

MapShaper（https://mapshaper.org/）适用的数据形式需要特定的格式，包括 shapefiles（文件名一般以 .shp 为后缀）、GeoJSON（一种开源的地理信息代码，用于描述位置和形状）及 TopoJSON（GeoJSON 的衍生格式，主要用于拓扑形状，比较有趣的一类图是 cartogram，以人口规模作为面积重新绘制行政区域的形状和大小）。

MapShaper 可以自定义地图中各区域边界和形状，有助于设计师随时检查数据与设计图是否相吻合，修改后能够以多种格式输出，进一步用于更复杂的可视化作品。

（二）Modest Maps

Modest Maps（http://modestmaps.com/）是一个小型、可扩展、交互式的免费库，提供了一套查看卫星地图的 API，只有 10kB 大小，是目前最小的可用地图库，它也是一个开源项目，有强大的社区支持，是在网站中整合地图应用的理想选择。

Modest Maps 可以显示基于地图瓦片的地图，如来自 OpenstreetMap、NASA Blue Marble、Yahho!、Microsoft 或者其他地方的地图服务瓦片。Modest Maps 支持对地图瓦片进行任意地理空间投影设置，支持漫游与缩放，支持跟踪地理兴趣点（地理标识）的位置。

（三）Google Fusion Tables

Google Fusion Tables（https://developers.google.cn/google-ads/scripts/docs/examples/google-fusion-tables）让一般使用者也可以轻松制作出专业的统计地图。该工具可以让数据表呈现为图表、图形和地图，从而帮助发现一些隐藏在数据背后的模式和趋势。

四、时间线工具

时间线是表现数据在时间维度上演变的有效方式，它通过互联网技术，依据时间顺序，把一方面或多方面的事件串联起来，形成相对完整的记录体系，再运用图文的形式呈现给用户。时间线可以运用于不同领域，最大的作用就是把过去的事物系统化、完整化、精确化。

时间线工具可实现通过高级查询精确到某一点或某个人，浏览故事、图片，还可以创建地区时间轴、景点时间轴，对应时间点录入发生的故事，然后形成其特有的历史时间轴。本小节简单介绍以下几种时间线工具：Timetoast、Xtimeline、Timeline JS。

（一）Timetoast

Timetoast（http://www.timetoast.com）是一个提供在线创建基于时间轴的事件记载服务的网站，只要简单地注册并用 Email 激活之后就可以创建自己的时间线，支持将个人的人生轨迹通过时间线的方式表达出来，并分享到互联网各个角落。

Timetoast 基于 Flash 平台，可以在类似 Flash 时间轴上任意加入事件，定义每个事件的时间、名称、图像、描述，最终在时间轴上显示事件在时间序列上的发展，事件显示和切换十分流畅，随着鼠标点击可显示相关事件，操作简单。

（二）Xtimeline

Xtimeline（http://www.xtimeline.com/）是一个免费的绘制时间线的在线工具网站，由于使用 AJAX 技术构建，操作非常简便，用户通过添加事件日志的形式构建时间表，同时也可给日志配上相应的图表。

不同于 Timetoast 的是，Xtimeline 是一个社区类型的时间轴网站，其中加入了组群功能和更多的社会化因素，除了可以分享和评论时间轴外，还可以建立组群讨论所制作的时间轴。

（三）Timeline JS

Timeline JS（http://timeline.knightlab.com/）是一款 jQuery 时间轴幻灯片插件，是一个易于交互和使用的时间表。自身支持 Twitter、Flickr、Google Maps、YouTube、Vimeo、Dailymotion、Wikipedia、SoundCloud 等，所以可以收集不同的资源制作信息图表。通过 Time Js 插件，可以很容易地制作出水平或垂直时间轴效果，并可以像幻灯片一样前后切换时间点。

五、高级分析工具

高级分析工具功能相对较全面，主要用计算机的算法等实现可视化。本小节简单介绍以下几种高级分析工具：R 语言、Weka、Python。

（一）R 语言

R（http://www.r-project.org/）是一款免费的开源统计计算软件，具有强大的图形功能，使用难度较高。R 专为数据分析而设计，还有很多支持 R 的工具包。需要将数据加载到 R 中并编写相应的代码来创建数据图。

R 包括数据存储和处理系统、数组运算工具（具有强大的向量、矩阵运算功能）、完整连贯的统计分析工具、优秀的统计制图功能、简便而强大的编程语言，可操纵数据的输入和输出，实现分支、循环以及用户可自定义功能等，通常用于大数据集的统计与分析。实际上，任何类型的图表都可以使用 R 或 R 工具包实现。

（二）Weka

Weka 全称是怀卡托智能分析环境（Waikato Environment for Knowledge Analysis），是一款免费的、基于 Java 环境的、开源的机器学习以及数据挖掘软件，不但可以进行数据分析，还可以生成一些简单图表。它和它的源代码可在其官方网站（https://www.cs.waikato.ac.nz/ml/weka/）下载。

Weka 是一个能根据属性对大量数据进行分析的优秀工具，它首先是一个数据挖掘的利器，能够快速导入结构化数据，然后对数据属性做分类、聚类分析，帮助理解数据，最后可视化数据。

（三）Python

Python 是一种解释型、面向对象、动态数据类型的高级程序设计语言，在重视开发功率和科技不断开展的背景下，Python 受到越来越多人的青睐。根据 IEEE Spectrum 发布的一项研究，2016 年排名第三的 Python 已成为 2017 年全球最受欢迎的语言，C 语言和 Java 分别位居第二和第三。

Python 具有以下特性：

1）易于学习。Python 的关键字相对较少，结构简单，语法定义明确，学习起来相对简单。

2）易于阅读。Python 代码的定义比较清晰，易于阅读。

3）易于维护。Python 的成功在于它的源代码是相当容易维护的。

4）具有一个广泛的标准库。Python 的最大优势之一是具有丰富的库，它是跨平台的，具有良好的兼容性。

5）可移植。基于其开放源代码的特性，Python 已被移植到许多平台。

案例分享　大数据可视化的经典应用

目前，大数据可视化已经广泛应用于电子商务、智能物流、智慧医疗、工业制造及疫情预测等各个领域，在辅助决策方面扮演着重要的角色，在智能互联时代发挥着越来越重要的作用。以下介绍几个不同领域比较典型的大数据可视化案例：

1. 显示全球黑客活动

国际网络安全供应商 Norse 打造了一张能够反映全球范围内黑客攻击频率的地图。它利用 Norse 的"蜜罐"攻击陷阱显示出全球实时渗透黑客的攻击动向，地图中的每一条线代表的都是一次攻击活动，借此可以了解每一天、每一分钟甚至每一秒世界上发生了多少次恶意渗透。右下角的方块显示了当前网络正遭受哪种类型的攻击，实时地图只是代表了 Norse 采集数据的 1%，所以可以想象网络攻击在全世界的规模有多么庞大，如果全部数据都显示出来，则会将地图全部淹没。

2. 京东推荐系统

随着业务的快速发展以及移动互联网的应用，个性化推荐业务需求比较强烈，基于大数据和个性化推荐算法，可以实现向不同用户展示不同内容的效果。2016 年"6·18"期间，京东个性化推荐大放异彩，特别是"智能卖场"，实现了活动会场的个性化分发，不仅带来 GMV（网站成交金额）的明显提升，也大幅降低了人工成本，大大提高了流量效率和用户体验，从而达到商家和用户的双赢。为了更好地支撑多种个性化场景推荐业务，京东推荐系统一直在迭代优化升级，未来将朝着"满屏皆智能推荐"的方向发展。

3. 菜鸟智能供应链大脑

在数字经济的大时代，企业要走向数字化经营，就需要一个全数字化的供应链管理系统。菜鸟拥有全面的数据和算法能力，智能供应链大脑可为品牌商提供全渠道、全链路的数据信息，并实时展示数据分析结果。通过菜鸟的数字化能力，可以帮助全球各大品牌更科学、更智能地完成供应链决策。

"菜鸟智能供应链大脑"最大的特点是可视化、智能，菜鸟可以打通品牌商在多个平台的数据，并进行实时监控与分析。传统的供应链管理成本较高，要通盘获取全渠道、全链路数据需要不同的部门进行汇总，再对各处需求进行分析、调配，需要花费数小时甚至更长的时间。智能供应链大脑的出现，可能会降低商品成本，最终影响消费端。

4. 工业制造大屏可视化

神东煤炭集团驾驶舱系统的建设，使得部门统计人员从大量的报表统计工作中解放出来，轻松实现供应商信息查询、成本控制分析、采购分析等；同时将领导重点关注的报表一屏展现，不光让领导全局掌控整个物资部的情况，也满足了各业务层细化分析的需要，辅助快速决策。

5. 新冠肺炎疫情预测

基于实时更新的流行病数据，综合考虑环境温度、湿度、人口密度和疫情防控措施、医疗条件等关键信息对疫情传播的影响，以及疫情在全球蔓延的复杂情况，对180多个国家分别建模，经反复测试，最终形成了新冠肺炎疫情全球预测系统（http://covid-19.lzu.edu.cn/）。该系统的建立旨在科学预测疫情发展，为战略研判疫情态势、采取有效防控手段提供科学依据，可以对每个国家的逐日和季节性新增新冠肺炎发病数进行可靠预报。

本章关键词

数据可视化；数据可视化流程；数据可视化工具；视觉通道；视觉优化；统计图表；可视化评估

课后思考题

1. 数据可视化的三种类型有何区别？
2. 数据可视化有什么意义？
3. 数据可视分析与数据挖掘有着怎样的异同呢？

第九章

大数据治理

本章提要

随着数字经济的快速发展，传统的数据安全技术已无法满足大数据环境下的信息安全保障诉求。在此背景下，整合技术、政策和机制的大数据治理逐渐受到广泛关注与探索应用，成为大数据领域的新兴热点命题。本章分析大数据治理的相关概念、特征、影响因素以及其所面临的挑战，探讨大数据治理的框架与关键技术，旨在提升大数据治理能力，促进基于大数据的服务创新和价值创造，实现大数据的价值。

学习目标

1. 掌握大数据治理的内涵、基本理论、影响因素、挑战与应用等基本内容。
2. 把握大数据治理的框架及关键技术。
3. 了解大数据治理的组织架构与实施路径。
4. 探究如何通过开展有效的数据治理为大数据管理决策提供支持。

重点：大数据治理的概念、内涵、框架及实施路径。

难点：大数据治理如何为管理决策提供支持。

导入案例

深圳公布数据条例，禁止 App "不全面授权就不让用"

深圳公布《深圳经济特区数据条例》（以下简称《条例》），并于 2022 年 1 月 1 日起实施，这是国内数据领域首部基础性、综合性立法。《条例》坚持个人信息保护与促进数字经济发展并重，对市民深恶痛绝的 App "不全面授权就不让用"、大数据"杀熟"、个人信息收集任性、强制个性化广告推荐等问题说"不"，并给予重罚。

当前，一些移动互联网应用程序（App）通过"一揽子协议"将收集个人数据与其功能或服务进行捆绑，这严重损害了用户作为个人数据主体的决定权。为此，《条例》专门规定，数据处理者不得以自然人不同意处理其个人数据为由，拒绝向其提供相关核心功能或者服务。但是，该个人数据为提供相关核心功能或者服务所必需的除外。

《条例》明确规定：市场主体不得使用非法手段获取其他市场主体数据，不得利用非法收集的其他市场主体数据提供替代性产品或者服务，不得通过数据分析无正当理由对交易条件相同的交易相对人实施差别待遇；违反上述规定拒不改正的，处 5 万元以上 50 万元以下罚款，情节严重的，处上一年度营业额 5% 以下罚款，最高不超过 5000 万元。

（资料来源：《深圳特区报》）

思考：

1. 《深圳经济特区数据条例》对推动我国大数据治理有何意义？
2. 在大数据时代，如何开展有效的数据治理才能更好地实现大数据的价值？

第一节　大数据治理概述

一、数据治理及其演化

（一）数据治理的概念

由于应用目标、切入视角和侧重领域不同，目前有关数据治理的定义多达几十种，尚未形成有关数据治理的统一标准定义。国际数据管理协会（DAMA）的《DAMA 数据管理知识体系指南》（*DAMA Data Management Body of Knowledge*，*DAMA-DMBOK*）、数据治理研究所（The Data Governance Institute，DGI）、信息及相关技术的控制目标（Control Objectives for Information and Related Technology，COBIT）和 IBM 数据治理委员会等分别提出了各自较有代表性的定义，也是目前较为普遍接受和认可的定义，见表 9-1。

表 9-1　权威机构对数据治理的定义

机构	数据治理的定义
DMBOK	数据治理（data governance）是对数据资产管理行使权力和控制的活动集合，涵盖计划、监督和执行等环节
DGI	数据治理是对信息相关过程的决策权和职责体系，这些过程遵循"在什么时间和条件下、用什么方式、通过谁、对哪些数据、采取怎样的行动"的方法来执行
COBIT 5	数据治理的概念等同于信息治理，主要包含三个层面的内容：①确保信息利益相关方的需求、条件和选择得到评估，以达成平衡一致的企业目标；②确保通过优先排序和决策机制为信息管理职能设定方向；③确保基于达成一致的方向和目标对信息资源的绩效和合规性进行监督
IBM	数据治理是针对数据管理的质量控制规范集合，它将严密性和纪律性贯穿于企业的数据管理、利用、优化和保护过程中

从上述有关数据治理的概念可以看出，数据治理的本质是对组织的数据管理和数据利用进行评估、指导和监督，通过提供不断创新的数据服务，为组织创造价值。

数据治理是诸多数据问题的全面解决之道。数据治理对于确保数据的准确、适度分享和保护是至关重要的。有效的数据治理计划会通过改进决策、缩减成本、降低风险和提高安全合规等方式将价值回馈于业务，并最终体现为增加收入和利润。

（二）大数据治理定义与演化

大数据治理是一个新兴的研究领域，目前对"大数据治理"这一概念的定义，大都是在"数据治理"定义的基础上稍做扩展得来的。从微观层面，大数据治理主要是从策略和程序角度定义，即描述数据怎样在它的生命周期内有用，同时兼顾数据管理的组织策略和程序。从中观层面，大数据治理是企业数据可获得性、可用性、完整性和安全性的部署和全面管理。从宏观层面，大数据治理是通过制定与大数据有关的数据优化、隐私保护和数据变现等策略，实现大数据的安全可控、价值提升，并提供不断创新的大数据服务，同时对大数据管理进行评估，指导和监督大数据治理的体系框架。

　　总之，大数据治理包含大数据全生命周期内使用的技术、管理规范与政策制度，技术层面上涵盖大数据管理、存储、质量、开放共享、安全与隐私保护等多个方面。

　　目前比较权威的"大数据治理"定义是由国际著名的数据治理领域专家 Sunil Soares（桑尼尔·索雷斯）在 2012 年 10 月出版的专著《大数据治理：一种正在出现的必然趋势》（*Big Data Governance: An Emerging Imperative*）中提出的。桑尼尔·索雷斯将大数据治理定义为：大数据治理是广义信息治理计划的一部分，即制定与大数据有关的数据优化、隐私保护和数据变现的政策。在书中，作者还论述了大数据治理过程中如下几方面的要义：

　　（1）大数据是广义信息治理计划的一部分，应该纳入现有的信息治理框架。扩展信息治理规范的外延，拓宽信息治理委员会成员的范围，将大数据与元数据、隐私、数据质量和主数据等信息治理准则相结合。

　　（2）大数据治理涉及政策制定，大数据治理的工作就是制定策略。

　　（3）大数据必须被优化。进行数据质量管理，定期净化大数据；进行信息全生命周期管理，对大数据进行存档、备份、删除等处理。

　　（4）大数据的隐私保护至关重要。建立防止大数据误用的适当政策。

　　（5）大数据必须能够变现，即能够被货币化，创造商业价值。

　　（6）大数据治理必须协调好跨职能部门的潜在目标和利益。

　　张绍华等著的《大数据治理与服务》一书，将大数据治理定义为对组织的大数据管理和应用进行评估、指导和监督的体系框架，它通过制定方针政策、建立组织架构体系、明确职责分工等，实现大数据的风险可控、安全合规、绩效提升和价值创造，并不断创新大数据服务。作者还从以下四个方面论述了大数据治理的内涵：

　　（1）需要在哪些领域做出大数据治理的决策？大数据治理的主要决策领域有六个，即战略、组织、大数据质量、大数据生命周期、大数据安全隐私与合规和大数据架构。

　　（2）哪些角色的人应该参与到决策过程中？参与到大数据治理决策过程的人可以分为四类：大数据利益相关者、大数据治理委员会、大数据管理者和数据专家。数据专家应该加入到治理委员会中辅助做出决策。

　　（3）这些角色的人如何参与到决策过程中？建立一套包括战略方针、制度规范、组织架构、职责分工、标准体系、执行流程等方面的大数据治理决策保障体系，确保治理团队中各种角色的人能够顺利、高效地参与到决策过程中。

　　（4）大数据治理的终极目标是什么？大数据治理能够在提升大数据各项技术指标的同时，产生一系列创新的大数据服务，并创造出商业和社会价值。

　　综上，大数据治理可以认为是广义信息/数据治理计划的一部分或最新发展阶段，制定与大数据优化、隐私、安全和货币化等相关的政策，需要协调多个不同利益相关方的目标和利益诉求，并对整个大数据管理和利用的过程进行评价、指导和监督，通过制定方针政策、建立组织架构体系、明确职责分工等，最终实现大数据的安全规范、风险可控、效率提升和价值创造，面向不同用户和业务需求提供持续创新的大数据服务。

（三）大数据治理与数据治理对比

　　与传统数据治理相比，大数据的 5V 特征导致大数据治理范围更广、层次更高、需要资源投入更多，从而导致二者在目的、权利层次等方面与数据治理有一定程度的区别，但是二者在治理对象、解决的实际问题等关于治理问题的核心维度上有一定的相似性。下面从治理的目的、权利层次、对象和解决的实际问题四个方面将二者进行对比，见表9-2。

表9-2　大数据治理与数据治理的内涵及关系

概念维度	大数据治理	数据治理
目的	鼓励"实现价值"和"管控风险"期望行为的发生，更强调效益实现和管控风险	鼓励"实现价值"和"管控风险"期望行为的发生，但更强调效率提升
权利层次	企业外部的大数据治理强调所有权分配，企业内部的大数据治理强调经营权分配	强调企业内部的经营权分配
对象	权责安排，即决策权归属和责任担当	权责安排，即决策权归属和责任担当
解决的实际问题	有哪些决策，由谁来做决策，如何做出决策，如何对决策进行监控	有哪些决策，由谁来做决策，如何做出决策，如何对决策进行监控

1. 大数据治理和数据治理的目的有区别

治理就是建立鼓励期望行为发生的机制，大数据治理和数据治理的目的是鼓励期望行为发生，具体而言就是实现价值和管控风险。通俗地说，这两个方面就是如何从大数据中挖掘出更多的价值，如何保证在大数据分析和使用过程中符合国内外法律法规和行业相关规范，保证用户的隐私不被泄露。从价值和风险的角度，大数据治理就是在快速变化的外部环境中建立一种价值和风险的平衡机制。在共同的目的下，数据治理和大数据治理还存在细微的差别：由于大数据具有更强的多源数据融合，甚至是与企业外部数据的融合，由此带来了较大的安全和隐私的风险；此外，对异构、实时和海量数据的处理需要企业对大数据应用大量投入，这也造成了大数据治理更强调实现效益。与此相对，数据治理通常发生在企业内部，很难衡量其经济价值和经济效益，因此更强调内部效率提升；而且由于数据主要是内部数据，相对可控，引发的安全和隐私的风险较小。因此，大数据治理更强调效益和风险管控，而数据治理更强调效率。

2. 大数据治理和数据治理的权利层次不同

大数据治理侧重于企业内外部数据融合，涉及企业内部和企业之间，甚至是行业和社会层面，大数据只有在更大的范围流通才能产生更高的价值，而数据治理主要关注企业内部的数据融合。在企业内部主要是借鉴公司治理的研究基础，主要关注经营权分配问题；而企业外部的大数据治理涉及所有权分配问题，具体包括占有、使用、收益和处置四种权能在不同的利益相关者之间分配。因此，大数据治理强调所有权和经营权，而数据治理主要关注经营权。

3. 大数据治理和数据治理的对象相同

治理关注决策权分配，即决策权归属和责任担当，从这个角度看，大数据治理和数据治理的对象相同。在权责分配的过程中，需要遵循权利和责任匹配的原则，即具有决策权的主体也必须承担相应的责任，这是治理模式的选择问题。在公司治理领域，不同类型的企业、不同时期的企业、不同产业的企业，其治理模式都可能不一样。大数据治理模式也存在多样性，但是无论采用何种治理模式，保证企业中行为人（包括管理者和普通员工）责任和权利的对应是衡量治理绩效的重要标准。

4. 大数据治理和数据治理解决的实际问题相同

围绕着决策权归属和责任担当产生了四个需要解决的实际问题：为了保证有效地管理和使用大数据，应该做出哪些范围的决策；由谁做决策；如何做出决策；如何监控这些决策。大数据治理、数据治理和 IT 治理都面临着这样相同的问题，但是解决这些问题，大数据治理更复杂，因为大数据治理涉及的范围更广、技术更复杂、投入更大，这些是由大数据的特征导致的。

二、大数据治理的影响因素与核心要素

（一）大数据治理的影响因素

大数据治理贯穿数据的整个生命周期，涉及利益相关方众多，容易受到各种各样因素的影响。目前，影响大数据治理的主要因素包括：

（1）制度与规范缺失，通过数据治理来确保、提升数据质量，需要政策与制度层面的支撑保障，但是据《财经》杂志报道，80% 的数据泄露是缘于企业内部，说明数据治理过程中企业在组织架构和制度规范方面可能存在漏洞。

（2）数据防护意识薄弱，大数据关注的是整体以及关联分析的结果，而不是单个样本，且在大数据领域单个样本的价值密度相对较低，因此容易忽视对单个样本的安全保护。

（3）成本效益比较低，在大数据领域，数据全生命周期的安全防护投入成本较高，而成本效益比往往偏低。

（4）技术不成熟，数据资源可被复制，几经复制后便难以追溯，但与此相关的密文存储和计算、数据加密与溯源等技术尚不成熟。

（二）大数据治理的核心要素

（1）明确数据治理责任，建立数据治理组织。数据出了问题，到底是谁的责任？要切实解决数据问题，开展数据治理工作，就必须先明确一点，即数据治理是业务部门和 IT 部门共同的职责。

（2）管理出成效，制度是保障。大数据治理需要管理政策、规章制度层面的强力支撑，数据治理实施主体可以根据本单位的具体情况，制定相应的数据治理相关的管理办法、管理流程、人员角色定位、岗位职责以及认责追责体系，制定适应单位本身现状与需求的数据治理规章制度。

（3）确保数据规范。确定对机构核心数据进行有关存在性、完整性、质量及归档的测量标准，为手动录入、设计数据加载程序、更新信息、开发应用软件、评估企业数据质量等提供约束性规则。数据规范一般包括主数据、元数据、参考数据以及数据标准、数据模型和业务规则等。

（4）数据治理要理论结合实践。数据治理是为了实现数据资源价值的获取、控制、保护、交付与提升，对数据规范所做的计划、执行和监督等一系列活动。在此过程中，要确保数据治理实践与相关治理理论体系的契合。

（5）数据治理软件。目前业界比较常用的数据治理软件，即数据治理产品或数据资产管理产品，主要涉及的功能组件包括：主数据、元数据、数据标准、数据模型、数据质量、数据安全等管理工具。利用数据治理软件主要是为了解决在整合多源异构大数据过程中遇到的问题，专业的数据治理软件能够为数据治理主体提供统一的元数据集成、数据资产目录、数据模型设计、数据分析服务、数据质量稽核、数据标准管理等服务。

三、大数据治理的挑战

（一）机遇分析

大数据治理涉及大数据处理的各个环节。随着人们对大数据治理的日渐重视，以及大数据治理工作的开展，大数据治理面临着重要的技术机遇，主要包括以下几个方面：①安全多方计算，解决互不信任的各参与方之间保护隐私的协同计算问题。②数据防泄露，防止用户指定的数据以违反安全策略与规约的形式被有意或无意泄露。③大数据平台安全，即建立大数据技术架构的安全防护技术体系。④零信任安全，即建立能够进行实时管控的身份管理系统。⑤蜜罐——欺骗式防御，蜜罐是诱使攻击者盗取有价值数据或进一步探测目标网络的单个主机，是为了探清攻击者所用的攻击过程和策略。⑥威胁情报，即时更新关于恶意攻击、篡改记录、安全漏洞等威胁信息，为大数据治理过程中的安全防护提供信息支撑。

（二）挑战分析

与传统数据治理相比，大数据治理面临的挑战主要体现在复杂度、隐私和风险保护、实现效益的诉求等方面。

（1）大数据治理面临的情况更复杂。大数据涉及企业内外部的数据，导致大数据治理的范围涵盖了企业内外部的数据，大数据治理需要在组织之间建立一种利益协调和补偿的机制，因此带来了协调工作的复杂性；大数据种类和来源多样化、时效性高、价值密度较低等特点造成大数据治理的技术复杂度高。

（2）大数据治理面对着更加严峻的隐私和风险的挑战。大数据涉及多源数据集成，加大了隐私保护的难度。在单个数据源的情况下，可以通过忽略敏感信息的方式保护用户隐私，但是多源数据的累加和关联性分析就可能暴露用户的隐私。

（3）大数据治理面临更大的投资回报风险。大数据的采集、存储和处理都需要众多软硬件和人员的投入，而大数据产生的价值具有不确定性，与数据质量、数据规模、数据处理效果有直接的关系，因此大数据面临着投资风险高的窘境。企业需要找到可行的利润来源，才能实施大数据应用。

四、我国大数据治理概况

（一）大数据治理理论

相较于欧美发达国家，中国的大数据治理研究与实践工作起步较晚，但是近年来利用后发优势，在集成新一代信息技术、数据治理理念、大数据管理等基础上，在大数据治理领域也做了许多富有开拓性的探索。

首先，在信息技术服务治理的研究和国家标准制定方面，提出了一系列面向信息技术的治理原则、治理域和治理方法。其次，在数据治理理论体系方面，指出了理论体系的三个组成因素，即数据治理的原则、范围和实施方法，同时确立了原则驱动、关注范围、按方法论实施的核心思想。最后，在数据治理的实施方面，明确了数据治理实施的三个核心领域，即数据治理实施的生命周期、成熟度评估与审计。

综上，基于国际数据治理及其实践的现有成果，中国提出了一套较为科学、成体系的大数据治理理论框架，为大数据治理的深入开展奠定了较好基础。

（二）大数据治理实践

中国的大数据治理实践同样起步较晚，一般认为开始于2003—2004年，并于2008年之后进入快速发展期，尤其是在银行、通信、能源和互联网等行业。中国大数据治理实践的特点可以从机制、管理对象、技术平台等方面进行概括。机制层面，在按业务线条、按系统层次的机构组织体系中，大数据治理在纵向推动与执行方面效果较好；管理对象层面，中国企事业单位比较强调指标管理和数据标准的建设，进行了广泛的行业数据标准的制定、推广；技术平台方面，中国大数据治理在实践过程中往往将主数据、元数据、数据质量、数据标准等功能模块统一纳入数据资源综合管理服务平台，并进行面向不同用户的定制化开发，实现一站式数据管理，有效提升了用户体验。

但是，中国的大数据治理实践中也存在一些问题。比如，在方法论方面，跨部门、跨系统、跨业务的横向协同机制不健全，导致相应的大数据治理效果不理想；在技术平台方面，因国外主流的数据管理与数据质量管理平台对中文数据的兼容性不佳，造成相关平台在大数据治理中的应用效果较差。

（三）我国大数据治理的瓶颈

1. 法治困境

良好的法治环境与完善的法律支撑，是开展大数据治理的基础前提。我国信息公开、数据共享、数据互通等方面的法律法规相对滞后。虽然在2005年、2008年我国先后实施了《中华人民共和国电子签名法》《中华人民共和国政府信息公开条例》，对政府部门的数据共享和业务协同起到了一定推动作用，但是在跨部门、跨层级、跨区域的数据互认互信互通方面，仍缺乏相关法律条文予以支撑，进而影响了数据治理相关业务的开展。法治困境主要有以下表现：

1）大数据的一致性和权威性得不到有效保证，影响数据的可用性。

2）数据归属权和权益分配不明确，即数据归属属性不清、尚无健全的个人信息保护法律体系。

3）立法不完善，现有法律法规对跨部门、跨业务的信息公开范畴规约不清，信息公开条例例外边界划分不明。

2. 管理困境

传统的管理模式和组织架构已很难适应和支撑新时期跨区域、跨部门、跨层级、跨系统、跨业务的数据共享，成为目前大数据治理遇到的最大挑战。目前，80%的数据资源掌握在政府部门，对于数据资源的归属、采集、集成、挖掘、利用等权利、责任、利益方面，我国尚未有相应的制度化规约。信息资源部门壁垒化、部门资源封闭利益化的现象普遍存在，对数据资源的共享、互通、开放与协同开发利用等，造成了难以逾越的鸿沟，也加剧了信息资源的分割、"孤岛"和垄断，阻碍了大数据资源的有效整合与综合应用。

3. 思维困境

数据治理的前提是树立正确的大数据观。大数据思维就是以数据为中心和出发点，从海量信息中发现问题、剖析问题、理解问题、解决问题，用数据来管理社会、经济活动，用数据来进行科学决策的一种思维模式。大数据作为一门新兴学科，是科学的度量，是战略信息资源，是继实验科学、理论科学和计算科学之后的第四种科学研究模式，遵循"要全体不要抽样、要效率不要绝对精确、要相关不要因果"三大原则。但是，受传统数据处理思想观念、管理行为、行为模式的影响，人们对大数据的思维认知仍存在诸多误区，急需开展进一步的专题研究与宣教予以一一厘清。

第二节　大数据治理框架

大数据治理框架是指为了实现大数据治理的战略与目标，利用数据治理概念间的关系组织起来的一种逻辑结构。

一、DAMA 框架

在规划编写 DAMA-DMBOK 一书的过程中，DAMA 认识到如下需求：

（1）全面和普遍被接受的数据管理职能过程模型。这一模型定义了对数据管理活动的标准看法。

（2）组织环境要素。这些要素包括目标、原则、活动、角色、主要成果、技术、技能、指标和组织架构。

（3）用于在组织文化范围内讨论数据管理各方面问题的标准框架。

为满足上述需求，DAMA 列出了数据管理的十大职能和 7 大环境要素。

（一）职能框架

DAMA 总结了数据管理的十大职能，即数据治理、元数据管理、数据质量管理、数据安全管理、数据操作管理、文档和内容管理、参考数据和主数据管理、数据架构管理、数据开发、数据仓库和商务智能管理，其中数据治理居于核心位置。图 9 - 1 列出了数据管理的十大职能，以及每个职能的范围。

（1）数据治理：数据资产管理的权威性和控制性活动（规划、监视和强制执行），是对数据管理的高层计划与控制。

（2）数据架构管理：定义企业的数据需求，并设计蓝图以便满足这一需求。该职能包括在所有企业架构环境中，开发和维护企业数据架构，同时也开发和维护企业数据架构与应用

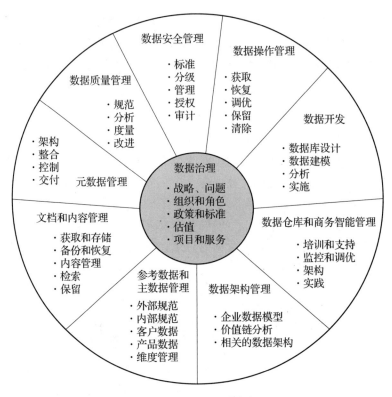

图9-1 DAMA 职能框架

系统解决方案、企业架构实施项目之间的关联。

（3）数据开发：系统开发生命周期（SDLC）中以数据为主的活动，包括数据建模、数据需求分析、设计、实施和维护数据库中数据相关的解决方案。

（4）数据操作管理：对于结构化的数据资产在整个数据生命周期（从数据的产生、获取到存档和清除）进行的规划、控制与支持。

（5）数据安全管理：规划、开发和执行安全政策与措施，提供适当的身份以确认、授权、访问与审计。

（6）参考数据和主数据管理：规划、实施和控制活动，以确保特定环境下的数值的"黄金版本"。

（7）数据仓库和商务智能管理：规划、实施与控制过程，给知识工作者们在报告、查询和分析过程中提供数据和技术支持。

（8）文档和内容管理：规划、实施和控制在电子文件和物理记录（包括文本、图形、图像、声音及音像）中发现的数据存储、保护和访问问题。

（9）元数据管理：为获得高质量的、整合的元数据而进行的规划、实施与控制活动。

（10）数据质量管理：运用质量管理的技术来衡量、访问、提高和确保使用数据适当性的规划、实施与控制活动。

（二）环境要素

DAMA 还详细阐述了数据治理的七大环境要素，包括目标和原则、活动、主要交付物、角色和职责、实践和方法、技术、组织和文化，如图9-2所示。

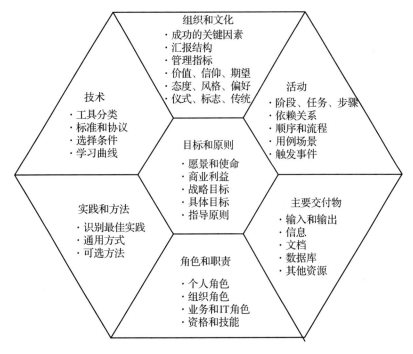

图9-2　DAMA 环境要素框架

1．基本环境要素

（1）目标和原则：每个职能的方向性业务目标，以及指导每个职能绩效的基本原则。

（2）活动：每个职能都由第一级的活动组成，有些活动下还有子活动，活动每一步可分解成任务和步骤。

（3）主要交付物：信息、物理数据库及各职能在管理过程中最终输出的文档。有些交付物是必需的，有些是建议性的，还有些则视情况而定是可选的。

（4）角色和职责：参与执行和监督职能的业务和 IT 角色，及其承担相应职能中的具体职责。很多角色都参与数据管理的多个职能。

2．配套环境要素

（1）实践和方法：常见和流行的方法，以及交付物的执行过程和步骤。实践和方法也可能包括共同的约定、最佳实践建议及简单描述的可选方案。

（2）技术：配套技术（主要是软件工具）的类别、标准和规程、产品的选择标准和常见的学习曲线。根据 DAMA 国际的宗旨，这里的"技术"不涉及具体的厂商和产品。

（3）组织和文化。组织和文化可能包括以下几个方面：

1）管理指标，如规模、工作量、时间、成本、质量、成效、效率、成功和商业价值的度量。

2）成功的关键因素。

3）汇报结构。

4）签约策略。

5）预算和相关资源的分配问题。

6）团体和群体动态。

7）权威和授权。

8）共同的价值观和信仰。

9）期望和态度。

10）个人风格和偏好差异。

11）文化仪式、礼节和符号。

12）组织传统。

13）变革管理的建议。

二、ISACA 框架

COBIT 是国际信息系统审计协会（ISACA）面向过程制定的信息系统审计与评价标准，该标准体系已在世界 100 多个国家的重要组织与企业中运用，指导这些组织有效利用信息资源，有效地管理与信息相关的风险。目前已更新至 5.0 版，成为国际公认的信息技术管理与控制框架。COBIT 5 是一种自上而下的、基于原则的框架，规约了数据治理的端到端覆盖企业、启用一种综合的方法、满足利益相关者需求、采用单一集成框架、严格区分数据治理与管理五项基本原则，如图 9-3 所示。

COBIT 5 提出的数据治理理论是一种原则驱动的方法论，通过五项基本原则推演出数据治理的完整体系，使企业能够建立一个有效的治理与管理框架。

三、DGI 框架

DGI 通过组织、规则、流程三个层面，总结了数据治理的十大关键因素，并基于此构建了自己的数据治理框架，如图 9-4 所示。DGI 框架的组件按职能的不同可划分为三组，即组织、规则和流程。组织是制定和执行数据治理规则与规范的组织结构；规则是建立、规范和协调数据治理过程涉及的包括需求、标准、政策、责任、控制等规则，同时指导不同部门共同制定和落实规则的工作规范；流程是数据治理所应遵循的工作步骤与流程，此过程须是正式的、书面的、可循环的与可重复的。

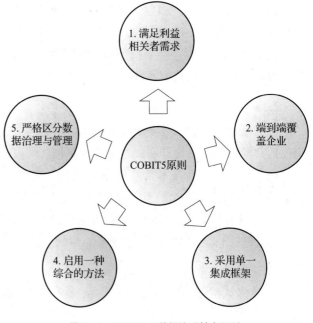

图 9-3　COBIT 5 数据治理基本原则

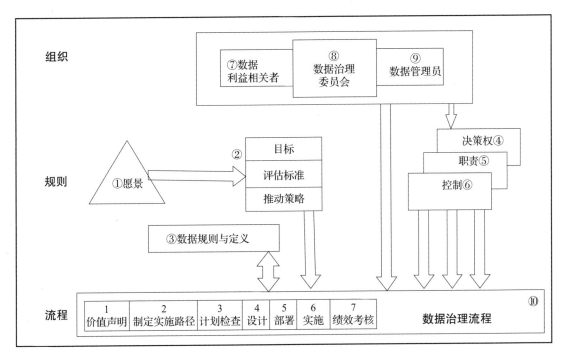

图 9-4　DGI 框架

DGI 框架采用 5W1H 法则进行设计，分为组织、规则、流程三个层面。5W1H 在数据治理模型中的应用如下：Who，数据利益相关者；What，数据治理的作用；When，何时开展数据治理；Where，数据治理位于何处（当前的成熟度级别）；Why，为什么需要数据治理框架；How，如何开展数据治理。组织层面，⑦~⑨组件将相关人员分为数据利益相关者、数据治理委员会和数据管理员，对应的是框架中的人员职责（Who）。规则层面，前 6 个组件分别为愿景、重点区域（目标、评估标准、推动策略）、数据规则与定义、决策权、职责和控制。其中愿景回答了为什么（Why）进行数据治理的问题，其他组件负责规定数据治理的具体规则（What）。流程层面，最后一个组件是数据治理流程（How），同时设定了数据治理项目的典型时间节点安排（When）。

四、IBM 框架

IBM 数据治理委员会认为业务目标或成果是数据治理最为关键的要素，其实现受组织结构与认知度、政策、数据相关责任方等三个促成因素的影响。除此之外，信息生命周期管理、信息安全与隐私、数据质量管理、分类与元数据、数据架构、审计、报告与日志等数据治理的核心与支撑要素，在数据治理过程中也需要重点关注。

IBM 框架分为成果、促成因素、核心域和支撑域四个层次，如图 9-5 所示。

成果是数据治理计划的预期结果，通常致力于数据风险管理与合规和价值创造。数据风险管理与合规用来确定数据治理与风险管理的关联度及合规性，用来量化、跟踪、避免或转移风险；价值创造是通过有效的数据治理，实现数据资产化帮助组织创造更大的价值。

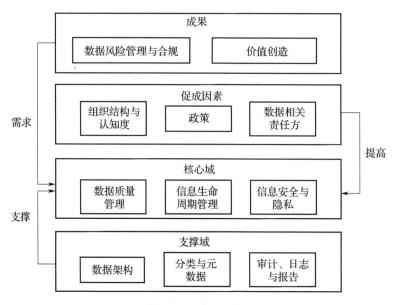

图 9-5　IBM 框架

促成因素包括组织结构与认知度、政策和数据相关责任方。数据治理需要建立相应的组织机构（例如数据治理委员会、数据治理工作组等），并安排全职人员开展数据治理工作，同时，需要建立起数据治理的相关制度并且获得高管的重视。

核心域包括数据质量管理、信息生命周期管理和信息安全与隐私。数据质量管理包括提升数据质量，保障数据的一致性、准确性和完整性的各种方法。信息生命周期管理包括对各种类型数据（如结构化数据、非结构化数据、半结构化数据）全生命周期管理的相关策略、流程和分类。信息安全与隐私涉及保护数据资产和降低数据安全风险的各种策略、实践和控制方法。

支撑域包括数据架构、分类与元数据，以及审计、日志与报告。数据架构是指系统体系结构设计，支持向适当的用户提供和分配数据。分类与元数据即通过元数据的技术，对组织的业务元数据、技术元数据进行梳理，形成数据资产的统一资源目录。审计、日志与报告是指数据合规性、内部控制、数据管理审计相关的一系列管理流程和应用。

五、Gartner 框架

高德纳公司（Gartner）对于数据治理的定义如下：数据治理（Data Governance）是一种技术支持的学科，其中业务和 IT 协同工作，以确保企业共享的主数据资产的一致性、准确性、管理性、语义一致性和问责制。Gartner 认为数据治理对于数据管理计划是必不可少的，同时控制不断增长的数据量以改善业务成果。越来越多的组织意识到数据治理是必要的，但是它们缺乏实施企业范围的治理计划的经验。Gartner 提出了数据治理与信息管理的参考模型，将数据治理分为四个部分：规范、计划、建设和运营。Gartner 数据治理模型的四个部分定义了企业数据治理的四个阶段重点应关注的内容，如图 9-6 所示。

图9-6 Gartner数据治理和信息管理要素模型

（1）规范。这主要是数据治理的规划阶段，定义数据战略、确定数据管理策略、建立数据管理组织以及进行数据治理的学习和培训，并对企业数据域进行梳理和建模，明确数据治理的范围及数据的来源去向。

（2）计划。数据治理计划是在规划基础之上进行数据治理的需求分析，分析数据治理的影响范围和结果，并厘清数据的存储位置和元数据语义。

（3）建设。设计数据模型，构建数据架构，制定数据治理规范，搭建数据治理平台，落实数据标准。

（4）运营。建立长效的数据治理运营机制，坚持执行数据质量监控和实施，数据访问审计与报告常态化，实施完整的数据全生命周期管理。

六、中国 ITSS 框架

2015 年，中国信息技术服务标准（ITSS）综合 DAMA、DGI、IBM 等数据治理模型，结合实际案例构建了包含三个框架的数据治理模型，即 ITSS 框架，三个框架分别是原则框架、范围框架、实施和评估框架，如图 9-7 所示。

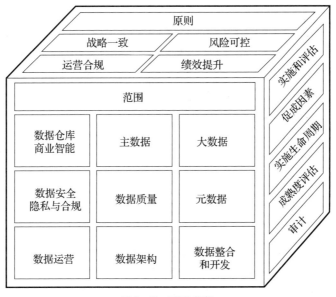

图9-7 ITSS框架

原则框架给出了大数据治理工作所遵循的首要的、基本的指导性法则，即战略一致、风险可控、运营合规和绩效提升。

依据四个原则开展九个关键域的治理，范围框架明确了数据治理的主要工作，定义了数据治理的范围和任务，分为三层，最下面为基础层，中间为保障层，上面为应用层。其中，应用层增加了大数据，将大数据作为支撑战略的应用特性加以提炼，并对基础层和保障层产生影响。

范围框架描述的九个大数据治理关键域包括数据仓库商业智能、主数据、大数据、数据安全隐私与合规、数据质量、元数据、数据运营、数据架构、数据整合和开发。这九个关键域指出了大数据治理决策层应该在哪些关键领域内做出决策。

实施和评估框架描述了大数据治理实施和评估过程中需要重点关注的关键内容，包括促成因素、实施生命周期、成熟度评估和审计四个部分。在数据治理实施层面，应考虑两个重要方面：数据治理的实施周期和数据治理的成熟度评估。生命周期展示了依据过程的角度开展治理工作，成熟度评估可以帮助企业了解当前的治理水平，并指明改进的路径。

各行业数据治理的相关主客体、目标和环境不同，不同组织提出的模型大多也不同。下面根据大数据的类型、特点及其治理所面临的问题，以 IBM 数据治理模型为基础，参考其他模型与要素，构建了大数据治理框架。该框架由战略与目标、治理域、治理保障、实施与评估四个功能模块组成，有机结合并相互支撑。四个功能模块按其重要性排序为先上后下、先左后右，如图 9-8 所示。

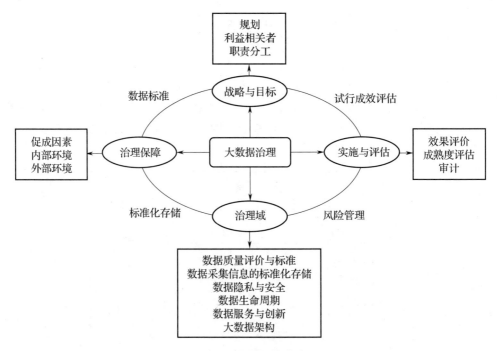

图 9-8　大数据治理框架

（一）战略与目标

战略与目标的重要性是第一位，其含义是须在机构领导者的战略支持下对数据治理相关的活动进行规划指导，包括数据治理发展规划、利益相关者的决策参与、职责分工等。大数据的目标是提供高质量数据服务，挖掘大数据价值。建立机构的数据治理架构，须明确岗位分工、职责与权限，通过加强机构的协同一致性，促进战略目标的达成。

（二）治理域

大数据的治理域是治理过程中的重点，即主要决策领域。包括数据质量评价与标准、数据采集信息的标准化存储、数据隐私与安全、数据生命周期、数据服务与创新、大数据架构等。

1. 数据质量评价与标准

数据质量评价与标准体系的建立，一方面要求从数据的来源进行规范和控制，保障采集的数据均符合大数据平台对数据的要求，以便于数据比较、整合、分析与应用。另一方面要求对存储、管理、使用和传输等过程中的数据进行数据质量绩效监控，采用事中、事后监控结合，在计算执行过程中即可调用数据治理监控作业。

数据质量评价与标准有利于对结构迥异的数据进行传输、存储和共享，数据质量评价与标准化的目标是实现基础数据的规范一致性、开放共享性，进而提高数据治理的水平。完善的数据质量评价与标准体系是建立基因数据库的基础，也是提高数据质量的基础。

2. 数据采集信息的标准化存储

大数据治理过程中应建立一套完整而又严格的数据标准化处理、标准化存储、入库格式化检查等体系，以便于数据调取、使用及融合，增加数据利用价值。

3. 数据隐私与安全

大数据时代离不开各数据库的数据开放和共享，敏感信息需要完善的管理规范和安全策略予以保障。数据治理主体要建立一套完整的安全管控体系，完善安全策略。从事前设置风险防线、事中通过数据隐私保护等工具进行监控，到事后存储作业痕迹，针对全流程采取相应措施，以便能够通过审计来强化整个过程的风险管控。

4. 数据生命周期

数据生命周期是指数据由采集到消亡的过程。对数据生命周期的管理应注重全程管理，基于云计算技术，在成本可控的情况下对大数据进行有效的管理，可有效提升数据价值。在使用数据的同时，对生命周期的每个流程不断进行优化，从而进一步加强机构的数据治理能力。

5. 数据服务与创新

大数据各类应用的实施过程对数据质量的要求较高，大数据治理的目标就是推动面向大数据的数据服务应用与创新。

6. 大数据架构

大数据架构是指数据层依托大数据分析技术所采用的大数据基础设施和相关组件，如存储和分析、应用和分层。它为面向大数据应用的业务需求分析、功能架构设计、服务创新模式、数据价值实现等提供指导。

（三）治理保障

治理保障由促成因素和内外部环境构成。促成因素是指在数据治理过程中起关键性作用的因素，如流程与制度、技术与工具、组织文化等。内外部环境是数据治理所处的内部环境和外部环境，如市场竞争力、行业法规和政策规范等。机构在适应技术环境、战略环境和大数据环境后，形成自身的数据治理文化氛围，通过实践运用不同技术工具，支撑数据治理的工作开展，可提高大数据治理的能力和效率。机构通过制度规范化和流程优化进行有效的风险管控，从而保障大数据的价值创造、服务创新。

（四）实施与评估

实施与评估主要是对大数据治理所需的实施环境、实施步骤和实施效果进行评价。通过评估现状，根据基本原则制定或调整战略规划，对管理数据、决策数据等相关业务的各个阶段进行分析，拟订规划方案。具体的评估方法为成熟度评估、审计等，均可度量大数据治理的能力与效果，为大数据治理及其进一步完善提供决策依据。

第三节　大数据治理的关键技术

一、大数据治理的技术框架

面向用户的大数据治理技术框架共包含数据资产管理（DAM）、数据准备平台（SDP）、数据服务总线（DSB）、消息和流数据管理（MF）、数据监控管理（DMM）五部分功能模块，如图 9-9 所示。

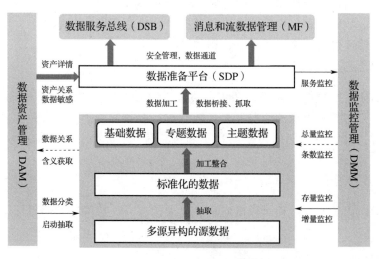

图 9-9　以用户为中心的大数据治理技术架构

其中，数据资产管理是对机构的数据信息进行统一管理，是整个平台的基础，而数据准备平台是资产服务化的加工厂，它不但能将原始数据通过服务形式以用户能看懂的方式提供，也可以通过在线数据模型设计实现最终数据产品的发布，起到承上启下的作用。数据服务总线、消息和流数据管理具有一致的价值层次，只是从数据时效性方面对数据进行区分，以适应用户不同的管理和应用诉求，两者主要承担两个核心内容，即数据通道与安全管理。不同于大数据中的数据节点管理，数据监控管理是从数据管理的视角切入，对数据的结构变化、关系变化等进行管理和控制，它是数据持续发挥价值的监管方。

二、自服务大数据治理的关键技术

（一）人工智能的知识图谱构建

大数据治理的目标是提供不断创新的数据服务，为组织创造价值，这需要快速找到数据，并快速建立数据交换的通道。

知识图谱是真实世界中存在的各种实体、概念及其关系构成的语义网络图，用于形式化地描述真实世界中各类事物及其关联关系，是一种直观的数据应用方式。知识图谱可以强化数据与知识之间的关联，加快数据与知识之间的转换效率，挖掘数据的深层价值。通过以下三个步骤实现智能化的知识图谱构建：

（1）基于组织机构的元数据信息，利用自然语言处理、机器学习、模式识别等算法模型以及业务规则对其进行过滤，实现知识提取。

（2）以本体形式表示和存储知识，自动构建知识图谱。

（3）通过知识图谱关系，利用智能搜索、关联查询手段，为用户提供更加精确的数据。

（二）细粒度的敏感信息控制

粒度是指数据仓库的数据单位中保存数据的细化或综合程度的级别。细化程度越高，粒度级就越小；相反，细化程度越低，粒度级就越大。例如，某人的某一条电子病历信息不准给别人看，或者所有病历信息中的某一个信息项不准给别人看，这种细化到具体某一行和某一列上的信息控制可以被认为是细粒度的信息控制。

信息控制是对所有数据进行安全标记，并依据安全标记关系约束和控制信息流。信息流控制的核心思想是将标签（污点）附着在数据上，标签随着数据在整个系统中传播（数据派生出的对象也将会继承原有数据标签），并使用这些标签来限制程序间的数据流向。机密性标签可用于保护敏感数据不被非法或恶意用户读取，完整性标签可使重要信息或存储单元免受不可信或恶意用户的破坏。

为实现有效的信息流控制，需要对数据内容进行安全管理。数据内容安全管理包括对信息系统和数据进行敏感度等级划分的定义、浏览、检验，辅助安全规则在业务、技术领域的应用；在功能上主要包括数据和系统敏感性分级、数据安全策略定义管理、安全策略输出、安全管理报告、数据安全检核、敏感数据角色管理、敏感数据权限管理以及相关电子审批流程。

细粒度的敏感信息控制模型可满足敏感数据的安全需求，同时兼顾数据的保密性、完整性和可用性，能解决数据内容安全问题。

（三）大数据服务生产线

自助化的大数据服务生产线主要涉及自助查询所需数据、自动生成数据服务、及时稳定的数据通道、数据安全保证等四个关键点。自助化的大数据服务生产线可以通过以下步骤来实现：①根据业务需要，从业务目录中自助查询所需要的数据。②基于数据权限申请数据，可通过 Web 服务、数据库服务或者文件服务来实现。③数据应用审核，以保证数据安全。

④将加密或脱敏后的数据进行开发，生成自动化数据服务目录。⑤服务发布，实现数据共享应用。

自助化的数据生产线可减少数据使用方对开发人员的依赖，通过自行整合开发即可获取数据，满足大部分的数据需求。

（四）多维度实时的数据资产信息展示

数据治理平台需要提供实时、连续、全面的数据监控，不仅能从作业、任务、模型、物理资源等方面进行24h不间断的360°数据资产监测，还能对数据的及时性、安全性、问题数据量等数据健康环境进行全面的预警。

多维度实时的数据资产信息展示可以通过以下步骤来实现：

（1）从公司数据战略需求出发，分析公司业务体系，从技术、经济、市场等多层次深入分析业务开展的外部环境，根据公司业务特点和数据特点，明确数据资产信息展示的多个维度。

（2）从作业、模型、物理资源等多方面进行全面的数据资产盘点，在数据及时性、问题数据量等多个维度上制定信息评价指标。

（3）通过数据资产可视化，对数据进行业务化展示及管理，使企业经营管理者可以有效掌握数据资产的质量状况、使用状况和数据分布等情况。

（五）以业务元模型为核心的数据微服务

微服务是指将原来庞大复杂的软件工程进行服务解耦，改由以独立单一的应用程序组成的软件架构方式。当前，各大互联网公司均使用了微服务技术，并且根据自身业务属性开源或改造了微服务框架，包括阿里的 Dubbo、京东的 JSF、新浪微博的 Motan、当当网的 Dubbox，以及在开源领域目前非常火的 Spring Cloud。

数据需要以服务的形式提供给用户，在服务的提供上传统方式已不适合，需要采用微服务的方式提供，即每个单独数据微服务自行对所提供数据做缓存，在其中利用元数据能力，将知识（业务模型）与技术（数据模型）相结合，从而向数据用户提供多种数据能力，使用户能够以多种方式使用数据。

微服务的解耦合、去中心化等特性，有利于数据服务的扩展和便捷运行维护。微服务之间是松耦合的，可以实现自动部署，一项服务的更新和部署不会影响其他服务。以业务元模型为核心的数据微服务，可以解决传统数据服务平台协议复杂、体量庞大、在扩展性和易维护性方面存在不足的问题，实现更加灵活的数据共享。

第四节　大数据治理的实施

在大数据治理框架的基础上，如何实现大数据治理活动，可以从组织架构设计、实施流程与路径、数据架构管理等八个方面出发，制定大数据治理体系，实现大数据治理实施方案与路径。

一、组织架构设计

大数据治理体系涉及国家、行业、组织三个层面，接下来将分别展开论述。

（一）国家层面

需要在法律法规层面明确数据资产的地位，确立全面的标准体系支撑。管理机制方面，需要建设良好的管控协调机制，完善多层级的管理体制和高效的管理机制，促进数据产业的健康发展。数据共享与开放已成为大数据成功应用的关键，应建设政府主导的不同层级的数据共享平台与开放环境，并出台数据安全与隐私保护的法律法规，保障国家、组织和个人的数据安全。

（二）行业层面

行业带有自组织的属性，针对特定行业的大数据治理，应建设完善的大数据治理规则，建立相关的组织机构，制定行业数据管理制度以及数据开放共享的规则，构建大数据共享交换平台，提供专业的大数据服务。

（三）组织层面

需要相关机构通过规定将数据定性为核心资产，并完善数据价值实现、质量保障等方面的组织结构和过程规范，提升机构数据治理的能力。为实现大数据治理，机构还需构建涵盖大数据管理、存储、质量控制、共享与开放、安全与隐私保护等的技术支撑。

另外，组织战略通过授权、决策权和控制影响组织结构，其中控制是通过组织架构设计来督促员工完成组织战略与目标，而授权和决策权直接影响组织架构的形式。组织应建立明确大数据治理的组织架构，明确相关职责，以落实大数据战略，大数据治理组织主要包括以下治理活动：

（1）根据大数据应用的业务情况建立大数据组织的职责分配模型，即谁负责、谁批准、咨询谁和通知谁，明确职责与分工。

（2）扩展传统数据治理的范围与传统治理委员会的角色及职责，将相关利益方和大数据专家纳入。

二、实施流程与路径

实施大数据治理的目标是获取价值、服务创新和管控风险。要想成功地实施大数据治理，一是需要明确拟解决的关键问题，二是确定问题解决的阶段和步骤，三是确定每个阶段需要关注的重点。具体来看，大数据治理项目实施可分为七个阶段：机遇识别、现状评估、目标制定、方案制定、方案执行、运行与测量、监控与评估。每个阶段需要解决的具体问题及关注点见表9-3。

表9-3　大数据治理的实施阶段

序号	实施流程	主要关注点	解决的主要问题
1	机遇识别	团队建设、组织文化，以及分析实施的价值与风险、选择组织架构范围	驱动因素是什么

（续）

序号	实施流程	主要关注点	解决的主要问题
2	现状评估	现状分析、成熟度评估	处于什么位置
3	目标制定	战略规划、现状与目标差异、建立标准和规范	希望实现什么目标
4	方案制定	开发和执行计划、规划组织架构和岗位职责	需要做什么
5	方案执行	团队的实施、实施后成果的转化	如何达到
6	运行与测量	运营与测量指标归纳、项目质量管理	是否实现
7	监控与评估	根据标准和规范开展实施后评估	如何持续

在不同阶段，项目的侧重点不同：在启动阶段，应关注组织文化和团队建设；在中期阶段，应关注项目进度、质量和成本的管理；在项目末期，则应关注项目的评估与控制。

此外，大数据治理实施路径还可以分为成立领导小组、梳理数据资产、构建机构内部大数据治理体系、选择技术工具、评估和审计五个步骤，如图9-10所示。

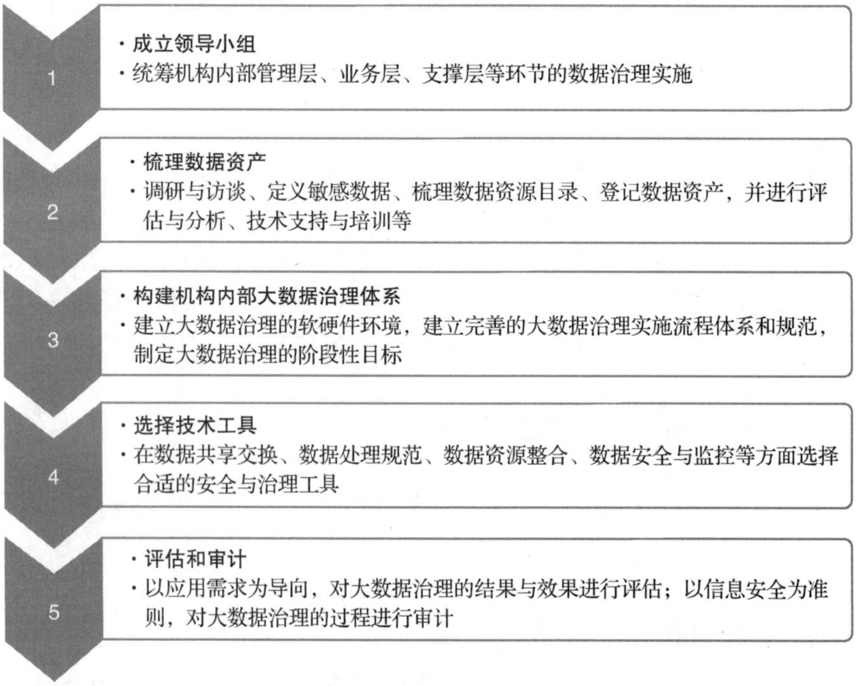

图9-10　大数据治理实施路径 "五步走"

三、数据架构管理

数据架构是一套整体构件规范，用于定义数据需求，指导对数据资产的整合和控制，使数据投资和业务战略相匹配。数据架构包括正式的数据命名、全面的数据定义、有效的数据结构、精确的数据完整性规则和健全的数据文档等。

企业数据架构是更大的企业架构中的一部分。在企业架构中，数据架构与其他业务和技术架构相整合。企业数据架构是一套规范和文档的集合。它主要包括以下三类规范：①企业数据模型：企业数据架构的核心。②信息的价值链分析：使数据与业务流程及其他企业架构的组件相一致。③相关数据交付架构：包括数据库架构、数据整合架构、数据仓库/商务智能架构、文档和内容架构，以及元数据架构。

其中，数据架构管理是定义和维护如下规范的过程：①提供标准的、通用的业务术语或辞典。②表达战略性的数据需求。③为满足上述需求，概述高层次的整合设计。④使企业战略和相关业务构架相一致。

数据架构参考模型主要包括数据架构、流程架构、业务架构、应用架构、技术架构以及价值链分析等：①数据架构包括企业数据模型和其他数据架构。其中，企业数据模型包括主体域、实体层级、概念视图、企业逻辑视图、企业数据字典、业务术语、实体生命周期/状态、参考数据值、数据质量规则，其他数据架构包括数据交付架构、数据仓库架构、数据集成架构、内容管理架构、元数据架构、数据模型标准、系统开发生命周期模板等。②流程架构包括职能分解、流程工作流、信息产品、事件和业务周期、程序规则等。③业务架构包括目标和战略、组织架构、角色和职责、地点位置等。④应用架构包括应用系统组合、实施项目组合、软件组件架构、面向服务的体系结构（SOA）等。⑤技术架构包括平台、网络拓扑、标准和协议、软件工具组合等。⑥价值链分析包括数据、业务流程、组织、角色、应用、地点、目标、项目和技术平台之间的关系等。

四、元数据管理

元数据是指"与数据有关的数据"。元数据可以为数据说明其元素或属性（如：名称、大小、数据类型等），或结构（如：长度、字段、数据列），或其相关数据（如：位于何处、如何联系、拥有者）。简单来说，只要能够用来描述某个数据的，都可以认为是元数据。

随着互联网的发展，企业大数据环境中的数据形态多样，且标准不统一，数据间的采集、传播和共享日渐困难，需要企业对这些数据进行统一标准的管控，即元数据管理。

元数据管理是企业数据治理的基础，通过计划、实施和控制活动，实现轻松访问高质量的整合的元数据。通常，实现企业元数据管理有两大基本步骤：一是创建和维护元数据，搞清楚要管理哪些元数据以及这些元数据在什么地方，以何种形态存储，它们之间有怎样的联系；二是建立元数据的模型（元模型）和各元模型之间的逻辑关系。

五、主数据管理

主数据是具有共享性的基础数据，可以在企业内跨越各个业务部门被重复使用，因此通常长期存在且应用于多个系统。由于主数据是企业基准数据，数据来源单一、准确、权威，具有较高的业务价值，因此是企业执行业务操作和决策分析的数据标准。常见的主数据包括：①当事人主数据，包括有关个人、组织、客户、合作伙伴、竞争对手等在不同的行业和领域的当事人主数据，例如，在商业环境中，包括客户、员工、厂商、合作伙伴和竞争对手的数据。②财务主数据，包括业务单元、成本中心、利润中心、总账账户、预算、计划和项目数据等。③产品主数据，这里的"产品"是指一个组织的内部产品或服务，或整个行业的（包括竞争对手）的产品和服务。产品主数据可以是结构化的或非结构化的，它可能包括产品或服务的基本信息，也可能包含其装配组件清单、零件/原材料、版本、修订、价格、折扣条款、配套产品、设计文件、图像、配方、标准操作规程等内容。④位置主数据，即针对某个当事人的地址和位置、地理定位坐标等信息。

主数据管理是指一套用于生成和维护企业主数据的规范、技术和方案，以保证主数据的完整性、一致性和准确性。简单来说，主数据管理的目的是保证系统的协调性、通用性和主数据的正确性。

主数据管理要做的就是从企业的多个业务系统中整合最核心的、最需要共享的数据（主数据），集中进行数据的清洗和丰富，并且以服务的方式把统一的、完整的、准确的、具有权威性的主数据分发给全企业范围内使用，包括各个业务系统、业务流程和决策支持系统等。

主数据管理使得企业能够集中化管理数据，在分散的系统间保证主数据的一致性，改进数据合规性、快速部署新应用、充分了解客户、加快推出新产品的速度。有效的主数据管理可以带来降低运营成本、提高灵活性、提高合规性并降低风险、增加销量等方面的好处，具体包括：①降低运营成本，有效的主数据管理可以实现手动流程的自动化，并减少错误，还可以为企业消除冗余。②提高灵活性，有效的主数据管理可以快速整合不同系统中的客户信息，使得企业可以更加轻松地发现新的销售机遇或未开发的区域，抓住潜在的新兴市场。这也有助于企业更加全面地了解客户，根据客户喜好定制产品或服务，提高服务质量。③提高合规性并降低风险，主数据管理可以减少欺诈行为。由于业务流程协调一致并采用准确数据，用户跳过关键步骤的机会减少，因此更加利于遵循政府法规、行业标准和企业服务等级协定（SLA）的要求。同时，主数据管理有助于确保企业获取完整的数据位置视图，增强企业对数据访问的控制。④增加销量，企业可以更加轻松地识别高价值客户，更加轻松地实施交叉销售、向上销售和针对性促销。

六、数据质量管理

数据质量管理是对包括计划、获取、存储、共享、维护、应用、生命周期消亡的每个阶段中可能引发的数据质量问题，进行识别、度量、监控、预警等一系列管理活动，并通过改善和提高组织的管理水平使得数据质量获得进一步提高。数据质量管理是一个集方法论、技术、业务和管理为一体的解决方案，重点关注数据真实性、唯一性、完整性、一致性、关联性和时效性等问题，通过有效的数据质量控制手段，进行数据的管理和控制，消除数据质量问题，提升数据在使用中的价值，并最终为企业赢得经济效益。

大数据质量管理是一个持续的动态过程，它为满足业务需求的大数据质量标准制定规格参数，并确保大数据质量能够遵守这些标准。大数据质量管理与传统的数据质量管理不同，传统的数据质量管理重在风险控制，主要是根据已定义的数据治理标准进行数据标准化、数据清洗和数据整合；由于数据来源、处理频率、数据多样性、置信度、分析位置、数据清洗时间上存在着诸多差异，因此大数据质量管理更加注重数据清洗后的整合、分析和价值利用。

大数据质量管理包括大数据质量分析、问题跟踪和合规性监控。大数据质量问题跟踪主要是通过自动化与人工相结合的手段，通过业务需求和业务规则识别数据异常，排除无效数据。而大数据质量合规性监控，主要针对已定义的大数据质量规则进行合规性检查和监控，如针对大数据质量 SLA 的合规性检查和监控。

大数据环境下，大数据质量管理活动主要包括：①指导和评估大数据质量管理的策略，明确大数据质量管理的范围和所需资源，确定大数据分析维度、规则和关键绩效度量指标，为大数据质量分析提供标准和依据。②评估大数据质量服务等级和水平，将大数据质量管理服务纳入业务流程管理中。③评估大数据质量测量指标，包括大数据质量测量分析维度和规则等，对选定的数据进行检查。④监控大数据质量，根据监控结果进行差距分析，找出存在的问题和发生问题的主要原因，提出大数据质量改进方案。⑤监控大数据质量管理操作流程的合规性和绩效情况。

七、数据标准化

数据标准化是企业或组织对数据的定义、组织、监督和保护进行标准化的过程。数据标准化处理主要包括数据同趋化处理和无量纲化处理两个方面。数据同趋化处理主要解决不同性质数据问题。数据无量纲化处理主要解决数据的可比性。

数据标准依据不同的实施领域可分为三类：基础类、分析类和专有类。

（1）基础类数据是企业日常业务开展过程中所产生的具有共同业务特征的基础性数据，如客户、产品、财务等。

（2）分析类数据是指为满足公司内部管理需要及外部监管要求，在基础性数据基础上按一定统计、分析规则加工后的数据。

（3）专有类数据是公司架构下子公司在业务经营及管理分析中所涉及的特有数据。

一般来说，数据标准包括三个文档：标准主题定义文档、标准信息项文档、标准代码文档。其中：标准主题定义文档主要是记录数据标准的定义、分类，用于规范和识别数据的主题归属；标准信息项文档负责记录数据主题的信息项业务属性（包括分类、业务含义、业务逻辑）和技术属性（包括类型、长度、默认规则）；标准代码文档负责记录信息项固定码值的编码、分类和使用规则等。

标准信息项文档是数据标准的核心，一般由信息大类、信息小类、信息项、信息项描述、信息类别和长度六项组成。

数据标准化的方法有很多种，常用的有"最小 – 最大标准化"等。在数据分析之前，通常需要先将数据进行标准化，将原始数据转换为无量纲化指标测评值，然后进行数据分析。

一般数据标准化包括制定、落地、维护等过程。其中，制定过程包括规划、调研、设计，落地过程通过映射、标准执行等实现，维护过程保证了数据标准的持续更新。

八、数据资产化

数据资产包括企业内部数据、企业外部数据和企业购买数据。可明确作为"资产"的数据资源，表现为可帮助现有产品实现收益的增长或本身可产生价值的数据。明确将数据作为资产，就可以将数据的归属、估值、交易、管理等纳入人类社会的一般资产管理体系，这样对其确权、流通、交易、保护就有了明确的支持。

数据资产管理是企业及组织采取的各种管理活动，用以保证数据资产的安全完整、合理配置和有效利用，从而提高数据资产带来的经济效益，保障和促进各项事业发展。一般而言，它包含数据资产治理、数据资产应用和数据资产经营三个领域。

大数据时代，企业战略将从"业务驱动"转向"数据驱动"，数据资产化成为企业未来发展方向。随着数据资源越来越丰富，数据资产化将成为企业提高核心竞争力、抢占市场先机的关键。企业通过收集、分析大量内部和外部的数据，获取有价值的信息。通过挖掘这些信息，企业可以预测市场需求，进行智能化决策分析，从而制定更加行之有效的战略。

在盘点企业数据资产的过程中，需要围绕企业发展战略，深入理解和把握企业业务价值创造周期内的各个流程环节，才可以更好地发现并进一步梳理数据资产。

案例分享　"滴滴出行" App 下架带来的反思：数据是国家主权的一部分

随着社会的发展和科技的进步，老百姓享受到了更多便利，同时也产生了大量的数据，各类数据迅猛增长、海量聚集，对经济发展、人民生活产生了重大而深刻的影响。数据安全已成为事关国家安全与经济社会发展的重大问题。

2021 年 7 月 4 日，国家网信办发布消息：经检测核实，"滴滴出行" App 存在严重违法违规收集使用个人信息问题；网信办依据《中华人民共和国网络安全法》相关规定，通知应用商店下架"滴滴出行" App，要求滴滴出行科技有限公司严格按照法律要求，参照国家有关标准，认真整改存在的问题，切实保障广大用户个人信息安全。

在此之前，7 月 2 日，"滴滴出行"被安全审查，原因如下：为防范国家数据安全风险，维护国家安全，保障公共利益，依据《中华人民共和国国家安全法》《中华人民共和国网络安全法》，网络安全审查办公室按照《网络安全审查办法》，对"滴滴出行"实施网络安全审查。为配合网络安全审查工作，防范风险扩大，审查期间"滴滴出行"停止新用户注册。

在"滴滴出行" App 下架事件之后，"运满满""货车帮""BOSS 直聘"也因数据安全问题被网络安全审查。

从此次事件中不难发现，"滴滴出行"涉及道路交通信息、个人隐私信息，"运满满"和"货车帮"收集了大量物流信息，"BOSS 直聘"则掌握了海量的就业信息。这些数据一旦出现安全问题，不仅会影响个人安全，更会影响国家安全。

由此可见，数据已经不仅仅是个人财产权和隐私权的一部分，也是国家主权的一部分。

2021 年 6 月 10 日发布、2021 年 9 月 1 日起施行的《中华人民共和国数据安全法》，重点确立了数据安全保护的各项基本制度，完善了数据分类分级、重要数据保护、跨境数据流动和数据交易管理等多项重要制度，形成了我国数据安全的顶层设计。

《中华人民共和国数据安全法》的颁布，有利于提升数据安全治理和数据开发利用水平，有利于完善我国数据治理法律建设，也为全球数据安全治理贡献了中国智慧和中国方案。

本章关键词

数据治理；大数据治理；大数据治理框架；技术架构；实施流程；实施路径；组织架构

课后思考题

1. 试述大数据治理的五个核心要素。
2. 试述制约大数据治理的主要因素。
3. 简述大数据治理面临的挑战与应用。

大数据在管理决策中的综合应用

本章提要	近些年来，国家大力推动大数据的发展，大数据技术已经应用在人们生活的方方面面。本章主要是对大数据在社会中的具体作用进行学习，通过本章的学习，能够充分了解大数据的应用领域以及具体的作用，对大数据的重要性有着更深层次的理解。
学习目标	掌握大数据分析在具体应用中的作用。 重点：大数据在组织内部经营、物流管理决策、零售决策、政府决策、智能制造、医疗健康领域中的应用。 难点：大数据分析在哪些方面对决策产生影响。

导入案例

菜鸟网络应用大数据

菜鸟网络成立于 2013 年 5 月，由阿里巴巴集团、银泰集团联合复兴集团、富春集团、顺丰、三通一达（申通、圆通、中通、韵达）在深圳联合成立，希望在 5 ~ 8 年的时间，努力打造遍布全国的开放式、社会化物流基础设施，建立一张能支撑日均 300 亿元（年度约 10 万亿元）网络零售额的智能骨干网络。据中国电子商务研究中心监测数据，除了校园菜鸟驿站，2018 年全国有 2 万多个菜鸟驿站提供"最后一公里"综合物流生活服务。

菜鸟网络布局包括天网、地网和人网。天网就是数据平台，通过与商家和物流公司、消费者数据对接，将数据全部整合进去之后，实现物流供应链的优化。地网是这套系统线下的承载实体，就是仓储和物流园。人网是神经末端，如菜鸟网络和便利店合作的菜鸟驿站，解决末端配送压力问题。

在国际业务方面，菜鸟网络更多是利用大数据的分析，在海外商家和消费者集中的国家与地区建立海外仓网络，并利用当地的社会化物流资源做首公里/末公里的提货和配送，在美国/欧洲/大洋洲已经建立和在建多个海外仓，并开始与当地市场上的主流快递公司合作提供揽收和宅配服务。

菜鸟网络实际上是阿里巴巴线下经济实体，协同生态圈内的 14 家主流快递公司，数据共享、资源互联，充分利用大数据，旨在通过大数据的精准预测来引导商家备仓发货，合作快递企业在"双 11"期间提前安排重点线路、分拨中心、网点的揽派情况，调配人力物力等各种资源。同时，菜鸟网络提供的电子面单平台有效帮助商家在"双 11"期间提高发货效率、降低操作成本。

思考：

如何利用大数据，使其在管理决策中发挥更大的作用？

第一节 大数据在组织内部经营中的应用

一、组织内部审计

传统方式下，孤立分析数据，单纯依靠经验发现问题，片面反映个别问题的技术方法已无法适应组织审计发展的要求。随着数据的积累和大数据技术的发展，审计方法和模式也在与时俱进。大数据技术可以从组织内部相互割裂的审计模块中，找出彼此之间的联系，更全面地刻画相关对象，使分析结果更接近实际，增加组织对自身的了解，提高审计人员工作效率。目前，审计方式已由传统审计的事后审计、周期审计向连续审计转变。传统审计中，审计人员只有在完成财务报告或经过特定周期或离职等特殊情况下才进行审计，而审计中并不检查所有信息，只是抽样分析，这种有限的检查对复杂系统来说很难起到监督作用。大数据技术使连续审计成为可能，既可以规避抽样审计面临的错误和风险，也可以缓解审计工作的烦琐程度和审计过程中的浪费和时滞问题，促进组织发展。

近年来，随着组织经济业务日趋复杂，大数据技术逐步成熟，组织信息化建设不断成熟，越来越多的人意识到连续审计的重要性，充分运用大数据技术及时分析挖掘数据，成为组织内部审计的发展趋势。

二、组织内部控制

将大数据融入组织内部控制体系中，可以为管理层提供更有效的新型控制方式，降低内部风险。进行组织内部控制体系建设可以从信息平台建设和风险动态管控两方面切入。

1. 信息平台建设

组织内部信息平台建设过程中，除基础功能建设外，还应注重增加系统功能项，与内部控制制度合理对接，建立完善的内部控制信息系统，实现内部控制的环境优化，提高组织内部控制的及时性和可靠性。

2. 风险动态管控

组织风险管控是内部控制工作的关键内容，更是大数据背景下必须不断强化的组织发展保障。运用大数据技术提高信息传递与沟通的效率，促进各部门协调，缓解信息不对称问题，增强内部控制活动的管控有效性，能够推动组织实现动态实时管控。

三、组织财务管理

大数据能够给组织财务管理工作创造良好的前提条件，大数据技术的应用为组织财务管理注入了新鲜血液，一改传统财务数据处理格局，建立了一种资产业务化、数据资产化、业务数据化的财务管理模式，促进组织更新自身财务管理模式和实施手段，使财务管理工作从管理型转变为价值型。组织财务管理中大数据技术的应用有以下几个方面：

1. 拓宽筹资渠道

大数据技术在财务数据收集、分析和处理方面具有很强的优势，有利于组织在更广的范围内分享财务信息，降低因信息不对称产生的财务风险，帮助组织高层管理人员更快速、准确地进行财务管理和生产运营决策。利用大数据技术，通过专业化的信息服务平台收集市场信息，采取合并重组和债转股等新型方式拓宽组织筹资渠道，降低筹资成本，使组织获得最大经济效益。

2. 增强财务控制能力

市场经济的快速发展要求组织更加敏锐地捕捉市场的细微变化，及时做出战略调整、规避经营风险、提高经营水平。大数据技术能够帮助财务管理部门进一步提高数据掌握能力、应用能力、分析能力、应变能力，使组织管理人员在第一时间找到财务数据的异常变化情况并及时处理，弥补财务工作中存在的漏洞及缺陷，增强财务管理的可控性，提高工作效率和效果。

3. 提高投资回报率

基于大数据技术的财务管理能有效提升财务数据收集、分析和处理能力，为组织生产、经营、管理活动提供强有力的数据支持和决策支持。大数据技术能够辅助组织进行详细、全面的市场调查，确立科学、合理的生产规模、经营规模和销售规模，完善和规范组织生产技术、经营计划和销售计划，减少或避免不必要的生产经营费用，促使组织获取最大化的经济效益。

4. 数据资源整合共享

大数据的应用越来越成为未来组织管理的重要依据和手段，有效实现了组织内人力、物力、财力、信息、技术等生产要素的合理调配，充分有效地发挥了市场在要素分配上的决定性作用。大数据技术能够帮助组织在资源有效整合的基础上进一步提升财务管理效能，实现组织经营效益的有效提升。

第二节　大数据在物流管理决策中的应用

在物流管理决策中，大数据技术应用主要涉及数据驱动的物流管理决策、物流的供给与需求匹配、物流资源的配置与优化和智慧物流的管理模式四个方面。

一、数据驱动的物流管理决策

在当前信息技术快速发展的背景下，物流管理行业已逐步采用公共信息化平台，大数据平台便是其中重要的组成部分。大数据平台可为物流管理提供以海量数据的收集、存储和分析等为中心的物流大数据基础，一改原先以计算为中心的信息数据处理方式，更好地实现数据驱动，达到更高水平的物流管理过程和目标。在物流管理中运用大数据平台，能为工作人员提供更有效、更全面的数据信息，在物流管理不同环节中，以有效数据信息为基础工作，既便于各工作人员进行决策，也可以提升物流管理各环节的工作水平和工作实效，从而帮助物流管理整个过程和整个行业实现在数据支撑下的创新发展。

例如，Amazon 运用其完善的物流系统作为保障，实现了浏览、购物、仓配、送货及客户服务等大数据服务，并从商品入库开始就已使用大数据技术。Amazon 坚持自建物流且在运用大数据物流中取得了较大的成功。这些都是在大数据平台上物流管理企业实现数据驱动的现实表现，并为物流企业更高程度的数据化、信息化发展奠定基础。

大数据在货运领域的应用是较为常见的，主要体现在选址优化和库存规模优化。应用大数据技术能够对不同地区客户的消费习惯、购买倾向和产品喜好等个性化信息进行汇总分析，利用历史数据、国家或地方相关政策等数据，针对不同地区的需求进行预测。根据分析预测结果，结合产品特性选取最优仓储位置；根据调货时长和其他不确定因素，优化库存规模，在满足不同地区客户差异化需求的同时，提高配送效率，降低运输成本。

新零售的出现改变了传统消费方式，物流配送方法及模式也需得到进一步优化，新环境对物流运输速度、成本提出了更高要求。大数据环境下，数据可及性增加，物流企业可以根据历史信息和空间数据，构建目标函数，如以路径最短、成本最低为目标进行模型仿真求解，实现运输路径优化，调整货物运输路线。同时，可以通过预测性大数据分析对车辆的燃料使用情况进行预防性检修报警，优化驾驶人行为及行车路线，进一步提高时效，降低社会物流总费用。

二、物流的供给与需求匹配

物流的供给与需求匹配方面，需要分析特定时期、特定区域的物流供给与需求情况，从而进行合理的配送管理，提高物流管理的信息化水平以及运送的效率和效益。供需情况也需要采用大数据技术，从大量的结构化以及半结构化网络数据或企业已有的结构化数据中，进行实时分析、优化，提取物流需求信息，预测需求，提升供需匹配的效能。

例如，沃尔玛拥有每小时超过 100 万顾客的交易量，它大量收集顾客的数据，将其存储在数据库中，所有数据都将进入综合技术平台进行处理。仓储经理利用该系统分析具体销售数据，优化产品分类，并通过质量检验将产品分配到当地社区。此外，沃尔玛分布在约 90 个国家的近两万家供应商可以共享其在系统中的数据和分析结果，通过自家公司的零售链平台与沃尔玛系统对接，供应商可以追踪自家公司的产品，这样供应商就可以了解每家商场内不同类型产品的需求状况，及时获取各个商场需要再次进货的时间和数量。由此可见，沃尔玛在其物流管理中的大数据管理和应用优势，是其能够一直保持世界上最大零售商位置的成功因素之一。

三、物流资源的配置与优化

物流资源的配置与优化方面，主要涉及运输资源、存储资源等。物流市场有很强的动态性和随机性，企业可以利用大数据技术实时分析市场变化情况，从海量的物流数据中提取当前的物流需求信息，同时对已配置和将要配置的资源进行优化，从而实现对物流资源的合理利用和结构优化，实现整体效益最大化。

在大数据平台物流管理中，物流业之外的信息也逐步增多，只有通过对越来越多相关数据的收集、存储和分析，精准把握物流新时代背景下物流管理整个行业的发展，物流管理才能不断加强自身与消费者的契合度，提升工作的针对性和有效性。在物流管理行业全新发展的同时，利用大数据平台上较为全面准确的数据分析和存储，物流管理工作者能更精准地做出市场预测，在结合企业自身发展和社会需求的基础上调整运营策略、优化资源配置，并将准确的数据分析结果和具有指向性的信息及时提供给消费者，从而吸引物流企业的回头客，如此，物流管理行业才能在整体转变发展的基础上获得盈利方式的优化，促进物流管理在新时代背景下更长久的发展。

例如，美国联合包裹运送服务公司（UPS）特有的基于大数据分析的 ORION 系统，依靠 UPS 多年配送积累的客户、驾驶人与车辆数据和每个包裹使用的智能标签，再与每辆车的 GPS 导航仪结合，实时分析车辆、包裹信息、用户喜好和送货路线数据，可以实况下分析一条线路的 20 万种可选方法，并能在 3s 内找出从 A 点到 B 点间的最佳路线；此外，ORION 系统也会根据不断变化的天气情况或事故随时改变路线，基于这种动态优化的车队管理系统所能实现的降低成本、减少时间、降低排放量的效果都是非常显著的。

四、智慧物流的管理模式

在大数据平台支持下，物流管理可实现对大数据、云计算及物联网等技术的使用，并逐步与信息化技术融合发展，在信息化技术的支持下发展物流管理，能带动物流管理呈现新的发展特点和趋势，再加上多种信息化技术的逐步深入发展，智慧物流管理模式的研发和运行将得到有效推动。智慧物流是指运用集成的智能技术，在物流中实现智能化的管理和发展，使物流系统具备思考、学习、推理及判断等多种智能化的能力，实现物流管理工作者更大程度的解放和更多工作方式的转变，并使物流管理实现经济效益和行业资源的最优配置。在智慧物流管理模式下，全方位的信息联通、多样化的数据驱动、全行业的资源共享及更高程度的人工智能将成为常态，而这些都离不开大数据平台的支持，因为智慧物流所需的大数据、云计算、物联网、区块链及智能化技术需要大数据平台进行支撑，同时相关信息化技术实现其在智慧物流系统的作用也需要大数据平台提供必要载体。大数据平台既能帮助物流管理者提供近乎全面的数据信息，还能为其在运用相关技术分析、处理数据时提供便利，从而更好地帮助物流管理者做出决策。

例如，顺丰是我国最早成功地在物流管理中应用大数据技术的企业之一，早在几年前就建立了"顺丰大数据平台"，其中的"大数据解决方案"和"物联网大数据应用"等技术，在 2020 年的人工智能计算大会上进行了展示。在物流领域大数据解决方案层面，顺丰经过多年的自主研发，已基于"天网" + "地网"两大基础物流系统，组成了顺丰的"信息网"。"顺丰大数据平台"对接顺丰物流的每个环节，能够管理物流领域中的海量数据，实现了顺丰物流的全面数字化管理，让物流快递的"每一个环节""每一票快件"都可以即时追踪。在完成数据管理的应用上，"顺丰大数据平台"融合云计算、人工智能等新技术，在顺丰物流数据分析与决策上加以应用，通过快递件量预测、库存分仓管理、配送路线规划等智慧物流决策，实现降低物流成本、提升物流效率的目标。

第三节　大数据在零售决策中的应用

一、利用大数据分析关联购买行为

在网络和信息技术不断发展的今天，零售业中消费者产生的行为数据呈指数级增长，带来更多有价值的信息。越来越多的零售商依托大数据系统，将交易数据与交互数据融合起来，通过关联数据挖掘分析，根据相关关系预测出顾客喜欢的商品，有针对性地调整产品组合，然后推荐顾客购买，进而提高营销的有效性。

关联规则挖掘是数据挖掘技术的一个重要分支，被普遍应用于购物篮分析中。运用关联规则挖掘的方法，能够有效分析客户消费行为模式以及事件关联性，建立海量销售数据环境下的高维购物篮关联规则模型，帮助零售商更清晰地认识和理解消费者关联购买行为。例如经典的营销案例——啤酒与尿布的故事。

基于数据挖掘中的关联规则和聚类分析等方法对历史销售数据进行分析，可以挖掘经常被顾客一同购买的商品之间隐含的规则，从而辅助零售商进行经营决策，促进交叉销售。另外，进行关联分析，能够有目的地调整产品与服务，科学地设计跨平台营销计划，提升宣传力度，扩大企业产品影响力，增强营销效果。

在客户消费偏好关联规则分析中，经典的数据挖掘算法是 Apriori 算法。Apriori 算法能够对客户消费的商品进行挖掘，建立合理的客户消费方式模型，从大量业务数据中找出有用的模式和规律。但是，研究发现 Apriori 算法也有一些缺陷，例如，产生规模庞大的候选频繁项集、多次扫描数据库等。于是，针对 Apriori 算法的缺陷提出了一系列改进算法，如 FP-树频集算法、DIC 算法和 Smapling 算法等，性能较 Apriori 算法有较大提高。

二、智能推荐系统

大数据在零售决策中的另一个突出应用是推荐系统。推荐系统是基于海量数据挖掘的一种商务智能平台，能够为个性化推荐提供强大的数据支撑。随着大数据时代的到来，与日俱增的用户数量和用户业务数据对推荐系统的运行时间、运行速度提出了挑战。而且，单单从算法本身进行优化已经不能有效地缓解如此大的压力，推荐系统亟须变革。

智能推荐系统利用 Hadoop 分布式集群的强大功能进行高速运算和存储，同时使用云计算相关的大数据处理技术，能够极大地提升电子商务推荐系统在大数据环境下的适用性。其核心在于应用云计算平台中提供的一些通用算法接口，将推荐算法和策略封装成能独立运行的推荐引擎，从而可以完成功能相对完整的推荐。

智能推荐系统的作用体现在三个方面。首先，智能推荐系统能够根据用户行为对消费者进行产品推荐，预测用户的产品喜好，刺激用户的购买欲望，让用户从产品的浏览者变为产品的购买者。其次，智能推荐系统通过挖掘用户的兴趣爱好和需要，为用户推荐有潜在需求的商品，实现个性化的信息推荐服务，提高企业的交叉销售能力。最后，智能推荐系统能够增强消费者对企业的忠诚度和再次购买力度。

三、客户群体细分

客户群体细分的实质是基于企业价值和顾客营利性标准对顾客进行分类，从而把大群体拆分为小群体，通过对顾客的消费额、企业实现的利润额、消费频次等进行分析，进而实现零售业客群精准定位。

应用数据挖掘的分类分析和聚类分析可以实现顾客销售数据的传统市场细分，再进一步对客户群体进行更深层次的精确细分。利用数据挖掘技术对客户群体进行精确细分有三个步骤：①划分产品消费群，即找出产品购买偏好的客户群；②对各群客户的人口特征进行规则归纳；③运用人口特征规则集，对每类客户个体进行画像。数据挖掘技术使得客户群体细分的成本和效率提高，还能够为零售企业和消费者之间提供真正的互动交流平台，从而更有利于深度了解并吸引消费者参与，对营销来说具有重大意义。

美国零售超市 Target 成功利用大数据技术推销母婴商品的例子曾在零售业引起轰动。孕妇从怀孕到生产的全过程需要购买大量母婴商品，且需求稳定，对零售业而言是含金量很高的消费群体。母婴产品零售商如果能够提前获知孕妇信息，在怀孕初期就进行有针对性的产品宣传和引导，无疑可以获得巨大的利润。Target 利用大数据技术分析顾客消费记录，发现可以通过一些明显的购买行为判断顾客是否怀孕。比如，许多孕妇在怀孕第 2 周开始会买许多大包装的无香味护手霜；在怀孕的最初 20 周大量购买补充钙、镁、锌等的保健品。最终，Target 选出 25 种典型商品的消费数据构建了"怀孕预测指数"，通过这个指数，Target 能够在很小的误差范围内预测顾客的怀孕情况。为避免顾客觉得自己的隐私被侵犯，Target 通常将母婴产品的优惠广告与其他不相关的产品优惠信息掺杂在一起寄给顾客。

Target 的大数据分析技术从孕妇这一细分顾客群开始向其他各种细分客户群推广。2002—2010 年，Target 在大数据技术的支持下实现了销售额从 440 亿美元到 670 亿美元的增长。

四、新品培育

在大数据技术的支持下，利用历史销售数据、市场环境数据和政府政策数据等建立大数据零售平台，以实际问题构建数学模型，寻找新的发展机会，使产品设计、新品培育等工作能够更加准确地开展。例如，沃尔玛通过分析社交媒体数据发现了热搜词"蛋糕棒棒糖"。之后，沃尔玛迅速培育出蛋糕棒棒糖，并在各商店上架，攫取了较高收益。

五、精准营销

一方面，通过有效的大数据技术广泛而全面地进行用户、产品以及市场数据信息搜集、整理和深度挖掘，使各类型组织能够清晰地了解客户日常需求、购买能力及消费习惯等在内的相关信息，构建"客户—产品—市场"快速反应的完善响应机制，指导营销活动开展与策划，明确广告宣传方式，有针对性地进行广告选择，有效提升顾客购物兴趣和刺激购买欲望，实现精准营销。另一方面，通过大数据分析描绘顾客群体画像，识别顾客潜在购买需求，针对不同客户制定不同的销售方案，有针对性地进行产品推荐，不仅节省组织成本，也减少了烦冗、垃圾信息对顾客的干扰，增强顾客对组织的信赖和忠诚度。例如，房地产企业可以利用大数据定位销售目标群体，根据购买者的实际情况，确定不同的广告重点：对低收入的购买者推荐小户型，对有学龄儿童的家庭重点推荐学区住房，对高收入的购买者推荐别墅。

六、优化产品定价

定价是产品交易过程中的关键环节，也在资源配置中有着相当重要的地位。随着数据资源的丰富，因各种不确定因素导致产品定价出现诸多错误，使产品所有者承担不必要的损失，而大数据定价凸显出得天独厚的优势。大数据及云计算技术通过采集并集成产品生产过程、资产管理、市场环境、用户感知等相关信息，解决信息孤岛和信息耦合问题，并根据用户的行为特征、客户价值和产品的不同属性等相关变量的分析、对比、预测制定产品定价规则和机制，形成基于大数据的产品价格自更新机制，从而实现自动准确定价和定价更新，在考虑用户感知价值的基础上最大限度地提高组织盈利能力，有效降低人工成本。

第四节　大数据在政府决策中的应用

在大数据时代，信息与数据对政府决策系统具有重要的支撑作用。一般来说，大数据的应用主要有智慧政府、社会治理、公共服务、政府应急管理、政府数据开放与社会创新等方面。

一、智慧政府

政府事务日益复杂，传统政府的智能水平已经难以应对新的形势，所以在大数据环境下，必须建立"智慧政府"。"智慧政府"充分利用物联网、云计算、大数据分析、移动互联网等新一代信息技术，以用户创新、大众创新、开放创新、共同创新为特征，强调作为平台的政府架构，并以此为基础实现政府、市场、社会多方协同的公共价值塑造，实现政府管理与公共服务的精细化、智能化、社会化，实现政府和公民的双向互动。一般来说，"智慧政府"包括智能办公、智能监管、智能服务、智能决策四大领域。

（一）智能办公

在智能办公方面，"智慧政府"采用人工智能、知识管理、移动互联网等手段，将传统办公自动化（OA）系统改造成为智能办公系统。

智能办公系统集成了政府知识库，使公务员方便查询政策法规、了解办事流程、分享工作经验。例如，智能办公系统能够根据公务员的职责、偏好、使用频率等，对用户界面、系统功能进行自动优化；智能办公系统还具有自动提醒功能，让公务员不需要去查询就知道哪些事情需要处理。

（二）智能监管

在智能监管方面，智能化的监管系统可以对监管对象自动感知、自动预警和自动处置。例如，在主要路口安装具有人脸识别功能的监视器，就能够自动识别在逃犯；利用物联网技术对山体形变进行监测，可以对滑坡进行预警；可以自动比对企业数据，发现企业偷逃税等行为；根据执法人员需求自动调取有关材料，生成罚单，方便执法人员执行公务。

智能化的监管系统还可以通过大数据分析来进行市场监督，促进市场公平竞争，释放市场主体活力，进一步优化发展环境。例如，工商部门建立了包含企业多方面信息的数据仓库，并采用可行的算法对数据仓库展开挖掘，在后台建立企业的评级分类模型、行业前景预测模型、用户文本分析模型，为企业的等级、监管、抽查等提供依据，并在此基础上通过信息公示系统提供预警提示、企业和公众互动等功能，以更好地为企业和公众提供服务。

（三）智能服务

在智能服务方面，"智慧政府"能够自动感知、预测民众所需的服务，为民众提供个性化的服务。例如，某个市民想去某地，智能交通系统可以根据交通情况选择一条最优线路，并给市民实时导航。当老人、残疾人或小孩过马路时，智能交通系统就能感知，适当延长红灯时间，保证这些人顺利通行。

（四）智能决策

在智能决策方面，"智慧政府"采用数据仓库、数据挖掘、知识库系统等技术手段建立能够根据决策者需要自动生成统计报表的智能决策系统；并且开发了用于辅助政府决策的"仪表盘"系统，把经济运行情况、社会管理情况等形象地呈现在决策者面前。

二、社会治理

大数据在社会治理中的应用体现在：通过对居民健康指数、流动人员管理、社会治安隐患等一系列城市化进程中产生的大数据进行挖掘和利用，来改善社会治理策略，解决社会问题，提升社会管理能力。以微博为例，通过对微博进行大数据挖掘，能够及时得知经济、社会动态与情绪，预警重大、突发和敏感事件，对维护国家安全和社会稳定具有重大意义。

大数据可以促进政府部门数据资源开放和跨部门的资源共享，使政府可以更加及时地发现公共安全中存在的问题，并做出有效应对。随着电子眼、互联网等信息技术在社会生活中的广泛应用，一方面，犯罪分子的行踪更加容易暴露，警方可以及时、有力地找到犯罪分子，发现其作案工具，明确其作案过程；另一方面，通过大数据对于案件发生地点、发生时间、发生原因等的分析，警方可以对犯罪规律进行总结，对一些犯罪进行重点打击，同时可以提前做好准备，预防一些案件的发生。

三、公共服务

政府采用大数据技术和大数据思维，既可以推进公共服务决策，加强公共服务监管，也可以为社会公众提供个性化和精准化服务，降低公共服务的成本。

大数据来源于数据管理系统的存储数据、网络和移动终端的用户原创数据以及传感器的自动生成数据等，记录了社会事件的发生和发展，体现了社会各类主体对社会管理和社会问题的反映，为社会治理提供了更加真实、全面、及时的客观事实和民情民意。

通过互联网大数据，政府能够利用数据工具和智能终端设备对公众需求进行多层次分析，强化对需求细节的感知，及时捕捉需求热点，使政府服务更加精细化、更具针对性，为用户提供更加智能化的便民服务。

四、政府应急管理

《国家突发公共事件总体应急预案》和《中华人民共和国突发事件应对法》中强调，应急物资调配、运输保障及灾害预警体系等是应急管理中的关键建设环节。

1. 应急物资调配

应急物资能否调得动、调得准、运得出，是衡量政府应急管理水平的重要体现。通过应用人工智能、机器学习、大数据、地理信息系统等技术，建立国家应急物资调配平台，有利于突发事件中需求信息的及时有效传递，能够促进政府统筹整合能力，提高应急管理水平。应用物资调配平台将所需物资品种、数量、需求单位等实时上报至数据库，能够通过应急物资供需的智能实时匹配，实现应急物资调配的动态调整和优化。

2. 运输保障

近年来，大数据技术的发展促进了交通运输部门的信息化，为应急物资运输提供保障。在预警方面，交通运输部门利用云气象监测系统实现智能预警，提高了预警的准确性和及时性。在优化方面，利用无人机巡查线路、利用全球定位系统 GPS 调度指挥，将数据传输至交通运输管理系统，通过数据挖掘规划最优运输路线，实现了应急物资路线优化。

3. 灾害预警体系

传统灾害预警受阻于通信不发达、数据不完善、沟通不畅等，导致灾害预警未发挥其提醒作用。而大数据及相关技术为灾害预警体系注入了新的活力和思想，在实际开展救灾工作中具有里程碑意义。大数据灾害预警体系的重构主要指的是大数据预警平台的构建与应用。整合相关部门不同类型灾害数据，建立多灾种信息实时共享平台，提高各部门数据共享与处理效率，真正做到信息统一。此外，通过大数据预警平台对历史数据和现有相关数据的分析，预测突发事件发生概率和趋势，及时发布预警信息，使政府、社会能够及时得到预警信号，进而降低突发事件对公众造成的伤害与损失，提高预警的科学性和民众的社会认同心理。

五、政府数据开放与社会创新

国务院会议提出，依法实施政府信息公开是建设现代政府、提高政府公信力和保障公众知情权、参与权、监督权的重要举措。政府数据开放不仅能让普通民众和企业调取所需信息进行数据分析，增强政府服务的公众参与度，而且可以使企业和公众更大程度地利用政府数据，打破信息壁垒。

在政府开放数据的基础上，软件开发者可通过众包开发等新模式，实现应用创新，从而带动更多社会力量参与到政府大数据应用中来，推动"小政府、大社会"的构建。政府、企业和民众的共同参与，才能有效地带动社会创新，让企业和民众的创新队伍迅速壮大，推动社会进步。

案例分享　无锡市政务服务平台

无锡市通过聚集政府信息资源和实体资源，建设统一开放共享的政务服务平台，深刻改革政府服务理念、政务服务方式、公众办事方式、行政组织结构、政府监管方式、政府治理模式，提升政府的综合管理效率和决策水平。

在平台建设方面，无锡市政府以政府业务为主线，以用户为中心、服务为宗旨，以资源整合、信息共享为基础，建立了以市政府网站为中心、以部门网站群为基础、以社会公众为服务对象的一站式无锡市政府服务门户。

在公开数据方面，无锡市政府积极推进各部门加强政务数据的梳理和数字化，促进更多政府部门实现政务数据公开。2015 年，无锡信息化和无线电管理局组织相关部门对已公开数据进行更新和补充，同时组织市发改委等第三批 10 个试点部门公开相关数据。

在推行智慧政务方面，无锡市已建成了"互联网＋政务服务"信息平台，开通了"政务服务、公共资源交易、12345 热线、中介服务、便民服务"五大服务功能，形成了网上渠道通、服务通、资源通、信息通、监管通的智慧政务服务平台。

在政民互动方面，升级信息化平台，实现"微信公共账号受理、移动视频勘查、移动终端 App 办理"等服务，形成"电话、网络、短信、微信、传真"五位一体的"7×24"在线受理平台。

第五节　大数据在智能制造中的应用

一、大数据与智能制造

随着工业 4.0 和《中国制造 2025》的提出，第四次工业革命已然兴起，在此背景下，传统的生产制造产业已无法满足时代发展的需求，制造业开始加大对自身设备的升级力度，并将信息技术与智能化生产紧密结合，通过大数据技术的应用实现生产制造环节的质量管理、工艺提升、服务效果提升等。

智能制造也叫"人机一体化智能系统"，是一种由智能机器和人类专家共同组成的人机一体化智能系统，它在制造过程中能进行智能活动，诸如分析、推理、判断、构思和决策等。随着智能制造概念的提出和互联网技术的快速发展，大数据在很大程度上推动了智能制造产业的升级转型。各类数据采集设备能够帮助企业在产品研发以及制造过程中收集海量的设备数据。目前对于大数据在智能生产中的应用而言，智能化设计、智能化服务、网络协同制造、个性化定制等方面都有其价值的体现。大数据时代的到来对工业制造的变革与发展起到了非常重大的作用。

大数据与智能制造之间的关系大致可分为三个层次：①将制造中存在的问题转换为定性、定量的数据内容，然后从中找到相应的解决方法；②将数据内容转化为企业产品制造相关的知识内容，为制造规划策略的制定提供数据支撑，避免一些已经出现过的问题再次发生；③将制造相关的理论知识转化为可视化数据，深度探究数据和制造问题的联系，达到优化生产流程的目的。

二、大数据在研发设计中的应用

1. 产品协同设计

在产品协同研发设计方面，利用大数据技术广泛收集客户意见，结合客户购买行为，分析与挖掘产品相关数据，准确定位客户需求，在此基础上设计开发符合消费者需求偏好的产品，提高产品市场适应性。同时，基于大数据技术构建产品云数据库，使组织能够跨时间、跨组织、跨地域地进行产品设计、数据访问，实现多站点协同设计。

2. 设计仿真

在设计仿真方面，利用数据挖掘技术将空间行为数据和生产制造活动进行可视化分析和展示，增强设计仿真工作与排程之间的联系，帮助组织制定理想的设计策略，有效缩短产品交付周期。

3. 工艺流程优化

在工艺流程优化方面，应用大数据技术集成生产制造过程中的相关数据，分析挖掘得到工艺步骤和产品投入之间潜在的模式和联系，进而评估和改进产品工艺流程步骤。

三、大数据在供应链中的应用

大数据技术已成为推动供应链不断向前发展的重要力量，通过整合全产业供应链的信息，协同优化整个生产系统，增强生产系统动态性和灵活性，提高生产效率，降低生产成本。大数据技术在供应链管理方面的应用集中在供应链管理战略决策、风险预测、敏捷性提升及供应链协同管理方面。

1. 供应链管理战略决策

大数据技术在供应链战略决策管理的应用中首先要考虑的关键问题是供应商选择问题。借助大数据技术对组织投资回报信息和潜在供应商历史信息，如产品价格、质量、订单履行情况等进行挖掘分析，作为评价和选择供应商的基础。在供应商合作方面，通过大数据技术建立共享数据库，实现数据交流与共享，辅助成本控制、优化采购决策。

2. 供应链管理风险预测

供应链管理涉及面广，影响因素众多，尤其是在不确定环境下，存在较多潜在风险。组织可基于自身运营数据和社交媒体数据，借助大数据挖掘对数据进行整体趋势分析和预测，尽早发现异常情况和潜在风险，及时采取相应措施进行有效调控，提升组织应对风险的防控能力和治理能力。

3. 供应链管理敏捷性提升

组织外部环境处于动荡变化中，且消费者需求个性化、多样化特征日益明显，组织必须通过大数据技术来提高供应链管理敏捷性才能在市场竞争中占据一席之位。部门和信息的孤立导致信息流通不畅，组织无法对供应链进行集成管理，严重降低了供应链运营管理效率和敏捷性。组织必须借助大数据技术集成整体数据，如通过 RFID 等电子标识技术、物联网技术以及移动互联网技术获得产品供应链的海量数据，并开展数据挖掘与分析利用，提升整个系统的及时响应速度。

4. 供应链协同管理

供应链协同即通过某种技术、规则、程序等将供应链上的节点组织从原本松散的状态转变为追求一致利益目标的组织。大数据技术通过数据集成、共享、挖掘分析实现供应链管理中生产、分销、营销、库存、信息、成本等的协同管理，提高供应链运作和管理效率、降低成本。

四、大数据在生产制造环节中的应用

大数据技术在生产制造环节的应用有助于更快、更好地推进智能制造，其主要应用包括智能生产、生产流程优化和个性化定制等。

1. 智能生产

智能生产是指使用智能装备、传感器、过程控制、信息物理系统等组成的人机一体化系统实现生产线和生产设备上的数据抓取、互联网上的数据传输、生产过程的实时监控、业务流程的控制与协调等，使业务流程在价值创造过程中更好地发挥作用。大数据技术的运用有利于最优化工业控制和管理工作，最大限度地利用有限资源，降低资源配置成本，提高生产过程效率，将工厂升级为支持系统管理和自适应调整的智能网络。

2. 生产流程优化

实际生产流程中往往存在无法量化、无法预测的不确定性，如加工过程中的零件磨损、设备故障和不同批次零件的差异等，影响生产效率和产品质量。利用大数据技术对这些不确定性进行拆解、量化，挖掘出数据背后隐藏的规律与信息，以辅助管理人员决策，促进组织生产流程优化。

3. 个性化定制

消费者的个性化、多样化特征日益显著，催生了产品的个性化发展。通过在社交媒体上广泛抽取消费者行为偏好数据，结合工业组织生产数据和外部环境数据等，可借助大数据技术建立个性化产品模型，通过分析预测确定客户未来需求，并将需求趋势反馈给智能设备，调整生产计划和方案，优化资源配置，以消费者需求为导向生产个性化定制产品。

案例分享　海尔 COSMOPlat 空调噪声大数据智能分析

海尔胶州空调互联工厂部署了国内唯一的分贝检测设备，当空调测试分贝大于标准分贝时，系统将空调判断为不合格并将结果输出至 COSMOPlat – IM 系统（MES），但此设备无法识别空调运行中的异音，如摩擦音、共振音、口哨音等。此外，每天快节拍、高强度的空调装配流水线工作导致检测工人听取噪声时，易产生疲劳和误判，偶尔有不合格品下线，影响了生产线整体检验的可靠性。因此，急需找到新式噪声识别方法，解决企业当前痛点。

解决该问题的核心方案是基于标准化思路的核心问题研究。COSMOPlat 是海尔自主研发、自主创新的共创共赢工业互联网平台，通过整合平台上的软件及硬件资源，与合作伙伴共同开发了空调噪声智能检测系统，有效地解决了无法准确、可靠识别异音的痛点。

系统的核心思路如图 10 – 1 所示。

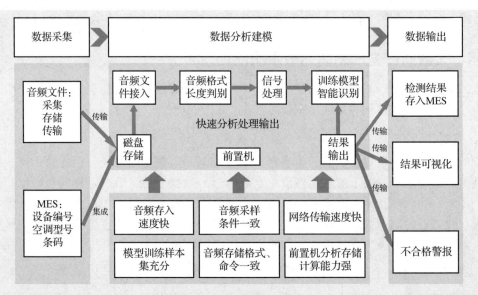

图 10-1　系统的核心思路

系统的实施阶段如下:

阶段 1: 模型搭建的标准化研究。针对生产线采集的大量历史检测音频,利用端点检测技术对产品运转过程中起、停机阶段的音频区段进行智能切割,利用数字滤波技术自动对音频进行降噪。通过特征自动提取与样本标定,利用机器学习技术构建智能分类模型,模拟人工判断行为,构建标准化的模型研究思路。

阶段 2: 参数调优的标准化思路。智能分类模型需通过大量音频数据进行模型训练与优化,并验证其准确性。算法专家利用历史音频对模型进行验证与参数调优,通过不断扩充训练样本及模型自学习,确保识别准确率满足生产线质检精度要求,最终形成一套基于标准化思路的调优方法。

阶段 3: 上线实施,技术标准研究成果的应用。构建音频采集系统,实现产品分贝检测生产线对音频的实时同步采集与型号关联。智能识别模型自动完成音频文件的接入、特征提取、智能判别等工作,输出对应产品条码号的实时判别结果,对异音自动报警,并针对识别结果对产品异音原因进行智能分类,辅助返修排故。系统将智能检验结果实时反馈至企业 COSMOPlat 工业互联网平台,支持生产线质量问题在线统计与分析。

通过以上改进方案的实施,海尔 COSMOPlat 空调噪声大数据智能分析项目通过传感器、分贝检测系统、业务系统、模型算法的集成与交互,在企业解放人力、减少误判、提高检验可靠性等方面均有了极大提升。此项智能检测系统的实施充分利用了设备端的嵌入式智能计算技术,以分布式信息处理的方式实现了设备端的智能和自治,通过服务器、业务系统间的交互协作,实现了检测系统整体的智能化。项目的实施为海尔在旗下其他分厂生产线部署基于声音检测的空调状态智能识别系统积累了丰富经验,为行业内公司在生产线智能化改造与转型升级等方面做出了示范。

第六节　大数据在医疗健康领域的应用

大数据在医疗健康领域的应用也是国内外公认的大数据应用的主要领域，将对未来人类的健康维护和疾病治疗模式产生革命性影响。大数据在医疗健康领域的应用主要包括医学检验、医学图像分析、远程诊疗、健康管理、公共卫生、医疗卫生管理与临床服务等六个方面。

一、大数据在医学检验中的应用

目前，临床检验通常只采用有限的检验指标数据对疾病进行诊断，而基于大数据技术，可将某些常规的指标与多种疾病进行数据对比和计算分析，发现其数据层面的对应关系，再通过恰当的病理学验证，发现新的疾病预警指标。现代医学观念已经开始从"治疗"向"预防"转变，通过对大量的医院诊疗病例进行大数据分析、云计算，进行检验数据与疾病症状的逻辑关系分析，从那些容易被人们忽视的数据中挖掘出与疾病相关的新标志物，有助于实现"早发现、早诊断、早治疗"的目标。

近年来，由大数据分析研究发现，红细胞体积分布宽度（Red Blood Cell Distribution Width，RDW）在很多非血液系统疾病中具有重要的临床价值，如国外专家在 6 年的跟踪调查中，对 21939 起重大心血管事件和 4287 例心血管疾病死亡患者的大数据研究发现，在普通个体中，RDW 越高，全因死亡风险和心血管疾病发病风险也越高；在恶性肿瘤和心血管疾病患者中，RDW 越高则预后越差；在肝病患者或自身免疫性疾病患者中，RDW 增高提示疾病病情较重。对多种常见指标与疾病的检验大数据高通量无差别对比分析，将对疾病预警体系的完善有极大的促进作用。

二、大数据在医学图像分析中的应用

医学图像（如 CT、MRI、PET 等）是利用人体内不同器官和组织对 X 射线、超声波、光线等的散射、透射、反射和吸收的不同特性而形成的对人体或人体某部分的成像。医学图像为对人体骨骼、内脏器官疾病和损伤进行诊断、定位提供了有效手段，在疾病诊断中起很大的辅助作用。据统计，医院超过 90% 的医疗数据来自于医学图像，常见的医学图像有电子计算机断层扫描、核磁共振等。

目前，影像学检查需要医生结合专业知识与工作经验给出诊断意见，但读片分析往往缺乏量化标准、工作量大，容易产生误判。基于医疗大数据、医学图像和人工智能相结合的临床辅助诊断系统则可有效地解决上述问题。随着人工智能相关核心技术的不断成熟、人工智能与医疗临床诊断结合的不断深入，基于人工智能的疾病诊断技术的精度将会不断提高，未来的医务工作者将从大量的诊疗业务中解放出来，走向复杂度更高、服务更细致的岗位。

三、大数据在远程诊疗中的应用

目前，我国仍面临着医疗资源分布不均衡、医疗技术水平总体不足、就医难等问题。

通过构建互联互通、服务便捷、反馈即时和质量可控的远程监护平台，将各医院、各科室的医疗数据进行整合分析，形成多方交互、智能共享的医疗大数据服务中心，可有效克服诊疗服务的时空限制。与此同时，需要借助和运用各种医疗设备、医疗传感器、个人电子终端等采集医疗数据，通过互联网与医疗大数据服务中心进行连接，实现远程诊疗这一目的。

随着计算机技术的快速发展，计算能力的日益强大，大数据、人工智能、互联网、移动网络、智能健康可穿戴设备等技术方面的创新层出不穷。以糖尿病、高血压、心血管疾病等"慢性疾病监护系统"为例，患者佩戴高精度采集器，高精度采集器自动采集监测到的心率、舒张压、收缩压、平均血压、呼吸率、血氧饱和度等生命体征数据，可通过智能手机接收并实时传送给医疗大数据服务中心，数据中心再将分析出的异常报告发送给医生，最后由医生通过手机对患者进行远程医疗指导和相关医疗建议，实现了生命体征大数据、患者及医疗机构的完整衔接。

四、大数据在健康管理中的应用

传统的健康管理体系正随着大数据时代的来临发生转变，由大数据驱动的健康管理朝着提供全生命周期的健康服务模式的目标不断发展。健康管理是运用信息和医疗技术，并建立一系列完整、周密和个性化的服务程序，最终达到对个体及群体的健康危险因素进行全面管理的过程。大数据技术在健康管理中的研究应用是通过对收集的健康信息进行分析和挖掘、得出人群的健康差异，并以此构建个性化、地区化的健康评估模型，以此制定科学的防病、治病方法和预后标准。大数据时代下的健康管理较之以往有健康信息交流加快、健康信息数据规模化、智能检测设备应用普及、管理主动权转移等变化。从收集数据到挖掘、管理、分析信息，大数据技术能为人们开展健康管理的长期监测，为更准确地进行个性化健康评估和干预提供高效便捷的途径。例如小米公司推出的运动手环，利用生物传感器对人体的信息进行采集，再通过大数据分析后为人们提供合理的健康管理规划。大数据技术为健康管理产业注入了发展动力，未来的健康管理离不开大数据的支持。

五、大数据在公共卫生中的应用

大数据及其相关技术在公共卫生事件精准应对上起着巨大作用。首先，运用大数据技术可精准检测相关疾病信号，实时监控公众健康状态，当新的或再生的病原体引起了疾病大暴发时，通过大数据技术快速获取原始数据进行抓捕、挖掘和分析，以快速有效地制定公共卫生应对措施。此外，利用大数据技术可对各种健康问题和风险人群进行细分，并建立起相关疾病发生的数据库用于公共卫生风险的预测，提供更具针对性的治疗干预措施。同时，大数据技术能够为精准公共卫生决策和管理提供循证。

大数据技术在精准助力国家重大突发公共卫生事件的应急管理方面展现了其优越性。2020年新冠肺炎疫情暴发，我国迅速采取相关应对措施。依托于国家卫健委公开透明的实时大数据，精准锁定人员流动轨迹，并配合交通管制政策进行早期人口流动管理；通过构建个体健康电子档案和实时疫情地图，收集确诊病患、疑似病患和相关接触者地理位置等相关数据，绘制患者行动轨迹，推断密切接触者，为预测高危地区和潜在高危地区提供精准依据；

通过对新冠肺炎相关的数据信息进行收集，国内外研究者对病毒结构、起源、致病机制等做了大量研究，通过病毒 RNA（核糖核酸）序列构建蛋白 3D 模型，并采用深度学习对蛋白质 – 配体进行虚拟筛选，寻找治疗新冠肺炎的潜在药物。

大数据技术飞速发展的背景下，公共卫生领域的大数据应用随着研究和实践不断扩展、前移、创新。要加强大数据与云计算、区块链、人工智能和 5G 等新兴技术的融合，提升突发公共卫生事件防治的综合成效，促进大数据在公共卫生分析、预警、防治等方面创新应用。

六、大数据在医疗卫生管理与临床服务中的应用

（一）医疗质量管理

1. 临床诊断决策

基于大数据的临床诊断能够在医护人员撰写病历的同时通过人工智能技术实时预测疾病，并给出检查或治疗建议，辅助医护人员进行疾病诊断，降低误诊及漏诊率。通过采集与处理不断更新的临床诊疗指南、临床路径、医学教材等医学资料以及历史病历数据，可逐步建立医学知识库；应用大数据技术分析挖掘海量医疗数据，构建医学逻辑推理模型，能够实现辅助诊疗、智能导诊和分诊、异常检验指标解读，在诊疗的各个环节实时提醒和推送，提升医护人员诊疗服务能力，规范诊疗行为。

2. 医院质量监测

建立以电子病历为核心，医院信息系统、医院影像信息系统、实验室（检验科）信息系统、远程安装服务为依托的医院质量监测信息系统。医疗机构管理部门可以利用现有的数据，特别是影响医疗质量和安全的数据（如非计划再次手术、24 小时重返重症加强监护病房（Intensive Care Unit，ICU）、手术期并发症、死亡发生率等）建立大数据分析模型，进行数据挖掘分析。通过大数据可视化技术，医疗人员能够实时调取并查看效益指标、效率指标、质量指标等，在此基础上结合鱼骨图等分析方法，形成分析报告，提供给医疗机构领导层，辅助医疗机构质量监测。

（二）医疗绩效管理

1. 医疗机构绩效考核

在医疗机构层面，整合医疗机构电子病历、财务和药物管理等平台，通过建立大数据绩效管理平台，整合绩效考核相关数据，增加医疗考核内容的全面性和考核结果的有效性，为医疗机构改进和发展提供真实全面的决策依据。通过分析挖掘医疗机构财务数据、发展水平数据、医护效果数据和社会价值数据等，确立满足医疗机构需求的长远发展战略，提升整体经营水平。

2. 科室及个人绩效考核

借助大数据分析，按照医疗管控的目标向科室及个人制定有针对性的绩效指标或体系，使绩效考核更有层次感和立体感、考核范畴更大、考核内容更具针对性、考核结论更全面精准。通过大数据动态跟踪反馈，促使科室和职工进行自我管理与调整，促进医院各科室的优化和发展。

（三）医疗设备管理

1. 设备招标采购

大数据的挖掘与分析能够为设备招标采购提供客观资料。利用大数据技术对采集的大量设备性能数据（如技术复杂度、采购价格和使用年限等）进行数据整合与处理，建立有价值、可信赖的医疗设备技术参数指标，制作质量分析报告，将其作为采购设备的参考资料，降低设备选型、采购的盲目性和任意性，保证选型、招标采购工作的科学性。

2. 设备预防检修管理

通过自动化信息技术采集设备使用信息（质量检测数据、维修记录和成本效益等），建立医疗设备质量档案，实时监控在用医疗设备运行状态及医疗设备档案中各参数指标的变化情况。借助大数据分析技术与可视化技术直观预测设备性能发展趋势，评估设备风险，制订个性化的设备折旧管理和检修方案，为医疗设备安全评估、设备投入、医疗机构决策提供支持。

此外，建立个性化成本分析系统，利用大数据技术计算和评价医疗设备使用效益，动态调整医院整体设备管理策略，使预防性检修和个性化效益分析成为可能，提高在用医疗设备管理的精确性。

（四）医保管理

1. 宏观层面

依托大数据和云计算等技术，整合医疗相关数据，建立上下联动、互联互通的医保信息系统。以医保信息系统为支撑，开展医保数据的深度挖掘与利用，合理评估各地区医保政策落实和使用情况，辅助上级部门决策，提升医保管理水平和效率。

同时，调查研究医保相关数据（医保患者就医目的、就医原因以及医院资金流转渠道等），通过建模分析评价医保政策的合理性，进而促进现有医保政策的调整升级，完善医保政策。

2. 中观层面

通过病种以及费用占比等数据分析门诊特殊疾病，提供重点疾病病种的费用分析和排名。借助这种方式监督不同的定点医疗机构，通过对这些医疗机构的监督得到不同级别医疗机构门诊的大量数据。利用人工智能、图计算等前沿技术，深入挖掘海量数据资源，完善医保智能监控系统，提高监控精度。发挥大数据聚类、决策树等算法优势，评价单病种、按诊断分组（Diagnosis Related Group，DRG）等支付方式，推进多元复合式医保支付方式改革。

3. 微观层面

对于微观层面，基于医疗大数据分析参保人员就医频次、费用累积等个性化数据，监管参保人员行为，对其可能产生的道德风险进行监控，充分利用大数据技术引领规范医疗行为和就医秩序。同时，通过大数据推荐模型，面向参保人员提供精准推荐等健康管理服务，均衡有限的医疗资源，推动医疗机构管理向精细化转变。

案例分享　MCOT 监测器

　　CardioNet 公司创建于 1999 年，2008 年在纳斯达克上市，该公司不只是移动心脏监测设备的制造商，更是一家心脏监测服务提供商。该公司的主要产品是 MCOT（Mobile Cardiac Outpatient Telemetry），此产品能通过传感器为患者提供一天 24h 的心脏数据实时监测服务，并把监控数据实时发送到患者的随身监控器。当监控器监测到患者心率异常时，会自动把患者的心电图传输到 CardioNet 公司的监测中心；监测中心每周 7 天、每天 24h 都有心脏监测专家进行数据分析，一旦专家发现异常，可安排及时诊治。该产品通过了美国食品药品监督管理局审批，其监测效果获得了临床数据的支持。截至目前，MCOT 方案已成功诊断了 20 万名以上的患者，帮助 41% 的患者发现了以前并未诊断出的严重心脏问题。

 本章关键词

　　大数据应用；智慧物流；零售决策；政府决策；智能制造；医疗大数据

课后思考题

　　1. 大数据为决策者提供数据支撑的模式对比非大数据模式有何优势？

　　2. 在大数据应用过程中，影响数据的准确性的因素是什么？

　　3. 如何确保数据的准确性？

大数据应用的伦理与法律问题

本章提要	大数据技术的广泛应用是社会进步的表现，同时也带来了各种社会问题，诸如个人隐私、商业秘密和国家安全等。单就个人隐私而言，归纳起来，既有伦理问题，又有法律问题。通过本章学习，可了解个人信息与隐私保护的法律法规，并在大数据管理决策中，找出避免侵犯个人信息与隐私的解决方案。
学习目标	1. 了解大数据应用引发的伦理问题。 2. 了解大数据应用引发的法律问题。 3. 了解个人信息与隐私的法律保护。 重点：个人信息的非法获取、出售及安全存储。 难点：个人信息与隐私的法律保护及决策方案。
导入案例	**TikTok "封杀令"** 2020 年 8 月 14 日，美国总统特朗普签署行政命令，要求北京字节跳动科技有限公司在 90 天内剥离 TikTok 在美国的业务，给出的理由是：威胁美国国家安全。TikTok（抖音的海外版）是北京字节跳动科技有限公司旗下的一个短视频社交平台，主要是以先进算法驱动个性化的推送。2017 年 5 月上线后，在美国受到年轻人的追捧，有 1 亿多用户。因此，北京字节跳动科技有限公司美国分公司也就存储了美国用户的大量数据。 TikTok 受追捧，为什么会遭到美国政府的"封杀"？问题出在哪儿？难道是大数据惹的祸？TikTok 存有美国用户大量数据，就会对美国国家安全构成威胁吗？这种"封杀"既有技术上的打压，也有安全上的考量。 2020 年 11 月 10 日，北京字节跳动科技有限公司向美国哥伦比亚特区联邦巡回上诉法院提起诉讼，请求法院阻止美国总统特朗普针对 TikTok 颁布的行政命令生效。 2021 年 6 月 9 日，美国总统拜登主动撤销了对 TikTok 及微信的禁令。但美方同时要求对外国应用程序的安全风险进行审查，而且，美国外国投资委员会仍在对 TikTok 进行选择性的审查。 思考： 1. 你认为大数据技术的应用存在法律问题吗？存在伦理问题吗？ 2. 在大数据时代，如何开展合规合法的大数据利用？

第一节　大数据应用引发社会问题概述

当今社会，互联网以及各种智能设备普遍应用，人们活动的大量信息被广泛收集。毋庸置疑，世界已经进入了大数据时代。这既是技术的进步，也是社会的进步。但是，大数据的应用推动了社会很多方面的进步，也引发了各种各样的社会问题。其中，个人隐私、商业秘密以及国家安全，成为人们关注的焦点问题。

一、大数据应用与个人隐私

肯尼斯·C.劳顿和简·P.劳顿在《管理信息系统》中指出，如今的组织正在大力挖掘大数据，试图从这项技术中寻求获益的方法。有很多成功的大数据案例，但是，大数据也有黑暗的一面，即与隐私有关。如今，组织可以比以往更大规模地收集或分析数据，并且可能以有害的方式了解不同的个体。

大数据应用怎么会影响个人隐私？举个例子，假如你在某 App 浏览某个女明星的新闻，之后，该女明星各种各样的资讯就会源源不断地推送给你。这些 App 是通过海量信息收集、深度数据挖掘和用户行为分析，为用户提供个性化信息服务的大数据平台。这有什么问题吗？用户愿意看，平台给推送，这不是很好吗？但是，阅读偏好是一种私密活动，属于个人隐私，却被平台掌握了。如果网络平台将用户的阅读偏好泄露，就对个人隐私造成了侵害。

互联网时代，用户更多的是通过计算机和智能手机进行网络消费和社交活动。在使用之前，用户必须下载客户端软件，然后，注册登记个人信息，点击"确认"或"同意"才能获得服务，无形之中，就将个人信息传送给服务商。因此，网络公司拥有海量用户个人信息，如果用户信息被泄露或不正当使用，就会造成对个人隐私的侵害。这是大数据应用引发的极其普遍且严重的社会问题。

二、大数据应用与商业秘密

大数据应用又怎么会侵犯商业秘密？例如，2016 年 11 月，《今日头条》被《凤凰新闻》以恶意劫持《凤凰新闻》客户端流量为由，向北京市海淀区人民法院提起诉讼，要求《今日头条》立即停止有违基本商业道德的恶意不正当竞争行为，并赔偿经济损失 2000 万元。

《中华人民共和国反不正当竞争法》第九条规定，本法所称的商业秘密，是指不为公众所知悉、具有商业价值并经权利人采取相应保密措施的技术信息、经营信息等商业信息。通常情况下，一个企业的客户信息，就属于该企业的经营信息，也就是商业秘密。

肯尼斯·C.劳顿和简·P.劳顿在《管理信息系统》中提出了信息时代的五个道德维度：①信息的权利和义务，即个体和组织相对于他们自己来讲具有什么样的信息权利，他们能保护什么。②财产的权利和义务，即对于传统的知识产权，在数字社会中如何进行保护。在数字环境中，跟踪和追究所有权是很难的，而忽视这些产权却很容易。③系统质量，即为保护个人的权利和社会的安全，我们需要什么样的数据标准与系统质量。④生活质量，即在以信息和知识为基础的社会中，应当保留什么样的价值观，我们应当保护哪些机构免受伤害，新的信息技术支持什么样的文化价值和实践。⑤责任和控制，即对于个体和集体的信息、产权的伤害，谁能以及谁要负起责任和义务。这的确值得大数据平台企业思考与尊重。

三、大数据应用与国家安全

大数据应用为什么会影响国家安全？很多人知道"棱镜门"事件。2013年6月，美国中央情报局（CIA）前雇员斯诺登，通过英国《卫报》和美国《华盛顿邮报》曝光了美国国家安全局（NSA）的一项绝密电子监听计划——棱镜计划（PRISM）。据曝光的文件，该计划自2007年开始实施，美国国家安全局可以直接进入微软、Yahoo、谷歌、苹果、Facebook、PalTalk、YouTube、Skype、AOL等9家国际网络公司中心服务器挖掘数据、收集情报。

那怎么会影响国家安全呢？2014年6月4日，德国联邦最高检察官哈拉尔德·兰格（Harald Range）在柏林称，德方以"涉嫌从事特务及间谍活动"为由，对美国国家安全局窃听德国总理默克尔手机进行立案调查。他还表示，德方将继续密切监控美英情报机构可能针对德国公民的"大规模数据收集"行动。

试想，国家领导人的电话被监听，怎么会不影响国家安全呢？《中华人民共和国国家安全法》第二条规定，国家安全是指国家政权、主权、统一和领土完整、人民福祉、经济社会可持续发展和国家其他重大利益相对处于没有危险和不受内外威胁的状态，以及保障持续安全状态的能力。国家安全的11个领域包括：政治安全、国土安全、军事安全、经济安全、文化安全、社会安全、科技安全、信息安全、生态安全、资源安全、核安全。

国家领导人的电话被监听，甚至持续被监听，而监听的内容涉及国家安全的各个领域，这又怎么能不影响国家安全呢？由此可见，大数据的应用会引发诸如个人隐私、商业秘密及国家安全等各种各样的社会问题。

第二节　大数据应用引发的伦理问题

互联网时代，大数据应用引发的各种社会问题，归纳起来，既有伦理问题，又有法律问题。而大数据应用引发的伦理问题，其核心就是个人信息与隐私的泄露和滥用问题。个人隐私主要由个人信息构成，海量个人信息的收集，又形成大数据。因此，大数据应用引发的伦理问题，既有大数据收集的伦理问题，又有大数据泄露的伦理问题，还有大数据滥用的伦理问题。

那么，什么是伦理？伦理，即人伦道德之理，是指人与人相处的各种道德准则。贾谊著《新书·时变》中说："商君违礼义，弃伦理。"说的就是人伦道德之理。美国《韦氏大辞典》认为：伦理就是一门探讨什么是好什么是坏，以及讨论道德责任义务的学科。信守承诺、保守秘密、尊重隐私，通常被认为是道德的，符合伦理；而背信弃义、泄露秘密、侵犯隐私，是不道德的，不符合伦理。

那么，隐私又是什么？《中华人民共和国民法典》第一千零三十二条规定，隐私是自然人的私人生活安宁和不愿为他人知晓的私密空间、私密活动、私密信息。自然人享有隐私权，任何组织或者个人不得以刺探、侵扰、泄露、公开等方式侵害他人的隐私权。

个人隐私由个人信息构成，那么，什么是个人信息？《中华人民共和国民法典》第一千零三十四条规定，自然人的个人信息受法律保护；个人信息是以电子或者其他方式记录的能够单独或者与其他信息结合识别特定自然人的各种信息，包括自然人的姓名、出生日期、身份证件号码、生物识别信息、住址、电话号码、电子邮箱、健康信息、行踪信息等。

一、大数据收集的伦理问题

大数据时代，要获得更好的个性化服务，用户就必须同意自己的个人信息被收集，不同意，就不能获得更好的服务。比如我们日常生活中离不开的服务：手机入网、微信登录、淘宝购物、支付宝缴费、当当买书、美团外卖、百度导航……要过现代人的生活，就必须提供个人信息。还有必须做的登记：人口普查、小区门禁、单位刷卡、医院扫码、乘飞机、坐高铁……这是特定情况下，我们必须履行的法定义务。再就是一些迫不得已的"同意"：天气预报要求位置信息、导航服务要求位置信息、运动健康服务要求位置信息……想要得到更好的服务，就不得不提供位置信息。

总之，对个人信息的收集，有些是我们离不开的、有些是我们必须做的、有些是迫不得已的。个人信息收集，或许没有对与错、好与坏、道德不道德，这也许不能说是大数据收集带来的伦理问题，而是大数据应用导致人们陷入了"伦理困境"。

还有更危险的"伦理困境"。互联网时代，大数据的收集无处不在，网络上有这样一篇报道：一位清华大学法学院教授，面对小区的人脸识别门禁说"不"。一场疫情，从多个维度改变了社会生活，流行起来的，除了口罩、消毒药水，还有小区的人脸识别门禁。作为一名法律学者，她写了法律函，分别寄到物业公司和居委会。后来，街道方面邀请她谈话，在会谈中历数人脸识别的各种好处；她则列举了种种风险，认为在小区安装人脸识别装置并无必要，而且不经同意就收集人脸数据，违反现行的法律规定。

人脸数据是自然人特定的生物识别信息，是敏感个人信息，也是个人不会轻易改变的特有生物识别信息。如果人脸数据遭泄露、被滥用，不仅不会改善社会治安，反而可能引发相关的违法犯罪活动。

二、大数据泄露的伦理问题

大数据应用最常见的伦理问题就是个人信息遭泄露。2018年4月10日，Facebook首席执行官扎克伯格因5000万用户数据泄露，在美国国会大厦接受44位议员的质询。2019年，信息泄露的典型事件有：中国求职者MDB数据库2.02亿条记录遭泄露；印度公民MDB数据库2.75亿条记录遭泄露；第一美国金融公司8.85亿个人交易记录遭泄露；美国一家通信公司数据库10亿条记录遭泄露；美国某社交媒体40亿条数据记录遭泄露……泄露的数据包含用户姓名、电话号码、电子邮件地址、婚姻状况、政治倾向、身高、体重、驾驶执照信息、薪资期望和其他个人信息。

个人信息遭泄露，最不道德的就是个人隐私被侵犯。比如，没完没了的推销电话、铺天盖地的广告短信、无穷无尽的垃圾邮件……这些令人沮丧的骚扰行为，侵扰着私人生活的安宁。

再看下面一个案例。一位整形医生在电视访谈中使用了病人术前与术后的照片。当拍摄这些照片时，病人被告知这是"医生操作规程的一部分"。这位医生在电视访谈中不仅使用了客户的照片，并指明了客户的姓名。于是，这位病人整容的消息满天飞，后来，这位病人陷入了可怕的抑郁中。最后，法院认定该病人的隐私受到了侵犯。

泄露个人隐私，就是侵犯宪法保护的人格尊严，轻者是不道德，违背伦理，重者就要承担相应的法律责任。

三、大数据滥用的伦理问题

互联网时代，大数据滥用比以往更容易，比如大数据"杀熟"现象。如果你经常查阅和购买机票，那么可能会越查越贵，这就是大数据"杀熟"现象。为什么会有这样的结果？因为用户被贴上了标签，这当然是商家不道德的行为，是大数据滥用的伦理问题。2020 年 10 月 1 日，文化和旅游部公布的《在线旅游经营服务管理暂行规定》正式生效，大数据"杀熟"被明令禁止。其第十五条规定，在线旅游经营者不得滥用大数据分析等技术手段，基于旅游者消费记录、旅游偏好等设置不公平的交易条件，侵犯旅游者合法权益。

还有更严重的大数据滥用问题，2012 年 2 月 16 日，《纽约时报》发表了一篇文章，报道美国塔吉特（Target）百货公司有一个分析项目，可确定某一位女顾客何时怀孕。经过对某位女顾客消费信息的分析，随即将购买与妊娠有关的物品的优惠券送给了这位少女。该少女父亲得知后非常愤怒，当面痛骂该公司经理厚颜无耻。

塔吉特公司是通过鉴定购物模式来推断某一顾客是否怀孕，然后，将优惠券送给她。然而，这种数据挖掘的做法会引起人们的愤怒，因为它泄露了非常敏感的个人信息，可能会对用户造成终生的伤害。

以上这些个案，如果没有违反保护公民个人信息与隐私的法律规定，那就只能通过道德的力量加以约束。但是，如果违反了法律的强制性规定，就要受到法律的制裁。

第三节　大数据应用引发的法律问题

伦理与法律都是调整人与人关系的行为规范，伦理注重内在的道德修为，而法律注重外在的强力干预。伦理问题往往是违反公序良俗，要受到谴责，靠的是社会评价降低、声誉受损甚至名誉扫地。法律问题主要是违反强制性规范，应受到制裁，靠的是承担民事责任、行政责任甚至刑事责任。大数据应用引发的法律问题，其核心还是个人信息与隐私的保护问题，主要表现为个人信息的非法获取、出售及安全存储问题。

一、非法获取个人信息的法律问题

大数据时代，非法获取公民个人信息的案件时有发生。2019 年 4 月，江苏南京公安机关接到某单位信息中心报案，称该中心管理的南京市 1400 余万条居民社保数据被非法盗取并售卖。南京市公安局网安部门迅速查明，盗取并兜售社保数据的犯罪嫌疑人为熊某及其上下线犯罪嫌疑人任某、薛某。经查，任某为江苏某计算机技术有限公司工程师，在为南京市某单位进行信息系统漏洞测试时，利用系统漏洞盗取了居民社保数据，后伙同在柬埔寨的违法犯罪人员熊某销售，其中，熊某将 7 万条数据卖给了薛某。5 月 16 日，南京公安机关在柬埔寨警方配合下抓获犯罪嫌疑人熊某，后在境内抓获犯罪嫌疑人任某、薛某。

2019 年 10 月，江苏省南通市公安局网安部门在工作中发现，网民"wolinxuwei"多次在交易平台出售银行开户、手机注册等公民个人信息，数量高达 500 余万条。经查，"wolinxuwei"真实身份为林某。2019 年年初，林某在"telegram"群组结识某公司安全工程师贺某，林某以 40 万元的价格从贺某处购得银行开户、手机卡注册等各类公民个人信息 350 余万条，并通过销售给经营期货交易平台、推销 POS 机的费某、王某等人，非法牟利 70 余万元。11 月 12 日—26 日，南通公安机关先后在上海、苏州、武汉等地抓获犯罪嫌疑人林某、费某等犯罪嫌疑人 11 名，查获公民个人信息 2000 余万条。

2017 年 6 月 1 日生效的《最高人民法院、最高人民检察院关于办理侵犯公民个人信息刑事案件适用法律若干问题的解释》，对非法获取公民个人信息的行为认定为两种形式：①以购买、收受、交换等方式非法获取公民个人信息；②在履行职责或者提供服务过程中，违反国家有关规定收集公民个人信息。

如此严重的非法获取公民个人信息的行为，是否构成犯罪？2009 年 2 月 28 日，《中华人民共和国刑法修正案（七）》生效，因此有了《中华人民共和国刑法》第二百五十三条之一的规定：国家机关或者金融、电信、交通、教育、医疗等单位的工作人员，违反国家规定，将本单位在履行职责或者提供服务过程中获得的公民个人信息，出售或者非法提供给他人，情节严重的，处三年以下有期徒刑或者拘役，并处或者单处罚金；窃取或者以其他方法非法获取上述信息，情节严重的，依照前款的规定处罚；单位犯前两款罪的，对单位判处罚金，并对其直接负责的主管人员和其他直接责任人员，依照各该款的规定处罚。《中华人民共和国刑法修正案（七）》确定了两个罪名，即非法获取公民个人信息罪和出售、非法提供公民个人信息罪。但是，打击范围和打击力度都不够。

2015 年 11 月 1 日，《中华人民共和国刑法修正案（九）》生效，重新修正的《中华人民共和国刑法》第二百五十三条之一规定：①违反国家有关规定，向他人出售或者提供公民个人信息，情节严重的，处三年以下有期徒刑或者拘役，并处或者单处罚金；情节特别严重的，处三年以上七年以下有期徒刑，并处罚金。②违反国家有关规定，将在履行职责或者提供服务过程中获得的公民个人信息，出售或者提供给他人的，依照前款的规定从重处罚。③窃取或者以其他方法非法获取公民个人信息的，依照第一款的规定处罚。④单位犯前三款罪的，对单位判处罚金，并对其直接负责的主管人员和其他直接责任人员，依照各该款的规定处罚。根据《中华人民共和国刑法修正案（九）》重新修正的《中华人民共和国刑法》第二百五十三条之一有两个变化：一是将非法获取公民个人信息罪和出售、非法提供公民个人信息罪统一为一个罪名，即侵犯公民个人信息罪；二是对情节特别严重的侵犯公民个人信息罪，在打击范围和打击力度上都进一步增强。

现实中，非法获取与非法出售个人信息，往往是交织在一起的。

二、非法出售个人信息的法律问题

关于非法出售个人信息的法律问题，请见下面的例子。

侵犯公民个人信息罪判决书［2019 苏 0585 刑初 49 号］：江苏省太仓市人民检察院指控，2017 年 1 月至 2018 年 1 月期间，被告人贺某利用微信聊天工具从他人处购买车辆、户籍、旅馆住宿等公民个人信息再加价非法出售，其中向张某出售上述公民个人信息违法所得共计 10218 元，向肖某出售上述公民个人信息违法所得共计 17455 元。公诉机关认为，被告人贺某违反国家有关规定，向他人出售公民个人信息，情节严重，应当以侵犯公民个人信息罪追究其刑事责任。

被告人贺某当庭对太仓市人民检察院指控其侵犯公民个人信息罪的事实认罪。辩护人提出以下辩护意见：①被告人贺某系坦白，且认罪认罚。②被告人贺某系初犯，其主观恶性不深，有认罪、悔罪表现。

江苏省太仓市人民法院认为，被告人贺某违反国家有关规定，向他人出售公民个人信息，情节严重，其行为已构成侵犯公民个人信息罪。但被告人能够当庭认罪，且自愿认罪认罚。据此，依照《中华人民共和国刑法》第二百五十三条之一，第五十二条、第五十三条、第六十四条及《中华人民共和国刑事诉讼法》第十五条之规定，判决如下：①被告人贺某犯侵犯公民个人信息罪，判处有期徒刑一年二个月，并处罚金人民币 3 万元。②追缴被告人贺某违法所得人民币 27673 元，予以没收。

该刑事判决书适用了《中华人民共和国刑法》第二百五十三条之一侵犯公民个人信息罪的罪名，且准确采用了《最高人民法院、最高人民检察院关于办理侵犯公民个人信息刑事案件适用法律若干问题的解释》的量刑标准。侵犯公民个人信息罪的定罪量刑标准，主要考虑六个方面的因素，即侵犯个人信息的数量、信息类型、信息的用途、违法所得数额、主体身份和行为人的主观恶性。根据上述因素分为情节严重和情节特别严重。

情节严重的认定标准（处三年以下有期徒刑或者拘役）为：①出售或者提供行踪轨迹信息，被他人用于犯罪的。②知道或者应当知道他人利用公民个人信息实施犯罪，向其出售或者提供的。③非法获取、出售或者提供行踪轨迹信息、通信内容、征信信息、财产信息 50 条以上的。④非法获取、出售或者提供住宿信息、通信记录、健康生理信息、交易信息等其他可能影响人身、财产安全的公民个人信息 500 条以上的。⑤非法获取、出售或者提供第③项、第④项规定以外的公民个人信息 5000 条以上的。⑥数量未达到第③~⑤项规定标准，但是按相应比例合计达到有关数量标准的。⑦违法所得 5000 元以上的。⑧将在履行职责或者提供服务过程中获得的公民个人信息出售或者提供给他人，数量或者数额达到第③~⑦项规定标准一半以上的。

情节特别严重的认定标准（处三年以上七年以下有期徒刑）为：①造成被害人死亡、重伤、精神失常或者被绑架等严重后果的。②造成重大经济损失或者恶劣社会影响的。③数量或者数额达到前款第③~⑧项规定标准十倍以上的。

情节特别严重和情节严重之间的数量数额标准设置为十倍的倍数关系。

另外，还有为合法经营活动，非法购买、收受公民个人信息定罪量刑的特殊标准：①利用非法购买、收受的公民个人信息获利 5 万元以上的。②曾因侵犯公民个人信息受过刑事处罚或者二年内受过行政处罚，又购买、收受公民个人信息的。

三、安全存储个人信息的法律问题

防止个人信息泄露，必须从源头保障信息存储的安全。

2018 年 12 月，河南省开封市公安局网安部门在工作中发现，网民"夕阳红"通过微信群大肆贩卖手机机主姓名、财产信息、个人户籍资料等公民个人信息。公安机关侦查掌握了一个由多部门"内鬼"与外部人员勾结，层层倒卖公民个人信息至下游电信网络诈骗、暴力催债、网络赌博等违法犯罪人员的侵犯公民个人信息犯罪网络。开封公安机关历时 12 个月，辗转 20 余个省市，先后抓获犯罪嫌疑人 200 余名，其中，电信运营商、社区干部、物流行业等内部人员 80 余名、暴力催收人员 50 余名，打掉非法暴力催收公司 2 个，查获公民个人信息 1 亿余条，冻结涉案资金 1000 余万元。

面对侵犯公民个人信息的案件，一方面，要严厉打击非法获取和出售个人信息的犯罪行为；另一方面，还要进一步加强对公民个人信息与隐私的法律保护。《中华人民共和国网络安全法》第四十二条规定，网络运营者应当采取技术措施和其他必要措施，确保其收集的个人信息安全，防止信息泄露、毁损、丢失。

个人信息通过电子或者其他方式的记录或收集，就形成为数据，因此，2021 年 9 月 1 日起施行的《中华人民共和国数据安全法》也是保护公民个人信息的重要法律。其第三条规定，数据安全是指通过采取必要措施，确保数据处于有效保护和合法利用的状态，以及具备保障持续安全状态的能力。第二十七条规定，开展数据处理活动应当依照法律、法规的规定，建立健全全流程数据安全管理制度，组织开展数据安全教育培训，采取相应的技术措施和其他必要措施，保障数据安全。重要数据的处理者应当明确数据安全负责人和管理机构，落实数据安全保护责任。

第四节　个人信息与隐私的法律保护

一、国内外保护个人信息与隐私的立法情况

（一）国外

国外保护公民个人信息与隐私的相关立法有很多。例如 1948 年联合国《世界人权宣言》第十二条规定：任何人的隐私、家庭、房屋或者通信均不受武断干扰，尊严或者名誉不受攻击；任何人均有权对这种干扰或者攻击获得法律保护。另外，还有 1974 年美国的《隐私权法》、1980 年经济合作与发展组织（OECD）的《关于保护隐私和个人数据国际流通的指南》、2003 年日本的《个人信息保护法》、2004 年亚太经济合作组织（APEC）的《隐私保护框架》、2018 年欧盟的《通用数据保护条例》（GDPR）和美国《加州消费者隐私保护法案》（CCPA）。

（二）国内

我国保护公民个人信息与隐私的相关立法日趋完善。早在 1982 年的《中华人民共和国宪法》第三十八条就规定，中华人民共和国公民的人格尊严不受侵犯。还有《中华人民共和国民法典》第一千零三十二条保护个人隐私的规定、第一千零三十四条保护个人信息的规定。再就是《中华人民共和国治安管理处罚法》第四十二条，《中华人民共和国网络安全法》第

四十条、四十一条、四十二条、四十四条，以及《中华人民共和国刑法》第二百五十三条之一侵犯公民个人信息罪等。再就是 2017 年的《最高人民法院、最高人民检察院关于办理侵犯公民个人信息刑事案件适用法律若干问题的解释》。下面着重介绍一下 2021 年新施行的《中华人民共和国数据安全法》和《中华人民共和国个人信息保护法》。

1.《中华人民共和国数据安全法》

2021 年 9 月 1 日，《中华人民共和国数据安全法》开始施行。其立法宗旨是：规范数据处理活动，保障数据安全，促进数据开发利用，保护个人、组织的合法权益，维护国家主权、安全和发展利益。其适用范围是：在中华人民共和国境内开展数据处理活动及其监管，适用本法。在中华人民共和国境外开展数据处理活动，损害中华人民共和国国家安全、公共利益或者公民、组织合法权益的，依法追究法律责任。这表明该法具有域外效力。

《中华人民共和国数据安全法》界定了相关概念。其第三条规定，本法所称数据，是指任何以电子或者其他方式对信息的记录。数据处理包括数据的收集、存储、使用、加工、传输、提供、公开等。数据安全是指通过采取必要措施，确保数据处于有效保护和合法利用的状态，以及具备保障持续安全状态的能力。

《中华人民共和国数据安全法》就数据安全与发展建立相关制度。第七条规定，国家保护个人、组织与数据有关的权益，鼓励数据依法合理有效利用，保障数据依法有序自由流动，促进以数据为关键要素的数字经济发展。

《中华人民共和国数据安全法》提出了数据安全保护义务。第二十七条规定：开展数据处理活动应当依照法律、法规的规定，建立健全全流程数据安全管理制度，组织开展数据安全教育培训，采取相应的技术措施和其他必要措施，保障数据安全；重要数据的处理者应当明确数据安全负责人和管理机构，落实数据安全保护责任。第二十八条规定，开展数据处理活动以及研究开发数据新技术，应当有利于促进经济社会发展，增进人民福祉，符合社会公德和伦理。

《中华人民共和国数据安全法》建立了国家分级分类保护数据安全和审查制度。第二十一条规定：国家根据数据在经济社会发展中的重要程度，以及一旦遭到篡改、破坏、泄露或者非法获取、非法利用，对国家安全、公共利益或者个人、组织合法权益造成的危害程度，对数据实行分级分类保护；各地区、各部门应当按照数据分类分级保护制度，确定本地区、本部门以及相关行业、领域的重要数据具体目录，对列入目录的数据进行重点保护。第二十四条规定，国家建立数据安全审查制度，对影响或者可能影响国家安全的数据处理活动进行国家安全审查，依法做出的安全审查决定为最终决定。

《中华人民共和国数据安全法》规定了境外执法机构调取数据及中国缔结国际条约的相关制度。第三十六条规定，中华人民共和国主管机关根据有关法律和中华人民共和国缔结或者参加的国际条约、协定，或者按照平等互惠原则，处理外国司法或者执法机构关于提供数据的请求。非经中华人民共和国主管机关批准，境内的组织、个人不得向外国司法或者执法机构提供存储于中华人民共和国境内的数据。

《中华人民共和国数据安全法》加大了违法处罚力度。第四十五条规定：违反国家核心数据管理制度，危害国家主权、安全和发展利益的，由有关主管部门处 200 万元以上 1000 万元以下罚款，并根据情况责令暂停相关业务、停业整顿、吊销相关业务许可证或者吊销营业执照；构成犯罪的，依法追究刑事责任。

2.《中华人民共和国个人信息保护法》

2021 年 11 月 1 日，《中华人民共和国个人信息保护法》开始施行。其立法宗旨是：保护个人信息权益，规范个人信息处理活动，促进个人信息合理利用。其适用范围是：①在中华人民共和国境内处理自然人个人信息的活动；②在中华人民共和国境外处理中华人民共和国境内自然人个人信息的活动，有下列情形之一的，也适用本法：以向境内自然人提供产品或者服务为目的，分析、评估境内自然人的行为，法律、行政法规规定的其他情形。这表明该法具有追究侵犯我国公民个人信息的"域外"效力。

《中华人民共和国个人信息保护法》还界定了个人信息（是以电子或者其他方式记录的与已识别或者可识别的自然人有关的各种信息，不包括匿名化处理后的信息）、个人信息的处理（包括个人信息的收集、存储、使用、加工、传输、提供、公开、删除等）相关概念。

尤其是《中华人民共和国个人信息保护法》在立法上第一次列举了个人信息处理规则，其第十三条规定，符合下列情形之一的，个人信息处理者方可处理个人信息：①取得个人的同意；②为订立或者履行个人作为一方当事人的合同所必需，或者按照依法制定的劳动规章制度和依法签订的集体合同实施人力资源管理所必需；③为履行法定职责或者法定义务所必需；④为应对突发公共卫生事件，或者紧急情况下为保护自然人的生命健康和财产安全所必需；⑤为公共利益实施新闻报道、舆论监督等行为在合理的范围内处理个人信息；⑥依照本法规定在合理的范围内处理个人自行公开或者其他已经合法公开的个人信息；⑦法律、行政法规规定的其他情形。

同时，《中华人民共和国个人信息保护法》还规定了敏感个人信息的处理规则，其第二十八条规定，敏感个人信息是一旦泄露或者非法使用，容易导致自然人的人格尊严受到侵害或者人身、财产安全受到危害的个人信息，包括生物识别、宗教信仰、特定身份、医疗健康、金融账户、行踪轨迹等信息，以及不满十四周岁未成年人的个人信息。只有在具有特定的目的和充分的必要性，并采取严格保护措施的情形下，个人信息处理者方可处理敏感个人信息。第二十九条规定，处理敏感个人信息应当取得个人的单独同意；法律、行政法规规定处理敏感个人信息应当取得书面同意的，从其规定。

按照《中华人民共和国个人信息保护法》的规定，个人信息处理者除了承担法定保密义务和法定保护安全义务之外，个人与个人信息处理者在处理个人信息上的主要权利义务，见表 11-1。

表 11-1　个人与个人信息处理者在处理个人信息上的主要权利义务

个人的权利	信息处理者的义务
知情权	告知义务
决定权（同意、限制或者拒绝）	征得同意义务
请求撤回权（撤回同意）	及时撤回（删除）义务
请求查阅、复制、转移权	及时提供（转移途径）义务
请求更正、补充权	及时更正、补充义务
请求删除权	及时删除义务

二、承担侵犯个人信息与隐私民事侵权责任的条件和形式

《中华人民共和国民法典》第一千零三十三条规定，除法律另有规定或者权利人明确同意外，任何组织或者个人不得实施下列行为：①以电话、短信、即时通信工具、电子邮件、传单等方式侵扰他人的私人生活安宁；②进入、拍摄、窥视他人的住宅、宾馆房间等私密空间；③拍摄、窥视、窃听、公开他人的私密活动；④拍摄、窥视他人身体的私密部位；⑤处理他人的私密信息；⑥以其他方式侵害他人的隐私权。有上述违法行为，给权利人造成财产或人格利益损失（精神痛苦）的，要承担民事侵权责任。

《中华人民共和国民法典》第一千一百六十五条规定，行为人因过错侵害他人民事权益造成损害的，应当承担侵权责任。因此，承担个人信息与隐私民事侵权责任的法律要件包括：①主观过错。行为人具有主观故意或重大过失。②违法行为。发生了侵害个人信息与隐私的违法行为。③损害事实。给受害人造成财产或人格利益损失（含精神痛苦）。④因果关系。权利人遭受财产或人格利益损害是该不法行为造成的。

《中华人民共和国民法典》第一百七十九条规定，承担民事责任的方式主要有：①停止侵害；②排除妨碍；③消除危险；④返还财产；⑤恢复原状；⑥修理、重作、更换；⑦继续履行；⑧赔偿损失；⑨支付违约金；⑩消除影响、恢复名誉；⑪赔礼道歉。法律规定惩罚性赔偿的，依照其规定。

在互联网大数据时代，保护公民个人信息与隐私，强化技术防范措施，是一种及时和有效的手段。而加强立法和司法保护，又是保护公民个人信息与隐私安全的有力保障。除了技术防范和法律保护之外，公民道德素质的提高及国际治理环境的不断改善，也都是保护公民个人信息与隐私安全的必然要求。

案例分享　Facebook 数据泄露

2018 年年初，一家第三方公司通过一个应用程序收集了 5000 万 Facebook 用户的个人信息，由于 5000 万的用户数据接近 Facebook 美国活跃用户总数的 1/3，美国选民人数的 1/4，波及的范围非常大。后来，5000 万用户数量上升至 8700 万。

2018 年 9 月，Facebook 爆出因安全系统漏洞而遭受黑客攻击，导致 3000 万用户信息泄露。其中，有 1400 万用户的敏感信息被黑客获取。这些敏感信息包括姓名、联系方式、搜索记录、登录位置等。12 月 14 日，又再次爆出，Facebook 因软件漏洞可能导致 6800 万用户的私人照片泄露。具体来说，9 月 13 日至 25 日期间，其照片 API 中的漏洞使得约 1500 个 App 获得了用户私人照片的访问权限。一般来说获得用户授权的 App 只能访问共享照片，但这个漏洞导致用户没有公开的照片也照样能被读取。

Facebook CEO 频繁为数据泄露道歉，并多次出席美国国会听证会。受一系列事件影响，Facebook 股价在 2018 年跌了 29.70%（截至 2018 年 12 月 25 日）。

本章关键词

大数据应用；个人信息；个人隐私；伦理问题；法律问题

课后思考题

1. 大数据应用会引发哪些社会问题？
2. 大数据应用会引发哪些伦理问题？
3. 大数据应用会引发哪些法律问题？
4. 个人信息与隐私如何进行法律保护？

第十二章

大数据管理决策的挑战与趋势

本章提要

大数据时代的到来给各行各业带来了新的机遇。大数据技术与决策理论的结合，改变了传统的决策模式，为决策提供了新的发展方向。通过前面的学习，了解了大数据的 5V 特征，并充分认识到了大数据的重要价值。但针对如何充分挖掘大数据所蕴含的价值、如何高效利用这些价值、如何保证信息安全等问题，尚未有明确的做法，这为大数据管理决策带来了诸多挑战。通过本章的学习，思考大数据管理决策需考虑的问题与技术选择，把握应用大数据进行管理决策所面临的挑战与趋势，旨在更好地利用大数据技术辅助管理决策。

学习目标

1. 思考大数据管理决策需考虑的问题与技术选择。
2. 把握应用大数据进行管理决策所面临的挑战与趋势。

重点：理解大数据管理决策面临的挑战以及掌握大数据管理决策考虑的问题和技术选择。

难点：把握大数据管理决策的未来趋势。

导入案例

大数据决策：成为一种新的决策方式

依据大数据进行决策，从数据中获取价值，让数据主导决策，是一种前所未有的决策方式，并正在推动着人类信息管理准则的重新定位。随着大数据分析和预测性分析对管理决策影响力的逐渐加大，依靠直觉做决定的状况将会被彻底改变。

美国 Farecast 系统的功能之一就是飞机票价预测，它通过从旅游网站获得的大量数据，分析 41 天之内的 12000 个价格样本，分析所有特定航线机票的销售价格，并预测出当前机票价格在未来一段时间内的涨降走势，从而帮助乘客选择最佳的购票时机，并降低可观的购票成本。

思考：

1. Google 公司与 Farecast 系统面临的挑战有哪些？
2. 为什么 Google 公司能够及时应对甲型 H1N1 流感？
3. 大数据管理决策对 Farecast 系统有什么作用？

第一节　大数据管理决策面临的挑战

在大数据管理决策中，如何充分挖掘大数据所蕴含的价值、如何高效利用这些价值、如何保证信息安全等问题，尚未有明确的做法，这为管理决策带来了诸多挑战，主要体现在以下几个方面：

一、数据获取与整合能力欠缺

大数据虽然包含了海量数据，但是如何高效处理数据还有一定的局限性。目前，针对结构化数据的处理方式已经比较成熟，但是对于图片、文档以及网页等非结构化数据或者半结构化数据的处理具有很大难度。这就使得管理者在对这些多元数据、海量数据、异构数据进行统计分析的过程中会出现混乱的状况。

同时，大数据分散存储在多个业务数据库中，各业务模块间还存在数据关联与共享难题。

二、管理观念落后

目前，越来越多的管理者逐渐重视大数据在决策方面的应用，但还有一些管理人员尚未真正认识到大数据的价值。

有一部分管理者跟随时代的发展，在组织内部进行创新化改革，顺应了时代发展的潮流，及时地抓住了大数据时代所带来的发展机遇，更好更稳步地向前发展。而有的管理者没有真正意识到大数据时代的价值，仍停留在传统的管理模式之中，行业竞争力越来越低。

三、决策环境复杂

近年来，随着大数据、云计算、物联网、移动互联网、人工智能、机器学习等先进技术的发展并投入商业化应用，企业和政府部门获取数据的完整性和及时性得到极大的提高，但同时也意味着其面临的决策环境更加复杂。

大数据时代，决策信息的采集与分析、决策方案的制定与选择均会受到错综复杂的环境因素影响，而外部环境的复杂多变、企业内部决策知识的广泛分布、决策时效性要求的提高，都导致管理部门内部的决策方式发生转变。同时，大数据的利用直接导致所处环境变化的速度加快，这对管理者的决策速度也提出了更高的要求。

四、大数据人才匮乏

大数据时代背景下，高素质人才不仅要有过硬的现代信息处理技术，而且需要具备丰富的领域知识和高度的数据安全意识。现阶段，我国极度缺乏大数据方面的高素质人才。大数据人才的培养主要由学校和社会承担，而高校对大数据人才的培养发展缓慢，社会大多注重培养实践应用型人才，培养出的人才在理论能力方面相对匮乏，这就造成了企业人才困境。

第二节　大数据管理决策考虑的问题和技术选择

现在正处于大数据的爆发时代，大数据在各个行业的应用模式已经越来越成熟。在大数据管理决策中，需要着重考虑以下问题：

一、数据的数量和质量

大数据时代，数据数量对数据分析有很大影响，然而数据质量是组织经营管理数据治理的关键所在，劣质数据的存在不如没有数据。大数据时代，数据激增，这使整体数据分析更能反映问题准确性，然而并不是所有的数据对决策都有帮助，垃圾数据会影响整体数据分析的进程。数据质量直接影响着数据价值，并且直接影响着大数据分析的结果以及决策的质量。随着数据数量激增，数据造假、数据失真、数据遗漏等问题也接踵而来，这些劣质数据不仅仅是数据本身的问题，还会影响着组织经营管理决策，劣质数据的传播会给大数据分析带来巨大的挑战。

二、大数据与其他信息的结合

进行大数据管理决策时，不仅要考虑大数据，还应当结合其他信息，例如环境变化、政策变化等。很多组织在进行数据分析时，往往在第一次得到某种数据分析的结果以后，就开始了后续的内容部署。大数据分析技术只是给出一个参考性的结果，并不是唯一正确的结果，如果忽略了其他可能性，则很可能导致组织决策出现重大偏差。因此组织在进行大数据分析时应该考虑更多的信息，考虑更多的可能性，不仅是处理单一的结果。

三、因果关系分析

在数据缺乏的年代，万事都要追问"为什么"，总想从微观因果关系的相互作用中涌现出宏观的有序性和自组织。大数据时代只问"是什么"，不问"为什么"，追求的"不是因果关系，而是相关关系"，这是大数据的一个优势。分析因果关系是一件非常复杂而严谨的事情，出现短时间内无法得到具体的因果关系时，就需要用到大数据技术。

当然，大数据技术并不是完全否认因果关系，而是强调先通过相关关系解决问题，再研究因果关系。很多事情都是由因导致的果，因此在进行实际的数据分析时，清楚具体的因果关系能便于更好地辅助管理决策。一旦因果关系错误，则可能导致错误的结果，从而影响到组织下一步决策。

四、数据模型的建立

虽然组织拥有海量的数据，但是这些数据是分散的、隔离的，又形成一个个孤岛。为了更好地利用数据，数据模型就此应运而生。数据模型（data model）是数据特征的抽象，它从抽象层次上描述了系统的静态特征、动态行为和约束条件，为数据库系统的信息表示与操作提供一个抽象的框架。通过高度抽象的数据模型，整合各个源系统的数据，最终形成统一、规范、易用的数据仓库，进而提供包括数据集市、数据挖掘、报表展示等上层服务。

组织要想进行完善的数据分析，正确的数据模型是必不可少的。按照数据的计量层次，可以将数据分为定类数据、定序数据、定距数据与定比数据。建立数据模型时，组织不应该只考虑对自己有利的用户数据，而应该综合各类影响数据，再进行后续的数据判断。

五、合适的数据分析工具

合适的数据分析工具其实能带给企业的作用是非常大的，系统化的可视化数据能够更好、更准确地帮助用户进行数据分析。一般来说，数据分析可以分为数据存储层、数据报表层、数据分析层、数据展现层，对于不同的层次采用不同的工具。

大数据分析的目标来自应用的实际需求，结合适用的算法，利用高效处理平台的有效支持来挖掘可量化、合理、可行、有价值的信息。然而没有一种算法或模式可以兼顾所有应用场景，也没有一种技术可以涵盖大数据分析。因此，大数据分析取决于各种技术的帮助，以实现数据价值最大化。其中大数据分析的方法大致包括：可视化分析、数据挖掘算法、预测性分析、语义搜索引擎、大数据质量管理等基本方面。

第三节　　大数据管理决策的未来趋势

大数据带来了重要的战略机遇。第一，大数据是新一代信息技术融合应用的新焦点，未来会创造比较大的商业价值、社会价值和经济价值。第二，大数据是信息产业持续高速增长的新引擎，将对数据存储产业产生巨大推动，同时数据挖掘市场也会得到很好的发展。第三，大数据使行业用户竞争力得到不断提升，可以更好地定位目标市场，更好地扩大企业未来市场份额。当今社会的技术变革十分迅速，未来基于大数据的决策又有哪些趋势值得我们关注呢？

一、事务与分析融合：混合事务/分析支撑即时决策

在数据驱动精细化运营的今天，海量实时的数据分析需求无法避免。分析和业务是强关联的，但由于这两类数据库在数据模型、行列存储模式和响应效率等方面的区别，通常会造成数据的重复存储。事务系统中的业务数据库只能通过定时任务同步导入分析系统，这导致了数据时效性不足，无法实时地进行决策分析。

混合事务/分析处理（hybrid transaction and analytical process）提倡以一种"集事务和分析性能于一体"的方法合并运营操作和分析操作。2014 年 Gartner 的一份报告中使用"混合事务/分析处理"一词描述新型的应用程序框架，以打破 OLTP 和 OLAP 之间的隔阂，既可以应用于事务型数据库场景，亦可以应用于分析型数据库场景，实现实时业务决策。

这种融合的架构具有明显的优势，可以避免频繁的数据搬运操作给系统带来的额外负担，减少数据重复存储带来的成本，从而及时高效地对最新业务操作产生的数据进行分析。Gartner 公司分析师认为，增强型数据分析会影响大数据的未来趋势，它涉及将人工智能、机

器学习和自然语言处理等技术应用于大数据平台，这有助于企业更快地做出决策，并有效地识别趋势。

二、模块融合：一站式数据能力复用平台

大数据的工具和技术已经相对成熟，大公司在实战经验中围绕工具与数据的生产链条、数据的管理和应用等逐渐形成了能力集合，并通过这一概念来统一数据资产的视图和标准，提供通用数据的加工、管理和分析能力。

数据能力集成的趋势打破了企业内原有的复杂数据结构，使数据和业务更贴近，并能更快地使用数据驱动决策，主要针对性地解决三个问题：一是提高数据获取的效率；二是打通数据共享的通道；三是提供统一的数据开发能力。这样的"企业级数据能力复用平台"是一个由多种工具和能力组合而成的数据应用引擎、数据价值化的加工厂，用来连接下层的数据和上层的数据应用团队，从而形成敏捷的数据驱动精细化运营的模式。

三、数智融合：数据与智能多方位深度整合

大数据与人工智能的融合主要体现在大数据平台的智能化与数据治理的智能化。智能的平台用智能化的手段来分析数据是释放数据价值的高阶之路，但用户往往不希望在两个平台间不断地搬运数据，这促成了大数据平台和机器学习平台深度整合的趋势。大数据平台在支持机器学习算法之外，还将支持更多的人工智能（Artificial Intelligence，AI）类应用。Databricks公司为数据科学家提供一站式的分析平台——数据科学工作空间（Data Science Workspace），Cloudera公司也推出了相应的分析平台——Cloudera 数据科学平台（Cloudera Data Science Workbench）。2019 年年底，阿里巴巴宣布基于 Flink 的机器学习算法平台 Alink 正式开源，并已在搜索、推荐、广告等核心实时在线业务中有了广泛实践。

智能数据治理的输出是人工智能的输入，即经过治理后的大数据。人工智能数据治理，是通过智能化的数据治理使数据变得智能，并通过智能元数据感知和敏感数据自动识别，对数据自动分级分类，形成全局统一的数据视图，通过智能化的数据清洗和关联分析，把关数据质量，建立数据血缘关系。数据能够自动具备类型、级别、血缘等标签，有助于在降低数据治理复杂性和成本的同时，得到智能的数据。

四、云数融合：云化趋势提供高效模式

大数据处理技术正在改变目前计算机的运行模式，正在改变着这个世界。它能处理几乎各种类型的海量数据，无论是微博、文章、电子邮件、文档、音频、视频，还是其他形态的数据；它工作的速度非常快，实际上几乎实时；它具有普及性，因为它所用的都是最普通低成本的硬件。而云计算将计算任务分布在大量计算机构成的资源池上，使用户能够按需获取计算力、存储空间和信息服务。

云计算能为大数据带来不小的变化。首先，云计算为大数据提供了可以弹性扩展的、相对便宜的存储空间和计算资源，使得中小企业也可以像亚马逊公司一样通过云计算来完成大数据分析。其次，云计算 IT 资源庞大，分布较为广泛，是异构系统较多的企业及时准确处理数据的有力方式，甚至是唯一方式。当然，大数据要走向云计算还有赖于数据通信带宽的提高和云资源的建设，需要确保原始数据能迁移到云环境以及资源池，可以随需弹性扩展。

总而言之，大数据处理离不开云计算技术，云计算为大数据提供了弹性可扩展的基础设施支撑环境以及数据服务的高效模式，"大数据云"组合产生出"1+1>2"的商业价值。

案例分享 美的大数据如何支持决策

作为行业内率先转型的科技企业，美的数字化转型之路从2013年开始，如何利用数据驱动流程的优化、产品的创新、商业模式的变革成为转型的关键。如今，美的已经从数字化1.0阶段进入数字化2.0阶段。下面是其在大数据方面的实际应用。

1. 业务策略

培养数据文化，领导看数最重要。美的大数据的业务策略可以归结为以下五点：

第一，传播数据价值，力图一张图读懂。

第二，统一数据口径和业务指标。

第三，事业部间运营指标要多进行对比，树立竞争意识。

第四，进行包括手机、计算机、CEO大屏等方式的多渠道展示。

第五，实行业务闭环：利用大数据发现问题，驱动业务优化，进行管理闭环。

2. 技术和实施策略

全价值链数据拉通，完善大数据团队。美的大数据的技术和实施策略可以归纳为如下五点：

第一，全价值链系统建设，将数据拉通。

第二，丰富产品形态，比如BI、互联网舆情、用户大数据、智慧家居产品。

第三，采用世界领先的开源技术。

第四，先引进消化技术后，建立独立知识产权大数据平台。

第五，建立300多人的大数据团队，包括爬虫、BI平台、业务分析等团队。

美的大数据平台——美的开普勒（Midea Kepler）从2012年就开始打造，如今已深度支持企业生产、运营、营销、决策等方方面面。美的开普勒是美的流程T中心基于开源技术框架自主研发的大数据产品体系，包括观星台、水晶球、地动仪、陀螺仪、服务号五大部分。作为企业的数据基础平台，其内核是发现另一个数字化美的，利用数据聚焦研产销全价值链运营，以业务为先导，将所有终端事业部及职能部门、市场运营中心串联并行，探索更多的创新点和价值点。

本章关键词

管理决策；挑战；技术选择；未来趋势

课后思考题

1. 大数据管理决策面临的挑战有哪些？
2. 大数据管理决策未来的发展趋势有哪些？

参考文献

[1] 张绍华，潘蓉，宗宇伟. 大数据治理与服务 [M]. 上海：上海科学技术出版社，2016.

[2] 肖冠宇. 企业大数据处理：Spark、Druid、Flume 与 Kafka 应用实践 [M]. 北京：机械工业出版社，2017.

[3] WINSTON C. R 数据可视化手册 [M]. 王佳，林枫，王祎帆，等译. 北京：人民邮电出版社，2021.

[4] 布劳恩. 数据可视化40位数据设计师访谈录 [M]. 贺艳飞，译. 桂林：广西师范大学出版社，2017.

[5] 邵学杰. 医疗革命：医学数据挖掘的理论与实践 [M]. 北京：电子工业出版社，2016.

[6] 梅宏. 大数据导论 [M]. 北京：高等教育出版社，2018.

[7] 娄岩，徐东雨. 大数据技术概论 [M]. 北京：清华大学出版社，2017.

[8] 刘瑜，刘胜松. NoSQL 数据库入门与实践 [M]. 北京：中国水利水电出版社，2018.

[9] 刘驰，胡柏青，谢一，等. 大数据治理与安全：从理论到开源实践 [M]. 北京：机械工业出版社，2017.

[10] 林子雨. 大数据技术原理与应用 [M]. 北京：人民邮电出版社，2015.

[11] 利节. 大数据处理与智能决策 [M]. 西安：西安电子科技大学出版社，2020.

[12] 李伦. 人工智能与大数据伦理 [M]. 北京：科学出版社，2018.

[13] 李德毅. 人工智能导论 [M]. 北京：中国科学技术出版社，2018.

[14] 肯尼斯 C，简 P. 管理信息系统 [M]. 黄丽华，俞东慧，译. 北京：机械工业出版社，2018.

[15] 戴维斯，帕特森. 大数据伦理：平衡风险与创新 [M]. 赵亮，王健，译. 沈阳：东北大学出版社，2016.

[16] 卡劳，肯维尼斯科，温德尔，等. Spark 快速大数据分析 [M]. 王道远，译. 北京：人民邮电出版社，2015.

[17] 卡巴科弗. R 语言实战 [M]. 王小宁，刘撷芯，黄俊文，等译. 北京：人民邮电出版社，2016.

[18] 蒋绍忠. 数据、模型与决策 [M]. 北京：北京大学出版社，2019.

[19] 何明. 大数据导论：大数据思维与创新应用 [M]. 北京：电子工业出版社，2019.

[20] 何金池. 大数据处理之道 [M]. 北京：电子工业出版社，2016.

[21] 何光威. 大数据可视化：高级大数据人才培养丛书 [M]. 北京：电子工业出版社，2018.

[22] 郭清溥，张功富. 大数据基础 [M]. 北京：电子工业出版社，2020.

[23] 哈伯德. 数据化决策 [M]. 邓洪涛，译. 广州：广东人民出版社，2017.

[24] 陈为，沈则潜，陶煜波. 数据可视化 [M]. 北京：电子工业出版社，2013.

[25] 陈建平，陈志德，席进爱. 大数据技术和应用 [M]. 北京：清华大学出版社，2020.

[26] SOAREs S. The IBM data governance unified process：driving business value with IBM software and best practices [M]. Boise：MC Press，2010.

[27] HAN J W，KAMBER M，PEI J. 数据挖掘：概念与技术 原书第3版 [M]. 范明，孟小峰，译. 北京：机械工业出版社，2012.

[28] DAMA International. DAMA 数据管理知识体系指南 [M]. 马欢，刘晨，等译. 北京：清华大学出版社，2012.